国家出版基金项目
NATIONAL PUBLICATION FOUNDATION

国之重器出版工程
网络强国建设

学术中国·院士系列

未来网络创新技术研究系列

未来网络体系与核心技术

Future Network Architectures and Core Technologies

兰巨龙　胡宇翔　张震　江逸茗　王鹏　邬江兴　编　著

U0247057

人民邮电出版社

北　京

图书在版编目（CIP）数据

未来网络体系与核心技术 / 兰巨龙等编著. -- 北京：
人民邮电出版社，2018.8（2023.1重印）
（学术中国. 院士系列. 未来网络创新技术研究系列）
国之重器出版工程
ISBN 978-7-115-48764-3

Ⅰ．①未… Ⅱ．①兰… Ⅲ．①计算机网络－网络结构
－研究 Ⅳ．①TP393.02

中国版本图书馆CIP数据核字（2018）第137106号

内 容 提 要

　　本书在介绍未来网络体系发展背景、基本概念和演进路线的基础上，通过对比分析现有国内外典型网络体系结构，总结提炼和详细阐述了未来网络体系结构和核心技术，并讨论了未来网络试验床。基于对未来网络的体系结构、运行机理的研究和作者所从事工作的实践经验，本书最后给出了一种可重构、可演进的网络功能创新平台开发实例。

　　本书取材新颖、内容翔实、实用性强，反映了国内外未来网络体系结构研究的现状与未来，适合从事通信、计算机网络体系设计与研究的广大工程技术人员阅读，也可作为大专院校通信、计算机等专业和相关培训班的教材或教学参考书。

◆ 编　　著　兰巨龙　胡宇翔　张　震　江逸茗
　　　　　　　王　鹏　邬江兴
　　责任编辑　代晓丽
　　责任印制　杨林杰

◆ 人民邮电出版社出版发行　北京市丰台区成寿寺路 11 号
　　邮编 100164　电子邮件 315@ptpress.com.cn
　　网址 http://www.ptpress.com.cn
　　固安县铭成印刷有限公司印刷

◆ 开本：710×1000　1/16
　　印张：25.25　　　　　　　　2018 年 8 月第 1 版
　　字数：467 千字　　　　　　2023 年 1 月河北第 7 次印刷

定价：178.00 元
读者服务热线：(010)81055493　印装质量热线：(010)81055316
反盗版热线：(010)81055315

专家委员会委员（按姓氏笔画排列）：

于　全　　中国工程院院士

王　越　　中国科学院院士、中国工程院院士

王小谟　　中国工程院院士

王少萍　　"长江学者奖励计划"特聘教授

王建民　　清华大学软件学院院长

王哲荣　　中国工程院院士

尤肖虎　　"长江学者奖励计划"特聘教授

邓玉林　　国际宇航科学院院士

邓宗全　　中国工程院院士

甘晓华　　中国工程院院士

叶培建　　人民科学家、中国科学院院士

朱英富　　中国工程院院士

朵英贤　　中国工程院院士

邬贺铨　　中国工程院院士

刘大响　　中国工程院院士

刘辛军　　"长江学者奖励计划"特聘教授

刘怡昕　　中国工程院院士

刘韵洁　　中国工程院院士

孙逢春　　中国工程院院士

苏东林　　中国工程院院士

苏彦庆　　"长江学者奖励计划"特聘教授

苏哲子　　中国工程院院士

李寿平　　国际宇航科学院院士

李伯虎	中国工程院院士
李应红	中国科学院院士
李春明	中国兵器工业集团首席专家
李莹辉	国际宇航科学院院士
李得天	国际宇航科学院院士
李新亚	国家制造强国建设战略咨询委员会委员、中国机械工业联合会副会长
杨绍卿	中国工程院院士
杨德森	中国工程院院士
吴伟仁	中国工程院院士
宋爱国	国家杰出青年科学基金获得者
张　彦	电气电子工程师学会会士、英国工程技术学会会士
张宏科	北京交通大学下一代互联网互联设备国家工程实验室主任
陆　军	中国工程院院士
陆建勋	中国工程院院士
陆燕荪	国家制造强国建设战略咨询委员会委员、原机械工业部副部长
陈　谋	国家杰出青年科学基金获得者
陈一坚	中国工程院院士
陈懋章	中国工程院院士
金东寒	中国工程院院士
周立伟	中国工程院院士

郑纬民	中国工程院院士
郑建华	中国科学院院士
屈贤明	国家制造强国建设战略咨询委员会委员、工业和信息化部智能制造专家咨询委员会副主任
项昌乐	中国工程院院士
赵沁平	中国工程院院士
郝　跃	中国科学院院士
柳百成	中国工程院院士
段海滨	"长江学者奖励计划"特聘教授
侯增广	国家杰出青年科学基金获得者
闻雪友	中国工程院院士
姜会林	中国工程院院士
徐德民	中国工程院院士
唐长红	中国工程院院士
黄　维	中国科学院院士
黄卫东	"长江学者奖励计划"特聘教授
黄先祥	中国工程院院士
康　锐	"长江学者奖励计划"特聘教授
董景辰	工业和信息化部智能制造专家咨询委员会委员
焦宗夏	"长江学者奖励计划"特聘教授
谭春林	航天系统开发总师

前　言

随着网络技术和应用的不断发展，特别是大数据、云计算、人工智能的出现和运用，互联网迎来了裂变式的新一轮革命，正催使社会各方面发生许多颠覆性变化，并深刻改变着人类世界的空间轴、时间轴和思想维度。互联网业已成为与国民经济和社会发展高度相关的重大信息基础设施，其发展水平是衡量国家综合实力的重要标准之一。

现行互联网是以主机互联和资源共享为设计目标而实现的，只能提供尽力而为的数据分组转发服务，其自身体系结构的局限性阻碍着应用和服务的进一步发展，包括可扩展性、安全性、服务质量、移动性、内容分发能力、绿色节能等一系列问题，难以通过增量式的研究模式彻底解决。在此背景下，未来网络体系及其核心技术研究成为当前全球关注的热点领域。

本书主要内容包括：第 1 章概述了未来网络体系的发展背景、基本原理和演进路线，总结提炼了未来网络体系的核心技术和发展趋势；第 2 章以 SDN 为切入点，深入分析未来网络的开放可编程技术，包括 SDN 的体系框架、核心思想和应用案例；第 3 章介绍了网络虚拟化技术及相关网络体系和技术；第 4 章介绍了基于内容寻址的未来网络体系，包括基本概念、典型网络以及内容命名、路由转发、缓存与QoS 等；第 5 章介绍了面向服务的未来网络体系的基本原理和核心技术；第 6 章从移动性的角度，对未来网络的支撑技术进行了梳理；第 7 章详细阐述了 Choicenet、播存网、XIA、空天地一体化信息网络等新型网络体系；第 8 章介绍了国内外典型的未来网络试验床；第 9 章结合本书作者研发团队的实际工作，重点介绍了一种可重构、可演进的网络功能创新平台和验证环境实例。

本书在编写过程中得到了国家自然科学基金创新群体项目"网络空间拟态防御

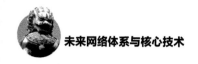
基础理论研究"（编号：61521003）、国家"973"计划课题"网络组件模型与聚类机制"（编号：2013CB329104）、国家"863"计划课题"软件定义网络体系结构与关键技术研究"（编号：2015AA016102）、国家自然科学基金课题"不依赖网络的内容之特征及其网络功能抽象"（编号：61372121）、"流媒体网络多模式协同模型研究"（编号：61309019）和"虚拟网络自适应管理技术研究"（编号：61502530）等的资助。同时，本书在编写过程中也得到了许多国内外研究团队和同行专家的指导和帮助，在此也表示最衷心的谢意。

　　兰巨龙教授和邬江兴院士负责本书的统筹规划并编写了第 1 章，胡宇翔博士编写了第 2 章和第 9 章，江逸茗博士编写了第 3 章和第 7 章，张震博士编写了第 4 章、第 6 章和第 8 章，王鹏博士编写了第 5 章。另外，项目组谢立军、张少军、张果、陈龙、段通、周桥、古英汉、赵丹等为本书的文字校阅、插图绘制等做了大量工作。

　　限于作者水平，且各种未来网络体系结构和核心技术研究仍在快速发展和完善之中，本书难免存在缺点甚至错误之处，敬请广大读者批评指正。

作　者

目　录

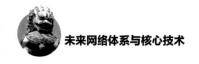

第 1 章

未来网络体系概述

首先从网络创新的根本动力出发，介绍未来网络的基本概念和认识，然后分别从演进性路线和革命性路线讨论未来网络创新思路，之后从可扩展性、开放性、服务质量、安全性和可管理性等方面简要介绍未来网络当前的国内外研究现状、核心思路与技术，最后对未来网络发展的趋势进行探讨。

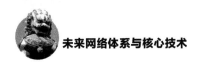

|1.1　未来网络的提出|

1.1.1　网络创新的根本动力——需求的发展

自互联网诞生以来，互联网具有的开放透明、结构分层和互通互联等特性使其遍布全球。可以说，互联网已成为现代信息社会的支柱。但是，"尽力而为""一切基于 IP"和"瘦腰"结构（如图 1-1 所示）等"先天的基因缺陷"，使传统互联网在可扩展性、移动性、安全性、可管可控、绿色节能等方面存在很大不足，这些问题很难在现有结构下得到有效解决。另一方面，随着互联网与人类社会生活的深度融合，用户对互联网的使用需求已经从简单的端到端模式转变为对海量内容的获取，并发展出移动互联网、物联网、云计算等新的需求模式，现有的互联网难以有效满足这些需求[1]。

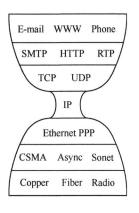

图 1-1　传统网络的"瘦腰"结构

　　为了针对性地消除传统网络 IP 承载的能力瓶颈，解决服务适配扩展性差、基础互连传输能力弱、业务普适能力低、安全可管可控性差等问题，我们对传统网络体系结构的固有缺陷进行了以下总结。

（1）可扩展性

　　由于服务和应用数量的急剧增加，可扩展性问题是目前网络最需要解决的问题，主要表现在以下两个方面。

　　① 网络范围的可扩展性。核心网中边界网关协议（BGP）路由器中转发信息表（FIB）条目数增长过快，路由器的能力极大地限制了网络的可扩展性[2]。

　　② 网络功能的可扩展性。目前大量的网络服务基于专有硬件提供，服务种类和服务能力受制于硬件的配置，无法支持灵活的业务更新和扩展。

（2）服务质量

　　近年来，网络服务质量保障需求日趋强烈，而现有网络结构不灵活，无法根据业务需求灵活配置网络资源，导致网络服务也无法多样化。另外，现有网络运营方案无法从全网整体性的角度提供定制化服务。因此，运营商应构建具有差异性服务能力的网络体系，根据用户个性化需求，实现计算、存储、传输等网络资源的灵活调度，构建具有不同服务能力的服务网络，进而推动形成新的产业生态链。

（3）安全性

　　网络地址欺骗、数据泄露、拒绝服务攻击、异常流量等频发的网络安全问题使得互联网疲惫不堪。尤其是美国"棱镜门"事件，揭示了互联网在安全设计方面的重大缺失，给人们带来了极大的震撼，使人们对网络安全问题带来威胁的广泛性和严重性印象深刻。互联网存在的安全问题本质上是由网络原始设计的缺陷造成的：互联网完全透明[3]，使情报窃取和被他人监控变得方便易行；互联网安全缺乏顶层设计[4]，贴膏药式的安全技术和一事一议的安全方案，投入大产出小，越来越难推行；互联网技术受制于人，资源受制于人，管理受制于人，标准受制于人，使我国的网络基础设施成为被攻击、窃取和严控的对象。

（4）绿色节能

　　TCP/IP 网络"核心简单，边缘智能"的特点导致网络自身缺乏感知、管理、控制的能力，从而导致网络资源利用率低下。研究表明，由于休眠、自适应、按需定制等智能机制的缺失，目前网络设备（如路由交换节点、数据中心服务器等）能耗巨大，当前互联网骨干网链路的平均利用率仅为 30% ~ 40%[5]。据预测，如果维持当前低效能的现状，2015 年仅我国数据中心的能耗就将达到 1 000 亿千瓦时左右，相当于三峡电站 1 年的发电量[6]。

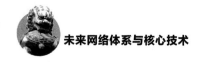

（5）移动性

在早期计算机网络中，网络节点的位置相当固定，网络协议首先要考虑的是两个固定节点之间正常的连接，并不注重网络移动性的要求，网络节点的位置本身也就很自然地被用作网络节点的标识符[7]。体现在传统的 TCP/IP 网络体系结构中，IP 地址既扮演着节点标识符的角色，又扮演着节点定位符的角色，即路由的选择依靠 IP 地址，这常常被称为 IP 地址语义过载问题[8]。IP 地址语义过载问题影响了计算机网络对移动性的支持，不仅限制了核心路由的扩展性，降低了现有安全机制的效能，还限制了其他新技术的发展。

总之，互联网是在人类信息社会中存在并占据主导地位、可靠、可信、安全、坚固、高性能、高可用、无处不在、无缝集成并具有规模化商业运营能力的全球开放信息基础设施。作为人类信息社会的主流组成部分，它综合了多种现有网络系统的优势，并能支撑世界各国政治、经济、科技、文化、教育、国防等各个领域的全面信息化。通过总结传统网络的固有缺陷，我们对未来网络体系结构的主要需求包括以下几个方面。

① 全方位开放性：未来网络体系结构必须具有更全面的开放性，不但对技术、服务、应用开放，而且对全球网络用户、网络运营商、服务提供者等全方位开放，保证对投资、研究、建设、访问、使用、技术更新、服务增值、新应用开发等的公平开放性。

② 促进多网融合：未来网络体系结构必须能够从总体结构上纳现存各种代表性网络系统于一体，从应用类型和服务功能上集现存各种代表性网络系统的成型特色应用与服务于一身，并能够支持以渐进式演进的方式，渐次实现多种网络系统的逐步融合。

③ 多维度可扩展：未来网络体系结构必须具有多个维度上良好的可扩展性，在网络规模上应保证容量、协议、算法、命名、编址等方面的可扩展性，在网络功能上应保证传输、控制、管理、安全等方面的可扩展性，在网络性能上应保证在各种差异环境中系统具有优雅的升 / 降级（Graceful Upgradation/Degradation）特性。

④ 动态适应能力：未来网络体系结构必须具有能依据不同情况及需求进行适应性调整的动态适应能力，这种动态适应能力不仅反映在对于不同的网络技术、异构的运行环境的适应性上，而且反映在对于用户个性化服务定制需求的适应性上。

⑤ 服务无处不在：未来网络体系结构必须能够提供无处不在的服务，支持通用移动性和普及计算，确保多样化的联网终端更易于连接入网和访问服务，所提供的网络服务具有更广阔的服务范围、更丰富的服务类型和更灵活的服务

形式。

⑥ 可靠、坚固、可控：未来网络体系结构必须可靠、坚固和可控制，既能较好地抵御、消减和弥补由于人为破坏、自然灾害、环境干扰、软 / 硬件故障等因素带来的各种影响，又能对用户的行为、各种资源的分配与使用、网络演进中的复杂性增长等有较好的控制能力，从而提高未来网络系统的抗毁性、生存性、有效性、顽健性和稳定性。

⑦ 高性能、高可用：未来网络体系结构必须具有高性能和高可用特性，前者指网络能提供高速网络传输、高效协议处理和高品质网络服务，以支持大量具有各种不同服务质量要求的应用；后者指网络能高效整合各种资源，为授权用户提供便捷易用的服务和丰富多样的应用，并能在网络部分受损或出现故障时以降级方式继续保证网络的可用性。

⑧ 安全、可信、可管：未来网络体系结构必须安全、可信和可管理，保证网络系统的运行以及信息的保密、传播和使用等方面的安全性，能够较好地建立、维护和约束用户之间、用户与网络系统之间的信任关系，提供更加全面、高效的用户管理、资源管理、系统管理和运营管理。

⑨ 成本—效益较高：未来网络体系结构必须具有较高的成本—效益，不但要减少协议、服务、应用等的处理开销和优化其性能，而且支持采取成本较低、代价较小、具有长期效益的技术路线或过渡方案，推进网络的渐进式演进，实现网络的持续、稳妥、良性发展。

⑩ 适合商业运营：未来网络体系结构必须支持网络的规模化商业运营，必须具有合理的盈利模型、完善的商业运营管理、有效的计费手段和积极的投资融资措施，从而促进公平竞争、鼓励私有投资和推动技术创新。

1.1.2　未来网络的基本概念和认识

未来网络是目前网络界的热门话题，但是对未来网络的概念、目标和需求则缺乏明确的讨论和定义，对于未来网络的理解还显得过于遥远和抽象。这里需要指出的是，互联网是一种随着新缺陷和新需求的出现而不断发展的事物。未来网络并不是未来的网络形态或网络应用，也不是完全脱离现有计算机网络发展基础而重新建立的全新网络，而是为了解决当前网络存在的迫切问题和满足当前不断涌现的新需求，不断革新网络结构和技术，推动互联网向前演进，是互联网发展的一个新阶段。研究未来网络不是一种超前的准备，而是最紧迫的需求。

未来网络具有重要的研究意义，但是在具体的研究方向上还处于百家争鸣

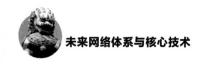

的阶段。为了推动未来网络的研究，必须建立基本的设计原则。当前对未来网络研究已经形成了以下认识 [9]。

（1）未来网络应处理好革新式结构与演进式部署的关系

关于未来网络中革新式体系结构的思想，其核心意义是不受到现有互联网结构的束缚和限制，但是其部署实施必须是一个循序渐进的过程。目前互联网链接了数十亿节点并且拥有数以百万计的应用程序，因此，研究的未来网络结构必须也具备这种特质，即传统的网络节点和应用程序应该要能够在新的结构上进行通信，同样新的节点和应用程序也要能够在现有互联网结构上通信。因此，新旧设备之间在边界点需要提供特殊的设施，保证能够兼容各种版本的底层通信协议，通过小规模部署不断扩大新结构的规模。

（2）未来网络结构应遵循简单开放的基本原则

互联网的使用模式已经从端到端的通信转变为未来网络以内容、数据为中心的模式，设计目标的变化自然导致了设计规则的变化。然而，网络简单开放的特征是网络繁荣发展的基础，未来网络的设计目标可以继续探讨，功能可以更加多样，但是形成的结构一定要简单开放，才能推动广泛的使用。

（3）未来网络结构设计应注重应用驱动的因素

网络的大规模发展从来都是以应用为驱动的，无论是推动电话网发展的电话业务，还是推动互联网发展的万维网技术，都是鲜活的实例。事实证明，当有足够重要的应用出现时，兼容性、最优性等因素都不会成为问题。因此，未来网络的研究需要定位于优化现在的网络，更要努力寻找一个可以颠覆当前网络结构的新应用类型。

（4）未来网络结构设计应内嵌安全性等需求

未来网络应当具备安全性、移动性、自管理、中断容忍等一些关键功能。现有的不同项目都是各自偏重某一些问题展开的研究，单一的项目无法解决当前出现的种种挑战。目前像 FIA 这种合作计划正在整合各种先前的研究成果，转化成一个连贯的、融合的项目组。如何整合这些不同的需求和由此产生的结构仍然是一个悬而未决的问题，但这样的趋势已经产生。

（5）未来网络结构应具有天然服务分发能力

过去 10 年推动互联网发展的主要趋势就是服务的多样性，如 Google(谷歌)、Facebook、YouTube 以及产生大量的互联网流量的类似服务，而云计算和移动设备的增值导致了互联网服务的进一步增长。面对大量的服务需求，未来网络的一个基本属性就是高效的服务分发能力，支撑多种多样的应用服务提供商提供增值业务的能力，满足负载均衡、容错、复制、多宿、移动性、强安全性、定制应用等各种需求，也就是说，服务有可能成为新的细腰层，而内容和 IP 都是它的一种特例。

（6）未来网络结构设计应考虑引入利益相关者之间的博弈关系

未来网络体系结构需要在多个利益相关者（用户、互联网服务提供商、应用服务提供商、数据拥有者和政府）之间提供可扩展灵活的接口进行交互，未来网络的设计必须要综合考虑社会和经济因素，平衡和调节各利益相关者之间的利益。

（7）未来网络结构验证应考虑建设大规模网络

目前，不同国家的未来网络体系结构研究的测试床都是专门基于先前的研究项目建设的，具有不同的功能和重点。因此，从长远的角度来看，如何建立一个可控可管、能够实现资源虚拟化共享的实验平台是未来网络研究的一个重点方向。另外，虚拟共存、资源动态分配、结构优胜劣汰的实验平台特征，也很可能成为未来网络运营的一种基础模式。

|1.2　未来网络创新的两种路线|

进入 21 世纪，学术界对 IP 网络及互联网的体系结构创新研究持续发酵，但对 "未来体系结构如何发展" 这一根本问题，研究者们的意见并不一致，目前相关研究思路主要分为两大类：演进式路线和革命式路线。下面对这两种研究路线进行简单的说明。

1.2.1　演进式路线

演进式路线认为，面对复杂度前所未有的互联网，从头开始代价巨大，并不实际。佐治亚理工学院的 Dovrolis 教授将互联网演进与生物学的进化机制进行了对比，反对革命式的演进路线 [10]，他提出了以下几个观点。

① 尽管革命式路线方案能够对特定目标提供更优化的解决方案，但演进机制提供的方案成本更低，更有可能在竞争环境下存活。

② 基于演进方案设计的未来网络更加健壮。

③ 关于互联网演进已经石化的论断，忽略了演化的基本条件是核心机制的相对稳定，在网络物理层和应用层技术上目前仍然存在大量的创新。

④ 部分创新技术无法广泛应用的原因不是没有使用条件和实现载体，而是方案本身缺少与现有系统的有机联系。

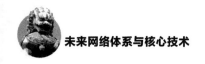

⑤ 研究互联网演进的关键是寻找类似生物系统中基因遗传、突变和自然选择等进化武器的网络演进机制。

另外，麻省理工学院（MIT）的 Clark 教授也认为，体系结构的发展只会不断地寻找新的平衡点，目前互联网的无连接分组交换、端到端原则等核心机制和设计原则是保持互联网活力和推动互联网发展的根本原因，在扩展当前体系结构时，应坚持这些核心机制和设计原则相对稳定。他提出了后续互联网演进的基本原则 [11] 为变化机制（Design for Change）、可控的透明性（Controlled Transparency）、冲突隔离机制（Isolation of Conflicts of Interest）。

总而言之，演进式路线希望对现有互联网体系有所继承，但哪些原则需要坚持，哪些原则可以突破，仍然是演进式路线研究中的重点和难点问题。

1.2.2　革命式路线

针对互联网在演进式发展过程中遇到的问题，世界各国纷纷启动采用革命式路线（Clean-Slate）的未来网络体系结构研究计划。革命式路线的出发点是突破限制，放弃现有互联网体系结构，重新设计新一代互联网。其支持者认为现有互联网结构的基础设计原则（如端到端原则、透明性原则等）妨碍了安全、移动性、网络管理以及 QoS 等未来网络结构目标的实现，需要从零开始研究并设计下一代互联网。美国自然科学基金资助了 GENI（Global Environment for Networking Innovations，全球网络体系创新环境）计划和 FIND（Future Internet Design，未来互联网设计）项目。其中，FIND 项目偏重研究新的互联网体系结构，GENI 计划偏重为各种网络研究提供实验床。从美国政府资助的 FIND 项目描述中可以清楚地表明革命式路线支持者的态度："FIND 项目希望邀请研究团体考虑未来 15 年一个全球性网络的基本需求以及我们从头开始去搭建这样一个网络，而不是对现有的互联网的修补。"

其他国家和地区也开展了一些类似的研究，比如欧盟的 FIRE（Future Internet Research and Experimentation，未来互联网的研究和实验）、日本的 AKARI、以及我国由国家自然科学基金和 "973" 课题支持的若干研究项目。革命式路线的研究者提出了大量的新观点、新结构，包括基于开放式体系的网络结构、具备 ID/Locator 分离的网络协议、面向数据的网络结构、面向移动的网络结构以及面向安全的分层体系等。

卡内基梅隆大学等针对未来数据网络提出了 4D 体系结构 [12]，认为当今互联网不可管控的根源在于控制和管理平面的复杂性。因此，4D 体系结构除了数据平面之外还设置了发现、分发、决策等平面，分别完成邻居 / 网络 / 服务发现、

状态 / 指令信息发送、决策 / 管理 / 控制等功能。它将原来分布在路由器和交换机中的决策逻辑集中起来，形成统一的决策平面，提高了异构网络的一体化管理控制能力。分发平面与数据平面是逻辑分离的，提高了网络的安全性。

H. Ballani 等人在 4D 结构的基础上提出了降低管理复杂性、简化数据平面配置的体系结构 CONMan。在 CONMan 中，数据平面的各层协议都可用管道、交换、过滤、安全和性能 5 个模块建模。这样，管理平面就可以不受网络设备内部细节复杂性的困扰，使用高层管理目标和策略，对数据转发平面中各模块进行统一配置。

另外，为了提高网络安全性，SANE（Scanner Access Now Easy）从防范网络攻击入手设计未来网络，能够实现对任何非授权通信的阻断，为专用网络提供严格的策略控制。在 SANE 体系结构中，网络实体被赋予最小可访问资源集，通过对报文的加密，在数据链路层和网络层之间设置独立的保护层，并且隐藏了网络结构等拓扑信息。SANE 要求网络流在进入网络之前，明确声明其源目的地信息，并利用域控制器检查声明信息域网络拓扑和本地安全策略的一致性，实现对流量的精确控制。

为了提升网络服务能力和网络管理能力，A. Preto 等人提出了一个特别的集成网络管理（In-Network Management，INM）体系结构，它可以实现所有网络实体嵌入式管理，层管理和层操作更加细化。在网络节点中，不同级别的管理能力嵌入各种功能实体组件中，这些能力为：内生能力，指不可从组件内在逻辑分离的能力；集成能力，指组件内部的管理能力，但可以从组件内在逻辑分离；外部能力，位于其他实体或节点的管理能力。INM 中的网络实体称为自管理实体（SE）。SE 是面向服务的，封装了个体服务的自管理功能。每个 SE 可以包含多个管理能力（MC），比如自适应、自愈、自进化等能力。各 MC 既可以存在于某个 SE 中，也可以单独存在。

还有很多革命性的网络体系结构就不再赘述。总之，这些革命性的网络体系结构在路由、安全、名址、服务、管理等多方面提出了很多新构想。但是到目前为止，能同时实现这些特征的全新网络体系结构成果还没有出现。上述项目的成果大多是在某些方面有所创新，但彼此之间是隔离的，使用了不完全一致的假设，使得它们难以集成为一个统一的体系结构。这从另外一方面也反映出：互联网是复杂巨系统，其体系结构的设计也是复杂性问题；仅指出现有网络体系结构弊端、提出一些改进原则和框架性概念是相对容易的，而对这些原则和概念进行细化以及设计出全新的、完整的体系结构则是极其困难的。另外，要完全摒弃 IP 网络体系结构，在具体实施上也是难以做到的，因为重新部署网络基础设施成本太高，上述项目中的成果目前还只是在试验网中搭建和测试[13]。

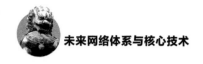
1.3 未来网络体系的研究实践

1.3.1 国内外研究现状

未来网络已成为全球关注的热点，自 2005 年开始，美国、日本、欧盟等已抢先进行了未来网络领域基础研究布局，通过设立重大项目，从未来网络体系结构设计和未来网络试验测试平台构建两个角度入手，重新设计当前互联网结构并进行测试验证，例如美国的 FIA 和 GENI、欧盟 Horizon 2020 下的未来互联网（Future Internet）和 FIRE+、日本的 NWGN 和 JGN2+ 等。随后，思科、Google、微软（Microsoft）、AT&T、IBM 等产业界巨头也加快进行商业并购，近两年已达近百亿美元。国外政府与企业在未来网络领域技术研发超前布局，抢占制高点意图明显，以延续其在网络领域的优势地位。经过第一个十年的探索，国际未来网络的研究基本上明确了未来网络的发展方向、可能形态及需要解决的基础科学问题，建立了若干基本的试验环境，并针对特定关键技术产生了一些概念演示原型系统，取得了可观的进步。但整体上，未来网络的研究仍处在相对早期的"百花齐放，百家争鸣"阶段，如果从科学问题及关键技术研究、集成系统成熟度、标准化进程等方面评估，大致相当于第一代互联网技术研究中的 1980 年前后，即已基本完成方向性探索，即将开始关键问题及技术的深入研究和完善，之后第一代互联网用了十多年的时间为 20 世纪 90 年代互联网的规模化腾飞做好了准备。

我国在 NGI、IPv6 研发和工程实践（CNGI、3TNet、IPv6 试验等）之后，通过国家自然科学基金委员会相关项目、科技部"863"计划及"973"计划开始了未来网络关键技术的研发，采用的研究思路和相关技术与国际上的主流技术方向相似。在上述项目中，提出了一些新的网络体系结构方案，如北京交通大学研究团队提出的一体化普适服务网络、中国科学院研究团队提出的 SOFIA、清华大学研究团队提出的可信网络结构、解放军信息工程大学研究团队提出的可重构网络等，这些研究从不同的角度和层次来研究未来网络技术。另外，国家发展和改革委员会已将未来网络试验设施列入"十三五"重大科学设施计划。

互联网的发展进入了理论和技术变革期，未来互联网研究将是信息领域新的生长点。接下来，我们围绕国内外的几个典型项目进行介绍。

1. FIA 计划

美国关于未来网络结构的研究项目主要由美国国家科学基金会（NSF）组织和管理，目前已开展了未来互联网设计（FIND）和未来互联网结构（Future Internet Architecture，FIA）两个研究计划。从 2005 年开始，FIND 资助了关于未来网络各个方面的 50 多个研究项目，包括新型体系结构、路由机制、网络虚拟化、内容分发系统、网络管理、感知与测量、安全、无线移动等方面，其目的是进行不受现在互联网限制的广泛研究，然后再进行选优。FIA 是继 FIND 之后的未来网络下一研究阶段计划，于 2010 年启动，陆续启动支持了 NDN[14]（ Named Data Networking，内容命名网络）、MobilityFirst、Nebula、XIA、ChoiceNet 等项目，这些项目分别从内容中心网络结构、移动网络结构、云网络结构、网络安全可信机制、经济模型等方面对未来网络结构的关键机理进行探索研究。2014 年，该计划开始进入第二个阶段。

（1）NDN

NDN 是以美国加州大学洛杉矶分校 Lixia Zhang 团队为首开展的研究项目，开始于 2010 年。NDN 的提出是为了改变当前互联网主机—主机通信范例，使用数据名字而不是 IP 地址进行数据传递，让数据本身成为互联网结构中的核心要素。而由帕克研究中心（PARC）的 Jacobson V 于 2009 年提出的 CCN（ Content-Centric Networking，内容中心网络）只是与 NDN 叫法不同，本质上并无区别。

NDN 中的通信是由数据消费者接收端驱动的。为了接收数据，消费者发出一个兴趣（Interest）分组，携带和期望数据一致的名字。路由器记下这条请求进入的接口并通过查找它的转发信息库（FIB）转发这个兴趣分组。一旦兴趣分组到达一个拥有请求数据的节点，一个携带数据名字和内容的数据分组就被发回，同时发回的还有一个数据生产者的密钥信号。数据分组沿着兴趣分组创建的相反路径回到数据消费者。NDN 路由器会保留兴趣分组和数据分组一段时间。当从下游接收到多个要求相同数据的兴趣分组时，只有第一个兴趣分组被发送至上游数据源。在 NDN 中有两种分组类型：兴趣分组和数据分组。请求者发送名字标识的兴趣分组，收到请求的路由器记录请求来自的接口，查找 FIB 表转发兴趣分组。兴趣分组到达有请求资源的节点后，包含名字和内容以及发布者签名的数据分组沿着兴趣分组的反向路径传送给请求者。通信过程中，兴趣分组和数据分组都不带任何主机或接口地址。兴趣分组是基于分组中的名字路由到数据提供者的，而数据分组是根据兴趣分组在每一跳建立的状态信息传递回来的。

（2）MobilityFirst

MobilityFirst 项目是 NSF 未来网络体系结构项目的一部分，目标在于为移

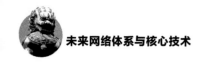

动服务开发高效和可伸缩的体系结构。MobilityFirst 项目基于移动平台和应用，将取代一直以来主导着互联网的固定主机 / 服务器模型的假设，这种假设给出了独特的机会来设计一种基于移动设备和应用的下一代互联网。

MobilityFirst 体系结构的主要设计目标是：用户和设备的无缝移动，网络的移动性，对带宽变化和连接中断的容忍，对多播、多宿主和多路径的支持，安全性和隐私，可用性和可管理性。MobilityFirst 是一种面向移动平台和应用的具有可伸缩性的新型网络体系结构，通过名字与地址的分离、路由地址的迟绑定、网内的存储和条件路由决策空间，实现对无缝的平滑的移动性的支持，对未来网络体系结构的发展有着重要的影响。

（3）XIA

XIA[15] 是由波士顿大学、卡内基梅隆大学、威斯康星大学麦迪逊分校共同开发的一个开源项目，作为 NSF 未来网络结构研究第 2 阶段的项目之一，主要研究网络的演进，解决不同网络应用模式之间通信的完整性与安全性问题。

随着互联网应用的日益多样化，协调这些应用在互联网中进行通信逐渐引起了关注。XIA 致力于解决端到端的安全通信，建立一个统一的网络，为端口间的通信提供接口（API）。由于网络的复杂性，在网络中运行的程序与协议具有不同的行为和目标，XIA 希望通过定义具有良好支持性的接口，让这些网络活动的参与者能够更有效地运行，消除网络基础结构与端用户之间的通信障碍。在构建统一的网络基础结构思想上，XIA 通过其内部的机制实现安全性。运行在这个结构之上的所有网络活动参与者具有安全标识，并应用于信用管理中，称为内在安全机制。XIA 扩大了目前基于主机通信的机制，将互动机制应用于对主体（包括主机、服务、内容等）的操作以及安全控制，对网络的控制从单一的分组转发，扩大到网络中的互操作。在保证安全性的基础上，XIA 提供了足够的可扩展性。由于 XIA 希望通过单一的网络结构实现对安全性的控制，其必然需要提供演进的能力以支持不断出现的新的应用。以网络实体为例，从最初的主机，发展到目前以内容为中心的趋势下出现的服务、内容主体以及未来可能出现的主体，XIA 提供灵活的绑定机制支持这些主体通过接口连入网络。

（4）Nebula

在可预见的未来，将存储、计算和应用移入云中将是信息产业发展的潮流，它将在全球范围内形成以网络为中心的计算体系，以低廉的成本提供资源的快速供给和一致便利的管理框架。安全性问题（如保密性、完整性和可用性）将会阻碍云计算的应用，除非设计一种适应云计算需求的互联网结构。Nebula 项目应运而生，它是一个具有内建安全性的未来互联网结构，在满足灵活性、可扩展性和经济可行性的同时，可以解决新兴的云计算安全威胁问题，其核心是一个高度可用、可扩展的由数据中心构成的网络。

Nebula 是一个安全且有弹性的网络结构，采用云计算数据中心完成其数据存储和核心计算。Nebula 构建一个高速运行且安全可靠的中枢网络，以与数据中心进行连接来支持云计算和分布式通信。Nebula 的技术重点包括新的可信赖的云计算服务型数据控制方法、以云计算为中心的网络结构等。

（5）ChoiceNet

ChoiceNet 项目利用经济学原理指导网络结构设计，使得互联网能够在未来依旧保持在网络核心领域内的创新力。ChoiceNet 在网络设计中进行一项革命性的转变，将互联网技术创新与经济原则相结合。运用技术博弈和经济激励构建竞争性的网络技术市场，旨在新一代互联网结构体系的设计和开发等各个方面，都可以通过这些用户选择和竞争，推动协议栈所有层的创新和变革。

2．GENI

GENI 是美国下一代互联网研究的一个重大项目，是由美国 NSF 提出的下一代网络项目行动计划。相对于当前的互联网络，其最大特点在于优秀的安全性和顽健性，旨在为未来的网络技术研究提供一个统一的网络试验平台。GENI 由一系列网络基础设施组成，可以为研究者提供大规模的网络试验环境，支持多种异构的网络体系结构（包括非 IP 的网络体系结构）和深度可编程的网络设施。GENI 的宗旨是构建全新的、安全的、灵活自适应的、可与多种设备相连接的互联网络，搭建基于 SourceSlice 有效调度的试验网络，为不同的、新颖的网络方案搭建试验平台。大部分新型网络体系都可以布置在这个试验平台中，从而达成一个物理网络支撑多个逻辑网络的目标。

GENI 的目的是使得用户有机会创建自定义的虚拟网络和试验，可以针对不受约束的假设或者已有的互联网需求。GENI 提供虚拟化，它是以时间片和空间片的形式提供的。一方面，假如资源是以时间片的形式进行分割的，可能会出现用户的需求量超过给定的资源，影响了其有关可行性的研究；另一方面，假如资源是以空间片的形式进行分割的，则只是有限的研究者能够在他们的切片中包含给定的资源。因此，GENI 提出了基于资源类型的两种形式的虚拟化，正是为了保持平衡性，也就是说，GENI 采用时间切片的前提是有足够的容量支持部署研究。GENI 借鉴 PlanetLab 和其他类似的试验床，通过搭建一个开放的、大规模的、真实的试验床，给研究人员创建可定制的虚拟网，用于评估新的网络体系，摆脱现有互联网的一些限制。它能承载终端用户的真实网络流量，并连接到现有的互联网上以访问外部站点。GENI 从空间和时间两个方面将资源以切片形式进行虚拟化，为不同网络试验者提供他们需求的网络资源（如计算、

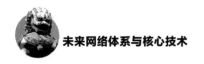
缓存、带宽和网络拓扑等），并提供网络资源的可操作性、可测性和安全性。

GENI 的发展思路是先由一些高校各自负责一部分网络实验平台的建设，称为 GENI 的一个簇。目前 GENI 由 4 个簇组成，它们分别是普林斯顿大学负责的 PlanetLab、犹他大学负责的 ProtoGENI-Emulab、杜克大学负责的 ORCA-BEN、罗格斯大学负责的 ORBIT-WINLAB。GENI 的这些簇通过 2 层的 VLAN 技术或 GRE 等隧道技术与 Internet 2 连接起来，组成整个 GENI 底层网络，其中 Internet 2 是美国用于下一代互联网技术研究的一个试验骨干网。GENI 采用软件工程中的螺旋模型进行开发，这种模型的每一个周期都包括需求定义、风险分析、工程实现和评审 4 个阶段，整个开发工程由这 4 个阶段循环迭代。螺旋模型的优势在于它是一个不断迭代的过程，在每个为期不长的迭代周期中发现设计和实现中的漏洞和风险，并予以改进。

3. FP7

2007 年开始，欧盟第七框架计划（FP7）陆续资助了 150 多项关于未来网络研究的项目，包括未来网络结构、云计算、服务互联网、可靠信息通信技术、网络媒体和搜索系统、未来互联网社会科学方面、应用领域、未来互联网实验床等。其中与未来网络体系结构相关的项目有 FIRE、4WARD、SAIL、CHANGE、PSIRP 等。

FIRE[16] 项目的主要研究内容包括：网络体系结构和协议的新设计，未来互联网日益增长的规模、复杂性、移动性、安全性和通透性的解决方案，在物理和虚拟网络上的大规模测试环境中验证上述属性。对 FIRE 项目的发展，欧盟做了一个长期规划，初步将 FIRE 项目分为 3 个不同的阶段。目前 FIRE 项目进行到第二个阶段。在第一个阶段，FIRE 项目组一共支持 12 个项目，其中，有 8 个项目用于试验驱动性研究，另外 4 个项目用于试验基础设施的建设；而在第二个阶段，FIRE 项目组扩展了 FIRE 中试验驱动性研究和基础设施建设的项目，同时又增加了一些协调与支持项目。通过对这些项目的研究，希望能够建立一个新的不断创新融合多学科的网络结构。FIRE 项目组认为未来的互联网应该是一个智慧互联的网络，包括智慧能源、智慧生活、智慧交通、智慧医疗等多个方面，这样就把社会中的各个方面通过互联网联系起来，最终实现智慧地球。

4WARD 项目的目标是提出克服现有互联网问题的全新整体性解决方案，下设 6 个子课题，分别从社会经济（非技术问题）、新型体系结构、网络虚拟化、网络管理、高效路径转发、信息中心网络方面展开研究，基本覆盖了未来网络发展的主要研究方向。

SAIL 项目由 24 个业界知名运营商、设备商、研究机构共同参与，其目标是设计适用于运营商的未来网络结构，核心研究内容包括从关注网络节点转向关注信息对象的信息网络，结合云计算技术和网络虚拟化技术的云网络，提供面向异构网络并具有多路径、多协议等特点的开放式连接服务。

4．AKARI

2006 年，在日本政府的支持下，新一代网络结构设计 AKARI 在日本展开。AKARI 项目研究的是下一代网络结构和核心技术，分 3 个阶段（JGN2、JGN2+、JGN3）建设试验床，并在初期基于日本 PlanetLab 的 CoreLab。AKARI 研究规划从 2006 年开始，2015 年完成，2015 年后通过试验床开始进行试验。

AKARI 是日本关于未来网络的一个研究性项目，AKARI 的日语意思是"黑暗中的一盏明灯"，它旨在建立一个全新的网络结构，希望能为未来互联网的研究指明方向。AKARI 的设计进程分为两个五年计划：第一个五年（2006—2010 年）完成整个计划的设计蓝图；第二个五年（2011—2015 年）完成在这个计划基础上的试验台。在每个五年计划中，又对 AKARI 项目的进度进行了细分，将整个项目的进度分为概念设计、详细设计、演进与验证、测试床的创建、试验演示等多个环节。AKARI 不仅是对未来互联网整体结构的设计，而且试图指明未来互联网技术的发展方向，希望通过工业界和学术界的合作，使新技术的发展能够快速应用到工业化的产品中。AKARI 项目在设计时考虑到了社会生活中的各个方面，希望将社会生活中的问题和网络结构中新技术的发展对应起来，形成一个社会生活和网络结构相对应的模型，希望网络中新技术的发展是和社会生活的需求相适应的。

在 AKARI 看来，未来网络的发展存在两个思路，即 NxGN（Next Generation Network，下一代网络）和 NwGN（New Generation Network，新一代网络）。其中，前者是对现有网络体系的改良，无法满足未来的需要；后者是全新设计的网络体系结构，代表未来的方向。作为日本 NwGN 的代表性项目，AKARI 的核心思路是：摒弃现有网络体系结构的限制，从整体出发，研究一种全新的网络结构，解决现今网络的所有问题，以满足未来网络需求，然后再考虑与现有网络的过渡问题。AKARI 强调，这个新的网络体系结构旨在为人类的下一代创造一个理想的网络，而不是仅设计一个基于下一代技术的网络。

5．FIRST

2009 年 3 月，韩国启动了一个由电子与电信研究院（ETRI）和 5 所大

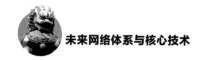

学参与的未来互联网试验床项目——支持 FIRST[17]（Future Internet Research for Sustainable Testbed，未来互联网研究的可持续试验床）。该项目由两个子项目组成，其中一个由 ETRI 负责，称为 FIRST@ATCA，即基于 ATCA 结构实现虚拟化的可编程未来互联网平台，它由用于控制和虚拟化的软件及基于 ATCA 的 COTS（Commercial Off The Shelf，商用现货）硬件平台组成；另一个是 FIRST@PC，有 5 所大学参与，利用 NetFPGA/OpenFlow 交换机实现基于 PC 的平台。通过扩展 NetFPGA 功能来实现虚拟化的硬件加速 PC 节点，在 KOREN 和 KREONET 基础上，建立一个未来互联网试验床，用于评估新设计的协议及一些有趣的应用。

基于 PC 的平台将使用 VINI 方式或者硬件加速形式的 NetFPGA/OpenFlow 交换机来建立。该平台框架称为 PCN（Programmable Computing/Networking，可编程计算 / 网络），具有虚拟化和可编程网络的功能。FIRST 的体系结构应该与用户需要支持的所有 PCN 实现动态互联，通过使用现场资源（处理能力、内存、网络带宽等），基本的基于代理的软件堆栈应被实现，用来配置切片及控制分布式服务集。为测试控制操作的效能，面向多媒体的服务将在试验床上运行。

6. 真实源地址验证网络

在基于 IPv4 的网络中，IP 分组转发主要基于目的 IP 地址，很少对分组的 IP 源地址的真实性进行检查，这使得分组 IP 源地址容易被伪造，网络攻击者常常通过伪造分组 IP 源地址逃避承担责任，造成了很多网络安全问题。自 IPv6 引入以后，在协议安全性上有了显著的提高，但它仍然没有完全解决源地址欺骗所带来的安全问题。因此，基于源地址欺骗的网络攻击，尤其是拒绝服务攻击仍是 IPv6 网络的主要安全威胁之一。

真实源地址验证是构建可信任下一代互联网的基础。国内外研究机构开展了真实 IPv6 源地址验证技术的研究，很多研究成果已经输出到 IETF 等国际组织。目前，与源地址验证相关的研究工作可以分为 3 类：加密认证的方法、预先的过滤方法和事后的追踪方法。这些方法部分解决了 IP 源地址的验证问题，但仍缺乏一个可行的、有效的、系统的解决方案。

2007 年，清华大学网络中心提出了一种真实 IPv6 源地址验证体系结构 [18]（Source Address Validation Architecture，SAVA），并在国际互联网标准化组织互联网工程任务组（IETF）完成一项 RFC 标准。这一体系结构的实现可以使互联网中携带真实 IP 源地址的分组更容易被追踪，携带伪造 IP 源地址的分组无法转发而被丢弃。为了便于部署，该结构划分为 3 个层次，即接入子网源地址验证、自治系统内源地址验证以及自治系统间源地址验证，不同层次实现不同粒度的源地址验证。在每一个层次上，允许不同的运营商采用不同的方法，在整体结构简单与局部组成灵活之间做了较好的平衡。同时，SAVA 具有轻权、松耦合、多重防御的特点，支持增量部署，对网络管理、安全、计费以及应用都有所帮助。

7. 可重构柔性网络

针对未来信息通信基础网络的根本需求，构建一个功能可重构和扩展的基础网络 FARI(Flexible Architecture of Reconfigurable Infrastructure，可重构基础设施的灵活体系结构) 是一种可行方法。FARI 为不同业务提供满足其根本需求的、可定制的基础网络服务，通过增强 OSI 的 7 层网络参考模型中网络层和传输层的功能，解决目前 IP 网络层的功能瓶颈，使之与日益增长的应用需求和丰富的光传输资源相匹配。FARI 体系功能参考模型如图 1-2 所示。

中国人民解放军信息工程大学牵头并联合香港中文大学等单位承担的国家"973"计划项目"可重构信息通信基础网络体系研究[19]"一改"以不变应万变"的理念与结构，确立了"以变应变"的未来网络或下一代互联网设计理念和体系结构，在充分借鉴、吸收并发展国内外已有研究成果的基础上，以"强化基础互联传输能力"为突破口，从信息网络内在核心能力这一根本性的制约因素入手，突破网络体系基础理论的局限性，创立全新的"能力复合"作为可重构基础网络体系结构设计的基本理论，提出可重构信息通信基础网络体系，构建可根据动态变化的特征要求和运行状态自主调整网络内在结构的关键机理和机制。

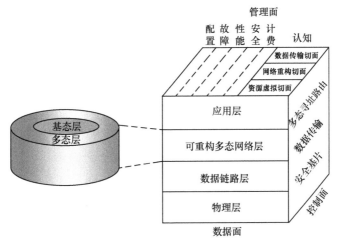

图 1-2　FARI 体系功能参考模型

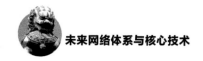

该项目重点解决的 4 个关键问题分别是：提供可扩展的、业务普适的、可定制的、多样化的基础网络服务，实现对多样、多变网络业务支持的强针对性；具备强化的基础互联传输能力，解决 IP 网络层功能单一、服务质量难以保证、安全可信性差、可管可控可扩能力不足、移动泛在支持困难等瓶颈性问题；实现网络层面的结构可重构、资源自配置和状态自调整，解决网络自主重构其内在结构的核心机理机制问题；实现网络的安全可管可控，解决在网络空间确保国家安全利益的现实问题。

8. 智慧协同网络

智慧协同网络是我国"973"项目中关于未来信息网络体系的重大项目，主要由北京交通大学承担其基础理论研究。在深入研究传统信息网络分层体系结构理论及国内外新一代信息网络体系结构理论的基础上，智慧协同网络创造性地提出了资源动态适配的三层两域体系结构模型，如图 1-3 所示。其中，三层指智慧服务层、资源适配层和网络组件层，两域指实体域和行为域。

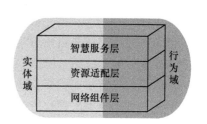

图 1-3　智慧协同网络的三层两域的总体结构模型

三层两域新体系结构模型中，智慧服务层主要负责服务的标识和描述，以及服务的智慧查找与动态匹配等；资源适配层通过感知服务需求与网络状态，动态地适配网络资源并构建网络族群，以充分满足服务需求进而提升用户体验，并提高网络资源利用率；网络组件层主要负责数据的存储与传输，以及网络组件的行为感知与聚类等。智慧协同网络的三层两域体系通过动态感知网络状态并智能匹配服务需求，进而选择合理的网络族群及其内部组件来提供智慧化的服务，并通过引入行为匹配、行为聚类、网络复杂行为博弈决策等机制来实现资源的动态适配和协同调度，大幅度提高网络资源利用率，降低网络能耗等，显著提升用户体验。

9. 服务定制网络

服务定制网络[20]（ Service Customized Networking，SCN ）是由北京邮电大学提出的一种具有差异化服务能力的未来网络体系结构，主要是针对当前互联网中存在的两个亟待解决的问题：OTT（ Over The Top ）流量占用大量网络带宽以及信息高度冗余。SCN 基于软件定义网络设计，继承了其数据控制分离以及网络可编程的主要特点，并针对当前互联网中的问题，增加了网络虚拟化能力以及内容智能调度能力。

SCN 主要包括基础设施层、控制层和信息层 3 个平面。SCN 可以为内容提供商等用户构建差异化服务质量的虚拟网络，用户可以根据特定的需求以及经济承受能力选择合适的服务等级，从而构建良好健康的互联网经济模式。SCN 试图让网络结构本身具备避免信息冗余的能力，网络具有感知内容、网络状态的功能，然后基于大数据的智能数据挖掘与分析，实现全网内容资源和网络资源的智能调度，从而实现有效消减信息冗余，充分利用网络基础设施的能力。此外，为了渐进式部署，SCN 有可能被运营商等基础网络建设者采纳，以较低的成本逐步部署到现网中。SCN 当前设计方案仍然兼容采用基于 IP 的数据分组格式，采用深度报文检测（Deep Packet Inspection，DPI）的方式进行内容解析和调度。然而，当未来出现新的内容命名标识体系（如 NDN/CCN 等）或更优的网络协议后，SCN 系统需要能够方便地过渡至新的命名体系，支持新的技术。

SCN 的设计目标是解决现有的互联网问题，同时符合未来的发展方向，具有可演进性。在小规模真实网络平台上进行的实验结果表明，通过构建具有不同等级服务能力的虚拟网络，SCN 确实具备为不同用户提供差异化服务的能力以及有效减少信息冗余的能力。

1.3.2　核心思路与技术

1. 开放可编程技术

开放结构网络的研究开始于 1996 年，开拓性的研究基于 3 种不同的开放结构的实现思想进行，包括基于开放信令（OpenSig）、基于动态代码的主动网络、通过资源预留的虚拟网络（Virtual Nework）等思想。其目标都是实现网络的开放可编程性，而且绝大多数开放可编程网络采用了控制面（Control Plane）和数据面（Data Plane）分离的基本体系结构。其中，具有代表性的技术是 ForCES（转发与控制分离）体系与软件定义网络（Software Defined Network，SDN）体系，两者在体系结构、开放接口等具体实现上各有差别。

ForCES 的技术结构是目前国际上备受关注的实现开放可编程网络设计目标的体系结构，得到 IETF、ITU、NPF 等多家标准制订组织的推动以及英特尔、IBM、朗讯、爱立信（Ericsson）、Zynx 多家网络大公司的支持。ForCES

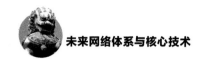

技术是实现开放结构网络的重要技术手段，IETF 在 2002 年专门成立 ForCES 工作组，开始有关 ForCES 技术和相关协议标准的研究制订工作。IETF 组织的 ForCES 工作组于 2003 年和 2004 年针对一般网络设备提出了控制面—转发面分离的基本结构（ForCES 的需求文档 RFC 3654 和框架文档 RFC 3746），而后，一直专注于 ForCES 协议、FE 模型、LFB 定义库、ForCES TML、ForCES MIB 等标准草案文件的制订。转发面由包含各类标准化的逻辑功能块（Logical Functional Block, LFB）组成，并可由控制面按需要构造数据分组处理拓扑结构。转发面的编程性具体表现为模块间的拓扑构造和模块的属性（Attributes）控制（如 Configure/Query/Report）。典型的 LFB 有 IPv4/IPv6 Forwarder、Classifier、Scheduler 等。LFB 的格式由 FE 模型（RFC 5812）定义，而各种 LFB 的内容由 LFB 定义库文件制订。控制面和转发面间的信息交换按照 ForCES 协议（RFC 5810）实现。该体系能充分体现开放可编程网络的优点，即简洁的积木式开发以及不同控制面和转发面设备商间的可互操作性。

在现有 Internet 基础上，SDN 引入可编程网络（Programmable Network）概念，区别于主动网络等早期研究性的工作，SDN 同时在协议和设备两方面提出新型结构，具备更好的灵活性、可伸缩性和可管理性。SDN 体系结构具有如下创新点：在网络管控方面采用分层管控模型，该模型将传统 OSPF、BGP 等链路状态和距离矢量协议中的状态扩散和状态一致化分离开来，分别形成状态扩散层和网络范围的视图（Network-Wide View）层，在网络视图层上允许多种网络控制目标存在，从而带来更好的灵活性；控制面和数据转发面之间采用标准化的数据面编程协议，比如 OpenFlow 协议，使得上层网络控制逻辑能够对底层数据面的转发行为进行动态编程，即定义流级别的转发行为，区别于传统路由器体系结构，分离模式的网络体系结构具有廉价可扩展、水平可伸缩和开放式的优势；域内集中式网络控制，区别于现有 BGP、OSPF 等动态路由协议，域内网络协议得到简化，使得控制协议无须关心 Byzantine、Poisoning 等分布式系统问题，进而多数网络业务的可编程性得到激活。目前，一方面，在产业界，SDN 技术已部署在 Google 等 ISP 运营商内部数据中心或集群中，通过灵活路由提高网络利用率，从而降低网络运营成本；另一方面，在未来网络研究领域，该技术还被应用在未来网络试验床 GENI 项目、欧盟 FP7 项目和日本 JGN-X 项目中，使得网络试验环境能够搭建在现有覆盖网的基础上。然而，SDN 技术仍然处于研究中，其应用于大规模互联网中，还需要提高控制面的性能和顽健性，并提高数据面的转发性能和可编程能力，以适应业务种类的多样性和业务的性能需求。

2. 网络虚拟化技术

网络虚拟化技术通过软/硬件解耦及功能抽象，使网络设备不再依赖于专用硬件，硬件资源可以充分灵活共享，实现新业务的快速开发和部署，并基于实际业务需求进行自动部署、弹性伸缩、故障隔离和自愈等。采用网络虚拟化技术，用户可以根据需要定制自己的网络，用户的需求会被一个虚拟网络层接纳，虚拟网络层完成需求到底层资源的映射，再将网络以服务的形式返回给用户。这种模式很好地屏蔽了底层的硬件细节，简化了网络管理的复杂性，提升了网络服务的层次和质量，同时也提高了网络资源的利用率。网络虚拟化技术的应用将使运营商组网灵活简单，硬件设备统一高效。

网络虚拟化一般含有以下 3 个层面的内容。网元虚拟化，网元通常是指网络中的设备，例如数据网中的路由器、交换机就是数据网中的网元，移动网、光通信网、接入网等都有网元，到目前为止，网元都是以实体形态存在的，如数据网中的路由器是实体网元，数据网中的交换机也是实体网元。网元间的连接虚拟化，目前网元之间的连接是由各类专线实现的，同样是实体形式的。也就是说，目前网元间的连接是实体化的。采用了网络虚拟化技术以后，网元间的实体连接不存在了，可以由网络虚拟化中编排器（Orchestrator）掌控的存在于网络功能虚拟化的基础设施（Network Functions Virtualization Infrastructure，NFVI）中的通信资源调配和编排得到[21]。这时网元间的连接也被虚拟了，网元虚拟化和网络间连接虚拟化合起来构成局部网络的虚拟化；虚拟网是网络内生的虚拟化能力，它将一个物理网虚拟成为几个、几十个乃至几万个网络拓扑，是物理网的子集或全集，虚拟网与虚拟网之间信息隔离，资源独立，拥有实体网的全部能力。虚拟网能力是网络技术中的一个难点，但它又是承载多业务的必备条件，因为承载多业务要求有服务质量的保证和较高的网络使用效率，因此必须使用虚拟网。

随着网络技术的发展，网络虚拟化衍生出了网络功能虚拟化（Network Functions Virtualization，NFV）。NFV 是一种网络结构的概念，利用虚拟化技术，将网络节点阶层的功能分割成几个功能区块，分别以软件方式实现，而不再局限于硬件结构。NFV 是由服务提供商推动的，以加快引进其网络上的新服务。通信服务提供商（CSP）已经使用了专用的硬件元素，使其可以频繁快速地提供新的服务。对于传输网络而言，NFV 的最终目标是整合网络设备类型为标准服务器、交换机和存储设备，以便利用更简单的开放网络元素。

思科虚拟交换系统（Virtual Switch System，VSS）就是一种典型的网络虚

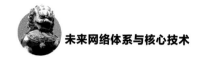

拟化技术，它可以实现将多台思科交换机虚拟成单台交换机，使设备可用的端口数量、转发能力、性能规格都倍增。凭借 VSS 技术，思科不仅实现了交换机的简易管理，同时提高了运营效率。网络管理员仅需登录虚拟化设备，即可直接管理虚拟化为一体的所有设备，真正简化了网络管理。另外，还有 H3C 的 IRF 网络虚拟化技术，以及华为的 CSS 网络虚拟化技术，这些技术都使得网络的利用率更加高效、管理更加简洁。

3. 内容寻址与路由技术

面向内容的内容寻址技术是网络革命性解决方案中的重要研究方向之一，内容寻址涉及将用户的内容请求路由到整个网络中，以保证内容获取时延的最佳服务节点。传统的内容路由是基于 IP 地址的覆盖网路由，如 NDN 的请求路由。用户请求经过聚合之后，通过 DNS 重定向或全局负载均衡设备路由到各个代理服务器。典型的面向内容的网络体系结构有 NDN[22]、DONA、PSIRP 和 NetInf。

4. 面向服务的寻址与路由技术

面向服务的新型网络体系是未来互联网体系结构的研究重点，该结构以服务为中心构建未来互联网，能够改变传统网络面向不同业务需求时只完成"傻瓜式"传输的窘境，实现传统互联网向商务基础设施、社会文化交流基础结构等新角色的转型，因此，它得到了业界的广泛认同。服务在互联网中的概念涵盖了传输和应用等方面，通过数据资源、计算资源、存储资源、传输资源，完成对信息高效率、安全的计算、存储，传输任务的活动就称为服务。面向服务的新型网络体系结构（Service Oriented Architecture，SOA）借鉴了软件设计中面向服务的结构设计、面向对象的模块化编程思想，将服务作为基本单元设计未来网络的各种功能，包含了对服务进行命名、注册、发布、订阅、查找、传输等各种功能的设计，以此满足未来新型网络的管理、传输、计算等需求。其中，具有代表性的技术包括 SOI（Service Oriented Internet，面向服务的互联网）、NetServ、COMBO 等。

SOI 是由美国明尼苏达大学的 Chandrashekar J 等人提出的。顾名思义，就是采用面向服务的方式来描述未来互联网的结构。随着互联网应用的快速增长，人们每天越来越依赖于通过各种网络应用来获取所需的资讯信息，因此庞大的用户量和应用业务的出现，对网络提出了服务可用、可靠、高质量和安全等新需求，SOI 的出现正是为了满足这样的需求。它通过在现有网络层和传输层之间添加服务层（Service Layer）来建立一个面向服务的网络功能平台，属于演进式的研究思路，SOI 这种面向服务分发的网络设计思想具有灵活性强、统一性好、通用性优和可扩展的特点。

NetServ 是一个可编程的路由器体系结构，用于动态地部署网络服务。建立一种网络服务可动态部署的网络体系结构，主要是基于当前互联网体系结构几乎不能添加新的应用服务和功能模块，比如已有的多播路由应用协议（Multicast Routing Protocol）以及服务质量协议（Quality of Service Protocol）等，它们在互联网的应用中有着广泛的需求，但是却难以应用和部署到当前的互联网体系结构中，虽然许多新的互联网服务被放在了应用层领域，但是由于需要主机之间建立通信以提供服务保障，并且多数的服务内容与核心网络自身的已有功能是重复的，所以这种做法的效率很低。许多新出现的网络服务需求实质上更适合放在传输网络中进行实现。NetServ 正是为了改变已有网络服务需求不能得到满足的现状，其设计的核心思想是服务模块化（Service Modularization）。NetServ 首先将网络路由节点中的可用功能和资源服务进行了模块化，当需要在网络中建立一种相关的新服务时，NetServ 就会通过使用互联网络中的可用服务模块进行组合，最终形成相应的服务，构成服务的模块和多个模块构成的服务组件在 NetServ 中被统称为服务模块（Service Module）。NetServ 中的服务模块是用 Java 中的 OSGi（Open Service Gateway Initiative，开放服务网关初始化）框架编写的，并通过发送 NSIS 信令消息实现部署管理。NetServ 还提供了虚拟服务结构（Virtual Services Framework），主要是为面向服务的网络体系结构中的路由节点提供相关安全保障、可控可管理、动态添加删除服务模块等功能。

COMBO 是欧盟 FP7 框架中关于网络体系结构的项目，主要研究固定和移动宽带接入/聚合网络收敛特性（Convergence of Fixed and Mobile Broadband Access/Aggregation Network）。COMBO 需要考虑网络体系结构中的收敛特性，包括两个基本方面：一个是功能性的收敛，核心网络提供的服务在靠近边缘网络时会呈现发散的特点，比如移动网络中用户所接收的服务与固网中用户所接收的服务相同，如果能够得出这些靠近边缘网络的服务的收敛特性，那么 COMBO 就可以得到边缘网络与核心网络之间在网络服务上的差异性，从而为核心网络服务的分发提供策略依据，并对于得到更为长远的网络演进策略具有重大的理论意义；另一个是核心网络结构上的收敛特性，这对于网络资源的合理调度与配置以及网络的集中管理有指导意义，而对应着功能性的收敛，COMBO 能够更进一步地实现有效的资源分配策略和管理策略。

5. 移动性技术

在早期计算机网络中，网络节点的位置相当固定，网络协议首先要考虑的是

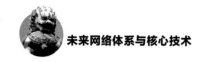

两个固定节点之间正常的连接，并不注重网络移动性的要求，网络节点的位置本身也就很自然地被用作网络节点的标识符。体现在传统的 TCP/IP 网络体系结构中，IP 地址既扮演着节点标识符的角色，又扮演着节点定位符的角色，即路由的选择依靠 IP 地址，这常常被称为 IP 地址语义过载问题。IP 地址语义过载问题影响了计算机网络对移动性的支持，限制了核心路由的扩展性，降低了现有安全机制的效能，还限制了若干新技术的发展。针对此，目前存在两种解决方法：一是分离的方法；二是消除的方法。分离的方法，即将边缘网络与核心网络分离，需要引入一个映射系统，负责边缘网络所使用的地址与核心网络地址之间的映射。典型的机制有 APT、LISP、IvIP、TRRP、Six/One、Six/One Router。

HIP（Host Identity Protocol，节点标识协议）[23] 在传统的 TCP/IP 体系网络中引入了一个全新的命名空间——节点标识（HI），在传输层和网络层之间加入了节点标识层（Host Identity Layer），用于标识连接终端，安全性和可移动性是其设计中尤为推崇和自带的特性。HIP 的主要目标是解决移动节点和多宿主问题，保护 TCP、UDP 等更高层的协议不受 DoS 和 MitM 攻击的威胁。节点标识实质上是一对公私钥对中的公钥，节点标识空间基于非对称密钥对。由不同公钥算法生成不同长度的 HI，HIP 再将 HI 进行散列来得到固定长度（128 bit）的、固定格式的 HIT，以便作为 HIP 报文的节点标识字段（可包含在 IPv6 扩展头内）。为了兼容 IPv4 地址协议和应用程序，HIP 还定义了局部标识符（Local Scope Identifier，32 bit），仅在局部网络范围内使用。HIP 中并没有像其他协议一样定义协议头部，而是用扩展头部来表示协议头部，用封装安全载荷（Encapsulated Security Payload，ESP）进行封装，在两台节点之间建立端到端 IPSec ESP 安全关联（Security Association，SA）来增强数据安全性，减少了中间节点（如路由器）对数据分组的处理，也不需要对现有的中间节点进行任何改动。

IETF 的第 49 次会议上，Teraoka F 等日本学者提出了一种全新的移动 IP——LIN6。LIN6 是根据 LINA（即基于位置无关的网络结构理论）在 IPv6 地址中划分出身份和位置标识的部分，面向 IPv6 提出了一种移动性支持方案。LINA 秉承身份标识与位置标识相分离的思想，引入了接口位置识别号和节点标识号这两个基本实体，实现身份标识与位置标识相分离。这两个实体的引入，使得网络层被分为网络标识子层和网络转发子层，网络转发子层履行传统 IP 层的功能，为数据分组提供路由。LIN6 的基本思想是：采用 ID—嵌入位置识别号，将 IPv6 地址分为身份标识（LIN6 ID）和交换路由标识（LIN6 前缀）两部分。LIN6 ID 在上层应用标识通信，身份到路由的解析由终端的协议栈与映射代理通信来实现。与 HIP 一样，同样使用 DNS 将节点与其对应的映射代理服务器联系起来，通过部署映射代理服务器（MA）实现身份标识和交换路由标识之间的解析。

6. 云技术

云技术 [24]（Cloud Technology）是指在广域网或局域网内将硬件、软件、网络等系列资源统一起来，实现数据的计算、存储、处理和共享的一种托管技术。云技术是基于云计算商业模式应用的网络技术、信息技术、整合技术、管理平台技术、应用技术等的总称，可以组成资源池，按需所用，灵活便利。技术网络系统的后台服务需要大量的计算、存储资源，如视频类网站、图片类网站和其他大型门户网站，云计算技术将变成上述网络系统的重要支撑。随着物联网行业的高度发展和应用，将来每个物品都有可能存在自己的识别标志，都需要传输到后台系统进行逻辑处理，不同程度级别的数据将会分开处理，各类行业数据皆需要强大的系统后盾支撑，智能通过云计算来实现。

云计算一经提出便受到了产业界和学术界的广泛关注，目前国外已经有多个云计算的科学研究项目，最有名是 ScientificCloud[25] 和 OpenNebula 项目。产业界也在投入巨资部署各自的云计算系统，目前主要的参与者有 Google、IBM、Microsoft、Amazon 等。国内关于云计算的研究刚刚起步，并于 2007 年启动了国家 "973" 重点科研项目 "计算机系统虚拟化基础理论与方法研究"，取得了阶段性成果。云技术中最具代表性的研究计划包括 Amazon EC2（Elastic Computing Cloud，弹性计算云）、Google APP Engine、Microsoft Azure 等。其中，Amazon EC2 是美国 Amazon 公司推出的一项提供弹性计算能力的 Web 服务。Amazon EC2 向用户提供一个运行在 Xen 虚拟化平台上基于 Linux 的虚拟机，从而使得用户可以在此之上运行基于 Linux 的应用程序。使用 Amazon EC2 之前，用户首先需要创建一个包含用户应用程序、运行库、数据以及相关配置信息的虚拟运行环境映像，称为 AMI（Amazon Machine Image，Amazon 机器映像）或者使用 Amazon 通用的 AMI 映像。Amazon 同时还提供另外一项 Web 服务——简单存储服务（Simple Storage Service，S3），用来向用户提供快速、安全、可靠的存储服务。用户需要将创建好的 AMI 映像上传到 Amazon 提供的简单存储服务，然后可以通过 Amazon 提供的各种 Web 服务接口来启动、停止和监控 AMI 实例的运行。用户只需为自己实际使用的计算能力、存储空间和网络带宽付费。

7. 网络创新环境构建技术

当前互联网的体系结构对于层出不穷的新应用表现出很多当初设计时未曾预料的缺陷，学术界和产业界针对这个现状提出了一些未来互联网的解决方案。

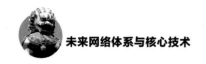

其中，Clean-State（即重新设计互联网体系结构的思想）成为研究热点，提出了很多创新型网络体系。但当前缺乏对这些新型网络体系进行真实性试验的环境，因此，迫切需要具有可控和真实的网络试验平台。当前，一些未来互联网计划，诸如 FIRE（欧盟）、FIND/GENI（美国）、AKARI（日本）以及与它们相关的研究项目都依赖于集成的试验设备 / 试验床来测试和验证它们的解决方案。

在欧洲，几个项目（如 Onelab2、Panlab/PII 等）都是未来互联网研究和试验（FIRE）的基础设施。随着一些新的项目（如 BonFIRE、TEFIS 等）的加入，实施 FIRE 计划基础设施的规模也增加了。在亚洲，主要有日本、韩国和中国在积极地部署未来互联网计划。亚洲的合作主要体现在实施亚太高级网络计划（APAN）和部署由中、日、韩 3 国共同合作的 PlanetLab CJK。

PlanetLab 最初的核心体系结构由普林斯顿大学的 Peterson L、华盛顿大学的 Anderson T、英特尔的 Roscoe T 以及负责此项工作的 Culler D 共同设计。PlanetLab 是一个开发全新互联网技术的开放式、全球性测试平台。PlanetLab 本质是一个节点资源虚拟的覆盖网络，一个覆盖网的基本组成包括：运行在每个节点用以提供抽象接口的虚拟机；控制覆盖网的管理服务。为了支持不同网络应用的研究，PlanetLab 从节点虚拟化的角度提出了"切片"概念，将网络节点的资源进行了虚拟分片，虚拟分片之间通过虚拟机技术共享节点的硬件资源，底层的隔离机制使得虚拟分片之间是完全隔离的，不同节点上的虚拟分片组成一个切片，从而构成一个覆盖网。各个切片之间的试验互不影响，而使用者在一个切片上部署自己的服务。PlanetLab 的主要目标之一是用作重叠网络的一个测试床。任何考虑使用 PlanetLab 的研究组能够请求一个 PlanetLab 分片，在该分片上能够试验各种全球规模的服务，包括文件共享和网络内置存储、内容分发网络、路由和多播重叠网、QoS 重叠网、可规模扩展的对象定位、可规模扩展的事件传播、异常检测机制和网络测量工具。

|1.4　未来网络发展趋势|

国内外研究人员就未来网络在可扩展性、开放性、服务质量、安全性和可管理性等方面进行了深入探索。上述问题的解决需要并且也只能在网络体系结构层面上进行创新，研究可兼容现有技术并且适应未来发展需求的新型网络体系结构。对国内外现有研究思路和技术发展途径进行总结，就未来网络发展趋势给出如下几点考虑。

1.4.1 柔性化可重构网络组织结构

在经历了 40 余年的迅猛发展后，当今互联网单一、不变的基础互联传输能力虽然具有功能意义的普遍适应性，但其却有着不具备对多样、庞大、复杂和演进的网络需求及应用在性能意义的针对性的致命缺陷。互联网上多样、庞大、复杂和不断演进的网络应用需求，与互联网单一而简单的基础互联传输能力之间形成了鲜明和巨大的反差，正是这种反差构成制约整个互联网网络总体功能的结构性瓶颈，换言之，业务的特征和需求通常是多样和变化的，而网络服务能力却是相对有限和确定的。网络的内在能力与结构缺乏对多样、多变应用需求的固有适应性，是导致网络对融合、泛在、质量、安全、扩展、移动、可管可控等支持能力低下的一个根本的结构性原因。

一种有效的应对办法就是建立柔性化可重构的网络组织结构。所谓柔性化可重构网络，是通过网络结构的自组织、功能的自调节和业务的自适配，来最大限度地弥合网络能力与业务需求之间时变鸿沟的新型网络体系。其核心特征是网络内在结构的时变性，即由时变的网络结构驱动时变的网络服务能力，最终实现网络服务对应用要求和特征的动态适配。从该意义上讲，柔性化可重构网络对单个应用呈现的最终结果应当是：构造并保持能够跟随业务流量特征变化的时变信道，用过程意义的服务效果来一致地满足网络应用的数据传送要求。

不同于现有网络的业务提供方法，内在结构可变的柔性化可重构网络是在现有网络环境下解决可扩展性、数据传送质量、安全性等一系列问题的结构性方法，它旨在既保留具有统计复用和语义透明等优质特性的分组交换模式，又以动态改变自身结构和行为的方式来保证数据传送的质量。这里，可变化的网络内在结构是指网络资源的分配和使用方式可以动态改变，换句话说，网络可以适时改变它对应用所分配的资源和对资源的使用方式。网络服务能力的适配性则指网络向其使用者提供的业务能够匹配时变的应用要求和特征。图 1-4 给出了柔性化可重构网络运行原理示意。

传统电信网的业务是确定的、离散的，互联网使用的 IP 也仅做到了在分组层面实施随机的资源分配，这种随机性本质上是局部的和不受控的。柔性化可重构网络与基于 IP 的互联网的一个重要不同之处在于，其重要目标之一就是通过动态的过程控制，使得其内在结构的变化调整以显式的方式受控于网络业务的数据传送要求和特征，最终使得服务效果对传送要求之偏离程度达到最小，或者效果对要求的符合程度达到最大。这种方式可以很好地兼顾诸如一致满足所有应用的时变要求、改善资源效率、保证重构的透明性、建立对时变要求的

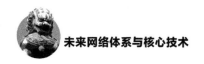

自然和自主的适应性等多种我们所期望的目标。

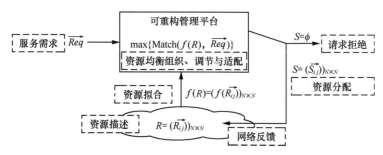

图1-4　柔性化可重构网络组织结构运行原理示意

这里的柔性是网络结构调整方式的总体特性，进一步地，柔性是网络针对应用要求对其内在结构、资源做出隐性调整，以实现其服务效果对应用要求动态和紧密的跟随。我们将达到内在支持功能到外在服务要求一致和稳定匹配效果的结构调整方式称作网络结构重构的柔性。

柔性重构的功能最终要表现为相应的网络协议和节点结构。图1-5 给出了一个以网络认知为核心的网络节点功能结构，分为数据面和控制面两部分，控制面负责柔性重构决策的生成，完成结构重构操作；数据面则负责正常的数据转发操作。

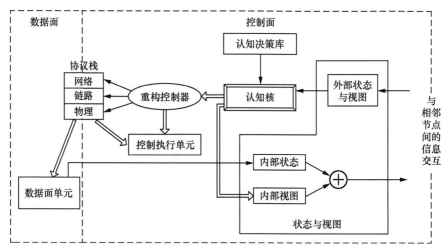

图1-5　支持柔性重构的网络节点功能结构

节点和网络的状态是重构的基础，因此，各个节点状态在全网的实时发布对于效果的实时跟随来说至关重要。节点以概率广播的方式及时将网络状态信息分发给所有其他节点以完成信息交互。状态与视图则以统一的格式接收相邻节点发来的实时状态信息，也将节点自身的最新状态信息进行广播，还完成内部外部状态的存储和格式的转换。认知核是柔性重构功能的计算处理中心，它基于业务要求和内部外部状态来动态计算节点和局部网络的服务效果对传送要求的偏离程度，按照传送要求对业务流进行分类，基于认知决策库和学习算法来动态计算资源分配量和调整的幅度。

认知决策库包含业务传送要求、优化模型和优化目标，它在为认知核提供计算模型和规则的同时，也基于认知核的计算结果提炼新知识。

重构控制器从认知核接收操作指令，对协议执行部件的操作模式和参数实施调整。比如，修改数据面内的分组队列门限，调整或重新定义业务优先级，调整调度器的队列带宽分配比例等，重构控制器也可以指示控制执行单元修改或重选路由。

数据面的核心任务在不断变化的处理结构之上，依照操作模式和参数执行数据转发，将操作结果以内部状态的形式提供给状态与视图单元。

在整体上，控制面的 6 个单元与数据面的操作单元一同构成内外环境感知—认知计算决策—自主结构调节的反馈控制环，形成柔性重构的微观处理机制，这是实现表达、测量、处理和反馈的重要系统平台。

1.4.2　多样化寻址与路由方式的多模多态共存

寻址和路由结构决定了信息通信网络所有的特征以及所能提供的路由服务能力。随着 IP 网络业务形态的不断丰富，业务对网络的需求越来越多样和多变，而 IP 网络的路由服务能力却是有限的和确定的，这就导致了业务需求与网络固有路由能力之间的差距日益扩大，从而使得网络难以支持多样化的业务。为了解决 IP 网络层功能单一、服务质量难以保证、移动泛在支持乏力等瓶颈性问题，未来网络需要多样化的基础寻址与路由技术，以及支持多类型寻址与路由技术的多模多态共存。

基于网络有限的、确定的路由服务能力，支持多样网络体系共存时网络业务形态的不断丰富及其需求的多样化和多变性，将是未来网络发展的重要趋势。一种可能的解决方式就是建立支持多样网络体系和寻址方式共存情形下的新型路由模型—多态路由模型。该模型包括基态层和多态层两层结构，基态层定义了网络寻址路由功能的微内核，是网络多样化寻址路由的基本要素和功能能力集合；多态层则通过个性化定制呈现出功能特定、安全特定、服务质量特定等的多模态特性，是满足具体应用各种约束属性的路由服务实例。模型通过参数化定义配置网络基态层基本微内核，实现个性化定制的多态寻址路由派生与重载，从而使得网络基础互联传输能力和路由服务能力得以动态增强，并且支持网络寻址与路由的多模多态共存。

鉴于信息网络应用服务需求的多样性，多态路由模型对现实应用中多样、多变的路由服务进行抽象归纳，对路由寻址过程进行功能分解，将其分解为功能相对独立、接口清晰明确的基本单元，具体包括寻址结构、认证方式、加密算法、通信主体标识、链路状态参数计算、路由算法等。通过对上述基本元素和能力集合的组合优化，继而形成具有针对特定业务的满足具体业务服务质量和网络动态行为特征等要求的路由协议。具体来说，多态路由是基于多样化应用的业务特征要求和网络动态行为驱动构建的，基于基态路由进行实例特化以满足具体应用所需的各种约束属性服务路径的路由机制。图1-6给出了基态与多态路由建模。

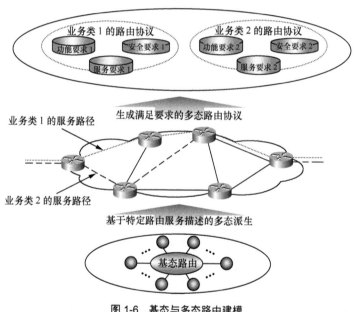

图1-6　基态与多态路由建模

上述过程中，路由计算过程由网络认知功能得到的网络视图和应用要求决定，其中网络视图不仅包含网络的稳态拓扑信息，还包含网络资源的瞬态能力，比如链路利用率的多少、节点处理能力的大小等；应用要求主要是由用户（或业务）提出的端到端的具体传送指标，如时延、分组丢失率或者安全要求。多态路由计算的结果为满足应用要求的服务路径。服务路径建立后，路径的传送能力继续受认知功能的监测。若不能满足应用需求或达到路由调整的约束条件，则执行新一轮的多态路由计算。

在基于基态 / 多态派生模型的多态路由协议体系中，多样化业务特征要求和网络动态行为驱动的多态路由协议主要解决多种网络体制并存的网络寻址及路由问题，其详细结构如图 1-7 所示。

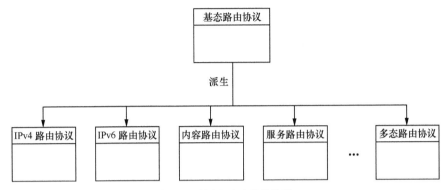

图 1-7　基态及多态协议体系

多态路由协议是基于基态协议生成的具有多种运行形态的协议，既可表示为通过基态协议特化的不同协议体系，也可以表示为一种协议体系的多个运行态。在该体系下，基态协议重点考虑 IPv4/IPv6、NDN 等多态体系协议的路由兼容和特化。在传统 TCP/IP 网络中，IP 地址既用于位置标识又用作端点的身份标识，这种双重身份不仅限制了网络移动性，也带来一些安全问题，基态协议的设计应集成内嵌的标识与地址分离解决方案。此外，随着业务需求逐渐由关注通信转变为关注数据内容和服务，新的基态协议必须能够有效支持面向数据内容、应用服务以及其他新型网络结构的寻址与路由。

由于资源的随机共享普遍存在于网络运行过程中，要实现时变网络的资源提供与基于众多随机因素实现应用要求的一致匹配，就使得客观意义上的随机性、全局性和主观意义的确定性相互交织。在上述多态协议体系下，通过由基态到多态的派生可将网络功能和行为根据用户需求进行动态改变，或根据不同要求在不同协议体系间或相同协议体系不同运行形态间进行切换。通过由基态到多态的派生机制可为不同协议体系形成针对多种服务的传输服务网络，为多样化服务共存情形下的隔离及资源调配提供基础。

1.4.3　辐射与对流耦合的抵近式缓存技术

互联网设计初衷是针对数据传输业务的，但随着应用种类和范围的不断扩大，

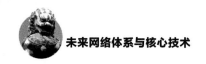

宽带流媒体业务成为当前互联网的主流应用。宽带流媒体不同于传统的数据业务，它要求较高的带宽保证和实时连续性的网络传输。传统 IP 网络本质上并不能保证传输带宽和服务质量，导致现有互联网难以从根本上支持宽带流媒体业务。

从网络体系结构设计的角度来讲，传统互联网采用基于端到端连接的独立服务模式为每用户提供网络服务，即为每一次服务建立相应的独立连接。因此，网络服务能力从某种程度上可以由其所能承载的实际连接数量来衡量。而我们面临的窘境却是网络带宽的提升似乎一直都滞后于连接数量的非线性增加。传统仅靠被动的增加带宽和传输节点的方式似乎已不可行。统计数据表明，网络内容访问呈现出人类社会中普遍存在的"二八"现象，即网络中 80% 的用户集中访问 20% 的热点内容，出现突发事件时，热点更集中。网络热点内容的访问产生了大量并发的重复性连接与流量。正是这种重复流量肆意消耗网络资源，导致网络承载的连接数量非线性增加，造成业务并发时服务性能难以保障。

因此，如何消除热点内容引起的重复性流量，是保障互联网业务特别是流媒体业务服务质量的关键，而这种难题仅依赖于传输的网络路由与传输技术是难以解决的。目前，一种可能的方法是采用辐射与对流耦合的抵近式缓存技术。所谓辐射与对流耦合的抵近式缓存技术，是指在网络节点中融入计算、存储和传输的能力，在感知数据内容和预测用户需求的基础上，通过节点间的智能协同，逐渐把用户所需要的数据以抵近式存储的方式向用户推送，实现以"用户"为中心的网络数据自适应流动和汇聚机制，完成以数据为中心到以用户为中心的服务模式根本变革。

这种辐射与对流耦合的抵近式缓存技术本质上是一种主动服务过程，即突破现有互联网仅以简单传输为核心功能的局限性，在传输过程中融合感知能力、计算能力和存储能力，实现了新兴网络功能的快速部署、网络资源的高效利用、用户需求的不断演进等，如图 1-8 所示。这种技术利用网民兴趣呈现出的"二八定律"和信息可复制特点，根据大规模接入汇聚的统计特性，设立存储热点内容的社区服务社，提供一站式服务。具体而言，就是根据用户兴趣实时统计情况将热点内容以抵近式缓存的方式推送到尽可能逼近用户的网络接入点，然后利用辐射与对流耦合方法将热点内容由网络接入点智能高效分发至用户，极大减少了业务并发时骨干网上的流量，并缩短了用户获取网络服务的时延，使得用户获得了"服务就在家门口"的高质量用网体验。

上述过程可以分解为两个步骤。

① 实时计算出排名靠前的热点内容，建立热点内容场。

研究发现：用户点播请求在时—空域表现出明显的双重相关特性，即在时域上表现出明显的内容相关性和在空域上表现出明显的内容相似性。该步骤要根据内容的活跃程度，在空间维度上合理布局内容存储位置，时间维度上动态调整内容缓存时间，以渐进式的方式将真正流行的请求内容推送至网络边缘存储，有效化解了缓存冗余，提高了缓存利用效率，实现了内容请求的超低时延。具体而言，就是利用内容请求局域空间相似性实现内容的协同缓存，将垂直请求路径上和水平局域范围内的缓存放置有效结合，实现二维空间联合冗余消除；利用内容请求时间序列相关性实现内容的协作缓存，依据内容请求之间的相关性，预先发送对于关联数据内容的请求，缩短内容请求的时延。

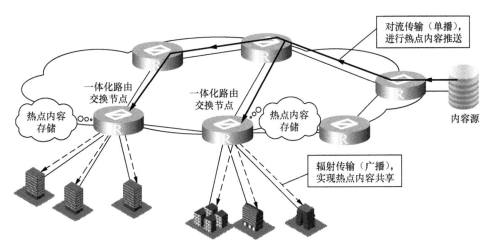

图 1-8　辐射与对流耦合的抵近式缓存技术原理

② 实施服务本地化的辐射与对流耦合传输。

针对热点时段重复冗余流量引起的网络拥塞问题，采用存储换传输的思想，以广播 + 单播的传输模式将内容源推送至网络边缘，大幅度减少了业务并发产生的冗余流量，提高了数据传输效能。针对 IPTV 业务中全民数据共享问题，骨干网（数据源与热点内容缓存点间）完成数据辐射，接入网（终端与热点内容缓存点间）完成对流传输；针对 VoD 业务中热点内容共享问题，骨干网（数据源与热点内容缓存点间）完成数据定向对流传输，接入网（终端与热点内容缓存点间）完成数据辐射。服务本地化实现了网络流量的协同优化，大大降低了骨干网和边缘网的网络流量，从而能提高服务质量，优化系统性能。

1.4.4　支持主动防御的网络安全技术

传统的网络安全防御思想是在现有网络基础结构的基础上建立包括防火墙

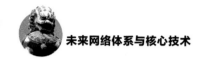

和安全网关、安全路由器 / 交换机、入侵检测、病毒查杀、用户认证、访问控制、数据加密技术、安全评估与控制、可信计算、分级保护等在内的多层次的防御体系，通过不同类型传统安全技术的综合应用来提升网络及其应用的安全性。但近年来不断被披露的国内外网络安全事件及由此带来的严重后果也逐渐暴露了传统的网络安全防御技术存在的问题，包括难以有效抵御系统未知软 / 硬件漏洞的攻击、难以防御潜在的各类后门攻击、难以有效应对各类越来越复杂和智能的渗透式网络入侵，而这些问题随着系统漏洞挖掘、利用水平的不断提升、后门预置与激活技术的不断发展，也变得越来越严重。

为此，突破依赖于对网络攻击先验知识的静态、被动式的防御技术的局限，提出具有主动防御能力的网络安全技术已成为当前的重要研究方向。所谓主动防御，是指网络能够在主动或者被动触发条件下动态地、伪随机地选择执行各种硬件变体以及相应的软件变体，使得内外部攻击者观察到的硬件执行环境和软件工作状态非常不确定，无法或很难构建起基于漏洞或者后门的攻击链，以达到降低系统安全风险的目的 [26]。

相比传统信息系统的静态性、相似性和确定性，主动防御系统具有实在的非持续性、非相似性和非确定性的基础属性，这与网络攻击所依赖的静态性、相似性和确定性正好相左。在动态持续攻击常态化背景下，在漏洞和后门以及可能驻留的病毒和木马信息缺位的情况下，防御方通过动态化和随机化的内核结构和主动变化的安全机制，大幅度增加未知漏洞和后门的利用难度，扰乱或破坏未知病毒和木马的攻击链。与目前主流基于加密认证和基于先验知识的病毒查杀等安全措施相比，主动防御可以弱化、利用未知漏洞、后门或病毒、木马的攻击威胁，可以弱化基于特征嗅探和状态转移的内外部攻击。

自主可控和主动防御相结合的网络安全新技术具有以下特点。

• 针对攻击链依赖传统系统结构和运行机制特有的脆弱性，组合应用多维重构技术和动态化、多样化、随机化的安全机制，扰乱或阻断攻击链，增加攻击难度，实现不依赖先验知识的主动防御。

• 在所创建的动态化、非确定和非相似的迷局中，允许部分使用"带毒含菌"的器件、部件或软硬件构件，并能做到安全风险可控，可缓解自主产业能力不足的困境。

• 通过函数结构和动态机制的组合（乘法准则）应用，大幅度地降低漏洞或者后门利用的可靠性。对于预先植入或预留的木马或病毒的利用，也会造成相似的难度。

• 内核的安全风险并不取决于"零缺陷"设计与实现或算法保密等外在因素，只取决于系统当前的资源状态、服务质量、运行效率、异常情况、流量特征和时间基准等非封闭动态参数的随机性。

· 能有机整合现有（或未来可能发展出）的安全防御手段，通过与主动防御机制的深度组合运营，构成主被动融合式防御体系，能够倍增甚至指数化地增加外部攻击的难度。

参 考 文 献

[1] 刘韵洁. 未来网络发展趋势探讨 [J]. 信息通信技术，2015, (2): 4-5.

[2] 李乐民. 未来网络的体系结构研究 [J]. 中兴通讯科技，2013, (19): 39-42.

[3] 阮科. 下一代互联网体系结构演进分析 [J]. 电信科学，2014, (2): 50-53.

[4] 蒋林涛. 探寻下一代网络的发展 [J]. 世界电信，2014, (8): 32-39.

[5] JAIN S, KUMAR A, MANDAL S, et al. B4: experience with a globally-deployed software defined WAN[C]// Proceedings of ACM SIGCOMM, Hong Kong, China, 2013.

[6] 兰巨龙，熊钢，胡宇翔，等. 可重构基础网络体系研究与探索 [J]. 电信科学，2015, 31(4): 57-65.

[7] 蒋林涛. 对未来网络若干问题的思考 [J]. 电信网技术，2011, (6): 31-35.

[8] 谢高岗. 未来互联网体系结构研究综述 [J]. 计算机学报，2012, (6): 1109-1119.

[9] 黄韬. 未来网络体系结构研究综述 [J]. 通信学报，2014, 35(8): 184-197.

[10] DOVROLIS C. What would Darwin think about clean-slate architectures[C]// SIGCOMM Computer Communication. Review, 2008, 38(1): 29-34.

[11] CLARK D D, SOLLINS K, WROCLAWSKI J. Addressing reality: an architectural response to real-world demands on the evolving Internet[C]// ACM SIGCOMM Computer Communication Review, 2003, 33(4).

[12] GREENBERG A, HJALMTYSSON G, MALTZ D, et al. A clean slate 4D approach to network control and management[C]// ACM SIGCOMM Computer Communication Review, 2005.

[13] 沈庆国. 网络体系结构的研究现状和发展动向 [J]. 通信学报，2010, (10):3-17.

[14] ZHANG L. Named data networking (NDN) project[S]. Research proposal, 2010.

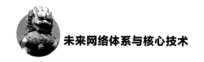

[15] ANAND A. XIA: an architecture for an evolvable and trustworthy Internet[S]. 2011.

[16] TOUCH J, HOTZ S. The X-Bone[C]// Proceedings of the Third Global Internet Mini-Conference at GLOBECOM' 98, 1998: 44-52.

[17] JINHO H, BONGTAE K, KYUNGPYO J. The study of future internet platform in ETRI[J]. The magazine of the IEEE, 2009, 36(3): 68-74.

[18] BI J, YAO G, WU J. An IPv6 source address validation testbed and prototype Implementation[J]. Journal of networks, 2009, 4(2).

[19] 兰巨龙. 可重构信息通信基础网络体系研究 [J]. 通信学报, 2014, 35(1): 187- 198.

[20] LIU Y J, TAO H, JIAO Z, et al. Service customized networking[J]. Journal on communications, 2014.

[21] 蒋林涛. 网络功能虚拟化技术的研究 [J]. 电信技术, 2015, (7): 10-13.

[22] ZHANG L. Named data networking (NDN) project[S]. Research proposal, 2010.

[23] MOSKOWITZ R, NIKANDER P. RFC 4423: host identity protocol (HIP) architecture[S]. Internet request for comments, 2006.

[24] 张水平. 云计算原理及应用技术 [M]. 北京: 清华大学出版社, 2014.

[25] KEAHEY K, FIGUEIREDO R, FORTES J, et al. Science clouds: early experiences in cloud computing for scientific applications[C]// Proceedings of Cloud Computing and Its Applications. 2008.

[26] 邬江兴. 拟态计算与拟态安全防御的原意和愿景 [J]. 电信科学, 2014, 30(7): 1-7.

第2章

开放可编程的未来网络体系

学术界和产业界普遍认为，在设计未来网络体系结构时，要打破传统网络"尽力而为"的服务模式，重新设计网络控制和管理结构，将控制逻辑与数据转发分离，采用集中控制的方式，降低网络核心设备的复杂性，提高网络控制和管理的灵活性，增强对网络新技术、新协议的支持能力。开放可编程是对网络整体功能和行为的高度抽象以及软件编程的自定义，其核心思想是通过对网络节点提供开放可编程接口，利用编程语言向网络设备发送强大的编程指令，实现对网络功能和行为的按需管控和新业务的快速部署。

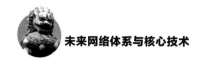

| 2.1 开放可编程思想的提出 |

随着软/硬件、网络操作系统、虚拟化等技术水平的不断提高，网络可编程技术逐渐成熟，其概念和内涵也不断演进。整体上来说，网络可编程技术分为 3 个发展阶段：① 早期开放可编程思想，将可编程思想引入网络设计；② 控制与转发分离技术研究，推进了网络控制平面与数据平面之间开放接口的进一步研究；③ 基于 OpenFlow 的 SDN 和 NFV 研究不断深入和推广，提高了网络可编程技术实际部署的可行性。下面对网络可编程技术发展历程进行详细的介绍和分析。

2.1.1 早期开放可编程思想

2.1.1.1 开放信令

从 1995 年开始，开放信令（OpenSig）工作组专注于研究开放、可扩展、可编程的 ATM、Internet 和移动网络，第一次真正将可编程思想加入网络设计[1]。其主要思想是通过开放、可编程的网络接口访问网络硬件，在通信硬件和控制软件之间实施分离并且将开放可编程接口标准化。但是，垂直、整合的交换机和路由器等网络设备具有封闭特性，导致开放信令思想在当时的技术条件下难以实现。不过，随着软 / 硬件技术的不断发展，后续的 IEEE P1520、MSF（ Multiservice Switching Forum，多业务交换论坛 ）、IETF 发布的 GSMP、ForCES 工作组以及 NPF（ Network Processing Forum，网络处理论坛 ）都基于该思想进行研究。

2.1.1.2　主动网络

同期，美国国防部高级研究计划署（ DARPA ）在未来网络发展方向研讨会上提出了主动网络（ Active Network ）[2] 这一新的网络体系结构，该结构首次提出"面向定制化服务可编程的网络基础设施"的思想。随着美国的 GENI、NSF FIND 和欧盟的 FIRE 等项目的不断推进，主动网络成为一系列新型网络结构方案中的研究热点。科研人员针对主动网络思想设计了两个主要模型：一是可编程路由 / 交换机模型，即网络操作员利用 Out-of-Band 方式将程序代码放置到网络节点上运行；二是封装模型，即用户利用 In-Band 方式，将程序代码根据数据分组的形式传递到网络节点上运行。尽管主动网络的思想有效、可行，但是由于当时缺乏大量的应用范例和工业部署需求，而且脱离了当时的硬件技术水平，因此难以进行推广。

上述两种可编程思想对开放结构网络研究具有一定的互补性，其共同目标都是实现面向科研人员和终端用户的网络开放可编程，研究重点都主要围绕数据平面的可编程，由于受到软 / 硬件技术的限制，因此仅能实现设备级的可编程。随后，关于网络开放可编程的研究工作，基本采用了基于开放信令思想的控制平面和数据平面分离的基本体系结构。下面对这些研究工作进行详细介绍。

2.1.2　控制与转发分离

网络规模的不断扩大，对服务提供商提出了集中式控制和更高可靠性的需求，设备生产商将控制平面软件从包转发硬件中分离，直接部署在整合的控制器硬件中。这种控制与转发分离的设计为新型网络创新带来新的机遇和挑战：控制平面和数据平面之间的开放可编程接口的设计，以及网络在逻辑上的集中控制。围绕这两个方向对典型的研究工作和项目进行比较，包括 DCAN（ Devolved Control of ATM Networks，权力下放的 ATM 网络控制 ）、ForCES[3]、4D（ Decision，Dissemination，Discovery，Data，决策，分发，发现，数据 ）[4-5] 和 NETCONF[6]。

DCAN 将大量网络设备的控制和管理功能与转发设备本身解耦，并委托给

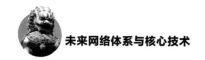

第三方执行，硬件设施只执行简单的转发操作。与 DCAN 不同，ForCES 将网络设备的内部结构重新定义为两个逻辑实体：转发元件负责使用底层硬件进行数据分组处理，控制元件使用 ForCES 协议控制转发元件进行处理数据分组。4D 项目将网络分为决策平面、分发平面、发现平面、数据平面。其中，决策平面具有全局的网络视图，利用分发平面和发现平面分别提供通信和信息服务，数据平面负责转发分流。该 4 层结构解决了网络逻辑决策平面和分布式的硬件设备结合过紧的问题，实现了路由选择逻辑和管理网络元素之间交互协议的严格分离，使网络更加健壮、安全且利于异构网络的管理。NETCONF 协议为网络设备提供了一个 API，利用该 API 可以对网络设备进行动态、可扩展的参数配置。

该阶段的项目研究主要是实现面向网络管理者的可编程技术，研究重点为控制平面编程技术，实现网络级的视图和控制。简而言之，控制与转发分离的结构简化了网络管理和配置操作，实现了网络控制的集中化和健壮化，为网络设备提供了开放可编程接口，提高了网络可编程能力，为 SDN 的产生奠定了理论和实践基础。

2.1.3　软件定义网络

2006 年，在控制与转发分离结构的基础上，美国斯坦福大学的 Clean Slate 研究组针对企业网的安全管理需求，提出了面向企业网的管理结构 SANE[7]，首次实现了路由和接入在逻辑上的中央安全控制和更细粒度的流表转发策略。2007 年，在对 SANE 进行功能扩展的基础上提出了 Ethane[8]，研制出了基于流表进行报文转发的交换机。随后，在这两个项目研究成果的基础上，Nick McKeown 教授等人提出了 OpenFlow[9]，并大力推广 SDN 的思想。

作为目前新型网络结构的研究热点之一，SDN 既继承了前期控制与转发分离思想，也实现了网络可编程关键技术的实际可部署性，对于未来网络体系的研究具有重要意义。

① 统一了网络设备功能。传统的网络设备依靠不同的分组头字段进行流量控制，而基于 OpenFlow 协议的交换机则可以使用任意的分组头匹配域定义转发行为，实现了网络设备匹配域与转发行为的统一。同时，基于 OpenFlow 的 SDN 对规则配置技术进行了归一化，将粗粒度规则预配置改为反应式的细粒度规则配置。

② 提供了网络操作系统视图。不同于主动网络中提出的节点操作系统，SDN 中的网络操作系统在逻辑上将网络分为 3 层，即转发层、状态管理层和逻辑控制层，能够对网络状态进行全局抽象，为网络管理者提供了网络级的控制视图。

③ 实现了分布式网络状态管理技术。SDN 控制平面与数据平面分离的结构

导致网络状态管理面临挑战。为了实现可扩展性、可靠性和高性能，需要同时运行多个逻辑上集中的控制器，确保其协同工作。

| 2.2　基本结构与原理 |

SDN 作为最新提出的一种开放可编程的网络体系结构，学术界和产业界都对其产生了浓厚的兴趣和积极的响应。本节以 SDN 作为范例，对开放可编程的未来网络体系框架、基本运行原理以及典型应用进行详细介绍。

2.2.1　体系框架

SDN 的本质是网络转发功能的可编程性，将控制器作为可编程控制的切入点，网络管理员通过网络应用层软件能够动态、快速、按需地进行网络配置。作为第一个具有现实意义的 SDN 协议和原型实现，OpenFlow 具有良好的实现性，使 SDN 更加实用。图 2-1 给出了 ONF（Open Networking Foundation，开放网络基金会）组织定义的 SDN 系统结构。其中，由下到上（或称由南向北）分为数据平面、控制平面、应用平面以及右侧的控制管理平面。

（1）数据平面

数据平面由交换机等网络元素组成，各网络元素之间由不同规则形成的 SDN 网络数据通路形成连接。网络元素没有控制能力，只是单纯地进行数据转发和处理。如图 2-1 所示，一个数据通路包含 CDPI 代理、转发引擎表和处理功能 3 个部分。数据平面与控制平面之间利用 SDN 控制数据平面接口（Control-Data-Plane Interface，CDPI）进行通信，CDPI 具有统一的通信标准，目前主要采用 OpenFlow 协议。CDPI 负责将转发规则从网络操作系统发送到网络设备，它要求能够匹配不同厂商和型号的设备，并不影响控制层及以上的逻辑。

（2）控制平面

控制平面包含逻辑中心的控制器，负责运行控制逻辑策略，维护着全网视图。控制器将全网视图抽象成网络服务，通过访问 CDPI 代理来调用相应的网络数据通路，并为运营商、科研人员及第三方等提供易用的北向接口（Northbound Interface，NBI），方便其订制私有化应用，实现对网络的逻辑管理。控制平面与应用平面之间由 SDN。NBI 负责通信，NBI 允许用户按实际需求订制开发。

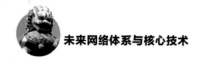

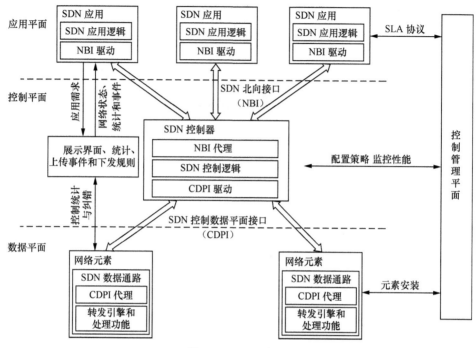

图 2-1　SDN 体系结构

（3）应用平面

应用平面包含各类基于 SDN 的网络应用，用户无须关心底层设备的技术细节，仅通过简单的编程就能实现新应用的快速部署。

（4）控制管理平面

控制管理平面负责网络元素配置、策略配置和性能监控以及签订 SLA 协议。

由于控制器是整个框架的逻辑控制中心，所以这里着重介绍一下控制器的组成结构。控制器中运行的网络操作系统（Network Operating System，NOS）实现了网络的集中式控制逻辑，为网络应用程序提供了面向网络设备的可编程接口。目前，支持 OpenFlow 协议的多种控制器软件已经得到开发和推广，第一个网络控制器平台 NOX 已经演化出了多个版本。随着研究的进展，Maestro、POX、Beacon、Floodlight、Ryu、SNAC、Trema、ONOS、RouteFlow、NOX-MT、Onix 和 OpenDaylight 等多个控制器软件平台实现了更加完善的功能。下面以典型的 OpenDaylight 控制器为例，介绍控制器的组成结构。

如图 2-2 所示，OpenDaylight 控制器的结构分为 3 层：南向协议插件、服务适应层（Service Adaptation Layer，SAL）和北向应用功能。其中，南向协议插件作为控制器与网络设备之间的接口，支持 OpenFlow、BGP-LS、LISP 等协议；SAL 将南向协议插件功能转换为高层应用 / 服务功能，高层应用功能为应用提供北向 API。应用功能包括拓扑输出、目录管理和 OpenFlow 统计管理等。OpenDaylight 控制器支持不同的南向协议插件以及不同的服务和应用集合，允许程序开发者和网络研究人员更加专注于 SDN 的 API，而不用考虑与网络设备之间的通信协议。

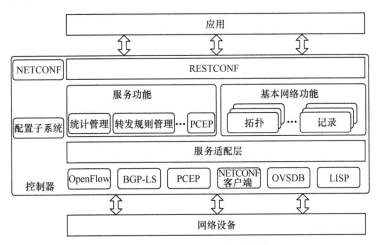

图 2-2　OpenDaylight 控制器结构

2.2.2　基本运行原理

在介绍完 SDN 的体系框架后，以 OpenFlow 为例对其运行原理进行解释说明。OpenFlow 最早是美国斯坦福大学 Clean Slate 计划资助的一个协议标准，由 Nick 教授及其团队提出，之后成为 GENI 的一个子项目。OpenFlow 的出发点是用于学校内网络研究人员检验其开发的网络结构、协议的工具。因为实际的网络创新应用在现实的网络之上才能得到最好的验证，当前研究人员又不能修改网络连接中的网络设备，所以提出一种控制与转发分离的结构，并将其命名为 OpenFlow。通俗地讲，就是 OpenFlow 协议将控制逻辑从封闭的网络设备中分离出来，研究人员可以对其进行任意的编程，在不需要改动网络设备的前提下，形成一种新型的网络协议和拓扑结构。OpenFlow 结构如图 2-3 所示。

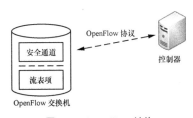

OpenFlow 基本思想是：OpenFlow 交换机

图 2-3　OpenFlow 结构

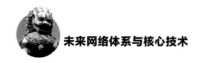
只维护一个流表（FlowTable）并且照其进行转发操作，外置的控制器（Controller）全程实现FlowTable（这里的FlowTable并非是指IP五元组）的生成、维护和下发。OpenFlow v1.0就已经定义了包括端口号、VLAN、L2/L3/L4信息的12个关键字，每个字段都是可以通配的，网络运营商可以决定使用流的颗粒度，比如运营商只需要根据目的IP进行路由，那么流表中就可以只有目的IP字段是有效的，其他全为通配。

对于L2交换设备而言，这种控制和转发分离的结构意味着MAC地址的学习由控制器来实现，VLAN和基本的L3路由配置也由控制器下发给交换机。对于L3设备，各类IGP/EGP路由运行在控制器之上，控制器根据需要下发给相应的路由器。流表的下发可以是主动的，也可以是被动的。在主动模式下，控制器将自己收集的流表信息主动下发给网络设备，随后网

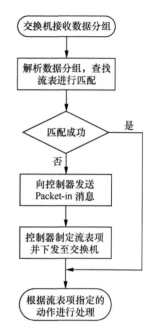

图2-4　OpenFlow工作流程

络设备可以直接根据流表进行转发；被动模式是指网络设备收到一个报文没有匹配的FlowTable记录时，将该报文转发给控制器，由后者进行决策该如何转发，并下发相应的流表。被动模式的好处是网络设备无须维护全部的流表，只有当实际的流量产生时，才向控制器获取流表记录并存储，当老化定时器超时后可以删除相应的流表，故可以大大节省TCAM空间。图2-4展示了OpenFlow的工作流程。

2.2.3　典型应用案例

2.2.3.1　SDN在网络试验平台中的应用

试验平台在互联网发展与演进过程中占据着重要的地位，互联网的雏形ARPANet从某种程度上来说就是一个试验网。当前主流的网络试验床大都采用重叠网模式，由于互联网上层应用和底层服务的迅猛发展，传统网络基于IP的沙漏型结构成为制约自身发展的瓶颈。因此，亟须搭建一种新型网络试验平台来推动互联网体系结构的发展。随着SDN的出现，学术界利用其数据控制分离、底层资源抽象、逻辑集中控制的特性，搭建的未来网络试验床遍布多个国家和

地区，为未来网络体系的研究和设计提供了实践基础。下面对各个研究团队建设的 SDN 试验床进行简单的介绍。

（1）GENI OpenFlow

GENI 计划是由美国国家科学基金（NSF）支持，于 2005 年由多个研究团队共同提出的一项研究计划，其核心目标是为未来网络体系结构的研究构建一个独特的网络试验床。斯坦福大学研究团队提出 OpenFlow 后，随即将 OpenFlow 交换机部署到校园网试验环境中。目前为止，GENI 已经凭借 Internet 2 和 NLR 构建了两个中尺度的 OpenFlow 核心网络，基础设施已经覆盖美国大多数地区，可以支持网络科学和工程领域的多项试验性研究，如新型光网络协议、数据分发技术、高速路由器以及城域无线网等。

（2）OFELIA

OFELIA 属于欧盟第七科技框架（FP7）计划中的一个项目，目前包括十几个网络试验床，主要分布在欧洲各国，分别由不同的科研团队搭建和运维。每个试验床都有各自的特点，英国埃塞克斯大学搭建了虚拟以太网交换机、扩展的 OpenFlow 协议、增强型 OpenFlow 控制器等基础设施。在 OFELIA 平台上，可以使用 OpenFlow 的基本协议和 API 测试新型转发和路由协议试验，利用 OpenFlow 虚拟化工具创建虚拟网络的实验。针对各个节点之间兼容性的问题，OFELIA 设计了 Expedient 控制框架，能够动态创建用户自定义网络切片，部署现有的网络控制策略以及测试未来网络协议。用户可以自定义配置数据，将不同终端分配到不同的网络切片中。

（3）RISE

RISE 是日本新一代互联网计划中搭建的大规模基础设施探索试验网络平台，该平台可供科研人员构建并验证新型网络部署方案。RISE 平台中包含边缘 OpenFlow 交换机、分布式 OpenFlow 交换机和核心交换机。其中，边缘交换机仅支持 OpenFlow 协议，而分布式交换机上包含支持 OpenFlow 和不支持 OpenFlow 的两种端口。当通信发生在 OpenFlow 网络中时，采用第一种端口；当通信发生在 OpenFlow 网络与现有承载网之间时，采用第二种端口。这种设计更好地将现有网络和 OpenFlow 网络连通起来，同时也可以根据需要将两者隔离开来，增加了试验网络的灵活性。

（4）TWAREN

TWAREN OpenFlow 试验床由中国台湾高速网络与计算机中心在 2010 年搭建，并由多所大学共同维护，目前已与 RISE 平台实现连接。该平台包含 3 个不同用途的网络环境：生产网络、试验网络和光网络。生产网络供内部人员进行通信，试验网络和光网络用来进行网络试验。针对 OpenFlow 系统单域管理

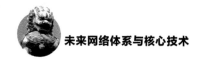

的问题，TWAREN 设计了多域管理系统，通过在 LLDP 的数据分组中加入一条附加条目，实现了跨域的流量管理。

（5）C-Lab

C-Lab 是由北京邮电大学搭建的一套 SDN 试验平台，通过部署具有自主知识产权的 SDN 控制器、虚拟化管控平台和试验平台整体控制框架，采用 Open vSwitch 软件交换机和多种硬件交换机混合组网，能够支持跨域管理和细粒度的资源分配以及支撑不同级别的新型网络技术的试验。

（6）FINE

为了支持未来网络体系结构和新协议创新，由清华大学牵头的国家"863"计划"未来网络体系结构和创新环境"项目构建了 FINE。该平台包含开放设备、网络操作系统、虚拟化平台和上层业务。开放设备处于结构的最底层，提供多种转发抽象技术，上层可以通过开放可编程的接口对其进行控制。与计算机操作系统相似，网络操作系统用来屏蔽底层多种转发设备的异构性，并为上层提供灵活的 API。虚拟化层负责网络资源的虚拟化切片。业务层主要部署所要试验的新体系和新协议。

2.2.3.2　SDN 在数据中心骨干网中的应用

当前具有较大影响力的基于 SDN 技术搭建的商用网络是 Google 的数据中心网络 B4。一方面是因为 Google 本身的名气；另一方面是因为 Google 在这个网络的搭建上投入大、周期长，最后的验证效果也很好，是为数不多的、成功的大型 SDN 商用案例，且充分利用了 SDN 的优点（特别是 OpenFlow 协议）。

Google 技术不走寻常路的特点也体现在它基于 OpenFlow 搭建的数据中心 WAN 网络 B4 中。根据 Google 在 SIGCOMM 上公布的有关 B4 网络技术细节的论文，本节将从专业的角度深入 B4 网络的各个层次，用通俗易懂的语言对其进行全面解读。

1. 背景介绍

Google 的网络分为数据中心内部网络（IDC Network）及骨干网（Backbone Network，也可以称为 WAN）。其中 WAN 按照流量方向由两张骨干网构成：第一，数据中心之间互联的网络（Inter-DC WAN，即 G-Scale Network），用来连接 Google 位于世界各地之间的数据中心，属于内部网络；第二，面向 Internet 用户访问的网络（Internet-facing WAN，即 I-Scale Network）。Google 选择使用 SDN 来改造数据中心之间互联的 WAN（即 G-Scale Network），因为这个网络相对简单，设备类型以及功能比较单一，而且 WAN 链路成本高昂（比如很多海底光缆），所以对 WAN 的改造无论建设成本，还是运营成本收益都非常显著。他们把这个网络称为 B4。

Google 数据中心之间传输的数据可以分为三大类：① 用户数据备份，包括视频、图片、语音和文字等；② 远程跨数据中心存储访问，例如计算资源和存储资源分布在不同的数据中心；③ 大规模的数据同步（为了分布式访问、负载分担）。这三大类从前往后数据量依次变大，对时延的敏感度依次降低，优先级依次降低。这些都是 B4 网络改造中涉及的流量工程（Traffic Engineering，TE）部分所要考虑的因素。

促使 Google 使用 SDN 改造 WAN 的最大原因是当前连接 WAN 的链路带宽利用率很低。Google WAN 的出口设备有上百条对外链路，分成很多的 ECMP（Equal Cost Multi-Path Routing，等价多路径路由）负载均衡组，在这些均衡组内的多条链路之间用的是基于静态 Hash 的负载均衡方式。由于静态 Hash 的方式并不能做到完全均衡，为了避免很大的流量被分发到同一个链路上导致分组丢失，Google 不得不使用过量链路，提供比实际需要多得多的带宽。这导致实际链路带宽利用率只有 30% ~ 40%，且仍不可避免有的链路很空，有的链路产生拥塞，设备必须支持很大的分组缓存，成本太高，而且也无法对上文中不同的数据区别对待。从一个数据中心到另外一个数据中心，中间可以经过不同的数据中心，比如可以是 A → B → D，也可以是 A → C → D，也许有时 B 很忙，C 很空，路径不是最优。除此之外，增加网络的可见性和稳定性，简化管理，希望靠应用程序来控制网络，都是本次网络改造的动机。以上原因也决定了 Google 这个基于 SDN 最主要的应用是流量工程，最主要的控制手段是软件应用程序。

Google 对 B4 网络的改造方法充分考虑了其网络的一些特性以及想要达到的主要目标，一切都围绕这几个事实或者期望。Google B4 网络的绝大多数的流量来自数据中心之间的数据同步应用，这些应用希望给它们的带宽越大越好，但是可以容忍偶尔的拥塞、分组丢失、链路不通以及高时延。Google 能够控制应用数据以及每个数据中心的边界网络，希望通过控制应用数据的优先级和网络边缘的突发流量（Burst）来优化路径，缓解带宽压力，而不是靠无限制地增大出口带宽。由于 WAN 的数据流量每天都在增加，Google 也无法承受无止境的设备成本的增加，所以必须想办法降低成本。

Google B4 的部署分为 3 个阶段。第一阶段在 2010 年春天完成，把 OpenFlow 交换机引入网络，但这时 OpenFlow 交换机对同网络中的其他非 OpenFlow 设备表现得就像是传统交换机一样，只是网络协议都是在控制器上完成的，外部行为表现得仍然像传统网络。第二阶段在 2011 年的年中完成，

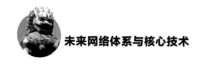

这个阶段引入更多流量到 OpenFlow 网络中,并且开始引入 SDN 管理,让网络开始向 SDN 演变。第三个阶段在 2012 年年初完成,整个 B4 网络完全切换到了 OpenFlow 网络,引入了流量工程,完全靠 OpenFlow 来规划流量路径,对网络流量进行极大优化。Google B4 SDN 整体结构如图 2-5 所示。

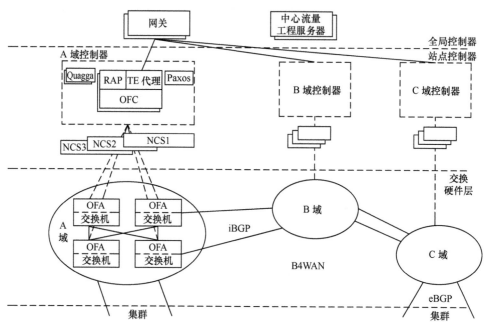

图 2-5　Google B4 SDN 整体结构

2. 具体实现

虽然该网络的应用场景相对简单,但用来控制该网络的这套系统并不简单,它充分体现了 Google 强大的软件能力。这个网络一共分为 3 个层次,分别是物理设备(Switch Hardware)层、局部网络(Site)控制层和全局(Global)控制层。一个站点就是一个数据中心。第一层的物理交换机和第二层的控制器在每个数据中心内部出口的地方都有部署,而第三层的 SDN 网关和 TE 服务器则是在一个全局统一的控制地。

（1）物理设备层

第一层的物理交换机是 Google 自己设计并请 ODM 厂商代工的,使用了 24 颗 16×10 GB 的芯片,搭建了一个拥有 128 个 10 GB 端口的交换机。交换机中运行 OpenFlow 协议,但它并非仅使用一般 OpenFlow 交换机最常使用的 ACL 表,而是用了表格打印模式（Table Typing Patterns，TTP），包括 ACL 表、路由表和 Tunnel 表等。向上提供的是 OpenFlow 接口，只是内部做了包装。这些交换机会把 BGP/IS-IS 协议报文送到控制器进行处理。

TTP 是 ONF 的 FAWG 工作组提出的在现有芯片结构基础上包装 OpenFlow 接口的一个折中方案，目的是利用现有芯片的处理逻辑和表项来组合出 OpenFlow 想要达到的部分功能。在 2013 年，ONF 觉得 TTP 这个名字含义不够清晰，所以将其改为 NDM（Negotiable Data-plane Model，可协商的数据转发面模型）。NDM 定义了一个框架，在这个框架下，厂商可以基于实际的应用需求和现有的芯片结构来定义很多种不同的转发模型，每种模型可以涉及多张表，匹配不同的字段，基于查找结果执行不同的动作。由于是基于现有的芯片，所以无论匹配的字段还是执行的动作都是有限制的。

（2）局部网络控制层

第二层在每个数据中心出口并不是只有一台服务器，而是有一个服务器集群，每个服务器上都运行了一个控制器，一台交换机可以连接到多个控制器，但其中只有一个处于工作状态。多个控制器之间利用 Paxos 程序进行 Leader 选举（即选出工作状态的控制器）。这种选举不是基于控制器的，而是基于功能的。也就是说，对于控制功能 A，可能选举控制器 1 为 Leader；而对于控制功能 B，则有可能选举控制器 2 为 Leader。这里 Leader 就是 OpenFlow 标准里的 Master。

Google B4 网络中的控制器是基于分布式的 Onix 控制器改造而成的。Onix 是由 Nicira 主导，Google、NEC 和伯克利大学共同参与的一个研究团队设计的控制器。这是一个分布式结构的控制器模型，具有很强的可扩展性，适用于控制大型网络。它引入控制逻辑（Control Logic，可以认为是特殊的应用程序）、控制器和物理设备 3 层结构，每个控制器只控制部分物理设备，并且只发送汇聚后的信息到逻辑控制服务器，逻辑控制服务器掌握全网的视图，以达到分布式控制的目的，从而使整个方案具有高度可扩展性。

显而易见，这个结构非常适合 Google 的网络，对每个特定的控制功能（如 TE 或者 Route），每个站点有一组控制器（逻辑上是一个）来控制该数据中心 WAN 的交换机，而所有数据中心的所有控制器由一个中心控制服务器运行控制逻辑进行协调。

在控制器之上运行了两个应用程序，一个是 RAP（Routing Application Proxy，路由应用代理），用于 SDN 应用和 Quagga 通信。Quagga 是一个开源的三层路由协议栈，支持很多路由协议，Google 使用了 BGP 和 IS-IS。其中，和数据中心内部的路由器运行 eBGP，和其他数据中心 WAN 内的设备之间运行 iBGP。Onix 控制器收到下面交换机发送的路由协议报文以及链路状态变化通知

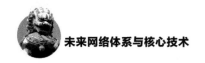

时，自己并不处理，而是通过 RAP 将其发送给 Quagga 协议栈。控制器会把它所管理的所有交换机的端口信息都通过 RAP 告知 Quagga 协议栈，Quagga 协议栈管理所有这些端口。Quagga 协议计算出来的路由会在控制器的 NIB 中保留一份，同时会下发到交换机。路由的下一跳可以是 ECMP，即有多个等价下一跳，通过 Hash 算法选择一个出口。这是最标准的传统路由转发。它的路由结构如图 2-6 所示。

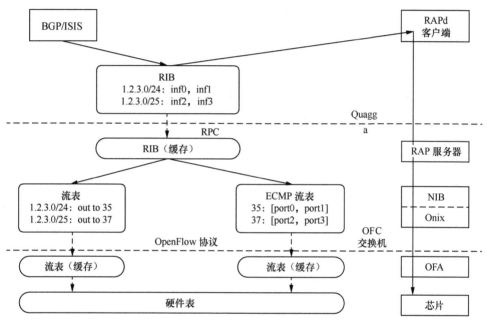

图 2-6　B4 SDN 路由结构

　　另外一个应用程序是 TE 代理，与全局的网关通信。每个 OpenFlow 交换机的链路状态（包括带宽信息）会通过 TE 代理发送给全局的网关，网关汇总后，发送给 TE 服务器进行路径计算。

　　（3）全局控制层

　　在第三层中，全局的 TE 服务器通过 SDN 网关从各个数据中心的控制器收集链路信息，从而掌握路径信息。这些路径以 IP-in-IP 隧道（Tunnel）的方式被创建，而不是 TE 最经常使用的 MPLS 隧道，通过网关到 Onix 控制器，最终下发到交换机中。当一个新的业务数据要开始传输时，应用程序会评估该应用所需要耗用的带宽，为它选择一条最优路径（如负载最轻的但非最短路径，虽没有分组丢失，但时延较大），然后把这个应用对应的流通过控制器安装到交换机中，并与选择的路径绑定，从而使链路带宽利用率在整体上达到最优。

对带宽的分配和路径的计算是 Google 本次网络改造的主要目标也是亮点所在，所以值得深入分析。反复研究 Google 的设计逻辑，其大概的思路如下。

在最理想的情况下，当然是能够基于特定应用程序来分配带宽，但这样会导致流表项数量暴涨，实现起来比较困难。Google 的做法很聪明：基于｛源数据中心，目的数据中心，QoS｝来维护流表项，因为同一类应用程序的 QoS 优先级（DSCP）都是一样的，所以这样做就等同于将两个数据中心之间同类别的所有数据汇聚成一条流。值得注意的是，单条流的出口并不是一个端口，而是一个 ECMP 组，芯片转发时，会从 ECMP 组里面根据 Hash 选取一条路径转发出去。

划分出流之后，根据管理员配置的权重、优先级等参数，使用带宽函数（Bandwidth Function）计算出为每条流分配的带宽数量。带宽的分配遵循最大—最小公平（Max-Min Fairness）分配原则，即带宽分配是具有最小带宽和最大带宽。TE 算法有两个输入源：一个是控制器通过 SDN 网关报上来的拓扑和链路情况，另一个是带宽函数的输出结果。TE 算法要考虑多种因素，而不仅是需要多少带宽这么简单。之后 TE 服务器将计算出来的每个流映射到各自的隧道，并且将带宽分配的信息通过 SDN 网关下发到控制器，再由控制器安装到交换机的 TE 转发表（ACL）中，这些转发表项的优先级高于 LPM 路由表。图 2-7 是 Google 的 TE 结构。

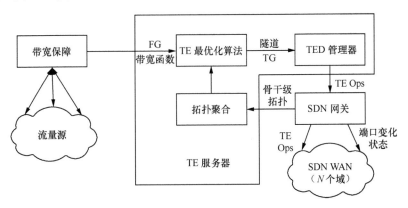

图 2-7　B4 SDN 的 TE 结构

既然有了 TE，那还用 BGP 干什么？没错，TE 和 BGP 都可以为一条流生成转发路径，但 TE 生成的路径放在 ACL 表中，BGP 生成的路径放在路由表（LPM）中，进来的报文如果匹配到 ACL 表项，就会优先使用 ACL，匹配不到才会使用路由表的结果。一台交换机既要处理从内部发到其他数据中心的数据，又要处理从其他数据中心发到本地数据中心内部的数据。对于前者，需要使用 ACL 流表来进行匹配查找，将报文封装在隧道里面转发，转发路径是 TE 指定的最优路径。而对于后者，则是解封装之后直接根据 LPM 路由表转发。对于路过的报文（从一个数据中心经过本数据中心到另外一个数据中心）也是通过路由表转发。

这种基于优先级的 OpenFlow 转发表项设计的优势就是 TE 和传统路由转发可以独立存在，这也是 B4 网络改造可以分阶段进行的原因。开始可以先用传统路由表，后期再把 TE 叠加进来。而且，如果将来不使用 TE，则可以直接把 TE 禁掉，不需要对网络做任何的改造。

这个结构中有一个重要角色是 SDN 网关，它对 TE 服务器抽象出了 OpenFlow 和交换机的实现细节，TE 服务器看不到 OpenFlow 协议以及交换机具体实现。控制器报上来的链路状态、带宽、流信息经过它的抽象之后发给 TE 服务器。TE 服务器下发的转发表项信息经过 SDN 网关的翻译之后，通过控制器发给交换机，安装到芯片转发表中。

3. 该案例对 SDN 的积极意义

经过改造之后，链路带宽利用率提高了 3 倍以上，接近 100%，链路成本大大降低。另外的收获还包括网络更稳定，对路径失效的反应更快，管理大大简化，也不再需要交换机使用大的分组缓存，对交换机的要求降低。Google 认为 OpenFlow 的能力已得到验证和肯定，包括对整个网络的视图可以看得很清楚，可以更好地来做流量工程，从而更好地进行流量管控和规划，更好地进行路由规划，能够清楚地了解网络里面发生了什么事情，包括监控和报警。

Google 这个基于 SDN 的网络改造项目影响非常大，对 SDN 的推广有着良好的示范作用，因此是 ONF 官网上仅有的两个用户案例之一（另外一个是 NEC，即一个医院网络的、基于 SDN 的网络虚拟化改造案例）。这个案例亮点很多，总结如下。

① 这是第一个公开的、使用分布式控制器的 SDN 应用案例，让更多的人了解了分布式控制器如何协同工作以及工作的效果如何。

② 这是第一个公开的、用于数据中心互联的 SDN 案例，它证明了即使是在 Google 这种规模的网络中，SDN 也完全适用，尽管这不能证明 SDN 在数据中心内部也能用，但至少可以证明它可以用于大型网络。只要技术得当，可扩展性问题也完全可以解决。

③ 流量工程一直是很多数据中心以及运营商网络的重点之一，Google 这个案例给大家做了一个很好的示范。事实上，在 Google 之后，又有不少数据中心使用 SDN 技术来解决数据中心互联的流量工程问题，如美国的 Vello 公司跟国内的盛科网络公司合作推出的数据互联方案就是其中之一。虽然没有 Google 的

这么复杂，但也足以满足其客户的需要。

④ 这个案例演示了如何在 SDN 环境中运行传统的路由协议，SDN 并不都是静态配置的，也会有动态协议。

⑤ 在这个案例中，软件起到了决定性的作用，从应用程序到控制器，再到路由协议以及整个网络的模拟测试平台，都离不开 Google 强大的软件能力。它充分展示了在 SDN 时代，软件对网络的巨大影响力以及它所带来的巨大价值。Google 的 OpenFlow 交换机使用了 TTP 的方式而不是标准的 OpenFlow 流表，但在接口上仍然遵循 OpenFlow 的要求，它有力地证明了要支持 SDN，或者说要支持 OpenFlow，并不一定需要专门的 OpenFlow 芯片。包装一下现有的芯片，就可以解决大部分问题；如果有些问题还不能解决，则可以在现有的芯片基础上做一下优化，而不需要推翻现有芯片结构，重新设计一颗所谓的 OpenFlow 芯片。

⑥ 这个案例实现了控制器之间的选举机制，OpenFlow 标准本身并没有定义如何选举。这个案例在这方面做了尝试。

作为一次完整的、全方位的实践，该案例体现了 SDN 的优势，也暴露出 OpenFlow 需要提高改进的地方，包括 OpenFlow 协议仍然不成熟，Master 控制器（或者说 Leader）的选举和控制面的责任划分仍有很多挑战，对于大型网络流表项的下发速度会比较慢，到底哪些功能要留在交换机上、哪些要移走还没有一个很科学的划分。但 Google 认为，这些问题都是可以克服的。

2.2.3.3　SDN 在网络功能管理中的应用

传统基于硬件设备的网络功能的封闭性和不可编程性导致管理非常复杂。在基于 SDN 交换设备的网络中部署网络功能，其控制与数据分离的结构使网络功能的管理更加便利，并且可以通过拓展 OpenFlow 协议来实现对网络功能的高效管控。下面主要介绍两种利用 SDN 技术实现的网络功能管理结构及其关键技术。

1. SIMPLE

为了解决网络功能的流量引导问题，美国纽约州立大学石溪分校的 Zaffa 等人提出了 SIMPLE[10] 的解决办法。SIMPLE 构建了基于 SDN 的策略执行层，使网络功能的高层策略能够高效地转化为底层路由策略，并能够实现网络功能的负载均衡。

SIMPLE 结构如图 2-8 所示，控制平面主要由资源管理器、动态处理器和规则生成器 3 个部分构成。资源管理器负责管理、更新以及下发网络拓扑结构和用户策略，根据网络功能和交换机的性能约束进行负载均衡。动态处理器自动

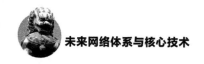

判断进出网络功能的连接映射并修改分组头。为了实现此功能，动态处理器从每个直连网络功能的交换机上接收数据分组，并用一个轻度载荷相似度检测算法来判断进出网络功能的连接映射，最后传给规则生成器。规则生成器根据资源管理器下发的网络拓扑和用户策略以及动态处理器下发的连接映射关系来配置数据平面，引导网络流量以正确的顺序通过所需的网络功能。

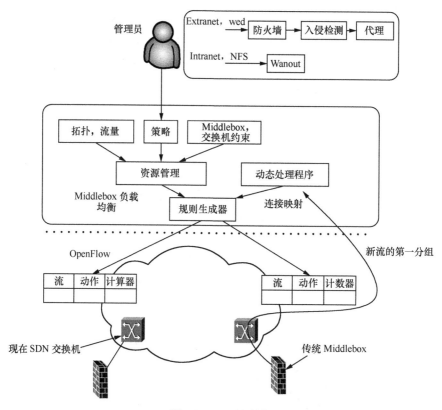

图 2-8　SIMPLE 结构

资源管理器和动态处理器可以视为控制器应用，规则生成器则可视为网络操作系统的拓展。对普通的网络功能来说，SIMPLE 可以视为一个主动控制器，由于没有修改分组头内容，从而减少了每条流的建立时间。

（1）SIMPLE 数据平面设计

SIMPLE 数据平面设计有两个关键特征：第一，交换机不依赖传统的五元组进行匹配和转发；第二，需要确保规则能与有限的 TCAM 相配合，因为网络功能的分布贯穿于整个大型网络。为了解决这些问题，Zaffa 等人提出了一种隧道和标签相结合的数据平面设计方案。虽然这种结合隧道和标签的方案在网络中特别是 SDN 中比较常见，但在执行网络功能策略的场景中显得非常新颖。

（2）资源约束建模

资源管理中最大的挑战是处理网络功能和 SDN 交换机流表容量约束，这是一个 NP 难的资源优化问题。如图 2-9 所示，SIMPLE 将优化问题分为两个步骤：第一步，离线处理交换机约束，只有当网络拓扑结构、交换机和网络功能部署以及网络策略发生变化时才需要进行该操作；第二步，在线处理负载均衡的线性规划，需要在每个时刻频繁地处理，尤其是当流量模式发生改变时。

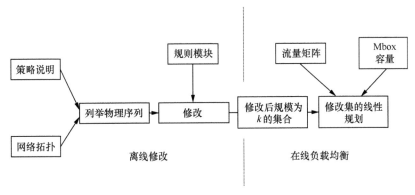

图 2-9　资源约束建模划分

（3）基于相似度检验的流匹配

基于 SDN 的网络功能管理，在下发转发规则时，网络功能可能会动态地修改进入的流量，尤其是在网络功能修改流分组头时，下游交换机的转发规则就必须识别新的分组头。因此，必须能够鉴别流入网络功能的数据分组和流出网络功能的数据分组是否属于同一个流。在这里，SIMPLE 动态处理器运用相似度算法来解决这个问题，共分为 3 个步骤，如图 2-10 所示。

① 数据分组采集：当一个新流进入网络功能时，交换机将新流的前 P 个分组发送到控制器中。同时，在一个时间窗 W 内从网络功能的所有流中采集前 P 个分组。

② 计算负载相似度：网络功能可能会改变载荷，因此不能直接比较载荷，这里提出一个相似分数来计算每个流之间的交迭。

③ 鉴定相似流：通过计算流出网络功能的数据分组和新流入的数据分组之间的相似分数，选取最高分数的数据分组即为相同流。如果有多个具有最高分数的流，可视为这些流和进入的流相关。

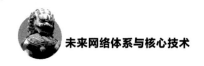

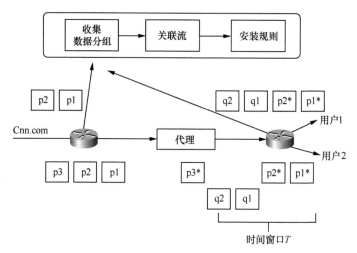

图 2-10　流的相似度检验

SIMPLE 解决了在不改变 SDN 标准和网络功能的部署条件下，通过 SDN 集中式的控制来引导流量经过网络功能的问题。SIMPLE 结构充分考虑了网络功能和交换机的资源约束，对该问题进行离线和在线的划分并分别建立数学模型。为了使交换机识别出数据分组是否属于同一条流，利用相似度检验算法对流入流出网络功能的流进行相似度匹配。

2. StEERING

StEERING[11]（ SDN Inline Services and Forwarding，SDN 内联服务和转发 ）是另一种根据 SDN 的概念设计的一种新型网络功能管理结构，包含两类交换机：边界 OpenFlow 交换机和内部交换机。其中，边界 OpenFlow 交换机部署在服务传送网络的边界上，对进入的流量进行区分并将其传送到服务链的下一个服务，服务和网关节点都连接在这些交换机上。内部交换机采用 L2 层的转发机制高效地转发流量，并且只和其他交换机相连。

StEERING 的控制层包含两个不同的控制逻辑模块。第一个逻辑模块是标准的 OpenFlow 控制器，基于 OpenFlow v1.1 协议在 OpenFlow 交换机上建立表项入口。第二个逻辑模块负责运行一个周期性寻找服务最佳位置的算法，采用 OpenFlow 规则来执行两个操纵步骤：第一步是对进入的分组进行分类，并根据预先确定的用户、应用以及命令顺序对数据分组指定一条服务路径；第二步是根据分组在指定路径的现有位置将分组转发给下一个服务。

在大多数情况下，转发规则由分组头决定，少数情况下则由分组载荷决定

（比如 URLs）。在第二种情况下，转发规则经过 DPI 检测能够分辨分组内容并上报给控制器。因此，该结构中构建了一条服务和 OpenFlow 控制器之间的连接。基于该连接，DPI 在识别一个流后，会向 OpenFlow 控制器发送一个通知信息。

（1）采用端口类型表示流方向

边界交换机定义了两种类型的端口：节点端口和传输端口。节点端口连接服务和网关节点，传输端口连接其他的边界交换机和内网交换机。所有经过 StEERING 网络节点端口的分组都被认为仅向上游传输或者仅向下游传输。在图 2-11 中，向下游的端口都用灰色方框表示，向上游的端口都用黑色方框表示，传输端口用白色方框表示。所有到达下游端口的分组都向上游端口传输，反之亦然。到达传输端口的分组可以向任意方向传输，这种情况下，分组的传输方向能够通过识别目的 MAC 地址来获悉，向上游或者下游的服务和端口互相对应。

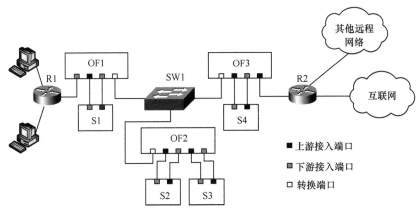

图 2-11　端口方向示意

（2）利用多级流表实现转发策略

理论上，在 OpenFlow v1.0 和 pSwitch 中，一个 TCAM 表项就可以确定数据分组所需的网络功能。但利用一个表项将用户、应用和端口联合起来的方法缺乏可扩展性。在这里，StEERING 利用多级流表进行多级匹配，使多个网络功能的匹配成为每个表项的线性叠加，增加了可扩性。该多级流表共分为 6 个表项。

· Direction 表：入端口是主键，决定了分组的方向和接收分组端口的类型。

· MAC 表：目的 MAC 地址是主键，数据分组根据这个表项的内容被传送到直接相连的服务或路由节点端口，转发到另外的传输端口或丢弃。

· Subscriber 表：用户的标识符和方向位是主键。这个表项包含每个用户

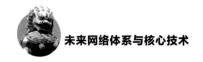
服务地址的默认信息。如果这个表项为缺省，则默认丢弃这个分组。

· Application 表：这个表项可以根据 L3 ~ L4 的应用策略修改用户的默认服务设置。根据这个信息，能够在默认服务设置里增删指定的服务。

· The Path Status 表：根据服务设置的位进行设置，路径状态表说明服务链中哪些服务已经完成以及哪项服务待完成。

· Next Destination 表：用方向和服务设置作为主键。这是一个 TCAM 格式的表项，掩码位和优先规则可以任意设置。

（3）基于微流表实现动态控制

通常，运营商的策略由用户和应用静态决定。用户表和应用表可以对这些规则进行静态的预编码。但是在实际情况中，运营商可能动态地增加更具体或更高级的策略，也可能根据其他网络功能的处理结果改变策略。StEERING 使用微流表处理规则动态生成的问题，该表的主键是方向以及数据分组的源地址、目的地址、IP 协议头、TCP/UDP 源端口和目的端口组成的五元组。Direction 表匹配后查询微流表，如果该表项匹配，则忽略其后的两个表项。因此，微流表的规则比用户表项和应用表项的规则具有更高的优先级。

（4）利用元数据进行编码

StEERING 引入了两种元数据：方向比特位和服务设置位。方向比特位表示流的方向，服务设置位表示作用于流的网络功能服务，又称服务配置。服务设置被编码成一个比特向量，每一个比特都对应于相应的服务。可以用更复杂的编码方式来获取更多的特征，比如多服务实例的负载均衡。OpenFlow v1.1 支持 64 位的元数据域，其中 1 bit 表示方向，其他 63 bit 可以用来编码服务配置，构建的服务链支持多达 63 个不同的服务。

StEERING 的主要工作建立在现有 SDN 的顶端设计上，并提出了一个灵活且可升级的结构，通过拓展 OpenFlow v1.1 协议的新特性来减少交换机所需的状态。这种设计能够实现不同种类流量控制策略简单、高效的综合。鉴于 StEERING 结构设计对流量灵活控制的特性，进一步阐述了如何建立服务链的问题，建立数学模型并采用一个启发式算法求解，实验结果证明其能显著提高网络运营商的性能。同时，StEERING 的灵活性使其能够在商用路由器的网络处理器中高效部署。

基于 SDN 的网络功能管理的研究主要分为两类：一类是利用 SDN 原始特性来管理网络功能，另一类是通过拓展现有的 OpenFlow 协议来管理网络功能。这两类都有各自的缺点，第一类主要是引入了较多算法，时延比较高；第二类是对流表的依赖增强，易产生表项膨胀等问题。

| 2.3 核心技术分析 |

2.3.1 数据平面可编程技术

SDN 通过分离控制平面与数据平面，并提供强大的可编程接口，赋予未来网络强大的可编程能力。作为 SDN 数据平面的实现范例，OpenFlow 交换机以流表作为基本的数据分组处理单元，以报文解析、关键字匹配、报文操作组成多级流表的流水线处理结构，通过实现每个处理单元的标准化达到整个数据平面的深度可编程。SDN 数据平面相关技术研究主要集中在交换机和转发规则方面：首先是交换机设计，即设计可扩展的快速转发机制，它既可以灵活匹配规则，又能快速转发数据流；其次是转发规则的相关研究，例如规则失效后的一致性更新问题等。但是目前交换机的设计和实现上存在的很多问题制约了数据平面的可编程性，比如，报文解析中的协议相关性、流表实现不灵活等问题。本节围绕目前基于 OpenFlow 的 SDN 数据平面可编程技术研究展开详细介绍。

2.3.1.1 数据平面实现平台

SDN 交换机位于数据平面，通常可采用硬件和软件两种方式进行数据流的转发。硬件实现方案具有速度快、成本低和功耗小等优点。目前，交换机芯片的处理速率比 CPU 处理速率快两个数量级，比网络处理器（Network Processor，NP）快一个数量级，并且这种差异将持续很长时间 [12]。在灵活性方面，硬件则远低于 CPU 和 NP 等可编程器件。如何设计交换机，做到既保证硬件的转发速率，同时还能确保识别转发规则的灵活性，成为目前研究的热点问题。

1. 硬件平台

基于硬件的数据平面实现方案可以保证转发效率，但亟须解决处理规则不够灵活的问题。为了使硬件能够灵活解决数据层的转发规则匹配严格和动作集元素数量太少等限制性问题，Bosshart 等人 [13] 提出了一种新型的流水线结构——可重构的匹配表（Reconfigurable Match Table，RMT）模型，如图 2-12 所示。

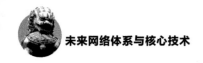

该模型主要由分组头解析器、逻辑块、可配置输出队列组成。其中，分组头解析器用于识别数据分组的协议类型，同时根据数据分组的协议类型进行数据分组解析，提取关键字段并将其组合成新的分组头域（Header），之后将 Header 和数据分组同时向后级逻辑块输出。逻辑块是最基本的数据分组处理单元，支持灵活的用户可配置的匹配域提取，利用匹配得到的动作字段来完成对数据分组的处理。在 RMT 模型中，灵活可编程的分组头解析器可以提取任意协议的匹配字段，而灵活可配置的逻辑块可以匹配任意字段，实现灵活的数据分组处理，多个逻辑块可以实现灵活的功能组合。但是该模型对硬件的容量要求很高，目前可实现的逻辑块数量不多。

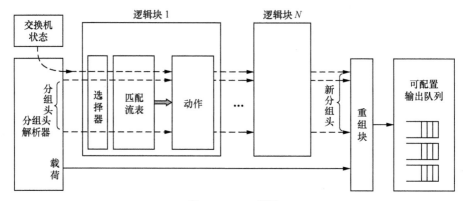

图 2-12　RMT 模型

为了平衡硬件平台的效率和灵活性，Moshref 等人[14]采用分层的、软/硬件结合的交换机来实现高效、灵活的多表流水线业务。其中，最上层是软件数据平面，可以通过更新来支持任何新协议；中间是 FlowAdapter 层，负责软件数据平面和硬件数据平面之间的通信；相对于软件数据平面，底层的硬件数据平面更加固定但转发效率高。当控制器下发规则到数据平面时，软件数据平面将这些规则存储为 M 级的流表。这些规则相对灵活，不能全部由交换机直接转化成相应的转发动作。因此，可利用 FlowAdapter 层将两个软件数据平面中相对灵活的 M 阶段的流表无缝转换为能够被硬件数据平面所识别的 N 阶段的流表，从而利用硬件实现规则的高速匹配转发。通过这种无缝转换，控制器应用程序可以根据自己的需求建立规则，而无视交换机硬件处理流表能力的差异性，这在理论上解决了传统交换机硬件与控制器不兼容的问题。另外，相对于控制器，FlowAdapter 完全透明，对 FlowAdapter 交换机硬件的更新不会影响控制器的正常运行。

2. 软件平台

虽然利用硬件设计交换机实现快速的处理能力，但是由于硬件自身内存较小，流表大小受限，无法有效处理突发流产生的固化问题，学术界对于设计软件交换机产生了浓厚的兴趣。与利用硬件设计交换机的观点不同，虽然软件处理的速度低于硬件，但是软件方式可以最大限度地提升规则处理的灵活性，同时又能避免硬件的固化问题。随着 CPU 处理数据分组的能力变得越来越强，会被更多的商用交换机采用，这样在缩小与硬件转发速度差距的同时，能够提升灵活处理转发规则的能力。同样地，作为专门用来处理网络任务的 NP，在数据分组转发、路由查找和协议分析等方面比 CPU 具有更高效的处理能力。在处理能力强大的 CPU 和 NP 基础之上，可以设计功能更加灵活多样的交换机软件实现可编程能力。

基于 Open vSwitch 平台的灵活可编程性，Mekky H 等人[15]基于商用服务器设计了一个可感知应用的可扩展数据平面，以软件形式实现了多种应用层的流处理和决策功能（TCP 分片、NAT、L7 服务选择、防火墙等）。通过使用 2 ~ 4 层以外的分组头信息，将 OpenFlow 转发抽象归纳为有状态的动作，将大部分的流处理限制在数据平面。该软件结构如图 2-13 所示。

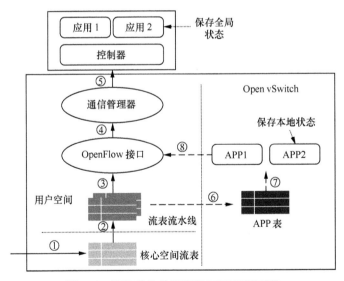

图 2-13 基于 OVS 的应用感知 SDN 系统结构

由于标准 OpenFlow 交换机中的未匹配流必须发送到控制器进行处理，导致控制器负载很高。Hesham Mekky 在数据平面增加了 APP 表，并将 miss-

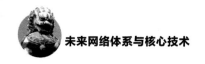

match 流表项的"to controller"指令改为"to app-table",若在 APP 表中仍然匹配失败,再将该流转发到控制器,由控制器下发流表,图中步骤⑥~步骤⑧表示此转发过程。其中,APP 表的表项利用软件实现,由管理员预先编程,而且多个表项以流水线结构实现 APP Action 的任意组合,能够执行复杂的网络服务。这种方法通过将 APP 表预先下发到交换机中,允许交换机实现更多的流表匹配,加速流处理过程,降低了控制平面的处理负载和通信开销。但是,该结构在运行时刻动态增加数据平面 APP 表时需要一种动态加载机制来保证,而且 APP 表实现的功能有限。

2.3.1.2 数据平面协议无关性

在传统网络体系结构中,协议处理是分层次的,即位于不同层的网络设备只需要解析本层数据分组头部。然而,SDN 为了实现数据分组的扁平化处理,其数据平面通过配置匹配域对不同层次、多种协议进行选择性解析,增加可编程性的同时也带来了协议相关性问题。以 OpenFlow 交换机为例。首先,OpenFlow 交换机的分组头协议解析模块目前只实现了基本的 IPv4 和 IPv6 协议解析和目的 IP 地址抽取功能,其灵活性非常有限,只能适用于 IP 查找操作,而无法实现非 IP 字段的分组头提取。其次,OpenFlow 交换机中流表关键字的提取受到预先定义的匹配域限制,如果用户的新协议使用数据分组头的其他域,OpenFlow 交换机将无法对其进行匹配查找。虽然 OpenFlow 标准不断扩充匹配字段,但是也进一步增加了 OpenFlow 交换机的硬件设计成本。研究人员针对该问题进行了大量的研究工作,具体情况如下。

1. CAFE

针对当前数据平面中数据分组头解析模块的不灵活性,Lu 等人[16]提出了可编程的数据分组转发引擎(CAFE)。如图 2-14 所示,CAFE 的分组头解析处理包括 3 个部分。第一部分是分组类型识别模块,负责识别数据分组类型,只有被识别的数据分组才会进入下个步骤,丢弃不能识别的分组。第二部分包含多种类型的分组头域检验模块、校验和验证模块、查找关键字模块和查找引擎模块等,根据所识别的分组类型,从中选择选择相应类型的模块进行分组头验证和转发表查询。其中,分组头域检验模块过滤掉硬件不转发的数据分组,查找关键字提取模块验证分组的校验和。查找关键字提取模块提取出查找关键字的分组头域集合,查找引擎负责使用关键字查表。仲裁器模块检查前两个部分的处理结果,如果出现数据分组被过滤、校验和错误以及转发表匹配失败等情况，数据分组会被直接丢弃。数据分组不仅与分组类型相关，还与流表项相关，因此第三部分分组头修改模块同时支持根据类型信息和流信息修改数据分组头。

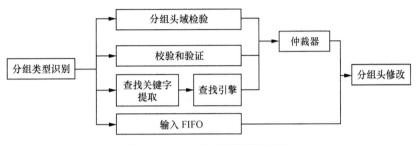

图 2-14 CAFE 分组头解析模块结构

CAFE 的优势在于其分组头解析模块中加入了任意比特域提取器，支持数据分组头部任意比特域的自由组合，实现了用户自定义的查找关键字提取和对新型协议的支持。然而，其复杂的关键字提取过程给分组头解析带来了性能方面的挑战。

2. PPL

为了增强分组头解析算法的可编程性和可定制性，Attig 等人[17] 设计了分组头解析流水线和数据分组头部高级解析语言（PPL），以面向对象方法设计了分组头解析算法。PPL 利用 FPGA 的并行处理能力，设计定制化、可编程的虚拟处理结构，能够在系统运行时动态地更新解析算法，满足了特殊的分组头解析算法需求，使分组处理性能大大提高。Atting 等人以类 C++ 的风格定义了每个头部的格式和处理规则，方便用户对新协议分组头解析进行自定义处理。PPL 在 Xilin Virtex-7 FPGA 上运行的线速处理能力达到了 400 Gbit/s，在解析性能上优于 CAFE。

3. PLUG

传统网络交换设备使用的 ASIC 电路设计如图 2-15 所示，其针对每种协议提供专用的查找模块，使得硬件内的功能定义比较困难，导致数据链路层和网络层的新协议部署往往需要升级硬件设备。为了便于新协议的部署，Lorenzo 等人[18] 提出一种灵活的查表模块——PLUG(Pipelined Lookup Grid，管道查找网络)，如图 2-16 所示，其使用 SRAM 来解决灵活的多级流表问题，使得新协议的部署不需要改变硬件，从而增加了网络更新能力。

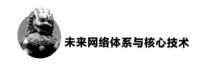

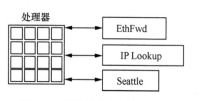

图 2-15　传统线速查找模块

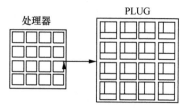

图 2-16　流水线查找网格

PLUG 设计了可全局使用、协同工作的资源基片,利用不同基片之间的组合,构建支持不同协议的处理单元。同时,通过资源的全局规划使用,PLUG 避免了多个处理单元之间存在存储单元或通信端口的冲突,完成了 IPv4、Ethernet 和 Seattle 等基于数据流的编程模块,并将它们映射到 PLUG 硬件。PLUG 结构实现了可编程的查找模块,支持修改数据平面的协议;设计了一个基于数据流的编程模型,基于该模型的转发表项可灵活支持现有或新型协议的部署。但是,PLUG 中大量的资源基片对芯片容量要求太高,而且基于 Hash 表的查找无法进行任意字段的匹配,只能支持 Match-Action 模式的传统芯片功能。

4. POF

针对 OpenFlow 协议中固定匹配字段的僵化,POF(Protocol-Oblivious Forwarding,协议无感知转发)[19]基于偏移位和长度实现了用户自定义字段域。POF 由 Search Key、Metadata 和 Instruction 这 3 个模块构成,其中,Search Key 和 Instruction 提取由软 / 硬件结合实现,硬件实现机制实现了协议无关性。

2.3.1.3　数据平面可编程灵活性

由于现有 OpenFlow 交换机和协议将流表匹配域限制在固定的 2 ~ 4 层分组头信息,所以任何使用高层信息的流必须转发到控制器来获得处理指令,降低了网络效率,增加了流处理时延。同时,多级流表交换机芯片只能完成48个流表,而且在芯片制造时,流表的宽度、深度和执行顺序都要预先指定,这都降低了 SDN 可编程技术实现上的灵活性。针对以上问题,研究人员对交换机设计问题、流规则更新、网络视图、数据分组格式等方面进行了大量研究。

1. 流规则更新

由于大量的网络功能要求根据当前流状态改变流动作,所以基于流的规则更新过于频繁而降低网络的可编程性。Masoud 等人[20]提出了一个新的交换机抽象模型——FAST(Flow-level State Transitions,流级别状态转换),将基于流或流集合的网络任务表示为本地状态机。FAST 模型包含 3 个部分：抽象，允许操作者为不同的应用编程状态机；FAST 控制器，将状态机翻译为数据平面 API，并管理本地状态机之间的交互；FAST 数据平面，基于商用交换机支持状态机的流水线处理。FAST 允许控制器预先编程状态转化，支持交换机基于本地信息动态地执行动作，并且易于部署在目前的商用交换机。针对各流表项之间存在的依赖关系导致表项更新速度缓慢并且开销较大的问题，文献 [21] 通过分析规则模式提出了 CacheFlow 算法，基于该算法获得的关系图表达数据平面规则。采用一种新的分片技术打破大量规则之间较长的关系链，并将其转换为新的规则组覆盖大量的不常用规则，提高了常用规则的存储空间。实验数据证明，CacheFlow 算法能有效地提高流表更新效率并减少更新开销。

2. 网络视图更新

SDN 为了支持全局视图，控制器需要获取每个流表项的计数器信息。而大部分计数器部署在 ASIC 硬件中，其不灵活性和有限资源导致控制器难以获得全局视图。文献 [22] 将 ASIC 与通用 CPU 连接，将传统计数器替换为规则匹配记录串，并转发到 CPU 进行处理。利用 CPU 强大的处理能力，能更灵活地处理与计数器相关的信息，降低了 ASIC 存储空间占用率和计算复杂性，使控制器易于获取计数信息。

控制器对流的可视性与流表的操作性之间的耦合，会造成流视图的缺失、冗余的流视图以及流表规模急剧膨胀等问题。针对该问题，文献 [23] 采用 FlowInsight 结构分离了流的可视性和可操作性。该结构包含 FlowView 和 FlowOps 两个流水线结构表，数据分组依次由 FlowView 和 FlowOps 进行处理，如图 2-17 所示。FlowView 定义了控制器可见的流，其中每个流都包含匹配域、优先级、视图域和计数器。视图域根据预设的触发条件向控制器发送相对应的流视图，例如，**see-on-first-packet** 要求每个流的第一个数据分组发送至控制器，**trigger-on（Byte >1 MB）** 要求流量大于 1 MB 的流视图发往控制器。FlowOps 与现有流表工作方式相同，匹配数据分组并执行转发操作。

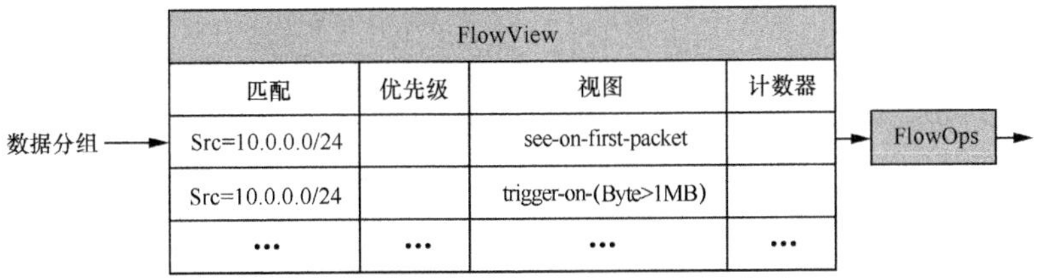

FlowView			
匹配	优先级	视图	计数器
Src=10.0.0.0/24		see-on-first-packet	
Src=10.0.0.0/24		trigger-on-(Byte>1MB)	
...	...	...	...

数据分组 →　　　　　　　　　　　　　　　　　　　　　　→ FlowOps →

图 2-17　FlowInsight 结构

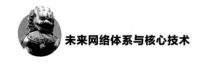

3. 数据分组嵌入式可编程

针对目前数据平面功能单一、难以扩展的问题，文献 [24] 提出了一个快速增加网络数据平面功能的方法：终端用户将 TPP（Tiny Packet Program，小数据分组程序）嵌入数据分组中，进行网络状态的主动查询和操作。其中，TPP 本质上是一个以太网数据分组，具有唯一可识别的头部，包含程序指令、额外空间（用来分组存储）和一个可选择的封装载荷（IP 分组）。基于高速、一致、低耗的数据平面接口，TPP 为终端用户提供了空前的网络行为视图，将网络状态和数据分组信息之间进行关联，支持拥塞控制、测量、故障检测和验证等大量的网络管理功能。

2.3.2 控制平面可编程技术

控制平面的核心组件是控制器，通过控制器，网络管理者可以在逻辑上集中控制交换机，实现数据的快速转发，便捷、安全地管理网络，提升网络的整体性能。本节首先详细阐述了以 NOX[25] 为代表的单线程控制器以及改进的多线程控制器，然后深入分析了控制平面的可扩展性、一致性和可用性等方面的相关研究，最后介绍了主流接口语言的研究发展。

2.3.2.1 集中式控制器

1. 单线程

NOX 是首个实现的 SDN 控制器，NOX 的思想来自于计算机结构。在计算机早期，编程通常是机器语言，没有对底层物理资源进行任何通用抽象，这使得编程很难编写、调试和跟踪定位。现代操作系统通过提供对简单资源抽象（内存、存储和通信）和信息（文件和目录）的控制访问使得编程更容易。这些抽象使得程序能够兼容不同硬件资源，并更安全、高效地执行不同任务。而目前的网络就像没有操作系统的计算机，采用依赖于网络的组件配置完成类似于传统机器语言编程的功能。因此，NOX 通过抽象网络资源控制接口，设计网络操作系统，提供对整个网络的统一集中的编程接口。

网络操作系统并不直接控制网络，它仅提供对网络的编程接口，运行于其上的应用程序则直接监测和控制网络。NOX 运行于单独的 PC 服务器，其通过 OpenFlow 交换机接入网络。NOX 收集整个网络的网络状态视图，并将其存储在网络视图数据库之中。NOX 的网络视图包括交换机网络拓扑、用户、主机、中间件以及其他网络元素，提供的各种服务等。基于 NOX 接口实现的各种应用程序通过访问网络视图数据库，生成控制命令，并发送到相应的 OpenFlow 交换机中。

NOX 对上层应用程序提供统一的、基于事件的编程接口，将网络各种状态改变提供事件句柄（Event Handler），方便上层应用程序调用。一些事件可能直接生成 OpenFlow 消息，例如交换机加入网络（Switch Join）、交换机离开网络（Switch Leave）、分组接收等。另一些事件则是由 NOX 应用程序在处理底层事件过程中产生的。另外，NOX 提供一组基础应用收集整个网络的网络视图并保持网络命名空间。因为网络视图必须在所有 NOX 控制实例之间保持一致，所以，当探测到网络变化时，需要更新网络状态数据库。对于大量应用程序可能需要的更为基础的功能，NOX 开发了系统库提供高效的共用功能，例如快速报文分类、路由等。

然而，NOX 作为最早的基于 OpenFlow 的 SDN 控制器实现，简化了企业网的管理，但它是单线程设计，不能利用当前高性能的计算平台，例如多核平台。因此，大量基于多线程的控制器被设计和开发，一部分是改进 NOX，如 POX、NOX-MT 等；另一部分则从性能、扩展性等不同角度全新设计实现，如 Masterto[26]、Beacon。

2. 多线程

（1）Maestro

在每条流的初始化阶段，SDN 的控制器需要与其负责的所有相关交换机通信，因此，控制器易成为性能瓶颈。OpenFlow 控制器 NOX 基于事件机制实现了控制功能开发的简化模型，但其是单线程的，未考虑并行特性。Maestro 从可扩展性的角度，在保证简单编程接口的同时，设计并开发了多线程控制器。

图 2-18 所示为 Maestro 的结构给出的 3 个执行流程。Maestro 通过与每个交换机的 TCP 连接向交换机网络发送或从其接收 OpenFlow 消息。那么输入阶段和输出阶段分别处理底层套接字缓存的读取和写入，并将原始 OpenFlow 消息转化为高层次数据结构或向相反的方向转换。这些底层功能随着 OpenFlow 协议标准更新而更新。而上层功能则以应用程序的形式不断地更新和重新实现。编程人员可以灵活修改这些应用程序的行为，或添加新的应用程序。图 2-18 中的应用程序包括发现、域内路由、认证和路由流量。

交换机加入网络中时会建立与 Maestro 的 TCP 连接，发现应用周期性地发送探测消息，并通过 LLDP 发现并识别交换机，并接收来自交换机的对探测报文的回应以获得整个网络的拓扑结构。而当拓扑改变时，该应用会调用域内路由应用修改路由表信息。

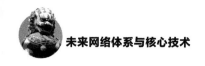

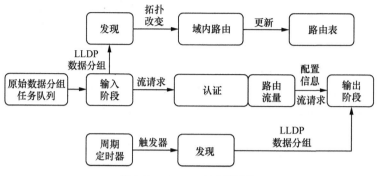

图 2-18　Maestro 控制器结构

当 Maestro 接收到一个流请求时，该请求消息首先需要认证是否违反安全策略。如果符合安全策略，路由流量应用将为其计算一条最短路径，生成配置输出到目的交换机中，请求报文发送回初始交换机中。

上述 3 个执行流程并行运行，为实现多公共数据结构—路由表的一致性，路由表更新延迟提交。即当域内路由表更新时，若路由流量应用已经启动，则仍然使用原来的路由表信息；当其下次启动时，则访问更新后的路由表信息。

Maestro 将应用程序编排为执行流程（Execution Path），并使用有向无环图（Directed Acyclic Graph，DAG）抽象建模。DAG 的节点标识应用程序，DAG 的边标识数据流向。执行流程的添加通过配置一个 DAG 实例，并扩展一个新的线程以运行 DAG 实例。

为了管理不同的任务，Maestro 设计了任务管理器来提供统一接口管理所有未解的计算。任何具有计算消耗的任务均实现为一个任务，并为每个任务分配一个线程。为了在多线程之间兼顾公平与效率，任务管理器采用 Pull 的方式管理工作线程，即 I/O 缓存队列与线程分离形成缓存池和工作线程池，当某队列不空时，可以随机 Pull 空闲线程或轻负载线程处理该队列中的消息。虽然该设计需要维护缓存池的多线程同步的额外开销，但是其实现了更加公平的线程调度和多线程的负载均衡，提高了工作效率。

（2）Beacon

与 Maestro 类似，Beacon 也是基于 Java 开发的开放源代码控制器。但是，与 Maestro 主要用于研究和试验不同，Beacon 更加注重生产环境的应用。因此，Beacon 致力于提高应用程序的开发效率和处理性能。另外，由于 Beacon 基于 OSGi 开发，应用程序以束（Bundle）的形式在系统运行时被添加或停止。

首先，为了实现代码重用及提供更友好的编程接口，Beacon 采用了控制反转容器（Inversion of Control，IoC）框架——Spring。那么，开发过程中只需要创建对象的实例，并将一个对象作为另一对象的属性分配以实现彼此的关联。IoC 框架允许开发人员采用 XML 配置文件或 Java 注解的方式创建对象和关联多个对象，降低了开发人员的开发时间。另外，Spring 的 Web 框架在 Web 和 REST 请求之间映射，简化方法调用，执行请求和响应的数据类型与 Java 对象之间的自动转化。

Beacon 提供基于事件的 API，任何应用程序均可以注册监听器接收各种事件。应用程序可以调用 IBeaconProvider 实现与 OpenFlow 交换机之间的交互。监听器可以注册当交换机添加或删除时被通告（IOFSwitchListener），或执行交换机初始化（IOFInitializerListener），以及接收特定 OpenFlow 消息类型（IOFMessageListener）。另外，Beacon 还包括实现了 OpenFlow v1.0 标准协议的 OpenFlow J 库，用于管理设备的设备管理接口（IDeviceManager）处理设备相关的事件，用户探测交换机网络的接口（ITopology）处理拓扑变化事件（例如链路消失），提供最短路服务的接口（IRoutingEngine）等。

其次，与现有控制器实现的另一个不同点是 Beacon 可以在运行时启动新的应用程序，停止正在运行的应用程序。为了实现运行时启动或停止应用程序，Beacon 采用 OSGi 规范实现框架——Equinox。OSGi 定义了束，即 JAR 文件，标识了 ID，与其他束之间的依赖关系以及规定向外部提供的可供外部使用的程序包。开发人员可以定制上述内容。

Beacon 利用了 OSGi 规范中服务注册的组件实现服务提供者与服务消费者之间的联系。如图 2-19 所示，服务提供者输出服务接口，服务消费者请求并接收满足服务需求的实例。任何服务实例均可随着其他服务的运行或停止而动态变化。

最后，在性能方面，Beacon 采用多线程机制，应用程序通过注册监听特定消息类型的 OpenFlow 消息，如 Packet-in 消息，对于监听相同消息类型的应用程序形成处理流水线（Pipeline）。消息被解析后依次经过流水线上的应用程序处理。Beacon 采用 Run-to-Completion 模式读取消息，具体如图 2-19 所示。Beacon 可以配置线程池大小，对交换机的连接请求通过轮询的方式选择线程，每个交换机固定一个线程处理，因此该设计无需同步锁。Beacon 采用批量模式读取消息，以减少用户态程序访问套接字的次数，提高性能。与其他开源集中式控制器相比，实验证明 Beacon 在吞吐量、处理时延以及多线程扩展性方面最优。

Floodlight 是基于 Beacon 内核开发的另一款由开源社区维护的控制器。另外，Volkan Yazici

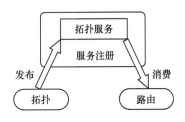

图 2-19　Beacon 服务注册

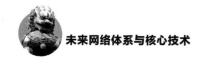

等将 Beacon 扩展为分布式控制器应用于多播网络中。FlowScale 则部分采用了 Beacon 模块。由于这些控制器都起源于 Beacon，所以其实现细节不再赘述。

2.3.2.2　控制平面可扩展性

基于 OpenFlow 的 SDN 最初设计与实现为了简化而假设单个控制器。然而，随着部署 OpenFlow 商业网络的规模和数量的增加，仅靠单个控制器对整个网络的控制可能是不可行的。因为在网络规模增大、数据平面转发设备数量增多的环境下，到达集中式控制器的控制流量的规模会成倍增加，而且随着接入控制、负载均衡、资源迁移等新型应用需求逐渐融合到控制平面当中，流的细粒度处理需求使得控制器需要响应更多的流请求事件，单控制器设备可能难以满足性能需求，会成为整个网络的性能瓶颈。下面介绍当前针对控制平面可扩展性的相关研究工作。

1.　HyperFlow

Tootoonchian A 等人[27] 设计并实现了一种基于事件的分布式 OpenFlow 控制器——HyperFlow，允许网络提供商部署任意数量的控制器。HyperFlow 既提供了可扩展性，也保持了网络控制逻辑上的中心化：所有的控制器共享一致的网络视图，响应本地服务请求，无须主动地与任何远程节点通信，因此最小化了流配置时间。另外，HyperFlow 无须更改 OpenFlow 标准，并且只需要对当前控制应用程序做最小的修改。HyperFlow 保证无环转发，并对网络分割以及组件失效具有弹性。而且，HyperFlow 可以添加管理区以独立地管理 OpenFlow 网络。

HyperFlow 是 OpenFlow 的第一个分布式控制平面。它实现为 NOX 上的一个应用程序，负责控制器网络状态视图的同步（通过传播本地产生的控制事件），将到达其他控制器管理的交换机的 OpenFlow 命令重定向到目标控制器上，并重定向来自交换机的响应到发起请求的控制器。跨控制器的通信采用事件传播系统。所有控制器都维护一个全局一致的网络视图，并运行相同的应用程序。每个交换机连接到距离其最近的控制器上。若控制器失败，受影响的交换机必须重构到另一控制器上。每个控制器直接管理其控制域内的交换机，间接地查询不在其控制域中的交换机。

为了获得网络状态视图的一致性，每个控制器中的 HyperFlow 控制应用实例有选择地发布事件，通过发布 / 订阅（Publish/Subscribe）系统改变系统状态。其他控制器重放所有发布的事件并重构网络状态。由于控制器中网络视图的任何改变均是由一个网络事件触发的，单个网络事件可能影响多个应用的状态，所以状态同步的控制流随着应用的增加而上升。但是，HyperFlow 将限制事件的数量，因为仅有很少一部分网络事件会改变网络视图，例如 packet_In 事件。为了传播网络事件，HyperFlow 基于 WheelFS 实现了分布式发布 / 订阅系统。每个运行 HyperFlow 程序的 NOX 控制器订阅控制通道、数据通道以及自身的发布 / 订阅系统。事件发布到数据通道，周期性地控制器通告发送到控制通道。

2. FlowVisor

为了解决在商业计算机网络中进行新型业务实验的问题，FlowVisor[28] 通过切分网络资源并将每一个切片的控制部分转移到单个控制器中，使 OpenFlow 网络中可以部署多个控制器。FlowVisor 通过将不同实验者的不同控制逻辑映射到不同的控制器中，使得实验者可以在孤立的切片上尝试自己的想法。这与现有实验床（如 VINI 和 Emulab 等）需要大量专业化的硬件或特殊的服务器不同，FlowVisor 是在商业计算机网络中切分网络资源形成切片的。

FlowVisor 在数据平面与控制平面之间引入了一个软件切片层（Slicing Layer），并采用 OpenFlow 实现了该切片层，用以切分控制消息。FlowVisor 与 VLANs 不同，VLANs 仅能隔离不同类型的流量，而不能控制数据平面。FlowVisor 设计了策略语言以映射流到切片，通过修改该映射，用户能够方便地尝试新的业务或服务。当控制消息穿越切片层时，FlowVisor 阻塞并重写控制消息，一个切片的行为不会影响另一个切片，保证各实验安全并存于商业化网络中。FlowVisor 首次基于 OpenFlow 实现了用户可定义的控制逻辑，在商业网中支持业务实验，为实验提供了真实可靠的用户流量，但也不可避免地增加了网络设备的负担。

3. DIFANE

针对当前基于流的网络中交换机与控制器之间频繁通信造成的资源浪费问题，DIFANE[29] 通过部署权威交换机来分担控制器的一部分规则，结合主动和被动两种方式来下发规则，从而减少交换机与控制器的通信开销。在 DIFANE 中，每个权威交换机管理一个域内的 OpenFlow 交换机。控制器主动将分区规则安装到所有的 OpenFlow 交换机上，并根据全局网络信息主动在权威交换机上安装权威规则。当底层交换机产生新流时，根据自身的分区规则直接和自己所属域的权威交换机进行通信。由于控制器已提前在权威交换机上部署了权威规则，因而权威交换机可以直接向底层交换机安装缓存规则，并且直接将请求数据转发给目的交换机而无须再返回给源交换机。在每个交换机内部，由于存在多种不同的规则，它们的优先级从高到低依次为缓存规则、权威规则和分区规则，按照规则的优先级对流进行处理。

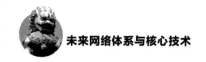

在 DIFANE 系统中，由于权威交换机能够管理普通交换机的流建立请求，因此，控制器仅需要管理整个网络的区域划分和权威交换机的流触发规则。然而，这种实现方式需要权威交换机具备规则安装功能，而传统的 OpenFlow 交换机无法实现，因此降低了实际部署过程的通用性。

4．DevoFlow

针对当前 OpenFlow 交换机流建立过程和统计信息收集过程会消耗大量数据平面和控制平面之间的带宽，无法满足高性能网络的性能需求的现状，Andrew 等人[30] 提出了 DevoFlow 的设计方案。DevoFlow 在包含通配符的流表项中"操作"字段上增加了"CLONE"标志，根据该标志位进行不同的处理。当该标志清零时，则报文正常处理；当该标志被置位时，则直接根据匹配报文建立精确匹配的微流，再对每条微流进行统计。同时，该方法将由硬件 TCAM 实现的包含通配符的流表项转换为由软件实现的精确匹配的流表项，大大减少了 TCAM 资源的消耗。在这种方式下，OpenFlow 交换机可以预先安装带有通配符的流表项，从而大量降低同控制器的报文交互频率以及硬件资源开销。

另外，DevoFlow 为 OpenFlow 交换机中可复制的通配符流表项提供多个输出端口，DevoFlow 根据概率分布将报文输出到特定端口。同时，DevoFlow 通过安装不同优先级的流表为 OpenFlow 交换机指定了多条备用路径，优先选择优先级高的流表项进行数据转发。当链路失效时，将高优先级的流表项删除或者进行覆盖，并立即转用备用路径，而不是转发给控制器。

在降低流建立请求开销的同时，DevoFlow 也对控制器获取统计信息过程的资源消耗进行了考虑。通过以一定概率转发统计信息、设置阈值、最大 K 条流等方法来提高控制器收集统计信息的效率。

5．Kandoo

OpenFlow 网络仅对控制平面进行编程，而当前频繁资源耗尽型的事件，例如流到达（Packet-in）和全网统计收集信息事件，为控制平面带来了巨大的压力，限制了 OpenFlow 网络的可扩展性。尽管可以通过主动推送网络状态而减少流到达事件，但该方法不适用于其他事件，如全网统计信息收集。当前方法要么认为是 SDN 的固有缺陷，要么试图修改交换机解决问题。DIFANE 和 DevoFlow 向交换机上引入了一种新的功能来降低频繁事件并降低控制平面上的负载，这种改变交换机设计的做法，同时带来需要修改协议标准的问题。与这两者不同，Kandoo[31] 则是在不修改交换机的前提下保持扩展性的框架。Kandoo 包含两层控制器，如图 2-20 所示，其中底层是一组控制器，相互不连接，没有网络知识视图，顶层是一个逻辑上集中式的控制器，维护全局网络视图。所有底层控制器向上连接顶层控制器。底层控制器仅运行靠近数据平面的本地控制应用（也就是能够利用单个交换机状态完成的功能）。这些控制器处理的大多数频繁事件，有效地向顶层屏蔽了大量本地消息，降低了顶层控制器的开销。

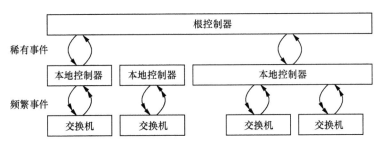

图 2-20　Kandoo 两层控制器框架

Kandoo 的设计可以使网络管理员根据需要复制本地控制器，并缓解上层控制器的负载。因为在现实中，顶层控制器是实现扩展性的瓶颈。实际评估表明：与常规 OpenFlow 网络相比，一个由 Kandoo 控制的网络的控制信道消耗要低一个数量级。

Kandoo 中根控制器通过一个简单的消息通道和过滤组件实现订阅本地控制器的特定事件。一旦该本地控制器接收到根控制器订阅的消息，它会将该消息转给根控制器进一步处理。因此，Kandoo 极大地限制了到达根控制器的消息。但是，Kandoo 采用双层控制器结构会增加全局事件的处理延迟，因为这些事件会先经过本地控制器，然后再转到根控制器。

2.3.2.3　控制平面一致性

逻辑上的集中控制是 SDN 的核心优势之一，考虑到在网络中大规模部署，分布式控制器是必然趋势，其引发的控制平面不一致性问题是目前亟须解决的问题。一是由于在控制逻辑更新时，控制器响应速度与网络状态一致性之间的矛盾，即当严格保证分布式状态全局统一时，将无法保证控制器响应速度；而当控制器能够快速响应请求时，则无法保证全局状态一致性。二是由于并发策略导致控制平面一致性问题。

针对网络控制逻辑更新的一致性问题，文献 [32] 提出了每报文（Per-packet）一致性的概念。每报文一致性是指在控制逻辑更新期间，交换机可能同时存在旧的控制逻辑和新的控制逻辑，每个报文只能执行其中的一种，而不能混杂在一起执行。即使规则更新在瞬时同步完成，也会造成传输中报文经历不同的控

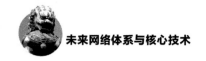

制逻辑。文献 [32] 提出两阶段规则更新方法：静默更新和单触更新。静默更新首先部署新的网络配置，同时保留旧的网络配置，新旧配置采用不同的标记（如 VLAN、MPLS 等）；静默更新完成后，单触更新则将所有的输入报文打上新配置的标记，随后所有报文将按照新配置执行。两阶段更新方法利用了 OpenFlow 网络的标记更新功能，采用平行配置的思路，相当于将报文和控制逻辑整体无缝迁移到新的控制平面，从而保证了每报文一致性。

与之相似的，文献 [33] 提出了每流一致性的概念，是指属于同一条流的报文在传输过程中要么执行旧的控制逻辑，要么执行新的控制逻辑，而不能混杂在一起执行。每流一致性比每报文一致性的标准更加严格，通常适用于 TCP 流前后控制逻辑的一致性。通过对 OpenFlow 交换机中新配置设置较低的优先级，可以等待旧配置在超时后自动删除。由于每流一致性需要考虑整条流所有报文的一致性，因此通常无法保证控制逻辑得到实时更新。

针对并发策略导致的一致性问题，控制层可直接通过并发策略组合的方式来避免数据层过多的参与，并利用细粒度锁确保组合策略无冲突发生。与之不同的是，HFT[34] 将并发策略分解并构成策略树，树的每个节点都可独立形成转发规则。HFT 首先对每个节点进行自定义冲突处理操作，这样，整个冲突处理过程就转化成利用自定义冲突处理规则逆向搜索树的过程，从而解决了并发策略一致性问题。

2.3.2.4　控制平面可用性

作为 SDN 的核心处理节点，控制器处理来自其管理域内交换机的大量请求，一旦控制器出现故障，则整个管理域内交换机的转发行为都会受到影响，因此保证控制器的可用性至关重要。过载是影响单控制器可用性的主要问题，采用分布式控制器可以平衡多个控制器之间的负载，从而提升控制平面的整体性能。特别地，对于层次控制器（如 Kandoo）来说，利用局部控制器承担交换机的多数请求，全局控制器则可以更好地为用户提供服务。

分布式控制器可以解决 SDN 集中式控制器面临的扩展性和可靠性问题。然而，分布式控制器的一个关键缺陷是交换机和控制器的映射是静态配置的，其结果是导致控制器之间的负载分布不均衡。Advait Dixit 等人 [35] 设计了一种弹性分布式控制器体系（Elastic Distributed Controller Architecture，ElastiCon），在该体系中，控制器池中控制器的数量可以根据流量状态和负载动态地增加或减少。为了可以完成负载迁移，提出了一种新的交换迁移协议。如图 2-21 所示，ElastiCon 框架主要包括 3 个部分：负载测量模块、负载适应决策模块和行动集合。分布式控制器之间通过分布式数据仓库共享信息。首先，需要周期性地通过优化交换机到控制器的映射实现负载均衡。其次，如果负载超过现有控制器的最大能力，需要通过添加新的控制器以增加资源池，并触发交换迁移以应用新的控制器资源。相似地，当负载降低到一个特定的水平时，需要相应地缩小资源池。所有这些动作涉及测量和监控控制器负载以及决定哪些交换机迁移的算法。

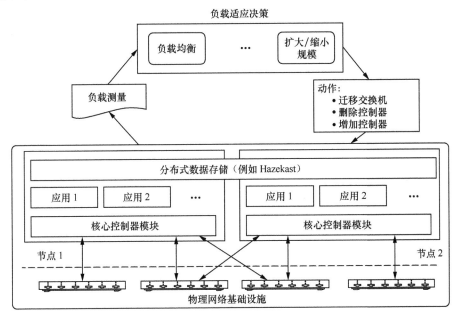

图 2-21　ElastiCon 结构

ElastiCon 首次提出在分布式控制器与交换机之间采用动态映射以更大程度地增强网络的扩展性。然而其研究还存在以下问题。

- 作为核心部件，负载适应决策模块采用基于窗口的双门限方法，即在决策窗口内，当负载超过上、下门限时，采取增加新控制器、删除已有控制器或迁移交换机的动作。虽然方法简单，但是该方法过于粗放，难以实现精细控制。
- 没有明确迁移交换机决策算法，仅指出可在相邻控制域之间迁移交换机。

在 ElastiCon 的基础上，文献 [36] 提出一种基于零和博弈理论的交换机在不同控制域间的迁移算法，实现控制平面的负载均衡。弹性控制问题的现有解决方案是根据网络状态变化调整控制器数量或部署位置，但该方法导致大量通信开销。为避免控制平面的重新分配，该文献从过载控制域迁移部分交换机到空闲控制域，将过载控制器作为商品提供者，轻载控制器作为博弈参与者，通过规划控制平面多维度资源，即计算、带宽和存储，解决交换机迁移问题，从而充分利用控制器资源。

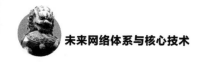

2.3.2.5 控制平面高级编程语言

SDN 控制器作为逻辑集中控制节点，既是 SDN 应用的运行平台，也是 SDN 应用的开发环境。目前 SDN 控制器是通过在服务器上运行不同的控制软件来实现，且各种控制软件设计逻辑上不同，导致其与控制应用的编程接口呈现多样化和复杂化的特征，阻碍了新型网络应用和功能的开发。针对该问题，研究人员设计了多种控制平面高级编程语言。

2011 年，Foster N 和 Harrison R 等人提出面向分布式网络交换机的高层编程语言——Frenetic，采用声明式和模块化设计准则，提供单层编程模型、无竞争语义和代价控制机制，基于函数响应编程（Functional Reactive Programming, FRP）组合库管理网络报文转发策略，为描述高层报文转发策略提供了网络流量聚合和分类功能，实现了模块化推理和模块重用。2012 年，在 Frenetic 基础上，Monsanto C 和 Foster N 等人提出新的 NetCore 编程语言来表达 SDN 的转发策略，该语言提供编译算法以及新的运行环境。Christopher 等人提出新的模块化应用抽象语言——Pyretic，允许程序员利用高层抽象定义并以不同的方式组合网络策略，并在抽象的网络拓扑上运行程序。同时 Pyretic 程序能够在运行系统上执行，实现了网络配置的可编程化。Andreas 等人基于 FRP 模型提出了 Nettle 语言，采用了分层的设计，至此以事件流的方式获取控制消息，能够简便地表达动态负载算法。针对大部分 OpenFlow 原型系统缺少可配置接口的问题，Andreas Voellmy 等人提出了一种新的 SDN 控制结构——Procera，基于 FRP 的策略语言，支持通配符规则、规则的预生成和自定义，进一步对语言抽象进行了优化。上述控制平面高级编程语言对比情况见表 2-1。

表 2-1 控制平面编程语言

接口语言	技术特点
Frenetic	提供状态查询、规则组合和一致性更新的 API 抽象
Pyretic	提供转发和查询策略库，支持规则的串行和并行组合
NetCore	支持通配符规则、规则的预生成和自定义
Nettle	FRP 框架，提供离散事件流和连续属性的网络控制 API
Procera	应用 FRP 框架，支持事件流的组合和自定义

2.3.3 接口技术

2.3.3.1 ForCES 协议

从 2002 年开始，IETF ForCES 工作组一直致力于一种开放可重构的路由器研究和相关标准制定工作，基于 ForCES 的路由器等网络设备对构建一个全网范围内的开放可重构网络有较好的支持，但由于 IETF ForCES 工作组一直将其技术定义在一个网络设备节点内，所以 ForCES 技术并未被推广到类似云计算网络的虚拟化应用中，限制了其在业界的关注和影响。

本课题组从 2001 年开始在开放可重构网络方面进行研究，在国内最早参与了 IETF ForCES 的研究和标准制定工作，目前是国内外 ForCES 研究的主要团队之一。课题组在 ForCES 技术研究、标准制定和技术实现方面都取得了重要的研究成果，制定完成了多个 RFC 协议标准，在国内外具有较大影响。

应用于分离结构的接口控制协议方面在上述众多与开放可重构网络有关的研究中，由于得到 IETF、ITU、NPF 等多家标准制定组织的推动，以及英特尔、IBM、朗讯、爱立信、Zynx 多家网络公司的支持，ForCES 的技术结构成为目前国际上备受关注的实现开放可重构网络设计目标的体系结构，本节作详细介绍。

ForCES 的关键推动组织是成立于 2002 年的 IETF ForCES 工作组，ForCES 工作组在 2003 年和 2004 年分别完成 ForCES 的需求文档（RFC 3654）和框架文档（RFC 3746）以后，一直专注于 ForCES 协议、FE 模型、LFB 定义库、ForCES TML、ForCES MIB 等标准草案文件的制定。本课题组在前期国家基金的支持下深入参与了 ForCES 工作组的研究。

在核心类标准中，ForCES 协议是最重要的。2004 年成立了 ForCES 协议设计组，由来自英特尔、IBM、诺基亚、Zynx、ETRI 和浙江工商大学研究人员组成。ForCES 协议设计组从 2004 年 9 月提交第 0 版 ForCES 协议草案开始，经过 5 年多的工作，第 22 版在 2010 年 3 月被批准成为 IETF RFC 标准（RFC 5810）。ForCES 协议定义了由 ForCES FE 模型语言描述的逻辑功能块（LFB），由于基于模型描述控制，ForCES 具有强大的控制管理和灵活扩展能力。

ForCES FE 模型草案由英特尔等人员在 2003 年首先提出，其第 16 版在 2010 年 3 月被批准成为 IETF RFC 标准（RFC 5812）。FE 模型的核心内容是定义了 LFB 的组成内容，通过 XML Schema 文件规定了 LFB 中各组成内容的 XML 表达形式。

IBM 在 2006 年提交了 ForCES MIB 草案，其第 10 版在 2010 年 3 月被批准成为 IETF RFC 标准（RFC 5813）。ForCES MIB 主要提供了 CE 与 FE 之间通道的相关信息。但是，目前 ForCES 框架文件建议的、能让 CE 管理者配置 CE 的相关 MIB 尚未在 ForCES MIB 中定义。

浙江工商大学在 2006 年与 Zynx 公司人员联合提交了有关传输层原语定义的 ForCES 传输映射层（TML）草案，Mojatatu 公司的 J. Hadi Salim 和 NTT 的

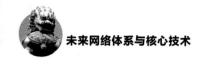

K. Ogawa 提交了使用 SCTP 传输 ForCES 协议的 TML 草案并成为正式标准（RFC 5811）。

基于 ForCES FE 模型的 LFB 库是实现 ForCES 应用的关键，Joel 提交了最早的 LFB 库草案，但是只是定义了少数几个 LFB；华为公司提交了用于 VPN 的 ForCES FE LFB Lib 的草案；浙江工商大学提交了一个较全面完整的 ForCES LFB Lib 的草案，该草案最后被正式接受，并由浙江工商大学牵头开始 LFB 库的标准化工作，到目前，该协议草案已经基本完成所有技术工作，并通过 IETF Last Call 审核，将很快成为 RFC 标准。

在辅助类标准方面，英特尔等提交了有关如何使用 ForCES 协议和模型的草案，该草案在 2010 年 10 月成为 RFC 6041。日本 NTT 与浙江工商大学等组织联合提交了通过多 CE 来提高 ForCES 结构网络系统可用性的方案。朗讯等提交了动态发现和管理 FE 之间拓扑结构的草案。该草案设计了 FE 自己发现邻接 FE 并把邻接信息上报给 CE 的过程，并定义了 FE 之间用来相互发现的协议消息。

浙江工商大学、希腊帕特拉斯大学、日本 NTT 分别进行了 ForCES 标准的实现，三方分别研制的实例被 ForCES 工作组所认可，成为 IETF 规定必须有的、帮助工作组草案成为 RFC 标准的 3 个 ForCES 实现关键实例。由三方联合发布了介绍 ForCES 协议、模型和 SCTP 实现和互操作测试方法的草案，该草案在 2010 年 11 月成为 RFC 6053。2009 年 7 月下旬，由三方一起在瑞典的斯德哥尔摩进行了一次 ForCES 协议互操作性测试，测试显示浙江工商大学的实现相对比较完善，因此，由浙江工商大学主持于 2011 年 2 月下旬在杭州进一步进行了针对 LFB 操作和 IPSec 传输通道的第二次国际多方互操作测试，并由浙江工商大学牵头提交了新版的互操作性测试草案。

IETF ForCES 相关协议标准的制定工作经历了长达 10 多年时间，ForCES 结构网络系统中应该以标准形式进行规范的基本内容基本上已经被制定。整体而言，围绕目前 IETF ForCES 工作组的目标（单节点路由器内的开放可重构控制目标）已经基本实现，相关标准制定已经临近结束，IETF ForCES 工作组和 IETF 其他工作组都正在考虑基于 ForCES 的 SDN 研究和相关协议标准制定问题。

在 ForCES 系统实现方面，为配合 ForCES 标准草案的制定，浙江工商大学的 ForCES 课题组从 2003 年年底开始围绕标准草案内容进行技术实现和验证，2005—2006 年，在英特尔 IXP2851/2400 网络处理器开发板上，以英特尔 IXA-SDK4.1 为基础，基于系统集成方式开发实现了 ForCES 路由器原型系统——ForTER。该实现成为 IETF RFC 标准的几个 ForCES 实现实例之一。2007—2008 年，开发出基于 ForCES 结构设计的安全网关系列产品（包括基于 ForCES

结构的 IPSec/GRE VPN 和状态包检测型防火墙）。IBM 的 FlexiNET 项目采用 ForCES 结构来设计分式的路由器，通过节点模块的动态增减来实现转发功能的动态加载和卸载。该项目的转发器是基于网络处理器的，而控制端采用 Web Service 的方式来实现服务的动态部署。SUN 公司的 Neon 项目研究了可编程网络设备的体系结构和具体实现，其在基本体系结构上遵循控制面和数据面分离以及 ForCES 协议接口，在 FE 模型结构内使用私有规范以实现集成网络服务的处理工作。AT&T（Lucent）网络研究部的路由器研究开发组设计转发与控制分离结构的路由器，专门介绍了从转发面分离出路由协议模块的方法，介绍了其分离路由控制平台 RCP 在 ForCES 框架下实现的问题。法国通信研究所的 DHCR 项目开发的 ForCES 结构软件路由器基于软件组件技术来实现网络服务的动态部署，并用 CORBA 中间件技术来支持 DHCR 内部通信。意大利热那亚大学 DROP 项目实现的 ForCES 结构软件路由器主要关注了 CE 和 FE 控制器的设计，并对性能进行了实验测试。国防科技大学计算机学院研究小组在国家 "863" "973" 项目和国家自然科学基金资助下对基于 ForCES 思想的路由器体系结构开展了深入研究，尤其对基于 ForCES 体系结构的 IPv6 路由器进行了研究，采用 ForCES 思想开发了新一代路由器，其中控制器和转发器分别基于通用机和网络处理器，并采用了自主开发设计的接口协议。北京交通大学的研究小组针对基于 IXP2400 和通用 CPU 的 IPv4 和 IPv6 路由器控制平面的实现展开了研究，在控制面和转发面间采用了 ForCES 协议进行通信，并实现了原型系统。

1. 体系结构

ForCES 技术无疑是实现开放结构网络的重要技术手段，IETF 在 2002 年专门成立 ForCES 工作组，开始有关 ForCES 技术研究和相关协议标准的研究制定工作。ForCES 用网络件（Network Element，NE）来指代用于构成网络的一般网络节点设备，或称为网元设备，具体来说，网络件可以是在 IP 层进行 IP 数据分组转发的设备，如路由器；也可以是链路层节点设备，如交换机；或者是其他复合层的节点设备，如多层交换机、防火墙、多层虚拟专用网络（Virtual Private Network，VPN）、各种网关等。

一个满足 ForCES 规范的网络件——ForCES 网络设备，其基本结构如图 2-22 所示，RFC 3654（ForCES 需求分析）和 RFC 3746（ForCES 框架）对其作了基本定义。

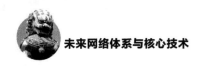
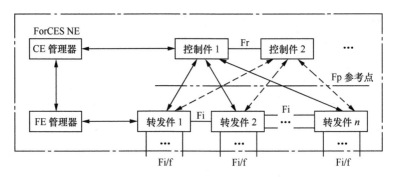

图 2-22　ForCES 网络件基本结构

如图 2-22 所示，一个满足 ForCES 标准的网络设备内有至少一个或多个（用于冗余备份）控制件（Control Element，CE）和多达几百个的转发件（Forwarding Element，FE）。CE 和 FE 间的通信通过称为 ForCES 的标准协议来完成，这个连接面称为 Fp 参考点（ForCES 控制接口），Fp 参考点可以经由一跳（Single Hop）也可以经由多跳（Multi-hops）网络实现。2010 年 3 月，在经过 7 年多的努力后，IETF 完成了对 ForCES 协议的制定工作，成为 RFC 5810（ForCES 协议规范）。

ForCES 协议规定了 Fp 参考点上传递的两种消息格式。这两种消息是控制消息和重定向消息。控制消息是包含 CE 对 FE 控制管理内容的消息，例如属性的配置和查询消息、能力和事件的上报消息。重定向消息是包含 CE 上所处理重定向数据分组的消息。从字面上理解，重定向数据分组不是 FE 产生的数据分组，而是从外部到达 FE，需要由 FE 重定向到 CE 进行处理的数据分组，或者是由 CE 产生的，需要经 FE 重定向到网络设备外部的数据分组。可能需要 CE 处理的数据分组主要有路由协议数据分组和网络管理数据分组等。

Fif 为各个 FE 对网络设备外的网络接口参考点，网络数据经由此进出，并被该网络设备转发处理；Fi 为同一网络设备内各个 FE 间相互连接的接口协议，多个 FE 可以构成一个分布式的转发件网络以完成复杂的转发功能。

Fr 为同一 ForCES 网络设备内各个 CE 间的连接协议。所有 CE 通过一个 CE 管理器（CE Manager，CEM）来管理，所有 FE 通过 FE 管理器（FE Manager，FEM）来管理，CEM 和 FEM 也互相交换管理信息。但要注意的是，CEM 和 FEM 的管理只是一些最基本的设置管理，如给各个 CE 和 FE 分配 ID 号等，而对 FE 的全面管理是通过 CE 上面的软件经由 ForCES 协议完成的。

2. 运行机制

分两个要素阐述 ForCES 协议的运行机制。

协议阶段（Protocol Phases）：ForCES 协议运行时可以划分的若干个阶段。

协议机制（Protocol Mechanism）：ForCES 协议所采用的若干个关键机制。

（1）协议阶段

ForCES 协议的运行包括两个阶段。

① CE 与 FE 开始建立链接之前的阶段称为建链前阶段 Pre-association Phase。

② CE 与 FE 建立链接期间和建立了链接之后的阶段，称为建链后阶段（Post-association Phase）。

这两个阶段的状态转换如图 2-23 所示。

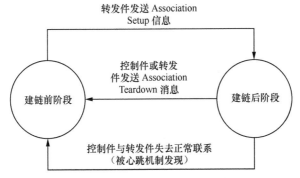

图 2-23　ForCES 协议运行的两个阶段

一般而言，用户或上层应用系统将在建链前阶段对 ForCES 控制接口［包括协议层（PL）和传输映射层（TML）］进行配置，可以采用静态配置（通常是从一个已保存的配置文件中读取），或者动态配置（比如用类似 DHCP 的服务发现协议来接收配置参数）。

FE 通过发送链接请求（Association Setup）消息给 CE，以试图加入网络件中。如果 FE 的请求被 CE 允许，CE 将询问 FE 的当前属性和能力，CE 还可能给 FE 提供初始化的配置。至此，CE 与 FE 的链接已经完全建立。

链接建立之后，CE 将在用户或上层应用系统的支配下，与 FE 进行交互，包括对 LFB 属性的查询和回应、对 LFB 事件的订阅和上报、对 LFB 能力的查询和回应。一般情况下，一旦建链，FE 可根据其 LFB 的配置来处理 / 转发数据分组。一个已与 CE 建链的 FE 将持续处理并转发数据分组，直到它接收到链接拆除（Association Teardown）消息或由于其他原因而失去与 CE 的联系。一个失去链接的 FE 如果支持高可用性，那么在中断联系后的一段短时间内还可能会持续处理并转发数据分组。

CE 与 FE 任何一方都可以通过发送 Association Teardown 消息来宣布两方

链接结束。CE 与 FE 也可以通过心跳等机制来发现非任何一方主动发起的链接中断。这种链接中断往往是由于双方的传输映射层之间失去传输链接（除此之外，也可能是因为 FE 或 CE 发生故障），但是传输映射层之间失去链接并不表示各自的协议层之间马上失去链接。只有当传输映射层不能在规定的时间内恢复链接时，两方的协议层之间才因此发生链接中断。

CE 与 FE 之间建立链接是从 FE 发送 Association Setup 消息开始的。不管 CE 是否接受该请求，都将发送一个 Association Setup Response 消息。如果 CE 与 FE 处在一个不安全的环境中，那么协议层在建立链接之前必须建立安全的通道。这个安全通道是由传输映射层负责建立的。CE 在发送了同意链接的 Association Setup Response 消息之后，将查询 FE 的信息（比如 LFB 拓扑），获取并控制 FE 的当前状态。

FE 有 3 个状态：OperDisable（操作不允许）、OperEnable（操作允许）和 AdminDisable（管理不允许）。FE 不管在 OperDisable 还是 AdminDisable 状态，都必须停止数据分组处理。FE 最初处于 OperDisable 的状态。当 FE 准备好在数据通道转发 / 处理数据分组时，它将自身转换到 OperEnable 状态，并通过事件通知 CE。当 FE 已经在 OperEnable 状态时，CE 可以随时暂停 FE 的运行。它处理此种情况的方式是设置 FE 状态为 AdminDisable。FE 停留在 AdminDisable 状态，直到 CE 有明确地转换到 OperEnable 状态的配置为止。上述过程如图 2-24 所示。

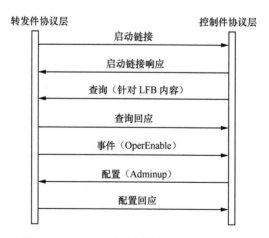

图 2-24　CE 和 FE 为建立链接而进行的消息交换

当上图所述过程完成后，CE 和 FE 之间的链接就建立起来了。链接建立之后，FE 将被持续更新或查询。FE 也能给 CE 发送异步的事件通告消息、同步的心跳消息、重定向数据分组消息。这个过程将一直持续到链接结束或中断。图 2-25 显示了链接建立后的一个情景。

转发件协议层		控制件协议层
	心跳	
	心跳	
	配置（事件订阅）	
	配置回应	
	配置（属性设置）	
	配置回应	
	状态查询	
	查询回应	
	事件通知	
	配置（删除属性）	
	配置回应	
	数据分组重定向	
	心跳	

图 2-25　CE 和 FE 链接建立后进行的消息交换

图 2-25 所述的消息交换只是一个例子，实际的消息交换次序是多样的。

（2）协议机制

在进入建链后阶段后，CE 将根据需要对 FE 中的 LFB 进行查询和 / 或配置。在一个 ForCES 协议消息中，可以包含针对一个或多个 LFB 的多个操作（Operation）。这些操作的关系由 ForCES 协议消息头部中的 EM（Execution Mode，执行模式）标志位控制，主要涉及 3 种关系。

① 全部执行或全不执行（Execute-All-or-None）。在这种执行模式下，同一个 ForCES 协议消息中的所有操作均要求连续执行，且任何操作都不能执行失败。如果有某一操作执行失败，在失败之前执行的所有操作都将会被取消。

② 失败不影响继续执行（Continue-Execute-on-Failure）。一个操作失败后继续执行同一个 ForCES 协议消息中的剩余操作。

③ 执行直到失败为止（Execute-until-Failure）。发生执行失败后，不再执行同一个 ForCES 协议消息中的剩余操作，失败之前已经执行的操作不被取消。

上述 3 种关系中，全部执行或全不执行实际上就是事务的原子特性，而其

他两种关系是针对普通的批处理（Batching）。

事务是指在一个或多个 ForCES 协议消息中满足 ACID 特性的多个操作集合。所谓 ACID 包括以下几个方面。

原子特性（Atomicity）：在一个涉及多个（两个或两个以上）信息的事务中，所有的信息要么都被操作，要么都没被操作。比如升级一个 FE 中相互依存的多个表，如果其中任何一个表升级失败，那么其他任何已升级的表格必须被撤销操作。

一致特性（Consistency）：在多个地域上操作同一个数据的事务中，要么操作成功，使原数据进入一个同样的、新的且有效的数据状态；要么操作失败，所有数据返回到事务发生之前的状态。比如升级一个网络件中多个 FE 中的同一个表，如果其中任何一个 FE 上的升级失败，那么其他任何已升级的 FE 必须撤销操作。

独立特性（Isolation）：一个在进行中尚未完成的事务必须与别的事务保持隔离，不能产生一个事务（全部或部分）嵌入另一个事务的执行效果。

持久特性（Durability）：事务一旦完成，其数据将被长久保存，不受系统故障和系统重启的影响。

按照上节所述，EM 标志位的全部执行或全不执行已经能够解决在单一消息中的事务原子特性要求。而对于横跨多个 FE 或 / 和多个消息的事务，可以采用经典的事务协议——2PC（Two Phase Commit，双步提交）。ForCES 协议采用消息头部中的 AT（Atomic Transaction，原子事务）和 TP（Transaction Phase，事务阶段）标志位，并结合 COMMIT 和 TRCOMP 操作来完成 2PC。

当设置了 AT 标志位时，则表明此消息属于某一事务。一个事务中的所有消息必须设置 AT 标志位。而 TP 标志位用来指示这个消息所属的事务阶段。事务有 4 个可能的阶段，TP 标志位分别设置为：SOT（Start of Transaction，事务开始）、MOT（Middle of Transaction，事务中间）、EOT（End of Transaction，事务结束）、ABT（Abort，中止）。

一个事务开始于一个 TP 标志位设置为 SOT 的消息。在第一个消息后的大部分消息用 MOT 表示。来自 CE 的所有事务消息必须设置 AlwaysACK 标志位以请求 FE 的回应。在 CE 发出一个包含 COMMIT 操作和 EOT 的消息之前，FE 只需要验证操作是否可以执行，而不进行真实执行。如果任何参与事务的 FE 都没有向 CE 报告错误，CE 用 COMMIT 操作结合 EOT 来通知 FE 执行该事务。FE 必须回应 CE 的 EOT 消息。

此时，如果任一参与事务的 FE 向 CE 报告错误或者 CE 在规定时间内（该时间由实现系统自己决定）没有收到 FE 的回应，CE 将发送一个带有 ABT 标志的 COMMIT 操作，通知所有参与事务的 FE 回复到本事务之前的状态。如果所有参与事务的 FE 都回应成功指示，那么 CE 将发送 TRCOMP 操作来通知各 FE 本次事务已经结束。这也是通知 FE 不需要再为回复到本事务之前的状态而保存数据。FE 不需回应 TRCOMP。

注意，对于横跨多个 FE 或 / 和多个消息的事务，都需要将 EM 标志位设置成全部执行或全不执行。

为了指示同一个事务的不同消息，除了有 AT 和 TP 标志位，还需要设置相同的关联因子（Correlator）值以及不同的序列（Sequence）值。与之相关，假如一个控制消息太长，则可以把它分割成若干个较短长度的消息，这些分割后的消息也具有相同的关联因子值，但是序列值不同。这被称为命令流水线（Command Pipelining）。但是命令流水线不同于跨越多个消息的事务，前者不设置 AT 和 TP 标志位。

下面是 CE 和 FE 之间发生 2PC 事务的一个简单例子，如图 2-26 所示。

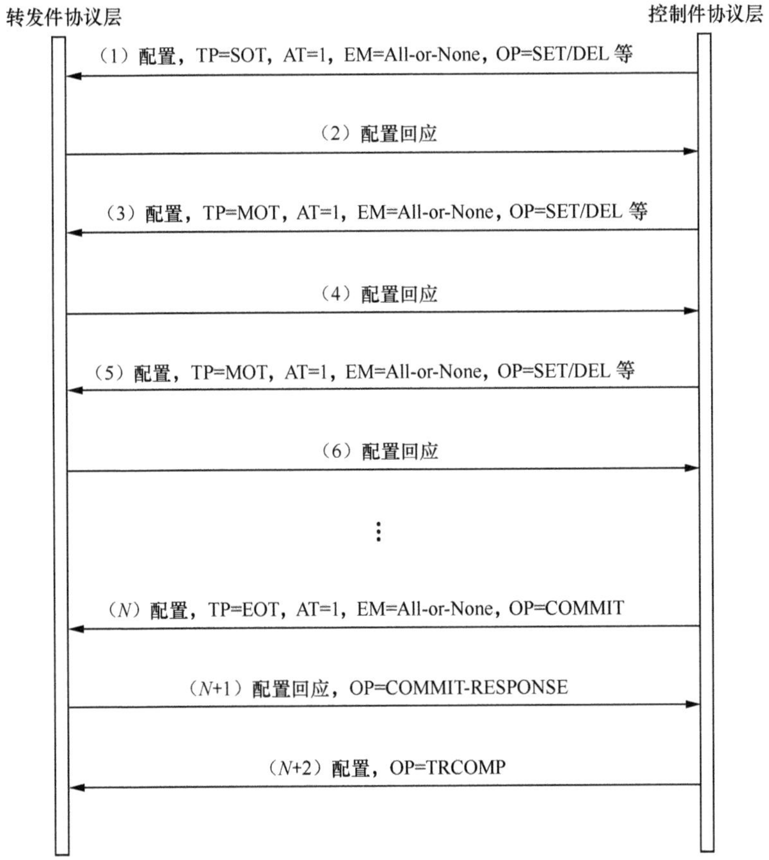

图 2-26　2PC 的例子

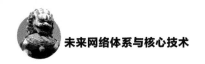

对于该例子作如下说明。

在步骤 1 中，CE 发出了一个进行 DEL 或 SET 操作的配置消息。设置事务标志用于表明一个事务开始（TP=SOT），原子操作（AT=1），全部执行或不执行（EM=All-or-None）。

FE 确认它可以成功执行请求，然后在步骤 2 发布一个确认返回给 CE。

在步骤 3 中，如同步骤 1 中相同的消息由 CE 重复发送，不同的是 TP 标志改为 MOT。

FE 确认它可以成功执行请求，然后在步骤 4 发布一个确认返回给 CE。

在步骤 N 中，CE 发送一个包含有 COMMIT 类型操作的配置消息。TP 标志设置为 EOT。本质上，这是一个"空"消息，要求收到本消息的各 FE 执行从消息（1）（包含 SOT 标志）开始收集的所有消息中的操作。

在步骤 N+1 中，FE 执行完事务中的操作后发出一个包含 COMMIT-RESPONSE 操作类型的确认消息返回给 CE。

等到收到所有提示成功执行的确认消息后，CE 最后在步骤 N+2 发出一个 TRCOMP 操作给所有参与事务的 FE。

3. 消息封装

所有 ForCES 协议消息都是由一个消息头部（Message Header）和一个消息体（Message Body）组成，消息体是由一个或多个 TLV 或 ILV 构成，消息体的具体内容涉及路径、关键字和数据等要素，ForCES 协议要求消息封装时使用网络字节顺序（Network Byte Order)。

消息头部的定义如图 2-27 所示，采用 32 位对齐方式。

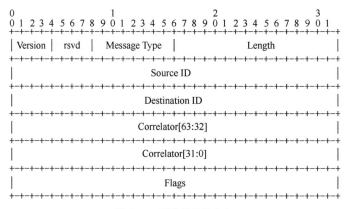

图 2-27　消息头部的定义

下面对消息头部中的各字段内容进行介绍。

（1）版本号（Version，4 bit）

当前版本号是 1。

（2）保留字段（rsvd，4 bit）

暂时未用该字段。发送者必须把该字段设置为零，接收方必须忽视这个字段。

（3）消息类型（Message Type，8 bit）

ForCES 协议中定义了以下的消息类型及对应值，如图 2-28 所示。

0x00	Reserve	保留
0x01	Association Setup	启动建链
0x02	Association Teardown	拆除链接
0x03	Config	配置
0x04	Query	查询
0x05	EventNotification	事件通知
0x06	PacketRedirect	数据分组重定向
0x07-0x0E	Reserved	保留
0x0F	Hearbeat	心跳
0x11	AssociationSetupRepsonse	启动建链回应
0x12	Reserved	保留
0x13	ConfigRepsonse	配置回应
0x14	QueryResponse	查询回应

图 2-28　消息类型及对应值

此外，还有两个消息类型空间。

① 消息类型 0x20 ~ 0x7F：如果要使用此范围的类型，则须写入某种类型的标准、规范性文件或其他永久且可访问的文档。

② 消息类型 0x80 ~ 0xFF：厂商或个人可以随意使用此范围的类型。

（4）长度（Length，16 bit）

消息的长度等于消息头部长度加上消息体长度，长度单位是 4 B（DWORDS）。

（5）源 ID（Source ID，32 bit）和目标 ID（Dest ID，32 bit）

源 ID 和目标 ID 用来标识 ForCES 协议消息的终端点。每一个源 ID 和目标 ID 都是 32 位，如图 2-29 所示，在同一个网络件中每个 ID 都是独一无二的。

```
 0                   1                   2                   3
 0 1 2 3 4 5 6 7 8 9 0 1 2 3 4 5 6 7 8 9 0 1 2 3 4 5 6 7 8 9 0 1
+-+-+-+-+-+-+-+-+-+-+-+-+-+-+-+-+-+-+-+-+-+-+-+-+-+-+-+-+-+-+-+-+
| TS|                         Sub-ID                            |
+-+-+-+-+-+-+-+-+-+-+-+-+-+-+-+-+-+-+-+-+-+-+-+-+-+-+-+-+-+-+-+-+
```

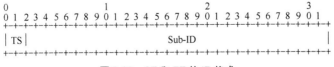

图 2-29　CE 和 FE 的 ID 格式

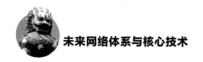

ID 空间按下面方式划分。

① 虽然在网络件中，CE 个数明显少于 FE。但是为简单起见，CE 和 FE 平均分配 ID 空间。

② CE 和 FE 都有多达 2^{30}（超过 10 亿）的 ID 空间。

③ 最高的 2 位称为 TS（Type Switch），它是用来划分 ID 空间的，方法如图 2-30 所示。

TS	相应的 ID 范围	分配
0b00	0x00000000～0x3FFFFFFF	FE IDs（2^{30}）
0b01	0x40000000～0x7FFFFFFF	CE IDs（2^{30}）
0b10	0x80000000～0xBFFFFFFF	Reserved
0b11	0xC0000000～0xFFFFFFFF	多播 IDs（$2^{30}-2^{16}$）
0b11	0xFFFFFFF0～0xFFFFFFFC	Reserved
0b11	0xFFFFFFFD	全 CEs 广播
0b11	0xFFFFFFFE	全 FEs 广播
0b11	0xFFFFFFFF	全 FEs 和 CEs 广播

图 2-30　ID 空间划分

多播或广播 ID 用来标识一个具有特定功能的 FE 集合，也可以标识 CE 集合（比如主 CE 和备份 CE，从而可以让备份切换对于 FE 是透明的）。

① 多播的 ID 可用于源 ID 或目标 ID。

② 广播标识只能用于目标 ID。

（6）关联因子（Correlator，64 bit）

Correlator 由控制件设定。对于 Correlator 的理解有两种方式：一是 64 位统称为 Correlator，二是把 64 位进一步分成 32 位的 Correlator 值和 32 位的 Sequence 值。

在下面 3 种情况下使用 Correlator。

① Request 消息和 Response 消息必须有相同的 Correlator 值。

② 表示 Command Pipelining。假如一个控制消息太长，那么我们可以把它分割成若干个较短长度的消息，这些分割后的消息具有相同的 Correlator 值，但具有不同的 Sequence 值。

③ 表示多消息组成的事务。属于同一个事务的不同消息具有相同的 Correlator 值，但具有不同的 Sequence 值。与 Command Pipelining 的区别是：属于事务的消息具有 AT=1 标志值。

除了上述用法，其他情况下 Correlator 可以设定为 0。

Correlator 是 64 位无符号整数。按照网络字节顺序的规定，其最高字节（63 ～ 56 位）放在最低地址，因为数据发送是从低地址开始发送，因此 Correlator 高字节比 Correlator 低字节更早被传输。

（7）标志（Flags，32 bit）

消息头部中的标志具有以下内容，如图 2-31 所示。

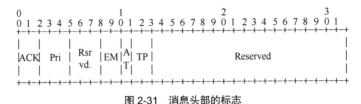

图 2-31　消息头部的标志

ACK（确认标志，2 位）：当 CE 发送配置或心跳消息给 FE 时，ACK 用来指示 FE 是否需要回复。ACK 在别的消息中不进行设置。ACK 可以设置成以下值。

① NoACK（0b00）：表示 FE 不必发送任何响应消息。

② SuccessACK（0b01）：表示仅当发送的消息被 FE 成功处理时，才必须返回响应消息。所谓的成功，是指同一消息中的所有操作全部成功。

③ FailureACK（0b10）：表示仅当发送的消息被处理失败时，才必须返回响应消息。

④ AlwaysACK（0b11）：表示 FE 必须发送响应消息给 FE。

除了配置消息和心跳消息之外，别的消息有其默认的回复，不受 ACK 标志影响。具体情况如下。

① Association Setup 消息总是要求回复；

② Association Teardown 消息和 Packet Redirect 消息从不要求回复；

③ Query 消息总是要求回复；

④ Response 消息从不期望进一步的回复。

Pri（优先级标志，3 位）：ForCES 协议定义了 8 个不同的优先级（0 ~ 7）。优先值越高，协议消息的内容越重要。例如，重定向数据分组消息可拥有不同的优先级以区分路由协议分组和从 FE 到 CE 的地址解析协议（ARP）分组。普通优先级的值是 1。不同的优先级意味着对消息的处理可以重新排序。但是在事务内对消息重新排序是不可取的。

EM（执行模式，2 位）：表示同一消息中的多个连续操作的相互关系。

- 0b00：预留。
- 0b01：全部执行或全不执行。
- 0b10：执行直到失败为止。
- 0b11：失败不影响继续执行。

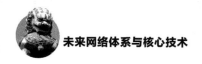

AT（原子事务，1 位）：表示多个消息的相互关系。

- 0b0：相互独立消息。
- 0b1：属于同一事务的消息。

TP（执行阶段，2 位）：表示跨越多个消息的事务中各消息所处的阶段。

- SOT（0b00）：开始执行。
- MOT（0b01）：执行中。
- EOT（0b10）：执行结束。
- ABT（0b11）：失败。

（8）消息体的基本结构单元

ForCES 协议消息体主要包含 TLV 和 ILV 两类基本结构单元。两种结构单元的基本区别是 TLV 中"T"和 ILV 中"I"具有不同大小的取值空间："T"的取值范围是 16 位，"I"的取值范围是 32 位。

4. 协议消息

ForCES 协议定义了 6 类消息。各消息的消息头按照上节规定封装。本节对各种消息再作进一步说明。

Association 消息用于建立与释放 CE 与 FE 之间的链接，见表 2-2。

表 2-2 对各种 Association 消息的说明

消息类型	消息发送方向	消息头	消息体
Association Setup	FE 到 CE	无须设置 ACK 标志，因为总是希望接收方回应。 FE 可能将源 ID 设置为 0，以此来要求 CE 在回应消息中指定 FE 的 ID	
Association Setup Response	CE 到 FE	无须设置 ACK 标志，因为接收方无须回应	ASResult-TLV 中的 V 可取以下值。 0：成功。 1：FE ID 无效。 2：建链请求被拒绝
Association Teardown	CE 到 FE FE 到 CE	无须设置 ACK 标志，因为接收方无须回应	ASTreason-TLV 中的 V 可取以下值。 0：管理员正常释放连接。 1：心跳消失。 2：带宽不足。 3：内存不足。 4：应用程序崩溃。 255：其他未知错误

虽然 ForCES 协议在 Association Setup 消息中定义了 REPORT 类型的 OPER-TLV。但事实上，并不一定要让 FE 在 Association Setup 消息中上报 LFB 信息，而可以让 CE 在后续消息中通过查询获得。

Configuration 消息用于 CE 配置 FE 中的 LFB，包括订阅 FE 中的事件以及 FE 向 CE 报告配置的结果，具体见表 2-3。

表 2-3　对各种 Configuration 消息的说明

消息类型	消息发送方向	消息头
Config	CE 到 FE	ACK 标志可根据需要设置
ConfigResponse	FE 到 CE	无须设置 ACK 标志，因为接收方无须回应

Query 消息用于 CE 查询 FE 中的 LFB 以及 FE 向 CE 报告查询的结果，具体见表 2-4。

表 2-4　对各种 Query 消息的说明

消息类型	消息发送方向	消息头
Query	CE 到 FE	无须设置 ACK 标志，因为总希望接收方回应
QueryResponse	FE 到 CE	无须设置 ACK 标志，因为接收方无须回应

Event Notification 消息用于 FE 向 CE 报告在 FE 上发生的事件（这些事件已经事先被 CE 订阅），具体见表 2-5。

表 2-5　对 Event Notification 消息的说明

消息类型	消息发送方向	消息头
EventNotification	FE 到 CE	无须设置 ACK 标志，因为接收方无须回应

Packet Redirect 消息用于 FE 和 CE 之间传递重定向数据分组，具体见表 2-6。

表 2-6　对 Packet Redirect 消息的说明

消息类型	消息发送方向	消息头
Redirect	CE 到 FE，FE 到 CE	无须设置 ACK 标志，因为此非控制消息

Packet Redirect 消息中的消息体是 REDIRECT-TLV，它具有如图 2-32 所示结构。

Meta Data TLV 包含了与下面的重定向数据相联系的元数据，它具有如图 2-33 所示结构。其中每个 Meta Data ILV 描述一个元数据（Meta Data ILV 中的"I"值被定义在相关 LFB 中）。

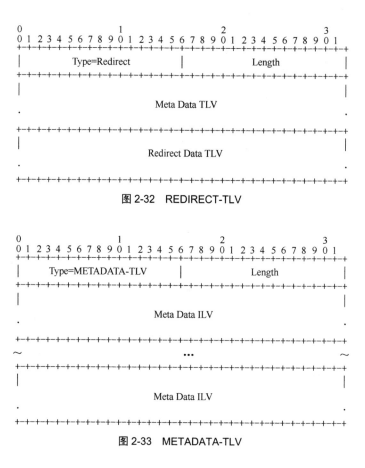

```
 0                   1                   2                   3
 0 1 2 3 4 5 6 7 8 9 0 1 2 3 4 5 6 7 8 9 0 1 2 3 4 5 6 7 8 9 0 1
+-+-+-+-+-+-+-+-+-+-+-+-+-+-+-+-+-+-+-+-+-+-+-+-+-+-+-+-+-+-+-+-+
|          Type=Redirect          |            Length           |
+-+-+-+-+-+-+-+-+-+-+-+-+-+-+-+-+-+-+-+-+-+-+-+-+-+-+-+-+-+-+-+-+
|                                                               |
                          Meta Data TLV
.                                                               .
+-+-+-+-+-+-+-+-+-+-+-+-+-+-+-+-+-+-+-+-+-+-+-+-+-+-+-+-+-+-+-+-+
|                                                               |
                        Redirect Data TLV
.                                                               .
+-+-+-+-+-+-+-+-+-+-+-+-+-+-+-+-+-+-+-+-+-+-+-+-+-+-+-+-+-+-+-+-+
```

图 2-32　REDIRECT-TLV

```
 0                   1                   2                   3
 0 1 2 3 4 5 6 7 8 9 0 1 2 3 4 5 6 7 8 9 0 1 2 3 4 5 6 7 8 9 0 1
+-+-+-+-+-+-+-+-+-+-+-+-+-+-+-+-+-+-+-+-+-+-+-+-+-+-+-+-+-+-+-+-+
|        Type=METADATA-TLV        |            Length           |
+-+-+-+-+-+-+-+-+-+-+-+-+-+-+-+-+-+-+-+-+-+-+-+-+-+-+-+-+-+-+-+-+
|                                                               |
                          Meta Data ILV
.                                                               .
+-+-+-+-+-+-+-+-+-+-+-+-+-+-+-+-+-+-+-+-+-+-+-+-+-+-+-+-+-+-+-+-+
~                              ...                              ~
+-+-+-+-+-+-+-+-+-+-+-+-+-+-+-+-+-+-+-+-+-+-+-+-+-+-+-+-+-+-+-+-+
|                                                               |
                          Meta Data ILV
.                                                               .
+-+-+-+-+-+-+-+-+-+-+-+-+-+-+-+-+-+-+-+-+-+-+-+-+-+-+-+-+-+-+-+-+
```

图 2-33　METADATA-TLV

每个 Redirect Data TLV 包含了一个重定向数据分组，它具有如图 2-34 所示结构。

```
 0                   1                   2                   3
 0 1 2 3 4 5 6 7 8 9 0 1 2 3 4 5 6 7 8 9 0 1 2 3 4 5 6 7 8 9 0 1
+-+-+-+-+-+-+-+-+-+-+-+-+-+-+-+-+-+-+-+-+-+-+-+-+-+-+-+-+-+-+-+-+
|     Type=REDIRECT DATA-TLV      |            Length           |
+-+-+-+-+-+-+-+-+-+-+-+-+-+-+-+-+-+-+-+-+-+-+-+-+-+-+-+-+-+-+-+-+
|                                                               |
                         Redirected Data
.                                                               .
+-+-+-+-+-+-+-+-+-+-+-+-+-+-+-+-+-+-+-+-+-+-+-+-+-+-+-+-+-+-+-+-+
```

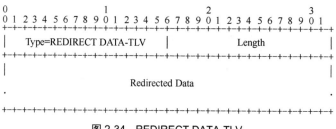

图 2-34　REDIRECT DATA-TLV

Heartbeat 消息用于一个 CE 或 FE 告诉对方自己还处于激活状态，具体见表 2-7。

表 2-7　对 Heartbeat 消息的说明

消息类型	消息发送方向	消息头	消息体
Heartbeat	CE 到 FE FE 到 CE	ACK 标志设置成 NoACK 或 AlwaysACK（如是别的值也视为 NoACK），后者仅能被 CE 使用	无消息体

Heartbeat 消息的回应还是 Heartbeat 消息。

5.　小结

IETF ForCES 相关协议标准的制定工作已经经历了长达 10 年多的时间，ForCES 结构网络系统中应该以标准形式进行规范的内容基本上已经被制定。整体而言，围绕目前 IETF ForCES 工作组的目标（单节点路由器内的开放可重构控制目标）已经基本实现，相关标准制定已经临近结束，IETF ForCES 工作组和 IETF 其他工作组都正在考虑基于 ForCES 的网络结构研究和相关协议标准制定问题。

2.3.3.2　OpenFlow 协议

为了解决当前 TCP/IP 体系结构所面临的问题，各国都已经展开了对未来互联网发展的研究，其中以美国的 GENI、欧盟的 FIRE、日本的 JGN2plus 以及中国的 SOFIA 等为主要代表。众所周知，研究未来互联网体系结构首先考虑的是网络核心设备路由器的重新设计和分配，允许用户自行定义路由器功能模块，实现适应未来互联网发展的新型协议功能。当前，可编程化的路由器已得到广泛关注，其是否能够得到长远的发展还需进一步证实。

自 2007 年开始，美国自然科学基金 GENI 项目支持的以 OpenFlow 技术为核心的斯坦福大学 GENI Enterprise 计划，大大推进了开放可重构网络技术的影响力，OpenFlow 技术通过定义并开放网络转发流表控制，提供给用户动态编程能力，进而可初步提供一个开放可重构通信网络功能，OpenFlow 的一个典型应用场景就是实现上述对数据中心网络虚拟机（VM）的动态迁移，所以一经提出就得到极大关注，但是其定义的可开放资源比 IETF ForCES 定义的要少很多，功能也简单得多，使得目前单纯 OpenFlow 技术在实现虚拟化方面与需求尚有较大差距。

基于以上技术趋势和应用需求，ONF 在 2010 年提出了 SDN 的概念，SDN 基本内涵其实就是一个开放可重构网络，该网络通过软件定义（或软件驱动）方式就可实现网络资源的动态管理，基于此，用户可通过编程动态构建各种特性的数据转发网络，以实现各类网络对各种应用的承载需求，进而便于用户实现类似虚拟化数据中心网络等新型应用。因此，SDN 一经推出就受到了特别关注，甚至被视为未来网络的最终解决方案。

然而时至今日，如何实现一个较全面的软件定义网络却仍是一个很有争议的课题，虽然 OpenFlow 技术最早把 SDN 概念引入，但 Google、华为、思科等主流公司以及 IETF 等组织普遍认为 OpenFlow 技术在实现 SDN 技术上有较大差距，一种简单的流表定义并不能有效定义网络切片（Slice）资源，进而大大限制了其功能的实现和利用，OpenFlow 自己也正试图提出更好的方法以更加全面地进行网络资源定义，以期达到应用要求。

1. 体系结构

OpenFlow 起初作为 SDN 原型提出时，主要由 OpenFlow 交换机、Controller 两部分组成。OpenFlow 交换机只需要根据 FlowTable 来转发数据分组，即数据转发面；Controller 则通过全网拓扑来实现对网络的管控能力，即作为控制平面。

OpenFlow 交换机由流表、安全通道和 OpenFlow 协议 3 个部分组成。OpenFlow 交换机作为整个 OpenFlow 网络的核心部件，主要功能是掌控数据层的转发功能。OpenFlow 交换机接收到数据分组后，首先在本地的流表上查找转发目标端口，如果没有匹配，则把数据分组转发给 Controller，由控制层决定转发端口。

由图 2-35 可知，Controller 主要通过对 FlowTable 的控制实现 OpenFlow 交换机的相关功能。在 FlowTable 中，主要包含头域、计数器和操作 3 个方面。头域包含传统网络的基本信息；计数器主要是对数据分组的统计；操作主要进行 FlowTable 转发时的流程。

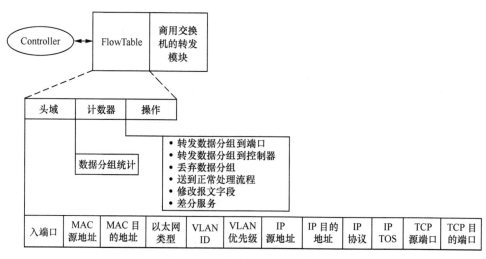

图 2-35　OpenFlow 交换机的构成与分类

2. 流表操作

流表是交换机进行转发策略控制的核心数据结构，它由很多个流表项组成，每个流表项就是一个转发规则。进入交换机的数据分组通过查询流表来获得转发的目的端口。流表项由头域（Head Fileds）、计数器（Counter）和操作（Action）组成，交换芯片通过查找流表表项来决定对进入交换机的网络流量采取合适的行为。

（1）头域

头域又称包头域，是个十二元组，是流表项的标识，包括入端口、MAC 源地址、MAC 目的地址、以太网类型、VLAN ID、VLAN 优先级、IP 源地址、IP 目的地址、IP 协议、TP TOS 位、TCP 源端口、TCP 目的端口。表 2-8 为包头域详细信息。

表 2-8　包头域详细信息

包头域	位数	应用时刻	备注
入端口	独立实现	任何包进入	输入端口的数值表示从 1 开始
MAC 源地址	48	任何包在可行端口	—
MAC 目的地址	48	任何包在可行端口	—
以太网类型	16	任何包在可行端口	一个 OpenFlow 的交换机利用 SNAP 头和 OUI 0x000000 匹配标准的以太网和 802.2 中的类型。特殊值 of0x05FF 在没有 SNAP 包头的前提下，匹配所有的 802.3 包
VLAN ID	12	任何包在以太网类型 0x8100	—
VLAN 优先级	3	任何包在以太网类型 0x8100	VLAN PCP 域
IP 源地址	32	任何 IP 和 ARP 包	可以是子网掩码
IP 目的地址		任何 IP 和 ARP 包	可以是子网掩码
IP 协议	8	任何 IP、以太网接口、ARP 包	仅低 8 位的 ARP 操作码可以被使用
TP TOS 位	6	任何 IP 包	指定为 8 位值，并且将 ToS 放到前 6 位中
TCP 源端口	16	TCP、UDP、ICMP 包	仅低 8 位用于 ICMP 类型
TCP 目的端口	16	TCP、UDP、ICMP 包	仅低 8 位用于 ICMP 类型

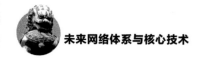

（2）计数器

计数器用来计数流表项的统计数据。计数器可以针对每张表、每个流、每个端口、每个队列来维护。用来统计流量的一些信息，例如活动表项、查找次数、发送包数等。

（3）操作

每个表项对应到零个或者多个操作，如果没有转发操作，则默认丢弃。多个操作的执行需要依照优先级顺序依次进行。但对包的发送不保证顺序。另外，交换机可以对不支持的操作返回错误。操作可以分为两种类型：必备操作和可选操作。必备操作是默认支持的，交换机需要通知控制器它支持的可选操作。

3. 安全性设计

安全通道是 OpenFlow 交换机与控制器进行通信的接口，它必须遵守 OpenFlow 协议。在实现上推荐使用（在缺省情况下）TLS 用来保证认证性和数据隐私。控制器可以配置、管理交换机，接收交换机的事件信息，并通过交换机发出网包，而 OpenFlow 协议是用来描述控制器和交换机之间交互信息的接口标准。

OpenFlow 交换机之间通过 OpenFlow 端口在逻辑上相互连接。因此，OpenFlow 交换机必须支持 3 种类型的 OpenFlow 端口。

（1）物理端口

OpenFlow 的物理端口为交换机定义的端口，与 OpenFlow 交换机上的硬件接口一一对应。在某些部署中，OpenFlow 交换机可以实现交换机的硬件虚拟化。在此情况下，一个 OpenFlow 物理端口可以对应交换机硬件接口的一个虚拟接口。

（2）逻辑端口

OpenFlow 的逻辑端口为交换机定义的端口，但并不直接对应一个交换机的硬件接口。逻辑端口是更高层次的抽象概念，可以是交换机中定义的其他一些端口。逻辑端口可能支持报文封装并被映射到不同的物理端口上，但其处理动作必须是透明的，即 OpenFlow 在处理上并不刻意区分逻辑端口和物理端口的差异。

（3）保留端口

OpenFlow 保留端口用于特定的转发动作，如发送到控制器、洪泛、或使用非 OpenFlow 的方法转发，如使用传统交换机的处理过程。

4. 消息分类

OpenFlow 协议用来描述控制器和交换机之间交互所用信息的标准，以及控制器和交换机的接口标准。OpenFlow 协议支持 3 种消息类型：Controller-to-Switch、Asynchronous 和 Symmetric。每一类消息又有多个子消息类型。Controller-to-Switch 消息由 Controller 发起，用来管理或获取 Switch 状态；Asynchronous 消息由 Switch 发起，用来将网络事件或交换机状态变化更新到 Controller；Symmetric 消息可由交换机或 Controller 发起。

（1）Controller-to-Switch

由控制器发起，可能需要（或不需要）来自交换机的应答消息，包括 Features、Configuration、Modify-state、Read-state、Send-packet、Barrier 等。Features：在建立传输层安全会话时，Controller 发送 Features 请求消息给交换机，交换机需要应答自身支持功能。Configuration：Controller 设置或查询交换机上的配置信息，此时的交换机仅需要应答查询消息。Modify-state：Controller 管理交换机流表项和端口状态。Read-state 控制器向交换机请求一些诸如流、网包等统计信息。Send-packet：Controller 通过交换机指定端口发出网包。Barrier：Controller 确保消息依赖满足，或接收完成操作的通知。

（2）Asynchronous

Asynchronous 不需要 Controller 请求发起，主要用于交换机向 Controller 通知状态变化等事件信息。主要消息包括 Packet-in、Flow-removed、Port-status、Error 等。Packet-in：交换机收到一个网包，在流表中没有匹配项，则发送 Packet-in 消息给 Controller。Flow-removed：交换机中的流表项因为超时或修改等原因被删除掉，会触发 Flow-removed 消息。Port-status：交换机端口状态发生变化时，触发 Port-status 消息。Error：交换机通过 Error 消息来通知控制器发生的问题。

（3）Symmetric

Symmetric 消息也不必通过请求建立，包括 Hello、Echo、Vendor 等。Hello：交换机和 Controller 用来建立连接。Echo：交换机和 Controller 均可以向对方发出 Echo 消息，接收者则需要回复 Echo Reply，该消息用来测量延迟、是否连接保持。Vendor：交换机提供额外的附加信息功能。

5．协议消息的控制管理

在 Controller 中，NOS（指 SDN 中的控制软件）实现控制逻辑的功能。NOX 作为最早引入此概念的、同时是 OpenFlow 网络中对网络实现可编程控制的中央执行单元。在基于 NOX 的 OpenFlow 网络中，NOX 是控制核心，OpenFlow 交换机是操作实体。NOX 通过维护网络视图（Network View）来维护整个网络的基本信息，如拓扑、网络单元和提供的服务，运行在 NOX

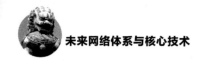
之上的应用程序通过调用网络视图中的全局数据，进而操作 OpenFlow 交换机来对整个网络进行管理和控制。从 NOX 控制器完成的功能来看，NOX 实现了网络基本的管控功能，为 OpenFlow 网络提供了通用 API 的基础控制平台。

OpenFlow 实现了 SDN 可编程网络的思想，代表了 SDN 技术的实现原型和部署实例。但从整个 SDN 结构来看，OpenFlow 特指控制平面和数据平面的某一种通信协议。NOX 由 Nicira 公司主导开发，其创始者大多来在 OpenFlow 研发组，所以 NOX 成了业界第一款 OpenFlow 控制器，实现了基于 OpenFlow 的网络集中编程控制。OpenDaylight 开源项目作为业界普遍认可的一款控制器，其有业界大部分设备商软件商开发，其南向接口就采用 OpenFlow 作为标准协议之一。Floodlight 是由 Big Switch Networks 公司主导的开源项目，它的目标是企业级的 OpenFlow 控制器，其采用模块化的结构设计实现其控制器功能和相关应用。以 OpenFlow 为代表的南向接口提出使得底层的转发设备可以被统一控制和管理，而其具体的物理实现将被透明化，从而实现设备的虚拟化。

6. 版本演进

自 2009 年的年底发布第一个正式版本 v1.0 以来，OpenFlow 协议已经经历了 v1.1、v1.2、v1.3 以及最新发布的 v1.4 等版本的演进过程。

OpenFlow v1.0 版本的优势是它可以与现有的商业交换芯片兼容，通过在传统交换机上升级固件就可以支持 OpenFlow v1.0 版本，既方便 OpenFlow 的推广使用，也有效保护了用户的投资，因此 OpenFlow v1.0 是目前使用和支持最广泛的协议版本。

自 OpenFlow v1.1 版本开始支持多级流表，将流表匹配过程分解成多个步骤，形成流水线处理方式，这样可以有效和灵活地利用硬件内部固有的多表特性，同时把数据分组处理流程分解到不同的流表中，也避免了单流表过度膨胀问题。除此之外，OpenFlow v1.1 中还增加了对于 VLAN 和 MPLS 标签的处理，并且增加了 Group 表，通过在不同流表项动作中引用相同的组表，实现对数据分组执行相同的动作，简化了流表的维护。

为了更好地支持协议的可扩展性，OpenFlow v1.2 版本发展为下发规则的匹配字段不再通过固定长度的结构来定义，而是采用了 TLV 结构定义匹配字段，称为 OXM(OpenFlow Extensible Match，OpenFlow 可扩展匹配)，这样用户就可以灵活下发自己的匹配字段，增加了更多关键字匹配字段的同时也节省了流表空间。同时，OpenFlow v1.2 规定可以使用多台控制器和同一台交换机进行连接以增加可靠性，并且多控制器可以通过发送消息来变换自己的角色。还有重要的一点是自 OpenFlow v1.2 版本开始支持 IPv6。

2012 年 4 月发布的 OpenFlow v1.3 版本成为长期支持的稳定版本。OpenFlow v1.3 流表支持的匹配关键字已经增加到 40 个，足以满足现有网络应用的需要。OpenFlow v1.3 主要还增加了 Meter 表，用于控制关联流表的数据分组的传送速率，但控制方式目前还相对简单。OpenFlow v1.3 改进了版本协商过程，允许交换机和控制器根据自己的能力协商支持 OpenFlow 协议版本。同时，连接建立也增加了辅助，连接提高交换机的处理效率和实现应用的并行性。其他还有 IPv6 扩展头和 Table-miss 表项的支持。

2013 年最新发布的 OpenFlow v1.4 版本仍然是基于 v1.3 版本特征的改进版本，数据转发层面没有太大变化，主要是增加了一种流表同步机制，多个流表可以共享相同的匹配字段，但可以定义不同的动作。另外又增加了 Bundle 消息，确保控制器下发一组完整消息或同时向多个交换机下发消息的状态一致性。

OpenFlow 协议的发展演进一直都围绕着两个方面：一方面是控制面增强，让系统功能更丰富、更灵活；另一方面是转发面增强，可以匹配更多的关键字，执行更多的动作。每一个后续版本的 OpenFlow 协议都在前一版本的基础上进行了或多或少的改进，但自 OpenFlow v1.1 版本开始，后续版本和之前版本不兼容，OpenFlow 协议官方维护组织 ONF 为了保证产业界有一个稳定发展的平台，把 OpenFlow v1.0 和 v1.3 版本作为长期支持的稳定版本，因此一段时间内后续版本发展要保持和稳定版本的兼容。

7. OF-CONFIG

面对互联网规模与流量的爆发式增长，当前以 IP 为核心的网络体系结构逐渐暴露出各种缺点，体系结构的功能日趋复杂导致网络管理愈加的困难。为了解决以上问题，2011 年的年初，在 Google、Facebook 等业界重量级企业的推动下，共同成立了 ONF 组织，并正式提出了 SDN 的概念。在 ONF 制定的 SDN 标准体系中，除了 OpenFlow 之外，还有一个名为 OF-CONFIG（OpenFlow Configuration and Management Protocol，OpenFlow 配置和管理协议）的协议同样引起了业界广泛的关注。OpenFlow 协议定义了交换机和控制器交换数据的方式和规范，但并没有定义如何配置和管理必需的网络参数和网络资源，OF-CONFIG 的提出就是为了对 OpenFlow 提供配置管理支持。如图 2-36 所示，OF-CONFIG 在 OpenFlow 原来的框架上，新增了 OpenFlow 配置点对交换机进行配置和管理。OF-CONFIG 的目的就是辅助 OpenFlow 协议，对其所需的资源提供支持。

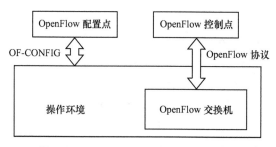

图 2-36　OF-CONFIG 与 OpenFlow 的关系

OF-CONFIG 最主要的设计目标是协助 OpenFlow 协议，支持用户远程对 OpenFlow 交换机进行配置和管理。其作用是提供一个开放接口用于远程配置和控制 OpenFlow 交换机，但是它并不会影响流表的内容和数据转发行为，对实时性也没有太高的要求。具体地说，诸如构建流表和确定数据流走向等事项将由 OpenFlow 规范进行规定，而如何在 OpenFlow 交换机上配置控制器 IP 地址、如何对交换机的各个端口进行 Enable/Disable 操作则由 OF-CONFIG 完成。OF-CONFIG 提供配置 OpenFlow 交换机的能力，这里所指的 OpenFlow 交换机可以是一个物理交换机，也可以是一个虚拟的网络转发设备。

OpenFlow 配置点是指通过发送 OF-CONFIG 消息来配置 OpenFlow 交换机的一个节点，它既可以是控制器上的一个软件进程，也可以是传统的网管设备，它通过 OF-CONFIG 协议对 OpenFlow 交换机进行管理，因此该协议也是一种南向接口协议。OpenFlow 配置点与控制器之间的交互不在 OF-CONFIG 的规定范围内，OF-CONFIG 定义的各组件之间的逻辑关系如图 2-37 所示。

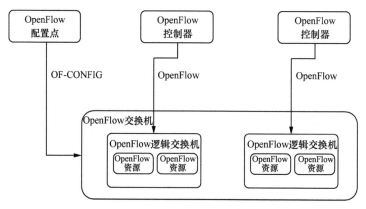

图 2-37　OF-CONFIG 定义的各组件之间的逻辑关系

与 OpenFlow 使用 TLS（Transport Layer Security，安全传输层协议）传输不同，在 OF-CONFIG v1.0 中，OF-CONFIG 规定了利用 NETCONF 进行 OF-CONFIG 的传输。NETCONF 是一个非常成熟的协议，已经被广泛应用在多

种平台上，能够完全满足 OF-CONFIG v1.0 提出的管理协议传输需求。利用 NETCONF 传输 OF-CONFIG 的核心是在其消息层之上定义一个操作集，如图 2-38 所示。为了支持 OF-CONFIG，OpenFlow 交换机在实现中必须支持图 2-38 中定义的 Content 层中的方法。当前，NETCONF 协议已经能够有效地支持 OF-CONFIG v1.0 中 OpenFlow 配置点到 OpenFlow 交换机之间的通信（例如支持 TLS 作为传输协议等），同时它所具有的扩展性还能满足 OF-CONFIG 未来发展 的新需求。

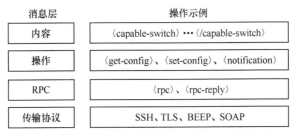

图 2-38　NETCONF 的层次结构和操作示例

OF-CONFIG 与 OpenFlow 之间存在着密切的关系，因此随着 OpenFlow 标准的演进，OF-CONFIG 的版本也与其保持同步，各个 OF-CONFIG 协议版本的发布时间及其对应的 OpenFlow 版本信息见表 2-9。

表 2-9　OF-CONFIG 的版本演进及与 OpenFlow 版本的关联

OF-CONFIG 规范版本	规范发布时间	对应 OpenFlow 版本
OF-CONFIG v1.0	2012 年 1 月 6 日	OpenFlow v1.2
OF-CONFIG v1.1	2012 年 6 月 25 日	OpenFlow v1.3
OF-CONFIG v1.1.1	2013 年 3 月 23 日	OpenFlow v1.3.1
OF-CONFIG v1.2	2014 年	OpenFlow v1.3.3

OF-CONFIG 的演进主要体现在配置能力的提升上，例如除了 OF-CONFIG v1.0 所能提供的 3 项基本功能外，OF-CONFIG v1.1 还能支持 OpenFlow 逻辑 交换机与控制器之间的安全通信证书配置，支持 OpenFlow 逻辑交换机的发现，支持多种数据隧道类型（包括 IP-in-GRE、NV-GRE、VXLAN 等）。OF-CONFIG v1.1.1 在 v1.1 版本的基础上又增加了对 OpenFlow v1.3.1 协议的支持，而 OF-CONFIG v1.2 版本则主要增加了对 NDM（Negotiable Datapath Model，可协商数据平面模型）的支持。

OF-CONFIG v1.2 协议较之前的版本有了更多的功能，不仅增加了对 NDM 的支持，而且其数据模型也与之前有所不同，下面将着重分析 OF-CONFIG 新

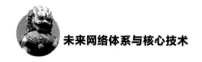

增功能。

OF-CONFIG v1.2 支持可协商数据平面模型（NDMs）。NDM 是抽象交换机模型，用来描述专用交换机转发行为，其控制功能通过 OpenFlow 交换机协议实现。当交换机执行 NDM 框架时，OFCP 和交换机协商同意 NDM 与逻辑交换机优先发送控制信息，该协商是显性的，且当其控制关系建立时是可协商的。NDM 参数特征与流表大小以及可选的功能特性有关，NDM 框架允许通过参数灵活性调控实现功能。

当一些实现没有灵活性，其余允许在 OFCP 联系逻辑交换机的 NDM 时，对参数进行调节。NDM 支持的参数适应模式需要提供 RPC 机制，其机制允许 OFCP 和交换机决定特定环境下的参数。NDM 框架简化了 OpenFlow 交换机或者 OpenFlow 代理服务器的工作进程，NDM 描述了交换机行为的特定需求，实现了最优化或者传递更多复杂的转发行为。

可选的 NDM 管理功能主要支持如下需求。

① 查询支持 NDMs 交换机的能力；

② 查询支持一整套可用的 NDMs 交换机的能力；

③ 用参数化 NDM 联系逻辑交换机的能力；

④ 从逻辑交换机移除可参数化的 NDM 的能力。

OF-CONFIG 的数据模型由 XML（eXtensible Markup Language，可扩展标记语言）定义。根据 OF-CONFIG 在应用中与 OpenFlow 交换机的关系，其顶级视图在 OF-CONFIG v1.2 中的最新定义如图 2-39 所示。OF-CONFIG 的数据模型主要由类和类属性构成，其核心是由 OpenFlow 配置点对 OpenFlow 交换机的资源进行配置。在 OF-CONFIG v1.2 中，多种类型存在于模型中：OpenFlow 端口、OpenFlow 队列、外部证书、拥有的证书、流表、参数 ndm、可用 ndm。更多的资源类型可能被添加进去。并且也定义了 OpenFlow 端口和 OpenFlow 队列两类资源，它们隶属于各个 OpenFlow 交换机。每个 OpenFlow 交换机中包含多个逻辑交换机的实例，每个逻辑交换机可以对应一组控制器，同时也可以拥有相应的资源。另外，数据模型中还包含一些标识符，多数由 XML ID 标识。当前，这些 ID 都是一个字符串定义的唯一标识，以后有可能使用 URN（Universal Resource Name，统一资源名称）作为标识。当然 URN 的使用现在只是一种设想。这需要在 OF-CONFIG 中为 URNs 形成一个命名方案，并且为 ONF 注册一个 URN 命名空间。预计基于 URN 标识符的命令将会在后期 OF-CONFIG 版本中介绍。由于 URNs 也表示成字符串，因此，这也能够与 OF-CONFIG v1.2 中的标识符兼容，并且利用 XML 定义数据类型，能够具有较好的扩展性，同时也便于利用软件进行实现。

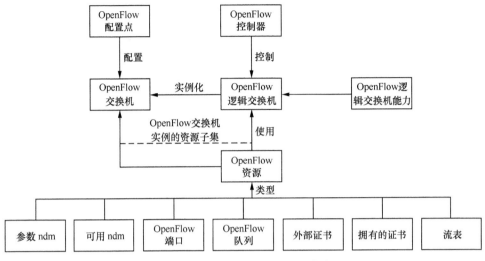

图 2-39　OF-CONFIG v1.2 数据模型

OF-CONFIG 数据模型的一个主要设计目标是对交换机配置进行有效、便捷的编码。可读性是 XML 的一大特性，然而 XML 机制是根据协议创建和解析的，因此编解码的效率要比可读性更重要。这使得 OF-CONFIG 的数据模型就需要在可读性和效率之间寻求一个平衡。

8．小结

基于 OpenFlow 的 SDN 技术打破了传统网络的分布式结构，颠覆了传统网络的运行模式，在实现方式上与上述文献的要求不完全相同，在面临类似挑战时还需要满足新的技术和市场需求。目前，学术界和产业界已经开展大量研究来寻找解决方案。因此，以 OpenFlow 为代表的南向接口的提出使得底层的转发设备可以被统一控制和管理，而其具体的物理实现将被透明化，从而实现设备的虚拟化。

虽然目前基于 OpenFlow 的 SDN 已经引起较大的关注，但无论是 OpenFlow 协议本身，还是 SDN 这种管控分离结构，不仅在技术上面临着许多还未解决的问题，在具体的运作模式和演进趋势上也与当前网络设备厂商的生产理念相违背，这使得其大规模应用还需要等待技术的成熟和市场的推广。基于 OpenFlow 的 SDN 技术通过控制器集中操作，但本质上还是分布式和异步操作的。由于网络事件有可能发生在任何一台交换机或端主机上，控制器和交换机之间存在的时延将有可能影响到控制器接收事件的次序以及控制器规则在交换机上的安装次序，进而影响到控制逻辑的一致性。所以 OpenFlow 能否作为 SDN 的代言还有待考证。

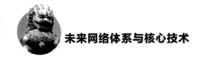
2.3.3.3 SNMP

1. 工作机理

为实现对转发层网络资源进行调度和控制，南向网络控制技术需要对整个网络中的设备层进行管控与调度，包括链路发现、拓扑管理、策略制定、表项下发等。其中链路发现和拓扑管理主要是控制其利用南向接口的上行通道对底层交换设备上报信息进行统一监控和统计；而策略制定和表项下发则是控制器利用南向接口的下行通道对网络设备进行统一控制。

由于对目前网络的运维管理并没有深入考虑，可重构数据网络控制层与转发层间之间采取哪种管理方式更优，还需要技术不断实践来印证。目前管理通信的一种方式是可以采用传统 SNMP 的管理方式。

20 世纪 80 年代后期，随着 Internet 的迅速发展和网络管理的薄弱，Internet 体系结构委员会决心定义一种标准化网络管理体系结构与协议。1988 年，Internet 结构委员会将 1987 年 11 月提出的简单网关监控协议（Simple Gateway Monitoring Protocol，SGMP）改进为简单网络管理协议第一版（Simple Network Management Protocol version 1，SNMPv1）。

关于 SNMPv1 的标准是下面 6 个 RFC 文件。

① RFC 1155：提供基于 TCP/IP 的 Internet 之管理信息结构与标识（SMI）。

② RFC 1212：提供 MIB 定义。

③ RFC 1213：提供 MIB-2 定义。

④ RFC 1157：提供 SNMP。

⑤ RFC 1902：提供 SNMPv2(1996 年)。

⑥ RFC 2570：提供 SNMPv3(1999 年)。

SNMP 是由 IETF 制定用于监控和管理网络设备的协议，规范了 MIB（Management Information Base，管理信息库）、传送消息格式和规程等。相比之下，SNMP 对网络管理实现简单，成本低，得到了广大厂家的普遍认可。SNMPv2 使得网络管理功能和安全性能都得到了加强，后来的 SNMPv3 使得安全问题彻底解决。

SNMP 最大的特点是简单和可扩展。简单化使网络管理容易实施，系统资源占用较少，用户可以更容易地根据需要对 SNMP 进行编程。此外，由于它设计简单、协议容易更新且可以方便地扩展，很快得到了各网络设备生产厂家的广泛支持，并使之成了事实上的网络管理工业标准。目前，几乎所有厂家生产的网络设备都支持了 SNMPv1、SNMPv2 管理功能，有部分设备也支持了

SNMPv3。

SNMP 采用了 Client/Server 模型的特殊形式：代理 / 管理站模型。SNMP代理和管理站通过 SNMP 中的标准消息进行通信，每个消息都是一个单独的数据报。SNMP 使用 UDP（用户数据报协议）作为第四层协议（传输协议），进行无连接操作。

2. 协议消息

SNMP 消息报文包含两个部分：SNMP 报头和协议数据单元（PDU）。数据报结构如图 2-40 所示。

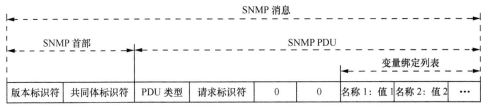

（a）getRequest 消息、getNextRequest 消息、setRequest 消息、SNMPv2-Trap 消息、informRequest 消息

（b）Response 消息

（c）getBulkRequest 消息

（d）Trap 消息

图 2-40　SNMP 消息报文

版本识别符（Version Identifier）：确保 SNMP 代理使用相同的协议，每个 SNMP 代理都直接抛弃与自己协议版本不同的数据报。

团体名（Community Name）：用于 SNMP 从代理对 SNMP 管理站进行认证。网络配置成要求验证时，SNMP 从代理对团体名和管理站的 IP 地址进行认证；如果认证失败，SNMP 从代理向管理站发送一个认证失败的 Trap 消息。

协议数据单元：其中 PDU 指明了 SNMP 的消息类型及其相关参数。

SNMP 中定义了 5 种消息类型：Get-Request、Get-Response、Get-Next-

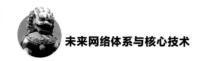

Request、Set-Request、Trap。

（1）Get-Request、Get-Next-Request 与 Get-Response

SNMP 管理站用 Get-Request 消息从拥有 SNMP 代理的网络设备中检索信息，而 SNMP 代理则用 Get-Response 消息响应。Get-Next-Request 用于和 Get-Request 组合起来查询特定表对象中的列元素。

（2）Set-Request

SNMP 管理站用 Set-Request 可以对网络设备进行远程配置（包括设备名、设备属性、删除设备或使某一个设备属性有效 / 无效等）。

（3）Trap

SNMP 代理使用 Trap 向 SNMP 管理站发送非请求消息，一般用于描述某一事件的发生。

3．MIB

MIB 指明了网络元素所维持的变量（即能够被管理进程查询和设置的信息）。MIB 给出了一个网络中所有可能被管理对象的集合的数据结构。SNMP 的管理信息库采用和域名系统（DNS）相似的树型结构，它的根在最上面，根没有名字。图 2-41 为管理信息库的一部分，它又称为对象命名（Object Naming Tree）。

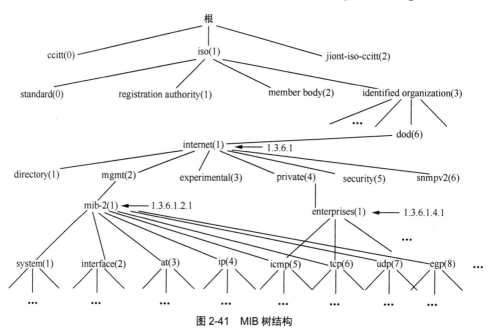

图 2-41　MIB 树结构

4. 小结

目前，OpenDaylight 开源项目目前在 OpenDaylight 控制器，北向、南向 API 专有扩展和东西向协议用于控制器之间的连接方面均有涉及。针对该平台提供了支持 SNMP 的管理的 API，并用于接入支持 SNMP 的交换机。另外，北京交通大学研究了基于 SDN 技术的网络性能管理系统设计与实现，设计了采用传统 SNMP 网管协议和 SDN 技术的网络性能管理系统。

2.3.3.4　NETCONF 协议

NETCONF 是专门用于网络管理配置而设计的协议。弥补目前的 SNMP 和命令行接口对网络数据配置管理方面的不足。至少到目前为止，该协议还没有打算管理状态信息。在新一代网络管理系统中，NETCONF 协议将起到举足轻重的作用。

1. 体系结构

NETCONF 协议根据概念设计成 4 层，从图 2-42 可以看出 NETCONF 这 4 层体系结构。这 4 层依次从上到下分别是内容层、操作层、RPC 层和传输协议层。每一层作为下层服务的客户向下层调用服务，同时作为上层服务的提供者向上层提供服务。

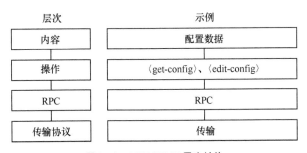

图 2-42　NETCONF 层次结构

这种层次结构使 NETCONF 协议各层的实现可以用不同的方法，提高了软件重用和可扩展性，详细的 4 层结构描述如下。

① 内容层描述了 NETCONF 协议在网络管理所涉及的配置数据，目前还没有对该层的数据模型语言制定统一的标准，也是目前 NETCONF 协议唯一没有标准化的，协议起草人认为该层应该另行制定标准，相关研究还有待进一步进行。

② 操作层主要是定义了一组基本的操作集，在配置操作方面，NETCONF 协议目前改进了很多。操作层又是整个协议的核心，除了基本的操作以外，

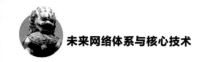
还对各种被称之为 Capabilities 的附加能力进行了定义，从而大大加强了 NETCONF 协议的可扩展性。这些操作集参数是以 XML 进行编码，可以作为 RPC 方法进行调用。

③ RPC 层为 RPC 块的编码提供一个与传输无关的、简单的成帧机制。NETCONFT 在对等通信时，请求和响应会使用 <rpc> 和 <rpc-reply> 元素提供与传输协议无关的成帧方法。如果在 <rpc> 请求的处理过程中出现差错，响应端将会在 <rpc-reply> 元素中连同 <rpc-error> 元素发送给请求端。

④ 传输协议层是为客户端和服务器端的通信建立了一个通信路径，目前该层实现可以用任何具有基本传输功能的传输协议提供。NETCONF 推荐 SSL、SSH、BEEP、SOAP 等安全通信协议。

NETCONF 可以定义一个或者多个配置数据库，目前主要有 3 个数据库，分别为 <running>、<candidate> 和 <start-up>，可以进行相应的配置操作，各数据库都有自己的作用。<running> 数据库是必须实现的，因此存在于基本模型中，其他的配置数据库可以自定义。<candidate> 数据库是一个候选的数据库，这个数据库的存在是为了配置数据操作时不影响当前设备的配置。<startup> 数据库可以用来保存设备配置状态，下次启动是直接从该数据库读取设备的初始状态值。

2. 功能描述

虽然 NETCONF 协议的产生是为了提供一个强大的网络配置功能，但是同时也兼顾了监控和安全方面的功能，从功能上可以分为基本功能模块和可扩展的能力模块。

NETCONF 协议的操作提供了获取、配置、复制和删除配置数据库的基本功能，这些基本操作集主要用来管理设备配置和获取设备状态信息。表 2-10 详细介绍了 NETCONF 提供的基本功能。

表 2-10   NETCONF 基本功能

原语	功能
<get-config>	从设备中获取一个配置信息，默认读取的是运行配置文件
<get>	是一般化的 <get-config>，既可以获取配置信息，也可以获取状态信息
<delete-config>	从设备删除一个配置，不可以删除运行配置
<copy-config>	<copy-config> 用于修改配置，这个修改配置并不对配置内容进行修改，而是替换完整的配置。该操作是将源配置替代目标配置
<edit-config>	<edit-config> 操作主要用于修改配置，提供了配置参数，可以指定配置是对整个配置文件进行修改还是对一个子节点进行配置

原语	功能
<lock><unlock>	对配置文件进行加锁和解锁，某个管理员进行锁定时其他用户将不能修改配置
<kill-session>	强制性终止会话
<close-session>	在终止会话之前，让正执行的操作正常结束后才结束会话

3. 工作流程

NETCONF 协议代理为管理端提供服务，它一旦开启就监听等待管理端请求并建立连接，当一个管理端的报文消息被代理接收时，由底层传输协议进行安全验证，并通过创建线程建立一个 NETCONF 会话处理报文。然后，管理端和代理端通过 Hello 报文进行能力交互，管理端通过代理提供的能力进行相关操作，如果管理端使用了代理没有提供的能力，那么代理在处理报文时会验证出错。接着代理端在接收到报文后必须要进行合法性验证，不合法的操作会构造错误报文并发送报文通知管理端。如果合法性验证通过，则获取正确的可操作原语报文，然后根据管理端的不同请求分情况处理，主要对资源进行加锁或解锁，对数据库的状态数据和配置数据进行修改。处理结束后构造响应报文通知管理端，这个过程可以重复多次，直到会话结束，然后关闭连接结束整个工作流程。

4. 小结

南向接口协议作为 SDN 的指令集联系着控制平面与数据平面，其中 ONF 组织推进的 OpenFlow 系列协议是目前南向接口协议中最为成熟的协议。虽然它还有很长的路要走，但有理由相信它会不断发展，并在 SDN 引发的这场革命中扮演愈发重要的角色。作为 OpenFlow 协议的"伴侣"，OF-CONFIG 也一定会陪着 OpenFlow 协议一起慢慢改变与成长。

随着功能的提升，OF-CONFIG 的数据模型也有相应的调整，例如增加了逻辑交换机能力、认证等新的数据模型。另外，在一些细节的配置项目上，后来的 OF-CONFIG 版本也都有不同程度的改进和完善。

2.4 基于多级流表的动态编程机制

OpenFlow v1.0 中，数据平面只有一张流表，所有流表项都存于其中。当网络规模很大，上层业务逻辑很复杂时，这种单流表的设计暴露出很多弊端，除了会造成数据平面流表资源的浪费外，单级流表还会制约应用平面的开发，给 OpenFlow 网络的运维带来很多不便。究其原因，首先在单级流表结构下，数据分组只能进行一次匹配，难以实现一些复杂的网络业务逻辑；其次，即使开发者精心设计出满足上层业务的复杂逻辑，也会不可避免地造成应用组件间的高度耦合，难以实现网络应用的增量式开发；最后，使用单级流表设计网络，所有的转发逻辑都将混在一起，这将使 OpenFlow 网络的维护变得异常困难。针对这些问题，OpenFlow v1.1 及其后续版本的协议提出多级流表技术以解决上述由单流表造成的问题。

在多级流表中，每个 OpenFlow 交换机的流水线包含多个流表，每个流表包含多个流表项。OpenFlow 的流水线处理定义了数据分组如何与那些流表进行交互（如图 2-43 所示）。OpenFlow 交换机需要具有流表中的至少一个，并可以有更多可选择的流表。只有一个单一流表的 OpenFlow 交换机是有效的，而且在这种情况下可以大大简化流水线处理进程。

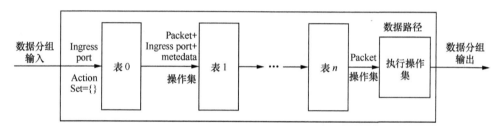

图 2-43　多级流表流水线处理

OpenFlow 交换机的流表按顺序编号的，从 0 开始。流水线处理总是从第一流表开始：数据分组第一个与流表 0 的流表项匹配。其他流表根据第一个表的匹配结果来调用。当某个流表进行处理时，将数据分组与流表中的流表项进行匹配，从而选择流表项。如果匹配到了流表项，那么当包括在该流表项的指令集被执行时，这些指令可能明确指导数据分组传递到另一个流表（使用 GOTO 指令），在那里同样的处理被重复执行。表项只能指导数据分组到大于自己表号的流表，换句话说，流水线处理只能前进，不能后退。显然，流水线的最后一个表项可以不包括 GOTO 指令。如果匹配的流表项并没有指导数据分组到另一个流表，流水线处理将停止在该表中。当流水线处理停止时，数据分组被与之相关的行动集处理，且通常被转发。如果数据分组在流表中没有匹配到流表项，则称此行为为 Table-Miss 行为。Table-Miss 行为依赖于表的配置。一个 Table-Miss 的流表中的表项可以指定如何处理无法匹配的数据分组：丢弃此数据分组，将数据分组传递到另一个表中，凭借数据分组中的信息通过控制通道将数据分组发送到控制器。

OpenFlow 交换机在接收一个数据分组后，开始执行查找表中的第 1 流表，并基于流水线处理，也可能在其他流表中执行表查找。数据匹配字段从数据分组中提取。用于表查找的数据分组匹配字段依赖于数据分组类型，这些类型通常包括各种数据分组的报头字段，如以太网源地址或 IPv4 目的地址。除了通过数据分组报头进行匹配，也可以通过入口端口和元数据字段进行匹配。元数据可以用来在一个交换机的不同表里面传递信息。报文匹配字段表示报文的当前状态，如果在前一个表中使用 Apply-Actions 改变了数据分组的报头，那么这些变化也会在数据分组匹配字段中反映。

数据分组匹配字段中的值用于查找匹配的流表项。如果流表项字段具有值的 ANY（字段省略），它就可以匹配报头中所有可能的值。如果交换机支持任意的位掩码对特定的匹配字段，这些掩码可以更精确地进行匹配。数据分组与表进行匹配，优先级最高的表项必须被选择，此时与选择流表项相关的计数器会被更新，选定流表项的指令集也会被执行。如果有多个匹配的流表项具有相同的、最高的优先级，则所选择的流表项被确定为未定义表项。

多级流表以其灵活的流表跳转和连接特性为功能处理提供了更加灵活的方案。这里的功能是指在 SDN 控制器上运行的程序模块（或应用），可通过控制器提供的北向接口向控制器下发功能表项，以完成对数据流的相应处理。不同网络功能的分组处理过程所涉及的匹配域种类和动作类型不同，如常用安全功能的 ACL 表需要以 IPv4 协议的源 / 目的 IP 地址作为匹配域，动作类型为转发或丢弃；NAT 功能则以 IP 地址作为匹配域，动作类型为修改 IP 字段。利用多级流表可将功能表项中所用到的匹配域下发到匹配域所在的流表中，从而避免了单级流表中添加掩码所增加的开销。如果功能所需的匹配域分散在几个流表中，则可利用 GOTO 指令连接这几个流表，并在最后一个流表内完成功能的动作处理。

此外，现有网络业务往往需要对数据分组进行多重功能处理（比如路由、监控、接入控制和负载均衡等），对此，可将 SDN 应用转化为多个可独立处理数据流的功能模块的组合，该方法在降低应用开发复杂度的同时也提高了应用的灵活性。可利用多级流表对运行在控制器之上的功能模块进行组合，以使得多个功能模块生成的表项同时对数据分组产生作用。这种功能的组合主要分为并行组合和串行组合。

功能并行组合是指通过将功能生成的表项进行合并，达到多个功能同时作用于数据分组的效果。例如，对于功能 A 和功能 B，用 A|B 表示 A 和 B 的并行组合：若数据分组能够匹配功能 A 生成的表项，则执行功能 A 的动作；若能够匹配功能 B 生成的表项，则执行功能 B 的动作；若两者同时满足，则 A 和 B 的

动作均需要执行。功能串行组合则是指将功能生成的表项进行合并，达到多个功能相继作用于数据分组的效果。例如，对于功能 A 和功能 B，用 A>>B 表示 A 和 B 的串行组合：若数据分组能够匹配功能 A 生成的表项，则执行功能 A 的动作；经过功能 A 处理后的数据分组继续匹配功能 B 的表项，若匹配成功，则执行功能 B 的动作。

多级流表以其灵活的流表跳转和连接特性为功能组合提供了更加灵活的方案，通过 3 种功能的示例表项（如图 2-44（a）～图 2-44（c）所示）进行说明，利用多级流表分别进行并行和串行功能组合，组合结果如图 2-44（d）和图 2-44（e）所示。

其中路由（Route）功能根据目的 IP 匹配进行端口转发，如图 2-44（a）所示；监视器（Monitor）功能根据源 / 目的 IP 进行计数，如图 2-44（b）所示；Load-Balance 功能将来自不同主机的数据流分别重新分配路由，如图 2-44（c）所示。假设交换机多级流表中源 IP 和目的 IP 的匹配域分别位于表 1 和表 2 中，则对于路由和监视器的并行组合，首先匹配源 IP，若匹配成功则跳转至表 2；若未匹配到源 IP，则通过 Table-Miss 项跳转至表 2，以实现路由的同时完成对数据流的监控，如图 2-44（d）所示。对于负载均衡和路由的串行组合，考虑到负载均衡功能会修改数据分组的目的 IP，导致对路由的匹配产生影响，因此，在表 2 的表项中将路由目的 IP 的匹配置换成负载均衡的目的 IP 匹配，以达到负载均衡和路由的串行处理效果，如图 2-44（e）所示。

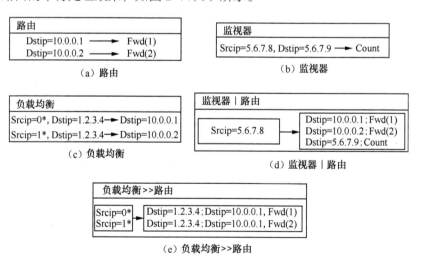

图 2-44　功能表项及其组合示例

| 2.5 小结 |

本章以 SDN 为切入点，对开放可编程的未来网络体系进行了详细的解读。基于逻辑集中控制和数据控制分离这两大特性，SDN 为网络参与者提供了丰富的编程接口（API），使得网络能够灵活地调用底层资源，真正实现按需、高效、绿色的未来网络。可编程技术是实现网络定制化服务、集中化管理、递进式革新的关键技术之一，其内涵伴随网络技术的发展而不断变换，并在未来网络体系研究中占据了重要地位。

当然，开放可编程的未来网络目前还处于结构设计和试验阶段，要想真正地广泛应用和部署，不仅需要克服很多技术难题——包括控制逻辑一致性、可编程灵活性、网络高级编程语言以及网络安全管理等关键性问题，还需要南北向接口标准化、硬件软件开发等相关工作的支撑，更需要网络运营商、设备生产商、服务提供商的全力协同合作。

参 考 文 献

[1] CAMPBELL A T, KATZELA I, MIKI K, et al. Open signaling for ATM, Internet and mobile networks (OPENSIG'98)[J]. ACM SIGCOMM computer communication review, 1999, 29(1): 97-108.

[2] TENNENHOUSE D L, SMITH J M, SINCOSKIE W D, et al. A survey of active network research[J]. Communications magazine, IEEE, 1997, 35(1): 80-86.

[3] DORIA A, SALIM J H, HAAS R, et al. Forwarding and control element separation (ForCES) protocol specification[J]. Internet requests for comments, RFC editor, RFC, 2010, 5810.

[4] REXFORD J, GREENBERG A, HJALMTYSSON G, et al. Network-wide decision making: toward a wafer-thin control plane[C]// Proc. HotNets, 2004: 59-64.

[5] GREENBERG A, HJALMTYSSON G, MALTZ D A, et al. A clean slate 4D

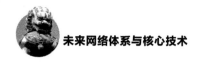

approach to network control and management[J]. ACM SIGCOMM computer communication review, 2005, 35(5): 41-54.

[6] ENNS R, BJORKLUND M, SCHOENWAELDER J. NETCONF configuration protocol[J]. Network, 2011.

[7] CASADO M, GARFINKEL T, AKELLA A, et al. SANE: a protection architecture for enterprise networks[C]// Usenix Security, 2006.

[8] CASADO M, FREEDMAN M J, PETTIT J, et al. Ethane: taking control of the enterprise[J]. ACM SIGCOMM computer communication review, 2007, 37(4): 1-12.

[9] MCKEOWN N, ANDERSON T, BALAKRISHNAN H, et al. OpenFlow: enabling innovation in campus networks[J]. ACM SIGCOMM computer communication review, 2008, 38(2): 69-74.

[10] QAZI Z A, TU C C, CHIANG L, et al. SIMPLE-fying middlebox policy enforcement using SDN[C]// ACM SIGCOMM Computer Communication Review. ACM, 2013, 43(4): 27-38.

[11] ZHANG Y, BEHESHTI N, BELIVEAU L, et al. StEERING: a software-defined networking for inline service chaining[C]// Network Protocols (ICNP), 2013 21st IEEE International Conference on, 2013: 1-10.

[12] REITBLATT M, FOSTER N, REXFORD J, et al. Abstractions for network update[C]// Proceedings of the ACM SIGCOMM 2012 Conference on Applications, Technologies, Architectures, and Protocols for Computer Communication, ACM, 2012: 323-334.

[13] BOSSHART P, GIBB G, KIM H S, et al. Forwarding metamorphosis: fast programmable match-action processing in hardware for SDN[C]// ACM SIGCOMM Computer Communication Review, ACM, 2013, 43(4): 99-110.

[14] MOSHREF M, BHARGAVA A, GUPTA A, et al. Flow-level state transition as a new switch primitive for SDN[C]// Proceedings of the Third Workshop on Hot Topics in Software Defined Networking, ACM, 2014: 61-66.

[15] MEKKY H, HAO F, MUKHERJEE S, et al. Application-aware data plane processing in SDN[C]// Proceedings of the Third Workshop on Hot Topics in Software Defined Networking, ACM, 2014: 13-18.

[16] LU G, SHI Y, GUO C, et al. CAFE: a configurable packet forwarding engine for data center networks[C]// Proceedings of the 2nd ACM SIGCOMM Workshop on Programmable Routers for Extensible Services of Tomorrow,

ACM, 2009: 25-30.

[17] ATTIG M, BREBNER G. 400 Gbit/s programmable packet parsing on a single fpga[C]// Proceedings of the 2011 ACM/IEEE Seventh Symposium on Architectures for Networking and Communications Systems, IEEE Computer Society, 2011: 12-23.

[18] DE CARLI L, PAN Y, KUMAR A, et al. PLUG: flexible lookup modules for rapid deployment of new protocols in high-speed routers[C]// ACM SIGCOMM Computer Communication Review, ACM, 2009, 39(4): 207-218.

[19] SONG H. Protocol-oblivious forwarding: unleash the power of SDN through a future-proof forwarding plane[C]// Proceedings of the Second ACM SIGCOMM Workshop on Hot Topics in Software Defined Networking, ACM, 2013: 127-132.

[20] MOSHREF M, BHARGAVA A, GUPTA A, et al. Flow-level state transition as a new switch primitive for SDN[C]// Proceedings of the Third Workshop on Hot Topics in Software Defined Networking, ACM, 2014: 61-66.

[21] KATTA N, ALIPOURFARD O, REXFORD J, et al. Infinite cacheflow in software-defined networks[C]// Proceedings of the Third Workshop on Hot Topics in Software Defined Networking, ACM, 2014: 175-180.

[22] MOGUL J C, CONGDON P. Hey, you darned counters!: get off my ASIC[C]// Proceedings of the First Workshop on Hot Topics in Software Defined Networks, ACM, 2012: 25-30.

[23] LI Y, YAO G, BI J. Flowinsight: decoupling visibility from operability in SDN data plane[C]// ACM SIGCOMM Computer Communication Review, ACM, 2014, 44(4): 137-138.

[24] JEYAKUMAR V, ALIZADEH M, GENG Y, et al. Millions of little minions: Using packets for low latency network programming and visibility[J]. ACM SIGCOMM computer communication review, 2015, 44(4): 3-14.

[25] GUDE N, KOPONEN T, PETTIT J, et al. Nox: towards an operating system for networks[J]. ACM SIGCOMM computer communication review, 2008, 38(3): 105-110.

[26] CAI Z. The preliminary design and implementation of the maestro network control platform[J]. 2008.

[27] TOOTOONCHIAN A, GORBUNOV S, GANJALI Y, et al. On controller performance in software-defined networks[J]. Hot-ICE, 2012, 12: 1-6.

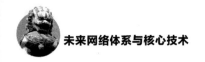

[28] SHERWOOD R, GIBB G, YAP K K, et al. Flowvisor: a network virtualization layer[J]. OpenFlow switch consortium, tech. rep, 2009: 1-13.

[29] YU M, REXFORD J, FREEDMAN M J, et al. Scalable flow-based networking with DIFANE[J]. ACM SIGCOMM computer communication review, 2011, 41(4): 351-362.

[30] CURTIS A R, MOGUL J C, TOURRILHES J, et al. DevoFlow: scaling flow management for high-performance networks[C]// ACM SIGCOMM Computer Communication Review, ACM, 2011, 41(4): 254-265.

[31] HASSAS Y S, GANJALI Y. Kandoo: a framework for efficient and scalable offloading of control applications[C]// Proceedings of the First Workshop on Hot Topics in Software Defined Networks, ACM, 2012: 19-24.

[32] REITBLATT M, FOSTER N, REXFORD J, et al. Abstractions for network update[C]// Proceedings of the ACM SIGCOMM 2012 Conference on Applications, Technologies, Architectures, and Protocols for Computer Communication, ACM, 2012: 323-334.

[33] REITBLATT M, FOSTER N, REXFORD J, et al. Consistent updates for software- defined networks: change you can believe in[C]// Proceedings of the 10th ACM Workshop on Hot Topics in Networks, ACM, 2011: 7.

[34] FERGUSON A D, GUHA A, LIANG C, et al. Hierarchical policies for software defined networks[C]// Proceedings of the First Workshop on Hot Topics in Software Defined Networks, ACM, 2012: 37-42.

[35] DIXIT A, HAO F, MUKHERJEE S, et al. Towards an elastic distributed SDN controller[J]. ACM SIGCOMM computer communication review, 2013, 43(4): 7-12.

[36] CHENG G, CHEN H. Game model for switch migrations in software-defined network[J]. Electronics letters, 2014, 50(23): 1699-1700.

第 3 章

网络虚拟化技术与未来网络体系

网络虚拟化技术通过建立健壮、可信、可管的虚拟环境，使多个虚拟网络能够对物理链路和路由器等物理设备实现资源的复用，从而最大程度地提高基础网络设备的资源利用率，为各类网络技术创新提供重要支撑。本章对网络虚拟化技术及相关网络体系架构进行详细介绍，并介绍当前研究热点——网络功能虚拟化技术。

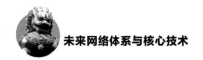

| 3.1 网络虚拟化技术概述 |

3.1.1 发展历程

互联网体系结构设计遵循简单接入的原则。然而，今天的互联网却在网络规模不断激增的情况下遇到了新的瓶颈：不能细粒度地控制和管理网络，服务质量难以保障，对移动性的支持较差等。此外，技术和应用的发展日新月异，例如，云计算和物联网的出现，对现有互联网的体系结构提出了更高的要求。

为了解决上述问题，越来越多的研究人员开始关注网络体系结构的改革和创新。现有的研究主要根据两种思路展开。

（1）改良派

在现有网络上增量改进，进行平滑演进。虽然"演进型"路线在一定程度上缓解了现有互联网中的部分问题，但是，这种补丁式的改进很难从根本上解决互联网所面临的问题，而且会增加现有互联网的复杂度和不可控性，例如，新的网络协议和技术使得现有互联网变得更加复杂和庞大，从而使得网络创新举步维艰。

（2）改革派

构建一套全新的网络体系结构，从根本上解决现有互联网中固有的缺陷，即重新设计互联网。比如美国斯坦福大学的 Clean Slate 计划，这个计划目前包括 4 个从不同方向重新设计互联网的项目（OpenFlow[1]、POMI、Mobi-social Lab 和 Stanford Experimental Data Center Lab）。在这些项目中，以软件定义网络[2]为设计思想的 OpenFlow 项目最为著名。

然而，当今互联网的巨大成功使得改革派的思想难以验证和付诸实践。首先，互联网的规模庞大，而要在全球范围内应用上述新技术就必须对网络进行全面升级改造，而互联网庞大的规模将使得改造开销难以接受；其次，由于是全新的网络体系结构，相关的网络协议和应用缺乏足够多的用户进行测试对比；最后，现在的互联网由很多异构的自治域构成，而各个自治域网络运营商都是趋利的，网络的实际部署会因为他们之间复杂的商业关系而阻碍重重。基于上述原因，这些体系结构在经过长期的研发和试验以后却没有得到广泛运用，从而使得整个互联网的发展在一定程度上陷入了僵局。

2004 年，Anderson 和 Peterson 等人在 HotNets 会议上首次提出了网络虚拟化（Network Virtualization）的概念。网络虚拟化的核心思想就是在一个基础网络结构中实现多种异构的虚拟网络并存，而传统的网络运营商也被分为基础设施供应商和网络服务提供商，每个虚拟网络可以共享由多个基础设施供应商管理的底层物理网络基础设施。网络虚拟化技术通过建立健壮、可信、可管的虚拟环境，使多个虚拟网络能够对物理链路和路由器等物理设备实现资源的复用，从而最大限度地提高基础网络设备的资源利用率，为物联网、云计算等一些新兴应用提供技术支撑。

近年来，网络虚拟化已经成为学界和业界的一个研究热点，国际顶级学术会议 SIGCOMM 在 2009 年和 2010 年分别召开了关于网络虚拟化的专题，IEEE GLOBECOM、ICC 等一些学术会议每年也会收录多篇网络虚拟化方向的论文。此外，一些国外的大型科研项目也都围绕着网络虚拟化思想展开，例如 FIND 的两个子项目（多样化互联网体系结构项目和 CABO 项目）、FP7 下属的 4WARD 项目、加拿大的 UCLP 以及日本的 AKARI。

3.1.2 核心技术思路

网络虚拟化技术旨在分离现有底层网络设备中的控制平面和数据平面，增加底层网络组网的灵活性、可控性和隔离性，从而为未来互联网的演进提供极佳的实验和测试环境，即能够在现有互联网上运行新的网络协议和实现革命性的体系结构。其中，控制平面是数据网络中做出转发决定的部分，比如路由协议、选路策略等。数据平面是执行控制平面决定的部分，其中包括数据封装和转发等。

通过分离底层网络设备的控制平面和数据平面，在保证底层数据传输的可靠性和隔离性的前提下，网络虚拟化技术使得服务提供商（Service Provider，SP）通过租用或购买底层基础设施中的切片获得网络端到端的控制权，能够灵活定制底层数据传输的流量转发策略，从而加快新技术和高级应用的开发和部署，促进了下一代互联网的发展和演进。

图 3-1 描述了网络虚拟化的体系结构，每个虚拟网都是由服务供应商来进行设计和管理的，虚拟网的基本组成单元包括虚拟节点和虚拟链路。

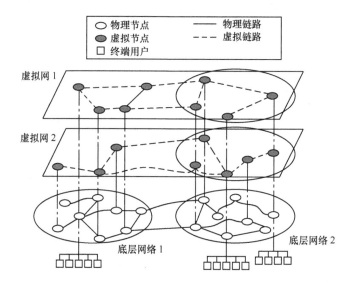

图 3-1　网络虚拟化体系结构

虚拟网络的组成要素和属性见表 3-1。

表 3-1　虚拟网络的组成要素和属性

组成要素	属性
虚拟网	网络 ID
	启动时间
	生存期
	服务类型（视频业务、即时通信、VoIP 等）

续表

组成要素	属性
虚拟节点	节点 ID
	地理位置约束
	资源需求（CPU、内存、存储容量等）
	节点类型（虚拟路由器、虚拟服务器、虚拟交换机等）
	虚拟环境类型（VMware、Xen、KVM 等）
	节点操作系统（Linux、Windows、Solaris 等）
虚拟链路	链路 ID
	源 / 目的节点 ID
虚拟链路	链路类型（VLAN、SONET、802.11 等）
	带宽需求
	QoS 需求
虚拟接口	接口类型（Ethernet、ATM、OpticalFiber 等）

　　网络虚拟化环境通过构建虚拟网为用户提供面向业务的服务，服务提供模式采用的是一种分层模式，具体包括资源层、服务层和应用层。在资源层，基础设施提供商（Infrastructure Provider）负责提供底层物理网络资源并对其进行管理维护。基础设施提供商将会对服务供应商开放多个标准的可编程接口，以便服务供应商对资源进行调用。不同的基础设施提供商在资源的可用量、资源租用价格、开放程度等方面提供差异化的服务。在服务层，服务供应商可向基础设施提供商提出租赁或购买底层网络资源的申请，申请被成功接收后，服务供应商就可以构建出满足用户实际业务需求的虚拟网。此外，服务供应商还负责终端用户的虚拟网接入，并通过基础设施提供商提供的操作接口对其构建的虚拟网进行维护与管理。网络虚拟化环境也支持每个终端用户同时与多个服务供应商建立连接，从而获取与其需求相匹配的服务。

　　网络虚拟化技术必须具备以下特性。

　　（1）强隔离性

　　目前构建虚拟网络的技术并不具备强隔离性：VPN 在边缘网络对虚拟网络进行了隔离，在公用互联网上的数据传输仍然依赖尽力而为的传输机制；PlanetLab 切片中的多个虚拟机由于共享一个 IP 地址因此只能通过在 IP 数据分组中携带数据以达到复用端口的目的。基于网络虚拟化技术构建的多个虚拟网络之间相互透明且具有强隔离性，例如，Trellis 使用 GRE（Generic Routing Encapsulation，通用路由封装）协议封装以太网帧，通过复用 MAC 地址，提

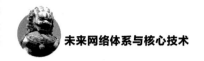

供虚拟的以太网链接，实现彻底的隔离。在这种情况下，即使共用基础设施中的某个虚拟网络遭受攻击，其他虚拟网络也不会受到任何影响。此外，虚拟化的链路层给虚拟网络提供了独立的编程能力，可以不依赖技术而自定制协议。

（2）灵活性

在通信领域，常常通过解耦合功能实体的方式引入灵活性。为了实现控制层和承载层的解耦合，网络虚拟化技术对传统意义上的运营商（Internet Service Provider，ISP）进行了重新定义，强调网络基础设施提供商和服务提供商两大功能实体的分离，即底层的基础设施提供商负责部署管理物理资源，上层的服务提供商只需要专心致力于提供多样化的服务给用户。

（3）高扩展性

通过虚拟化技术，网络虚拟化将底层基础设施抽象为功能实体，为上层屏蔽了底层基础设施之间的差异，有利于异构网络的互联互通。此外，网络虚拟化为上层应用提供了端到端的访问权、控制权以及统一的编程接口，有助于底层基础设施的管理。

（4）快速部署

传统互联网是由多个运营商构成的，在互联网上大范围地部署一个新的协议需要多个运营商的协作。然而，由于多个运营商的利益导向不一致，跨域部署并不是一件简单的事情。网络虚拟化技术通过租用虚拟资源切片的方式在多个自治域上构建虚拟网络，具备大范围快速部署的特性。

（5）促进创新

传统互联网在取得巨大成功的同时，越来越难以满足业务多样化的需求。此外，传统互联网的僵化特性要求新的网络协议标准和基础设施向后兼容，严重阻碍了创新。网络虚拟化的出现改变了这一现状。在网络虚拟化环境中，底层基础设施可以摆脱以往互联网基础结构的束缚，以多样化的联网方式构建自定制的网络体系结构，促进互联网的创新和演进。

3.1.3　虚拟网映射问题

在虚拟网的建立过程中，虚拟网映射（Embedding）是最关键的步骤。虚拟网映射指的是通过为虚拟网分配能够满足其需求的底层网络资源，使虚拟节点和虚拟链路能够运行在实际的底层节点和路径上。映射决策的优劣将对底层资源的利用效率、服务的传输质量、网络重构的实际效果等方面产生重要的影响。

在未来网络的结构设计中，虚拟网映射被赋予了更高级的意义。映射的目标不仅是为虚拟网分配能够满足其需求的计算和带宽等资源，还要能够从资源优化配置的角度，根据服务的特殊需求建立高质量的虚拟网，实现上层网络服务和底层物理资源的智能匹配。

虚拟网映射是由一个或多个虚拟网络管理节点来具体负责实施的，该节点将感知域内所有网络设备的信息，具体包括网络的拓扑结构、链路可用带宽、节点的资源属性与状态等信息。管理节点的主要功能分为资源感知、需求解析、映射决策和映射命令下发 4 个部分（如图 3-2 所示）。虚拟网的映射流程包括以下 4 个步骤：① 管理节点通过资源监测机制收集各个底层节点和链路的资源使用情况；② 解析服务提供商提交的虚拟网映射请求，获取虚拟网的资源需求和服务类别信息；③ 管理节点结合当前资源情况，通过特定映射算法得到虚拟网请求的映射方案；④ 按照映射决策生成相应的映射命令，并下发至各个路由节点，各节点收到命令后进行节点资源划分或是内部重构，从而映射出满足业务需求的虚拟网。

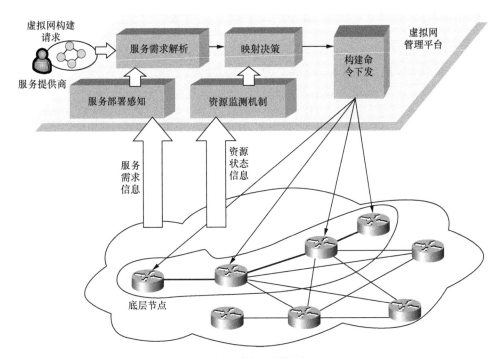

图 3-2　虚拟网映射过程

3.1.3.1　映射问题基本模型

虚拟网映射的基本模型如下。

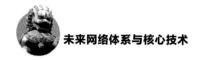

（1）底层网络

底层网络的拓扑可以用带权无向图 $G^s =(N^s, L^s, C_N^s, C_L^s)$ 表示，其中，N^s 和 L^s 是底层节点集合和底层链路集合，C_N^s 和 C_L^s 分别为底层网络的节点和链路所能提供的最大传输处理能力，比如交换能力、计算能力、链路带宽、QoS 能力等。

（2）虚拟网映射请求

一个虚拟网映射请求包括虚拟网拓扑 G^v、请求到达时间 t_a 和请求持续时间 t_d。虚拟网拓扑可以用带权无向图 $G^v = (N^v, L^v, R_N^v, R_L^v)$ 表示，其中，N^v 为虚拟节点的集合，L^v 为虚拟链路的集合，R_N^v 和 R_L^v 分别表示虚拟节点和虚拟链路的资源约束。虚拟网请求在 t_a 时刻到达后，底层网络为其分配满足 R_N^v 和 R_L^v 约束的网络资源。虚拟网在运行 t_d 时刻后，其所占用的资源将被底层网络回收。

（3）虚拟网映射

虚拟网映射问题可以描述为虚拟网请求拓扑 G^v 到底层网络拓扑 G^s 的满足 R_N^v 和 R_L^v 约束的映射。

$$M : G^v \rightarrow (N', L', R_N, R_L) \tag{3-1}$$

其中，$N' \subset N^s$ 且 $L' \subset L^s$，R_N 和 R_L 是底层网络为虚拟网请求分配的节点和链路资源。虚拟网映射可以分解为节点映射和链路映射。

同属于一个虚拟网的多个虚拟节点不能被重复映射至一个底层节点上，但多条虚拟链路可以被重复映射至一条底层路径上。图 3-3 给出了虚拟网映射的实例。假如在虚拟网映射的过程中，无法在底层网络里为某一个虚拟节点或虚拟链路找到拥有足够剩余资源的映射目标，则代表虚拟网映射失败，该映射请求将被拒绝接收。

虚拟网映射的主要目标在于充分利用有限的底层网络资源，基本评价指标包括请求接收率（Acceptance Ratio，AR）、运营收益开销比等。根据应用场景与实际目标的不同，还可以增加可靠度、通信开销等评价指标。

（1）请求接收率

当底层网络无法为虚拟网请求分配足够的资源时，该虚拟网映射请求将被拒绝，而合理的映射策略能够使底层网络接收更多的映射请求。映射请求的接收率是衡量映射算法的重要指标，其定义是成功映射的请求数量与请求总数量的百分比。请求接收率越高，表示底层网络的资源利用率越好。

（2）负载均衡

在虚拟网映射时，要尽可能避免出现底层网络的部分节点和链路负载过高而其他节点利用率较低的现象。这种负载不均衡现象不但会引起链路拥塞或节点过载，同时还会提高虚拟网请求被拒绝的概率。底层网络负载均衡的程度可以通过负载均衡度（Load Balance Degree，LBD）来评价，负载均衡度包括节点负载均衡度和链路负载均衡度，用来定义底层网络中所有节点或链路的负载水平偏离平均负载水平的程度。网络的整体负载均衡度是节点负载均衡度和链路负载均衡度进行加权运算后的和。

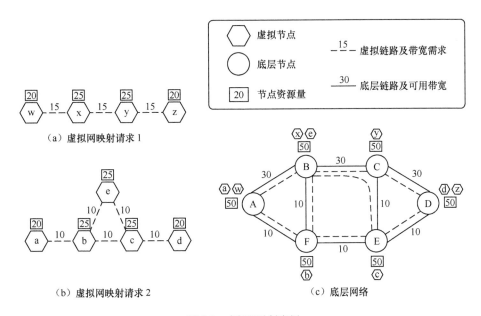

图 3-3　虚拟网映射实例

（3）收益开销比

从基础设施提供商的角度来说，映射一个虚拟网的收益是由该虚拟网的资源需求决定的，具体包括节点资源需求和链路资源需求，定义如下。

$$I(G_v) = \alpha \sum_{i \in N^v} R_N^i + (1-\alpha) \sum_{j \in L^v} R_L^j \tag{3-2}$$

其中，R_N^i 是虚拟节点 i 的计算能力需求值，R_L^j 是虚拟链路 j 的计算能力需求值，α 为权重因子。

映射虚拟网的开销定义为底层网络为该虚拟网分配的实际资源的总和。

$$C(G_v) = \alpha \sum_{i \in N^v} R_N^i + (1-\alpha) \sum_{j \in L^v} R_L^j N_L^j \tag{3-3}$$

其中，R_L^j 表示虚拟链路 j 被映射后在底层网络上占用的实际路径长度。在确定了映射收益和映射开销的定义后，就可以将收益开销比定义为这两者的比值。

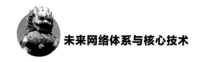

3.1.3.2　映射算法

虚拟网的映射算法已经成为学界的一个研究热点，各个算法的目标、应用环境、实现思想都有很大差异。根据评判标准的不同，算法可以从不同的角度进行分类，比如，根据资源分配方式，可将算法分为静态算法和动态算法；根据映射请求的处理方式，又可以将映射算法分为在线算法和离线算法。

根据应用场景来区分，可以将映射算法分为单域映射算法和跨域映射算法两大类。单域映射算法是将虚拟网映射在某一个特定的底层网络域里，若这个域没有足够的资源，则拒绝该映射请求。跨域映射算法指的是可将一个虚拟网映射在多个底层网络域上。根据网络管理模式的不同，单域映射算法又可以分为集中式映射算法和分布式映射算法。因此，本书把虚拟网映射算法分为单域集中式、单域分布式和多域分布式 3 种类型。

1.　单域集中式

目前针对虚拟网映射算法的研究大部分是面向单域集中式的。集中式的映射环境指的是在底层网络中至少存在一个中心管理节点，该节点将负责收集和维护整个底层网络的状态信息，同时还将负责虚拟网的映射、撤销以及正常的运行维护。单域集中式映射的解决思路一般包括两种：一种是基于贪心算法，一种是基于线性规划。

基于贪心算法的典型映射方法是 VNA[3]。VNA 算法将负载均衡作为主要映射目标，在节点映射时考虑了各个虚拟节点在底层网络上的实际距离，并通过分解虚拟网拓扑的方式进一步提高算法的性能。但 VNA 没有考虑底层链路的带宽约束，一条虚拟链路也只能被映射到一条固定的路径上。针对该问题，部分学者提出了支持路径分裂的虚拟网映射算法[4]，该算法首先采用贪心算法的思想进行虚拟节点的映射，然后利用 k 短路径算法来为虚拟链路搜索多条能够满足其带宽需求的实际路径，并在此基础上提出了基于多商品流的路径分裂映射算法。

基于线性规划的方法以 ViNEYard 算法[5]为代表。该算法以路径分割和节点位置约束为前提，以降低映射代价为目标，将映射问题转化为混合整数规划问题，设计了一种确定型映射算法（D-ViNE）以及随机型映射算法（R-ViNE）。为了使问题在多项式时间可解，该算法需要将整数规划问题松弛为混合整数规划问题，然后求出问题的近似解。当节点映射完成后，再调用多商品流算法进行链路映射。此外，还有一种思路是在求解虚拟网映射问题时，先将映射问题转化为整数规划问题，然后通过引入智能优化算法（蚁群算法和粒子群算法）来获取最优的虚拟节点映射方案[6-7]，再通过最短路径算法来计算虚拟链路的映射方案。

下面给出一个最简单的、基于贪心思想的映射算法。

步骤 1：将所有虚拟节点按照其资源需求由多到少进行排序。

步骤 2：将所有底层网络节点按照可用资源由多到少进行排序。

步骤 3：先将需求最多的虚拟节点映射到可用资源最多的底层节点上，再将需求多的虚拟节点映射到可用资源多的底层节点上，依次类推，直到所有虚拟节点全部被映射，如果有虚拟节点找不到满足需求的底层节点，则映射失败。

步骤 4：利用最短路径算法计算出连接各个虚拟节点的虚拟链路的映射路径，若找不到满足需求的路径，则映射失败。

2. 单域分布式

由于中心管理节点掌握了网络的全局信息，因此可以根据底层网络的资源利用状态来快速地制定虚拟网的映射策略，从而更加合理地分配底层网络资源。但集中式的映射环境也存在一些局限性，具体如下。

• 如果中心管理节点出现故障，则底层网络在故障期间无法处理虚拟网映射请求，并且对正在运行的虚拟网也将产生较大的负面影响，降低了整个网络的可靠性和稳定性。

• 如果单个底层网络域的规模较大，则维护网络的状态信息将需要大量的通信开销，并加重中心管理节点的信息处理压力。

由于分布式的映射算法不需要底层网络的全局状态信息，因此，在分布式的映射环境中可以不用设置中心管理节点，也就避免了集中式管理带来的问题。相对于集中式环境来说，分布式映射环境存在以下不同。

• 在集中式环境中，只有中心管理节点能够接收和处理映射请求。而在分布式环境中，底层网络的任意一个节点都可以接收并处理映射请求。

• 在集中式环境中，中心管理节点掌握了网络域内所有节点和链路的资源状态信息。在分布式环境中，每个节点只掌握本节点以及连接在本节点上所有链路的资源状态信息。若某个节点想知道其他节点或链路的状态信息，则需要通过发送状态查询消息来实现。

• 在集中式环境中，虚拟网的映射策略是中心管理节点根据其维护的全网资源状态来制定的。而在分布式环境中，虚拟网的映射策略是由各个节点相互协商来制定的。

• 在集中式映射环境下，映射请求是依次被处理的。但在分布式映射环境中，可能有多个虚拟网同时被映射，在各个并行的映射进程之间会产生冲突。

在分布式映射环境中，由于没有节点来维护底层网络的全局信息，因此，

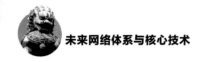

虚拟网的分布式映射需要通过底层节点之间的协商和信息交换来完成。但是节点之间过多的通信不但会加重网络的负担，还会影响映射请求的响应速度。因此，对于分布式映射算法来说，不但要实现底层资源的合理利用，还要尽量降低映射时的通信开销。

3. 多域分布式

单个底层网络域内的资源是有限的，当底层网络负载较高或虚拟网规模较大时，单个域内的网络资源已无法满足新的映射请求，从而导致这些映射请求因为无法得到足够的资源而映射失败，而跨域映射能够有效地解决该问题。虚拟网跨域映射问题可由以下模型描述。

（1）底层网络

底层网络由多个相互连接的网络域组成，每个域由一个 InP 负责管理。底层网络的拓扑可以用带权无向图 $G_S = (G_S^1, G_S^2, \cdots, G_S^i)$ 表示，其中，$G_S^i = (N^S, L^S, C_N, C_L)$ 表示一个网络域的拓扑，N^S 和 L^S 分别表示底层节点集合和底层链路集合，底层链路又进一步分为域内链路与域间链路，C_N 和 C_L 分别为底层节点的最大处理能力和底层链路的最大带宽。

（2）虚拟网映射请求

一个虚拟网映射请求包括虚拟网拓扑 G_v、请求到达时间 t_a 和请求持续时间 t_d。虚拟网拓扑可以用带权无向图 $G_v = (N^v, L^v, R_N, R_L)$ 表示，其中，N^v 为虚拟节点的集合，L^v 为虚拟链路的集合，R_N 和 R_L 分别表示虚拟节点和虚拟链路的资源约束。映射请求在 t_a 时刻到达后，底层网络为其分配满足 R_N 和 R_L 约束的网络资源。虚拟网在运行 t_d 时刻后，其所占用的资源将被底层网络回收。

（3）虚拟网跨域映射

虚拟网的跨域映射问题可以描述为映射请求拓扑 G_v 到底层网络拓扑 G_S 的一个满足 R_N 和 R_L 约束的映射 $M: G_v \rightarrow (N', L', R_N, R_L)$，其中，$N', L' \subset G_S$。同属于一个虚拟网的多个虚拟节点不能被重复映射至一个底层节点上，但多条虚拟链路可以被重复映射至一条底层路径上。在映射的过程中，服务提供商（SP）首先会对多个基础设施提供商发起竞价申请，各个基础设施提供商在收到申请后会根据自身的情况向 SP 返回一个报价（满足 R_N 和 R_L 的平均单价），然后 SP 会把映射请求发送给报价最低的基础设施提供商（记为 InP#）；由于单域映射的开销较小，InP# 将首先尝试单域映射，当 InP# 发现自己的底层网络没有足够的可用资源映射该请求时，则会对虚拟网的拓扑进行分割，并将部分子拓扑交由相邻的底层网络进行跨域映射，如图 3-4 所示。

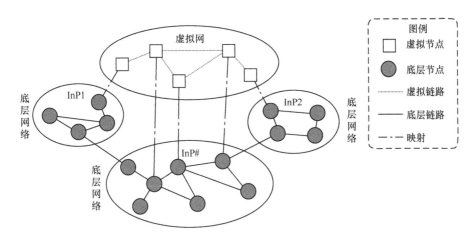

图 3-4　虚拟网跨域映射实例

　　需要注意的是，在多域环境下，管理各个域的基础设施提供商之间会存在一定的利益冲突，每个基础设施提供商都会尽量实现自身利益的最大化，相互之间也不会公开网络拓扑等信息。这种基础设施提供商的自私性也是跨域映射策略必须考虑的因素之一。

　　目前关于虚拟网跨域映射方面的研究主要包括 3 个方面：支持跨域映射的虚拟网平台或结构、跨域映射框架或策略、跨域映射算法。其中，虚拟网跨域映射框架 PolyViNE[8] 包含了一套多域环境下的映射控制协议和映射策略，该映射策略的技术思路是将虚拟网中无法被单域映射的部分推送给相邻的底层网络域进行映射，但没有提出专门针对跨域映射的算法，从而导致多域映射时开销较高的问题。另外，有学者通过求解 MAX-2-SAT 问题和 3-Multiway Cut 问题来实现虚拟网拓扑的分割，然后将跨域映射转化为混合整数规划问题进行求解。相比于单域映射算法 ViNEYard，该模型不需要将混合整数规划问题进行松弛就可以求解，但模型并没有考虑运营商的自私性问题。同时，有国内学者将虚拟网跨域问题转化为一个分层线性规划模型（Hierarchical Linear Programme Model）问题进行求解[9-10]，并设计了相应的全局映射算法和本地映射算法，但这两个算法也都没有考虑运营商自私性问题。

　　综上所述，已有的跨域映射策略虽然考虑了网络运营商的自私性因素，但都没有设计专门针对跨域的映射算法，有可能导致映射开销较高问题。而已有的跨域映射算法虽然能降低映射开销，但却没有考虑运营商的自私性因素。因此，在设计新的跨域映射策略时必须要考虑在满足运营商自私性的前提下如何兼顾降低映射开销。

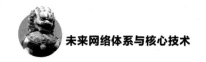

在传统的单域映射模型中，映射请求的接收率和映射代价是衡量算法优劣的两个最重要的指标。在跨域映射模型中，除了考虑上述两个指标外，还要考虑基础设施提供商和服务提供商的收益问题。当服务提供商根据报价选择了一个 InP#，并且 InP# 由于资源不足而必须进行跨域映射时，由于 InP# 的报价已经是最低报价，因此，若将过多的虚拟节点和链路映射到 InP# 的邻接底层网络中，则意味着服务提供商可能需要支付更高的价格来完成该虚拟网的映射。而从基础设施提供商的角度来说，映射一个虚拟网的收益是由该虚拟网的资源需求决定的，具体包括节点资源需求和链路资源需求。

在跨域映射时，映射收益由参与映射的几个基础设施提供商共享，并按照每个基础设施提供商所承载的子拓扑在 G_v 中占有的比例对收益进行划分。对于 InP# 来说，由于它将优先对虚拟网进行映射，所以为了提高自身的收益，InP# 会试图将更多的虚拟节点和链路映射到自己管理的底层网络域中。综上所述，无论对于服务提供商还是 InP# 来说，要想提高自身收益，应尽可能将虚拟节点和链路映射到 InP# 管辖的底层网络上。为了便于建模，可对式（3-2）进行简化，仅用映射在本域内虚拟节点的资源总量来衡量一个虚拟网给 InP# 带来的映射收益。

此外，对于基础设施提供商来说，映射开销主要取决于为虚拟网分配的底层资源量。虚拟节点的映射开销是固定的，而虚拟链路的映射开销是与映射方案相关的，比如，映射在多条底层链路上的虚拟链路会消耗更多的带宽资源。此外，域间通信的开销也比域内通信的开销要大，可以将虚拟链路映射在一条域间链路上的开销设为映射在一条域内链路上开销的 r 倍，r 称为域间链路的映射代价因子。由此可见，降低虚拟网映射代价的关键是降低链路映射的代价。

基于上述分析，虚拟网跨域映射的目标函数可以定义为

$$\max \sum_{i \in N^v} g(x_i) R_N^i - \alpha \sum_{i \in L^v} \sum_{l \in L^S} f_l^i R_L^i \tag{3-4}$$

其中，x_i 是被虚拟节点 i 映射的底层节点的编号。若虚拟链路 i 映射在底层链路 l 上且 l 为域内链路，则 f_l^i 取 1；若 l 为域间链路，则 f_l^i 设为参数 r；若没有映射在 l 上，则 f_l^i 取 0。

3.1.4　虚拟网的动态重构

在虚拟网运行的过程中，随着虚拟网的建立和撤销，原有的虚拟网映射方案将不再是最优方案，因为其可能导致资源分配不均、服务质量下降等问题。因此，为了能够有效地对资源进行合理配置，提高映射请求的接收率，在虚拟网的运行过程中需要对资源分配方案进行动态的重构。虚拟网的资源动态适配

技术主要是为了解决以下 3 个问题。

① 随着时间的推移，新进的虚拟网请求到达并映射，同时，其他虚拟网请求终止并释放相应的底层网络资源，这时底层资源将变得支离破碎，直接导致虚拟网需求的接收率下降以及长期收益减少。

② 底层网络设备的故障，或是基础设施提供商出于自身考量将不时更新其所属的网络基础设施等，都会带来底层网络拓扑的变化，这就要求必须调整原来的映射方案。

③ 在虚拟网请求到达生存周期前，虚拟网络请求将可能在拓扑、需求大小等方面发生变化，使其原先占有的底层网络资源无法很好地支持新的需求。

虚拟网映射方案的动态调整会带来一定的计算开销和迁移开销。计算开销是指运行动态调整算法所产生的时间开销。迁移开销包括：重新路由引起的分组丢失率上升、虚拟节点迁移带来的通信开销、重映射期间的服务中断所引发的用户体验质量下降。因此，为了使运营商的收益最大化，动态调整算法应尽可能地降低重映射虚拟网带来的开销。

虚拟网动态调整算法的触发条件可以分为 3 种：第一种是周期性触发，也就是每隔一个固定的时间段就对虚拟网进行调整；第二种是过载触发，也就是当底层网络的负载不均衡并且部分节点和链路已经出现过载现象时，触发动态调整算法；第三种是事件触发，比如当底层网络中出现拓扑变化等事件时，触发动态调整算法。周期性触发的优点是调整频率较为稳定，缺点是很难设定一个最优触发周期。过载触发和事件触发的优点是能及时根据网络的状态进行调整，缺点是可能触发虚拟网的频繁调整，从而带来较大的调整开销，并引起整个网络的震荡。

虚拟网的调整方法可以分为两类：一种是将整个虚拟网全部进行重映射，这种方法实现简单，调整效果较好，但调整开销太大；另一种是只对部分虚拟节点和链路进行迁移，这种方法开销较小，也是目前比较主流的调整手段。

为了进一步解释虚拟网资源动态适配技术，本章列举了一种动态适配算法，该算法能以较低的调整开销来提高负载均匀度、降低过载节点和拥塞链路数量。

当某个底层节点或链路的负载压力超过设定的阈值 τ_s 时，则认为该节点或链路是过载的。在此基础上定义了全网负载压力，全网负载压力分为全网节点负载压力和全网链路负载压力，全网节点负载压力表示网络中过载的节点数占总节点数的比例，全网链路负载压力表示网络中拥塞的链路数占总链路数的比例。由于调整算法的计算开销主要花费在迁移目标的计算上，如果全网负载压力都保持在较高水平，则虚拟节点和虚拟链路迁移目标的选取范围也就较小，这可能在一定程度上降低迁移的成功率和调整的效果，所以当全网负载压力较高时，算法的计算开销较高但迁移收益较低。因此，本算法通过设立全网拥塞

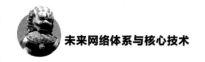

阈值 τ_{ns} 来排除收益较低的迁移，从而减少计算开销。只有当全网节点负载压力低于 τ_{ns} 时，才允许进行节点迁移；而只有当全网链路负载压力低于 τ_{ns} 时，才允许进行链路迁移。

此外，为了限制迁移的规模，可以先对所有过载的节点或链路按照负载压力进行排序，重构时只在前 i 个过载程度最高的节点或链路上进行迁移操作。对于快要结束的虚拟网则不进行迁移。为了提高重构的收益，每次迁移中只会选择评价提升最多的虚拟节点或链路进行迁移。

该算法根据预先设定的时间段进行周期性重构。每当到达重构周期时，算法将依次执行节点迁移子算法和链路迁移子算法。

节点迁移子算法的流程如下。首先检测全网节点负载压力是否超过阈值，若超过阈值，则跳过节点迁移直接开始链路迁移；若低于阈值，则选出 i 个负载压力最高的过载节点。对于每个过载的底层节点，首先选出映射在该节点上且占用资源较多的虚拟节点，并为每个虚拟节点确定一个最优的迁移目标。在选取迁移目标时，若迁移会引起迁移目标过载，则排除该迁移目标。然后，按照其迁移目标的适配程度对虚拟节点进行排序。最后，选择适配程度最高的虚拟节点进行迁移。若迁移以后该底层节点仍然过载，则重复迁移过程。由于节点迁移可能使与其连接的虚拟链路占用的底层链路数量增加，所以在为虚拟节点选取迁移目标时，应将迁移的目标限制在距离原底层节点 h 跳以内，从而避免虚拟链路占用的底层链路资源增加过多。因此，在选择迁移目标节点时，可采用深度优先遍历算法来生成候选集。

链路迁移子算法的流程如下。首先，检测全网链路负载压力是否超过阈值，若超过阈值，则中止链路迁移；若低于阈值，则选出 i 条负载压力最高的链路。对于每个拥塞的底层链路，首先选出占用资源较多的虚拟链路，利用 K 短路径算法为每个虚拟链路寻找 k 条不包括原拥塞链路的待选路径，若这些待选路径在迁移后会形成新的拥塞链路，则排除该路径。然后，计算待选路径集合中的所有路径与原路径的路径长度之差，将差值最大的待选路径作为该虚拟链路的迁移目标。最后，按照原路径与迁移目标路径之差来对虚拟链路进行递减排序，并依次选择差值最大的虚拟链路进行迁移。若迁移以后该底层链路仍然拥塞，则重复迁移过程。

3.1.5 虚拟网管理

3.1.5.1 安全性支持

随着网络虚拟化的广泛应用，更多虚拟网被创建用来传输隐私数据，然而一旦某些物理链路被控制，其上承载的虚拟链路就会被攻击者窃听，从而泄露隐私数据，因此，需要将防御虚拟网窃听攻击作为网络虚拟化环境的一种基础安全服务，以便大规模应用网络虚拟化技术。

增加路由的不确定性可以在一开始防止攻击者建立有效的窃听。现有的虚拟网映射过程大多是静态（Static）的，即每条虚拟链路映射到一条可预测的路径。这种静态映射为攻击者进行虚拟链路窃听提供了重要裨益。虽然一些现有工作已经将多路径方式引入虚拟网映射中，但是这些工作仅关注提高请求接收率和进行链路容错，而非防御链路窃听。具体而言，通过将一条虚拟链路切分到多条底层物理路径上，虚拟网映射在执行时间和请求接收率两方面的性能均能得到提高；通过将一条虚拟链路复制到一条或多条备份物理路径上，虚拟网能够提供链路容错能力。然而，上述工作只是单纯执行资源分配，未进一步提出安全的路由策略，即每个物理节点下一跳的转发概率分布。事实上，一个安全路由策划无法从该虚拟网的资源分配方案中推导出来，因为现有虚拟网资源分配基于无向拓扑，而路由策略基于有向拓扑。因此，需要设计新的虚拟网构建方案，将资源分配与安全路由策略相结合。

在其他计算机网络中，多路径安全路由技术已经被提出，分为两种类型：确定多路径和随机路由。前者是指事先找到尽可能多的不同路径或不相交路径，并在这些路径之间进行跳变。后者是指沿着一条不确定的路径发送每个数据报文，即每一跳均采用随机转发方式。然而，通过上述技术来增强网络虚拟化的安全性仍面临 3 个挑战：① 节点映射，每条虚拟链路的节点（端点）需要映射到合理的位置才能有助于提高路由的不确定性；② 带宽分配，即使带宽需求是固定的，安全路由策略下的每条物理链路实际消耗的带宽仍然是一个随机变量；③ 路由约束，如果虚拟网映射采用随机路由方式，那么容量、延迟和无环等约束需要被满足。

3.1.5.2　资源管理机制

虚拟网映射的 3 个步骤是资源发现、资源选择、资源绑定。资源选择由映射算法来实现，而资源发现就是在底层网络找到能够满足虚拟网络映射请求中各项资源需求的网络设备。为了快速发现虚拟网映射所需的底层网络资源，就需要对底层网络设备的各个属性和特征进行标识，并且提供相应的标识检索算法。

虽然在传统网络中已经有一些描绘硬件资源能力的标准和语言，如 cNIS、NDL 等，但这些标准或语言都无法对虚拟资源进行标识和描述。而在网络虚拟化的环境中，既要对底层设备进行标识和描述，也要使用相同的标识和描述体系对虚拟网络中的虚拟设备和元素进行标识和描述，这样才能实现资源的快速

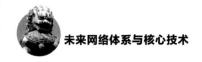

查找和匹配。

在典型的网络虚拟化资源标识与查找机制中，网络元素通常分为 4 类，包括节点、链路、接口、路径。每一种元素具有若干种属性，这些属性按照其变化频率可以分为静态属性和动态属性。静态属性通常指的是网络设备某项资源的最大可用量或某项软硬件配置，比如某个节点的内存大小。除非对设备的硬件配置进行更改，否则静态属性在网络运行过程中是不会发生变化的。动态属性通常指的是网络设备的实时可用资源，比如某条链路的可用带宽。由于动态属性描述的是网络设备的实时状态，因此在网络运行过程中会经常变化。

以一个底层节点为例，其静态属性包括节点类型（服务器、路由器、主机等）、部署地址、CPU 性能、内存大小、硬盘大小、协议栈类型、虚拟环境类型（VMware、Xen、KVM 等）、操作系统类型（Windows、Linux、Solaris 等），而动态属性则包括未被占用的 CPU、内存和硬盘资源。

在查找符合需求的资源时，如果要进行静态属性的匹配，则可以将所有网络设备按照树的方式组织起来，树的每一层代表一项静态属性，树上每个节点记录一个或多个设备在该项属性上的值。在搜索资源时，按照需求中的每一项属性对树进行遍历即可查询到所需的网络设备。如图 3-5 所示，如果一个虚拟节点对设备静态属性的要求是 [节点位置 = 上海；虚拟环境 =XEN；操作系统 =Linux]，则通过遍历树就能找到符合该要求的设备"节点 5"。

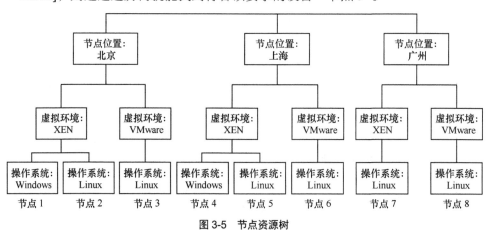

图 3-5　节点资源树

3.1.5.3　多域资源管理机制

1. 体系结构

为了在不同规模的物理网络上进行资源的有效管理，降低管理开销，提高虚拟网的可扩展性,下面介绍一种分布式分层管理体系结构,分别由底层节点和虚拟网管理服务器组成。多个底层节点根据网络所处地理位置及其规模或所属运营商划分成域,每个域由相应虚拟网管理服务器负责管理。虚拟网管理服务器负责接收用户构建虚拟网的请求,通过对域内资源进行管理,对域间虚拟网管理服务器进行协同,构建满足用户业务需求的虚拟网,每个虚拟网可以支撑一类业务的运营,适应不同业务特性的差异。层次化的管理体系结构如图 3-6 所示。

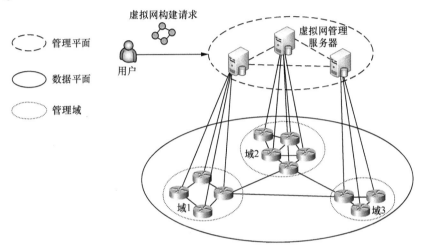

图 3-6   分层分域管理结构

分层分域管理体系分为管理平面(Management Plane)和数据平面(Data Plane)。

(1)管理平面

管理平面由若干虚拟网管理服务器组成,虚拟网管理服务器之间通过在域间信令网中发送域间状态通告来通知邻域虚拟网管理服务器本域的资源状态。当需要构建跨多个域的虚拟网时,虚拟网管理服务器通过域间管理协议(Inter-Domain Management Protocol,InterDMP)向所涉及的邻域虚拟网管理服务器发送构建指令,收到指令的虚拟网管理服务器在其管理域内构建虚拟网子网,所有参与虚拟网构建的虚拟网管理服务器最后通过对 InterDMP 响应发送虚拟网构建结果公告,将构网完成情况发送给发起构建指令的虚拟网管理服务器。

(2)数据平面

数据平面由底层节点和管理域组成,域内每个底层节点通过域内链路相连,实现路由、交换、功能性能重构以及基于 Web Service 的管理接口等技术;域间通过域间链路将临域的边界节点相连。当进行构网时,虚拟网管理服务器通

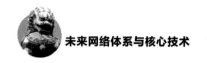

过域内管理协议（Intra-Domain Management Protocol，IntraDMP）向域内底层节点发送构建指令。

采用分层分域结构可以有效降低信令开销，提高网络的可扩展性。从资源管控角度来说，分层分域需要解决以下问题：① 综合管理平台中探测得到的资源与真实网络中网元设备资源的一致性；② 域内与域间资源的描述内容及形式；③ 资源信息管理代价。

2. 域内资源管理

域内资源管理一般有两种模式：① 推送模式，底层节点通过状态通告协议周期性地向虚拟网管理服务器发送自身状态信息；② 查询模式，虚拟网管理服务器通过路由节点状态查询（RRN State Query，RSQ）协议主动获取底层节点的相关资源信息状况。这两种模式各有优劣，例如，在推送模式下，节点信息会占用大量网络资源；而在查询模式下，当请求频率较高时，查询负载会直线上升等。当构网请求到达率较高时，推送模式更有效，这是由于推送信息的代价被大量请求所均摊；而当构网请求到达率较低时，查询模式更有效，这是由于此时仅探测构网请求所需要的信息，减少了不必要的信息传递代价。因此，在一个动态的分布式系统中，随着构网请求和底层资源状态的动态变化，任何一个静态的信息管理方法（单一推送或查询）都不能很好地达到信息管理代价和信息需求之间的平衡。为了提高信息管理的可扩展性和有效性，信息管理系统必须能自适应地调整管理方法，以适应构网需求和资源状态的不确定性。

域内底层节点通过状态通告协议（基于 Web Service）向所属虚拟网管理服务器周期性地汇报本节点资源信息（拓扑连接关系、性能、能力和状态等信息）；虚拟网管理服务器通过 RSQ 查询所管理的域内相关底层节点的信息；若虚拟网管理服务器所辖区域内的节点初始化时或运行时状态发生变化，则通过域内状态通告（Domain State Announcement，DSA）协议上报给虚拟网管理服务器。虚拟网管理服务器可以通过接口感知底层节点的节点状态，并将节点的拓扑信息更新到域内邻接表（Intra-domain Adjacency Table，IDAT）、邻域邻接表（Domain Adjacency Table，DAT）和域管理信息表（Domain Management Information Table，DMIT）中，将性能、能力和状态信息更新到路由节点管理信息表中。

RSQ 和 DSA 协议都是在 SNMP 的基础上扩展得到的。虚拟网管理服务器和底层节点之间的操作方式如图 3-7 所示。

虚拟网管理服务器可以通过 RSQ 主动查询管理域内的设备信息（SNMP 的请求与响应方式），还可以通过 DSA（域内路由交换节点上报 SNMP Trap 方式）发现路由交换节点的故障，并更新节点的 MIB（RFC 1213），RFC 1155 定义了关于 MIB 的公共结构和表示符号 SMI（Structure of Management Information，管理信息结构），如 INTEGER、OCTER STRING、DisplayString 等 ASN.1（Abstract Syntax Notation One，抽象语法记法 1）数据类型，MIB 将代理进程所包含的、且虚拟网管理服务器能够查询和设置的信息集合划分为若干组，如 System、Interfaces、Address Translation、IP、ICMP、TCP、UDP、EGP、Transmission 等组，每组由若干变量、表格组成，其中虚拟网管理服务器感知域内拓扑的过程按照触发条件可以分为底层节点初始化时、底层节点自身状态发生变化时以及虚拟网管理服务器主动查询时，具体过程说明如下。

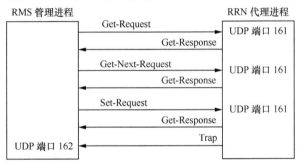

图 3-7　虚拟网管理服务器和底层节点通信

当底层节点初始化时，感知域内底层节点的邻接关系及能力属性信息，具体过程如下。

① 当域内底层节点初始化时，底层节点按照已配置好的 IP 向虚拟网管理服务器发送 SNMP Trap 报文，虚拟网管理服务器根据收到的 Trap 类型确定底层节点代理进程活动状态；

② 虚拟网管理服务器向步骤①中的底层节点发送 PDU 为 Get-Request 的 SNMP 请求；

③ 虚拟网管理服务器收到底层节点 PDU 为 Get-Response 的回应，得到该底层节点的当前信息，若差错状态表明没有后续记录，则终止该过程；

④ 虚拟网管理服务器继续向底层节点发送 PDU 为 Get-Next-Request 的 SNMP 请求；

⑤ 跳至步骤③。

当底层节点运行时，自身状态发生改变，虚拟网管理服务器感知该底层节点，其具体过程如下。

① 当域内节点的邻接关系发生变化时，向虚拟网管理服务器发送 SNMP Trap 告知节点的状态发生变化，如 Trap 类型可以是 linkDown 或者 linkUp；

② 虚拟网管理服务器得到节点所告知的 linkDown 或 linkUp 对应的端口号，

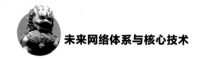

更新该节点的 RMIT。

当虚拟网管理服务器主动查询资源状态时，虚拟网管理服务器向底层节点获取节点的状态，具体过程如下。

① 虚拟网管理服务器向相关底层节点发送 PDU 为 Get-Request 的 SNMP 请求；

② 虚拟网管理服务器收到底层节点回应的 PDU 为 Get-Response 的 SNMP 报文，得到该底层节点的信息，若差错状态表明没有后续记录，则终止该过程；

③ 虚拟网管理服务器继续向底层节点发送 PDU 为 Get-Next-Request 的 SNMP 请求；

④ 跳至步骤②。

3. 域间资源管理

由于域的自治性，邻域虚拟网管理服务器间仅交换各自域内的资源抽象作为跨域虚拟网构建的依据。域的资源抽象主要是指域边界节点之间的可用链路带宽，使用网络流理论中的最大流算法，根据域内资源占用状况进行预计算并将相关信息通过域间状态通告协议传递给其他域的虚拟网管理服务器，以获得全网域间拓扑连接信息。

如图 3-8（a）所示，域间的多条物理连接按照物理特性进行聚合，多条域间物理链路的带宽可以在逻辑上汇聚在一起作为域间的传输带宽，形成如图 3-8（b）所示的虚拟节点拓扑连接，这样可以简化跨域构网。

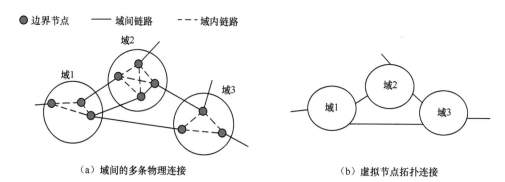

（a）域间的多条物理连接　　　　　　　　　（b）虚拟节点拓扑连接

图 3-8　域间资源抽象示意

在虚拟网管理服务器中，当 BRAT 表在域内边界节点的状态（邻接关系、节点状态）发生变化时，将该变化通过 SNMP Trap 发送到虚拟网管理服务器，虚拟网管理服务器首先更新 BRAT 表，然后把该变化通过 IDSA 协议更新到其余虚拟网管理服务器的 BRAT 中，这样当一个节点发生变化时，全网可在管理层面上对其更新，过程如图 3-9 所示。

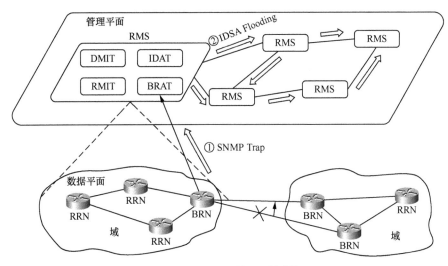

图 3-9　DDSDB 触发更新过程

在各个虚拟网管理服务器通信过程中，有两个重要的运行阶段，即 Pre-association 运行阶段和 Post-association 运行阶段。在 Pre-association 运行阶段，虚拟网管理服务器分别进行初始化操作，如进行静态配置。Pre-association 运行阶段结束以后就进入 Post-association 运行阶段，在这个阶段，虚拟网管理服务器通过制订的消息进行通信。

Post-association 阶段又分为 3 个子阶段，每个子阶段分别对应 3 个状态。

① 虚拟网管理服务器间建立连接阶段对应连接建立状态（Association Setup State）。

② 虚拟网管理服务器间稳定通信阶段对应稳定通信状态（Established State）。

③ 虚拟网管理服务器间断开连接阶段对应连接断开状态（Association Teardown State）。

首先，由邻接虚拟网管理服务器间互相发送连接请求消息。虚拟网管理服务器根据配置文件接受或拒绝邻接虚拟网管理服务器的连接请求，如果接受连接，则邻接虚拟网管理服务器间发送连接建立成功的消息。随后邻接虚拟网管理服务器间发送一系列消息查询域间抽象资源能力的信息，本虚拟网管理服务器收到查询消息后，向域内路由交换节点询问相关信息以获得自身的能力和拓扑信息，然后计算抽象资源并使用查询响应消息向邻接虚拟网管理服务器报告

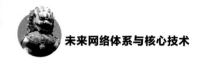

查询所需的各种信息。查询成功后，发送事件消息，表明邻接虚拟网管理服务器数据交互初始化已经完成。最后，把状态设置为 Established，使虚拟网管理服务器处于稳定通信状态。至此，虚拟网管理服务器间的连接已经建立。连接完成后，协议层需要启动链路状态维护功能。

3.1.5.4 分布式协同构建机制

根据上一节所描述的分布式分层体系框架，每个域的虚拟网管理服务器都可以接受虚拟网的构建请求，并负责该虚拟网的构建。虚拟网的构建请求可分为两类：一类是本域虚拟网构建，即虚拟网所涉及的节点、链路都是包含在某一个虚拟网管理服务器所管辖的域内；另一类是跨域虚拟网构建，即虚拟网所涉及的节点、链路除了在此虚拟网管理服务器所管辖的域，还包含其他域的节点或链路。对于跨域的虚拟网构建，为了维护节点、链路资源信息的一致性，每次只能处理一个构建请求，也就是对域内资源的访问必须互斥。因为虚拟网管理服务器对构建请求是分布式处理的，并且存在跨域虚拟网构建请求，所以对构建请求的处理必须要设计一个支持分布式协同的机制，以保证处理的正确性。所设计的分布式协同机制应具有如下特点。

① 可以满足分布式处理构建请求的需要；

② 对每个域的访问是互斥的，即域内资源不能同时被多个构建请求所访问；

③ 多个域的访问可以并发，即多个构建请求可以同时访问不同域的资源。

如图 3-10 所示，虚拟网管理服务器 1、虚拟网管理服务器 2 和虚拟网管理服务器 4 可以分布式地分别处理构建请求 1～请求 3，但由于构建请求 1 和请求 2 都要访问域 1 和域 2，所以协同机制必须保证虚拟网管理服务器 1 和虚拟网管理服务器 2 互斥访问域 1 和域 2；构建请求 3 访问域 3 和域 4，因此，构建请求 1 或 2 可以和构建请求 3 并发处理。

为了降低虚拟网构建的复杂度，提高构建效率，虚拟网的构建采用了分布式层次化协同构建的策略。层次化策略体现在将域间规划与域内构建相结合，先进行域间规划再进行域内构建。虚拟网管理服务器首先根据域间拓扑连接关系、带宽等信息及用户的构建请求规划出该虚拟网所经过的域，从而将一个大规模的跨域虚拟网构建请求分解为若干个彼此独立的域内构建请求，并将分解后的需求信息分别传递给相关域的虚拟网管理服务器。协同策略体现在，对于上述跨域构建请求，在经过域间规划后，由各域的虚拟网管理服务器在本域内独立处理协同完成，若所有相关虚拟网管理服务器均在本域内构建成功，则表示该虚拟网构建成功。分布式策略体现在各虚拟网管理服务器可以分别接受用户提出的以及其他虚拟网管理服务器发送的构建请求并独立地进行处理。

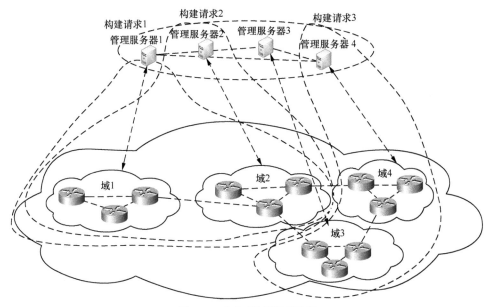

图 3-10　分布式协同机制示意

由于域内资源是由虚拟网管理服务器集中管理的，所以不会发生资源分配冲突问题；而域间资源采用的是分布式管理机制，需要有相关机制来解决多个虚拟网分布式构建时的域间资源分配冲突问题。各虚拟网管理服务器必须串行处理跨域虚拟网构建请求，而不能同时并行处理，即对域间资源的访问必须互斥。

为此，本章介绍一种基于令牌的分布式互斥协同机制，为了保证域间资源分配的互斥，只有获得令牌的虚拟网管理服务器才能进行跨域虚拟网构建；而进行域内虚拟网构建时则无须获得令牌，可以由各虚拟网管理服务器并行处理。

虚拟网管理服务器中维护有两个队列：域间构建请求队列和域内构建请求队列。用户向虚拟网管理服务器提出构建请求后，经过对构建规模的分类分别进入不同队列。处于域间队列中的构建请求，需要等待虚拟网管理服务器获得令牌后按照先进先出（First In First Out，FIFO）的原则进行域间构建。域间构建是指基于域间拓扑连接关系和资源状态规划出所涉及的域，类似于互联网路由中的 BGP 路由。从而将一个大规模的虚拟网构建问题分解为若干个彼此独立的域内构网问题。在此基础上，一方面，将涉及本域的虚拟网构建请求放入虚拟网管理服务器的域内构建请求队列中；另一方面，根据域间构建结果向其他虚拟网管理服务器发出协同构建请求。若其他所有协同的虚拟网管理服务器都反馈构建成功信息，则表示该域间虚拟网构建成功。

域内构建模块根据本域网络资源状况和服务能力、基于 FIFO 模式从域内构建请求队列中选择一个构建请求，按照域内构建策略将其映射到本域的物理网络

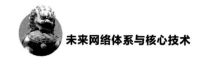

上，若映射成功，则向相关路由节点发出构建指令，在得到所有路由节点构建成功的反馈后，该域内虚拟网构建成功。如果该虚拟网构建请求来自于其他虚拟网管理服务器，则还需要向相关虚拟网管理服务器发出构建成功的反馈信息。

对于域间构建，由于只有获得令牌的虚拟网管理服务器才可进行域间规划，为了确保各虚拟网管理服务器间获得令牌的公平性，避免出现饥饿、死锁等现象，可以将所有虚拟网管理服务器组成一个令牌环，令牌持续地在环内进行传递，且传递一周的时间最短。每个虚拟网管理服务器都有唯一的 ID 号，并且基于该令牌环可以获知相应的前驱虚拟网管理服务器节点及后继虚拟网管理服务器节点的 ID 号和 IP 地址。虚拟网管理服务器从前驱节点收到令牌后，检查自己的域间构建请求队列是否为空。如果不为空，则按照 FIFO 方式进行域间构建处理；如果为空，则直接将令牌发送给后继节点。这样，通过令牌在令牌环内的传递，实现了虚拟网管理服务器间令牌使用的有序性和公平性以及域间资源分配的一致性。上述问题可以规约成经典的旅行商问题（Traveling Saleman Problem，TSP）。

对于上述跨域协同构建机制，域间的合作特别重要，如果利用一个固定的虚拟网管理服务器作为管理中心，集中式计算令牌传递路径，这样会产生单点失效的问题，所以需要研究发放令牌的虚拟网管理服务器容错选举算法，提高管理平面的生存性。

虚拟网管理服务器容错选举算法是为了在所有虚拟网管理服务器中找出一个能够与多数虚拟网管理服务器通信良好的虚拟网管理服务器作为令牌发放服务器（Token Providing Server，TPS），运行令牌传递路径构建算法并发放令牌。当 TPS 发生故障或其通信链路发生故障时，虚拟网管理服务器容错选举算法能够自动选举产生新的 TPS，从而保证整个管理平面的有序运行。每个虚拟网管理服务器默认选择当前正常的虚拟网管理服务器中编号最小的虚拟网管理服务器作为 TPS，因此，当算法初始时，每个虚拟网管理服务器都会选择第一个虚拟网管理服务器（记为 R1）作为 TPS，并且定时向该 TPS 发送 <vote,i> 选举消息，i 代表此虚拟网管理服务器的编号，表明第 i 个虚拟网管理服务器信任该 TPS。该 TPS 收到选举消息后，会将第 i 个虚拟网管理服务器加入 Trust 集合中，表明目前该虚拟网管理服务器支持自己。如果此时 Trust 集合的虚拟网管理服务器数目超过半数，则将 R1 设为 TPS，并通知所有虚拟网管理服务器，完成选举过程。如果选举出的 TPS 某个时刻发生故障，则其他的虚拟网管理服务器由于选举回应消息的超时，必然在之后的一段时间内发现该故障，此时每个虚拟网管理服务器修改 TPS，将其指向下一个虚拟网管理服务器（记为 R2），并定期向 R2 发送选举消息。如果 R2 运行正常，则回应该选举消息，并将发送选举消息的虚拟网管理服务器加入自己的 Trust 集合中。当 Trust 集合的数目大于半数时，R2 成为 TPS。如果 R2 也发生故障，依此类推，直到找到一个运行正常的虚拟网管理服务器作为 TPS。

3.2　基于虚拟化的未来网络体系结构

3.2.1　早期实现方案

在网络虚拟化的定义得到正式明确之前，已经有一些当时来说比较新颖的网络体系结构采用了与网络虚拟化相类似的实现思路，如覆盖网（Overlay Network，ON）[11]、虚拟局域网（Virtual Local Area Network，VLAN）[12]、虚拟专用网络（Virtual Private Networks，VPN）[13]、主动编程网络（Active and programmable Networks，AN）[14]。

覆盖网是网络虚拟化在网络应用层的一种应用，是对现有互联网体系结构进行补丁式改进的一种主要实现方式。覆盖网是建立在一个或多个现有网络顶部的虚拟网络。覆盖网包括主机、路由器和隧道。其中，隧道是基于底层网络的物理路径，构成了覆盖网的逻辑链路，即每条逻辑链路由底层的若干跳物理链路构成。覆盖网的部署不必改变现有的网络层。因此，覆盖网被视为可以长期、高效地在互联网上部署新技术的解决方案，涉及路由可达、实现多播、提供 QoS 保证、DDoS 防御、内容分发等。

VLAN 技术可将局域网设备从逻辑上划分成多个网段，从而实现虚拟工作组的新兴数据交换技术。系统管理员根据实际应用需求，把同一个物理局域网中的不同用户划分为不同的广播域。由于它是根据逻辑划分的，所以同一个域内的各个节点可以存在于不同的物理网段。由其特点可知，一个内部域的广播和单播流量都不会转发到其他网络域中，从而有助于控制流量、减少设备投资、简化网络管理和提高网络的安全性。然而，子网数量限制（最大支持 4 096 个 VLAN，VXLAN 就克服了此缺点）约束了系统的可扩展性。此外，由于端口缺乏灵活的配置和动态的迁移技术，因此不能很好地适应用户位置的改变。

VPN 是一种通过隧道技术在公众数据网络中建立属于自己的专有数据网络的技术。虚拟专用网利用加密技术对传输数据进行加密，可以保证数据的私有性和安全性，为不同需求的用户提供不同等级的服务质量保证。VPN 的隧道协议主要

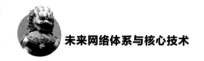

有 3 种：PPTP、L2TP 和 IPSec。PPTP 和 L2TP 工作在 OSI 模型的第二层，属于二层隧道协议；IPSec 是第三层隧道协议，也是最常见的协议。其中，L2TP 和 IPSec 的配合性能最好，应用最广泛。然而，现有 VPN 技术大都基于 IP 协议，不支持多种异构网络的互联互通。在一般情况下，虚拟网络之间并没有实现完全的、端到端的隔离，采用尽力而为的传输模式，无法保证数据传输的服务质量。

AN 是一种根据服务提供商的需求通过编程的方式自定制网络元素交换机、路由器等的技术。主动编程网络的宗旨主要是为了按需即时地创造、部署和管理全新的服务。现有主动编程网络的研究，主要集中在通信和 IP 网络两个方面。然而，基于运营商对技术可行度和经济利益等方面的考虑，主动编程网络并没有在真正意义上实现商业化。

3.2.2 PlantLab

PlantLab 是一个在全世界范围内，由超过 1 000 个节点、多个部分组成的大型网络实验平台。在网络中，每个机器代表一个实验节点，承载着一个或多个虚拟主机，多个虚拟节点则构成一个网络分片，每个虚拟机中都部署组件，构成分布式重叠网络，共享物理网络资源。研究人员在每个网络分片中都可以部署自己的网络服务，网络分片之间相互独立，具有良好的隔离性。

VINI 是一个建立在 PlantLab 实验网上的共享网络体系结构。作为研究网络虚拟化技术的实验平台，研究人员可以在 VINI 上创建出多个虚拟网络测试新协议和网络服务，虚拟网每个网络节点上可以安装并使用特定的路由软件完成转发网络分组和管理分组转发策略的功能。VINI 允许实验人员模拟链路断开、网络拥塞等情况来测试其部署的网络协议和网络服务。

3.2.3 4WARD

欧盟的第七框架计划（FP7）主要用于资助欧盟的研究与工程开发项目，FP7 运作于 2007—2013 年，目的是回应欧洲的就业需求，提升竞争力和生活质量。4WARD 是 FP7 在网络技术领域代表性的子项目，欧盟希望通过 4WARD 研究可靠的、无处不在的协作网络。促进网络和网络应用更简化、速度更快，提供更先进、更经济的信息服务，从而提高欧盟居民的生活质量，增强欧盟网络产业的竞争力。4WARD 开展了 6 个 WP(Work Packages，工作分组）的研究，其中 WP2——新型结构原理和内容（NewAPC），专注于设计和开发协作网络结构，目标是开发一种通用网络结构。这个结构不仅能够与现有各种网络兼容，而且能满足个性化需求，为用户提供整体信息解决方案。4WARD 一方面通过创新对现有的单个网络结构进行改造，克服其不足，提高其性能；另一方面，研究一种总体网络框架，用于实现各种不同网络结构的协作运行，从而走出目前这种需要不停地对互联网进行修修补补的窘境。

4WARD 意为未来互联网结构和设计（Architecture and Design for the Future Internet），启动时间为 2008 年 1 月 1 日。4WARD 认为当前的网络对于许多应用来说是次优的，而网络自身不支持结构创新。由于在互联网结构创新方面的工作乏善可陈，限制了互联网的应用，因此进行根本性的结构创新对网络发展来说是大势所趋，应用一种通用平台以支撑多个网络的共存。此外通过对应用与服务领域、社会经济领域等非技术性驱动的需求进行分析，4WARD 认为，技术创新主要在于增进提供服务的能力，即从提供服务、传输能力及服务的接入方面进行改进。虚拟资源及通用路径的概念将有助于降低新型服务的引入复杂度，缩短服务进入市场的时间。标准规范的应用业务接口将有助于建立起网络与服务提供商的联系。同时，未来将是多种网络并存的局面，因此，必须保证异构网络间的互操作性和连接性。网络的发展将朝着以信息为中心的方向进行。4WARD 的最终目标是：利用欧盟本身强大的移动和无线网络技术力量，对互联网的结构进行根本性改变。通过对承载层的网络资源虚拟化，建立一个支撑多类网络共存的公共平台。网络是自管理（Self-Managing）的，通过平衡差异性提高顽健性和有效性，建立以信息为中心（Information-Centric）的网络取代传统以主机为中心的网络，从而更好地支持应用。4WARD 的研发路线如图 3-11 所示。

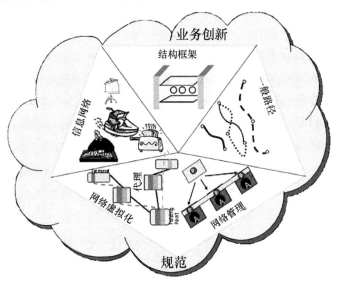

图 3-11　4WARD 研发路线

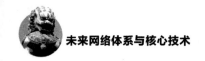

从图 3-11 可以看出，4WARD 从业务和规范两个方面着手创新研究。其中，在业务层面，着重研究新型体系结构、通用路径及基于信息的网络形态；在规范方面，将着重研究网络虚拟化及网络管理。

4WARD 虚拟化框架允许多个网络在一个通用的平台上，通过网络资源运营级的虚拟化进行共存。4WARD 可以支持异构虚拟网络在一个安全、可信的商业环境下，进行按需的实例化和可靠的互操作。4WARD 同时支持异构网络技术的虚拟化（包括有线和无线）、异构终端用户设施和新型网络协议等。这些都是 4WARD 核心框架设计的一部分，但 4WARD 期望将网络虚拟化带给终端用户，而不仅把它限制在试验网络或试验床上。

3.2.4　Nebula

3.2.4.1　Nebula 项目概述

成立 Nebula[15]（星云）未来互联网结构项目，主要是为了能够在大数据时代的互联网世界里真正实现云计算。现在，无论是迁移存储，还是计算处理，抑或是应用程序，都越来越偏向"云"化的模式，这为开发一个全球性的、以互联网为中心的计算体系结构创造了一个空前的机会。

举一个以云计算为基础的示例应用程序，如个人健康监测和咨询服务。在这样一项服务里，传感器、数据存储库以及交互式组件都可以将参数输入云端，如食物消耗量或者锻炼方案。但目前面临的挑战是，如何在这样的一个服务里将参数的输入和输出扩展到一个更先进的级别，使参数包括来自医疗设备的实时通信数据，如连续血糖检测仪的数据。诚然，这一应用需要更高的可靠性和数据保密性，而从网络安全的角度看，它则需要如同情报局一样的机密性、完整性以及可用性等各种安全属性。大数据时代呼唤大安全。Nebula 结构通过构建一个高速运行且极为可靠安全的中枢网络与数据中心进行连接，为云计算和分布式通信提供支持。该结构的一个主要的技术要点在于安全性，要能确保用户资料的保密，这也是目前制约云计算发展的最大难题。

Nebula 项目的建设主要由以下 3 个重点领域构成[16]，如图 3-12 所示。

① Nebula 内核（NCore）：通过具有超高可靠性的下一代核心路由系统在企业数据中心之间进行互连。

② Nebula 数据平面（NDP）：采用创新的网络出处的方法建立网络路径，利用加密机制建立可控制策略的 Nebula 路由路径，提供灵活的访问控制和攻击防御。

③ Nebula 虚拟可扩展网络技术（NVENT）：提供访问多应用选择服务的控

制平台，以及实现对网络冗余、网络一致性、策略路由等网络属性的控制。

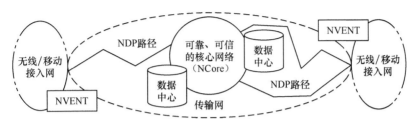

图 3-12　Nebula 网络结构模型

Nebula 项目的特点可以由以下 3 个属性进行概括。首先是结构的全面性，因为它解决了大量的复杂且困难的问题；其次是方法的全新性，虽然在很多方面尚不能扩展任何现有的操作，但其宗旨是在集成之前实现各方面性能的创新；最后是结构的综合性，这一特性使得该项目需要一个同时拥有技能和解决方案的大型团队。

3.2.4.2　Nebula 体系结构

所谓的网络体系结构，是定义了其相应的网络结构和组件的结构。在 Nebula 项目中，相关研究从基础的云计算开始。在云计算中，计算过程是在一个大型的互联网数据访问中心进行运作的，这对网络来说是一个较大的转变。除非设计出一个新的网络体系结构，否则用户对于诸如保密性、完整性、可用性等安全性能的担忧等因素将会制约云计算的普及。

Nebula 互联网结构项目通过上述介绍中提到的 3 个重点领域解决了这些挑战。在 Nebula 中，主要包括可用于数据交换的数据分组以及通过转发路由器和链路相互连接的主机。网络结构路径由一系列的链路和路由器组成，其操作能力主要由组件的性能以及当前的工作负载量所决定，而在这些基本属性上，Nebula 互联网结构和传统互联网是一致的。

1.　传统互联网

时至今日，互联网自身的发展决策也影响了它的结构设计。在这些决策中，第一个就是试图在两个端点之间找到最佳路径的路由算法。第二个则是路由器使用的“尽力而为”策略，即在可能的情况下允许数据分组到达其目的地。第三个决策是路由器关于最佳路径的动态决定，在网络图谱里的假设是合理连接的情况下，允许不可靠的链接和路由器。第四个是传统互联网的演化和发展通常出现在端节点（主机）上，而不是发生在网络中。

举一个简单的例子，图 3-13 中所示的网络里有 9 个路由器（标有 Qs 的灰色小球和 Ps 的白色小球），以及两个相互连接的主机。它们可以表示任意两个节点，或者从 Nebula 结构的角度看，可以说是一个边缘主机和一个云数据中心。在图 3-13 中，用灰色表示的路由器传输网络更加丰富，也更为复杂。标注为灰色和白色的接入网络用于提供冗余网络访问。在这个结构中，互联网无法利用路径冗余，也无法执行任何策略（如一个涉及医疗保健数据的安全和隐私问题的策略），问题诊断和策略实施只能在端点进行。

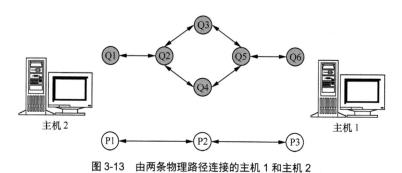

图 3-13　由两条物理路径连接的主机 1 和主机 2

2. Nebula 结构

Nebula 对云计算和高可靠的应用程序的支持，使得它在一些方面会不同于传统互联网结构。首先，数据中心网络和它们的交互链接在结构上都与传统网络不同，其对核心路由器的可靠性要求更高。Nebula 结构拥有与数据中心互连的超可靠核心路由器，配备了新的容错控制软件。利用 Nebula 结构中路径的多样性和弹性，提出新的方法——弹性域间协议来检测并抵御故障和恶意攻击。

图 3-14 在图 3-13 的基础上添加了 Nebula 结构组件。Q3 和 Q4 展现了不同的安全策略。Nebula 网络结构是具有弹性的：当其中任意一个路由器出现故障时，应用程序仍会留下一个可用路径。具体而言，如果 Q1、P1、Q6 或者 P3 出现了故障，数据访问仍可以分别通过 P1、Q1、P3 或 Q6 相应保存。对于策略执行，如果 Q3 或 Q4 的策略是与应用程序或云端服务不兼容的，则可使用 Q4 或 Q3 中的任意一个。此外，在符合策略的条件下，整个程序还可以继续使用绿色通道，即在服务继续运行的情况下，使用网络出处、故障检测以及网络调试可以迅速地诊断和修复问题。

3.2.4.3　Nebula 功能模块

在项目的第一阶段，Nebula 需要研发创新的解决方案以及在多个领域内的技术支持元素，如路由器结构、数据中心网络、域间网络、网络控制及网络安全等。此外，项目还需要在经济学领域内挖掘并理解云的含义，研究 Nebula 结构对互联网产生的影响（包括可靠的路由选择、路由器灵活选择策略）。其在主要领域的技术支持如下。

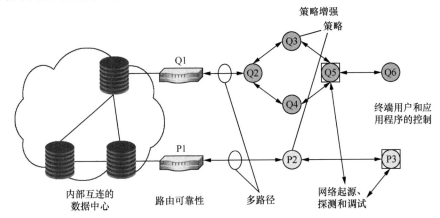

图 3-14　Nebula 网络结构透视

　　超可靠的未来互联网路由器（FIRE）：这是 NCore 里的路由器组件。通过使用一个开放的源代码实现，让共享和实施变得更为简单。

　　超可靠的数据中心或 ISP 网络：这是和 NCore 路由器互连的数据中心，用于访问数据中心的数据信息和计算周期，因此此类的互连必须是可靠的。例如，对血糖记录和医疗数据的访问必须保证成功，并且应该配有端到端的性能隔离功能，并能通过具有冗余和负载均衡的互连有效控制 NCore 路由器的数据流。

　　超可靠的域间服务：这主要集中在 Nebula 结构的数据平面里。大部分的规范问题几乎都集中在这一部分，如安全问题、隐私问题、容错问题以及更多复杂和专业的规范问题。

　　策略控制：这主要集中在 Nebula 的虚拟可扩展网络技术上，它必须定义一个用于服务请求的 API，而当应用程序需要时，已申明的网络解决方案可用于形成策略兼容路径网络。

　　经济和策略影响：这项工作主要集中在 Nebula 项目对经济和监管服务的影响。第一阶段的工作检查了由路由器可靠性的大幅度提升而带来的经济影响。当逐步迈向一个整合性的网络结构时，策略执行问题和监管问题也会变得越来越复杂。

　　在研究过程中，各种难题也一一出现，需要制订一些整合性的方案去解决这些问题。在这里简要讨论两个难题。

　　难题 1：控制平面必须为基于 IC-ING 的数据平面提供查询策略服务，且网络的查询模式必须是可以为 NEBULA 控制平面创建策略兼容路由。IC-ING 实

际上是 NDP 的一个替代选择，它通过让网络服务供应商（ISP）互相检查工作，来强制执行策略。与此同时，TorIP（Tor for IP）通过组织网络服务供应商收集用于政策歧视的信息，来强制执行策略。

难题 2：用于策略说明的应用接口尚未完成，且策略执行转发平面与 NCore 的路由器的关系仍不稳定，仍需要通过不断的调查和研究来努力解决这些问题。

如果要为云计算配备一个高度可信的网络，则需要拥有一个可信的域间路径，但这反过来又需要高度可靠的域内路径和服务。为了实现后者，需要不断提高路由的稳定性去构建 FIRE，以及使用域内网络容错协议。

现在，假设有两个应用实例需要利用 Nebula 结构的弹性以及策略机制。

实例 1：在未来互联网中获得一条高度可靠的路径，该路径只能在可信的网络中进行遍历。此外，由于对手可能会选择攻击这条路径，因此网络必须保证高度可用性（即无单点故障）。

实例 2：在数据中心通过软件实现对门诊医疗的数据监控，这一实现需要足够带宽以及高度的可靠性。

从这些实例中，可以总结出多种不同的方案。例如，各企业在进行通信传输的路径上，能够为端到端的路径制订明确的合同，且保证没有任何第三方能够破坏数据传输。

这一切的解决方案，都是为了帮助用户或者企业实现其在互联网内的目标而制订的，同时也是为了使未来网络服务商能顺利提供服务。因此，需要为以下组件制定协议：① 名称服务，通过这一组件协议，用户可以快速找到他们所需的各种服务；② 路径广告，通过这一组件协议，收集并传递每家企业提供的信息；③ 可保证的路径调配，即寻求网络资源，并将其绑定到指定的通信；④ 可核查的数据转发，即在网络路径上传输的数据均能被验证其是否符合相应的路径；⑤ 故障诊断，即检测或识别网络组件的故障。

Nebula 是一个安全且有弹性的网络结构，该项目的研究重点是开发新的、可信赖的数据控制方法来支持新兴的云计算模型，通过创建一个以云计算为中心的网络结构来解决当前技术上的困难。简单来说，Nebula 项目研究的是如何为云计算提供网络支持，特别侧重于开发可靠性高的应用。

3.2.5 FlowVisor

由于 SDN 中网络设备具有良好的可编程性，网络管理人员和网络研究人员可以非常容易地控制网络设备、部署新型网络协议。在 SDN 中控制平面与数据平面相互分离，支持用户定义自己的虚拟网络、自己的网络规则和控制策略，网络服务提供者能够为用户提供端到端的、可控的网络服务，甚至可以在硬件设备上直接添加新的应用。这都使得 SDN 非常适合于研究网络虚拟化技术。这种可编程的网络平台不仅能解开网络软件与特定硬件之间的挂钩，还能将网络软件的智能性和硬件的高速性充分结合在一起，使得网络变得更加智能与灵活。

目前在 SDN 中网络虚拟化技术研究项目和产品中具有代表性的是美国斯坦福大学的 FlowVisor 项目。在设计阶段就考虑将 FlowVisor 作为插入控制平面和数据平面之间的虚拟化层。在实现上，FlowVisor 表现为 OpenFlow 底层网络设备（数据平面）和多个 OpenFlow 分片控制器（可编程控制逻辑）之间的一个透明代理，OpenFlow 交换机和控制器之间所有的 OpenFlow 消息都通过 FlowVisor 转发。FlowVisor 使用 OpenFlow 协议处理 OpenFlow 交换机到控制器的上行消息，使控制器以为 FlowVisor 就是 OpenFlow 交换机。同时，还将控制器到 OpenFlow 交换机的下行消息分发给相应的交换机，使得 OpenFlow 交换机以为是与控制器直接进行交互的。这样，FlowVisor 对控制器和交换机来说都是透明的。

FlowVisor 中切片被定义为可插入模块，每个策略由文本配置文件来描述。对于带宽分配，一个切片的所有流都会被映射到一个 QoS 组，每个切片有固定数量的交换机 CPU 和转发流表的预算，网络拓扑被指定为网络节点和端口的列表。用一个有序的元素列表，类似于防火墙规则来定义每个切片的流空间，每个规则描述有一个相关的操作，比如允许、只读或者拒绝，这些被按照特定顺序来进行解析，执行第一个匹配规则的操作。将所有规则组合起来作为流空间的一部分，基本控制了整个切片。只读规则只允许切片接收 OpenFlow 控制消息，查询交换机的统计信息，不允许在转发表中插入流表。此外，规则是允许重叠的。

通过上述机制，FlowVisor 在不同的虚拟网之间能够提供带宽隔离、拓扑隔离、CPU 隔离、流量隔离和 OpenFlow 控制消息的隔离。

| 3.3 网络功能虚拟化 |

3.3.1 发展历程

传统上，电信行业主要通过网络运营商部署的专有硬件设备实现服务。服务请求所需的每一项功能都对应有相应的设备。这些服务元素须遵照严格的逻

辑顺序或链化方式排列，相应顺序和链化结果必须映射到网络拓扑中，并且要明确服务元素在网络中所处的位置。同时，部署服务时需要保证高质量、高稳定且严格的协议。这往往会导致网络产生漫长的服务提供周期、低效的服务灵活性以及对专有硬件严重的依赖。

然而，用户对多样化和时效性强的服务需求呈现不断增长的趋势，同时这些服务通常需要满足高数据速率。因此，网络服务提供商不得不顺此趋势不断购买、存储、部署新的物理设备。这不仅需要快速改变和管理这些设备部署的高超技巧，还需要密集部署基站等网络设施。对网络服务提供商而言，这会带来高昂的资本支出和运营成本[17-18]。

此外，即使用户对服务的要求日益增加，但由于激烈的竞争，网络服务提供商不能通过提高服务费用来平衡支出的成本，因此，这些提供商不得不试着寻找一条构建动态的以服务感知为特点的新型网络，从而实现缩短生产周期、减少运营成本、提高网络灵活性等目标。

为解决这些问题，工业界提出了网络功能虚拟化[19-20]技术。它借助虚拟化技术为设计、部署、管理网络服务提供了一个全新的思路。网络功能虚拟化的主要思想是将网络功能同其以往依赖的物理设备相分离。这意味着诸如防火墙这类网络功能能够以软件实例的方式发送给服务提供者，使得传统上被耦合于专用网络硬件设备的网络功能能够被映射到大容量服务器、交换机、存储器上，从而广泛分布于数据中心、分布式网络节点以及用户终端上，如图3-15所示。通过这样的方式，一个给定的服务能够被分解成一组虚拟网络功能。这些功能能够通过一个或多个标准物理服务器以软件运行的方式实现，服务功能将能够在网络的不同位置被重新部署或重新实例化，从而避免了重新购买和安装新硬件。

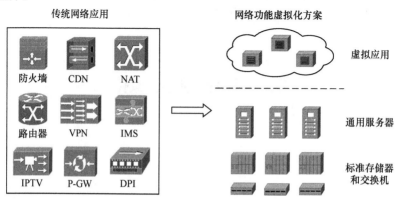

图3-15　网络功能虚拟化方案

现有观点普遍认为，将网络功能从专有硬件上解耦出来并不需要资源的虚拟化。这意味着网络服务提供商仍然能够购买或发展软件并在物理机器上运行，不同的是，这些软件必须能够在商用服务器上运行。网络功能虚拟化则强调通过将这些功能部署到虚拟化的资源上，使得网络在灵活性、动态资源扩展、能量效率等方面更具优势。同时，网络功能虚拟化也支持虚拟化资源与物理资源混合的场景，具有广阔的应用前景。ETSI 提出了许多网络功能虚拟化应用场景。

　　服务提供商和厂商关注网络功能虚拟化的实现细节以及这些实现能否按预期转换成利益。在技术方面，目前还存在着许多重要的但没有被涉足的研究和挑战，例如测试与验证、资源管理、互操作性、实例化、虚拟网络功能性能等。即使在已研究过的管理编排方向上也存在未解决的问题，例如对异构性的支持。

3.3.2　网络功能虚拟化结构

　　网络功能虚拟化为服务提供商提供了更多的灵活性，使得网络中的功能和服务进一步向用户和其他服务开放。同时，服务提供商也能够更快、更廉价地部署或支持新的网络服务，从而实现更好的服务灵活性。

　　ETSI 认为网络功能虚拟化结构包含 3 个关键要素：网络功能虚拟化基础设施、虚拟网络功能、管理编排[21-22] 系统。图 3-16 所示的网络功能虚拟化结构描述了这 3 个要素。

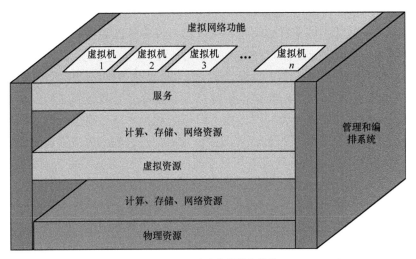

图 3-16　网络功能虚拟化结构

网络功能虚拟化基础设施包含软件和硬件资源，它们共同组成虚拟网络功能的部署环境。物理资源包括商用计算硬件、存储器和为虚拟网络功能提供处理、存储、连接的网络。虚拟资源是计算、存储、网络资源的抽象，这一抽象通过虚拟层实现，而虚拟层将虚拟资源同底层物理资源相分离。在一个数据中心环境中，计算和存储资源可能以单个或多个虚拟机的形式存在，而虚拟网则由虚拟链路和虚拟节点组成。虚拟节点是一个软件组件，拥有主机或路由功能，例如在虚拟机中封装的操作系统。虚拟链路则是两个虚拟节点间的逻辑连接，在物理链路中它呈现出动态变化的特征[23]。

虚拟功能是包含网络基础设施的功能块，功能块具有明确定义的外部接口和功能行为。网络功能可以包括家庭网络中的处理单元，例如家庭网关；也可以是传统网络功能，例如动态主机配置协议（DHCP）服务器、防火墙等。因此，虚拟网络功能是网络功能的一种实现形式，它通常被部署在诸如虚拟机的虚拟资源上。单个虚拟网络功能可能包括多个内部组件，并因此被部署到多个虚拟机上，在这样的情况下，每个虚拟机都是虚拟网络功能的单一组件[21]。服务提供商所提供的服务包含一个或多个网络功能。在网络功能虚拟化的场景下，构成这些服务的网络功能被虚拟化后部署到诸如虚拟机的虚拟资源上。

根据 ETSI 提出的结构，网络功能虚拟化管理编排提供所需虚拟网络功能的相关操作，例如对虚拟网络功能及相关基础设施的配置，它包括功能编排、软 / 硬件资源生存周期管理和虚拟网络功能生存周期管理。同时，它也包含存储信息和数据模型的数据库，其中，数据模型定义了功能、服务、资源的部署和生存周期特征。网络功能虚拟化管理编排关注的是 NFV 结构中所有明确需要虚拟化的管理任务。此外，该结构定义了相关接口，使得管理编排中不同组件间能够通信。同时，管理编排还能与传统网络管理系统（如操作支持系统（OSS）、业务支撑系统（BSS））等合作，以使遗留设备功能和虚拟网络功能都能够被管理。

特别地，从现有网络功能虚拟化解决方案来看，厂商之间在网络功能虚拟化基础设施和虚拟网络功能如何构建上有不同意见。以下列出一些亟待解决的问题：① 哪些网络功能应该被部署到数据中心节点，哪些应被部署到操作器节点；② 哪些功能应该被部署在专用虚拟机上，哪些应该被部署在通用容器中；③ 运行特定功能所需的网络功能虚拟化基础设施资源的数量和类型是什么；④ 包含虚拟网络功能和遗留设备功能的环境的运行要求是什么。这些有关互操作性和接口定义的问题会在 ETSI 第二阶段的工作中加以解决。鉴于目前厂商和服务提供商对网络功能虚拟化的巨大投入，厂商所关心的问题解决方案会主导网络功能虚拟化的研究方向。

3.3.3　网络功能虚拟化设计考虑因素

随着网络功能虚拟化的成熟，业界逐渐认识到仅将网络功能部署到虚拟化后的基础设施上是不够的。网络用户通常并不关心底层网络的复杂性。所有的用户都希望在需要服务的时候得到服务。因此只有当网络功能虚拟化满足以下定义的关键因素时，才能被服务提供商接受，成为可用的技术。

（1）网络结构和性能

网络功能虚拟化结构所实现的功能必须在性能上不低于传统专有硬件设备提供的功能。这要求所有堆栈层中的瓶颈都要被评估和缓和。例如，当属于同一服务的虚拟网络功能被部署在不同虚拟机上时，这些虚拟机之间必须建立持续稳定的高网络流量带宽。

为了实现这一目标，网络需要充分利用网络接口在连接方面具有的高带宽、低延迟优势。这些优势，来源于一些处理器卸载技术，例如与数据移动有关的直接存储器访问（DMA）[20]和硬件辅助循环冗余码校验计算[24-25]。

另外，一些虚拟网络功能诸如深度包检测（DPI）是网络计算密集型的，它可能需要网络功能虚拟化基础设施提供一些硬件加速[26]以实现性能目标。最近的一些研究[27]关注了利用数据平面开发包运行虚拟网络功能的影响，研究表明，对于大小数据分组，虚拟化技术能够获得良好的性能。也有一些研究利用现场可编程门阵列来增强虚拟网络功能的性能[28-29]。最后，虚拟网络功能仅被分配到需要的存储计算资源上，避免资源浪费。

（2）安全和弹性

网络功能虚拟化的动态本质决定其结构内在地包含相关安全技术、安全策略、安全流程、安全操作[30]。特别需要考虑网络功能虚拟化基础设施设计中两个安全风险：① 不同用户订阅的功能和服务间需要被隔离或保护，这使得当功能遭遇故障、攻击或安全漏洞暴露时，功能间不会相互影响；② 网络功能虚拟化基础设施需要同已交付的用户服务相隔离。确保网络功能虚拟化基础设施安全的一个方法是在虚拟环境中部署内部防火墙[25]。这使得编排管理系统在访问虚拟网络功能的同时，不会将消费者网络中的恶意流量引入网络功能虚拟化基础设施中。最后，为了使得部署的服务具有弹性，同一服务中的不同功能不应被部署到面临安全风险的同一物理平台上。

（3）可靠性及可用性

在 IT 领域中持续一段时间的中断是能够被容忍的，用户通常采用重新启动的方式。鉴于此，在通信领域服务的中断时间需要被维持在可察觉的范围内，

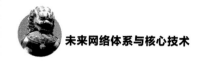

且服务须具备自动恢复的能力。进一步说，服务中断只能在特定的用户范围中出现，不允许出现网络范围内广泛的中断[31]。这些对可靠性和可用性的高要求并不只是用户的期望，更是对整个行业的监管要求。服务提供商作为国家基础设施关键的一部分，对保证服务和业务连续性负有法律义务。但不是所有网络功能都对恢复性有要求，例如，电话通话对可用性有高要求但短信业务则对可用性要求不高。网络功能虚拟化结构中需要明确定义多个可用性类[37]。此外，网络功能需要冗余备份以应对软硬件崩溃。

（4）对异构的支持

网络功能虚拟化的主要亮点是打破基于专有硬件的服务带来的障碍。自然地，网络功能虚拟化也需要满足对开放性和异构的支持。厂商明确的网络功能虚拟化解决方案和平台功能取代了最初的 NFV 设想。在这样的背景下，NFV 平台必须具有开放性，为支持不同厂商开发的应用提供良好的环境。网络服务提供者必须能自由选择所需硬件，改变硬件厂商，处理异构硬件。另外，平台还需要将网络功能虚拟化环境下的光纤、无线、传感器等网络技术加以屏蔽[32]。平台还须能在没有技术解决方案等限制下，允许在基础设施域之上创建端到端的服务。

（5）遗留系统处理

对许多新技术而言，反向兼容性都是不可忽视的问题，网络功能虚拟化也不可避免需要应对该问题。在运营商网络功能设备虚拟化的过程中，进程各有不同，造成网络环境中硬件网络功能和虚拟网络功能共存的情况。因此，需要一种编排策略来填补遗留设备同网络功能虚拟化之间的沟壑，实现有效共管[33]。网络提供者需要有能够同时将虚拟／硬件网络功能部署到网络的能力。

（6）网络可伸缩性和自动化

为了更好地利用网络功能虚拟化的价值，必须找到一种可伸缩的网络解决方案。因此，在实现以上设计考虑的同时，网络功能虚拟化需要能被扩展至支持数百万的用户。例如，现有网络功能虚拟化概念验证了主要通过部署虚拟机来搭载虚拟网络功能。单个虚拟机往往并不能满足既定服务的要求，而为每个网络功能虚拟化请求部署一个虚拟机并不经济，结果可能造成虚拟机的封装越来越大，导致可扩展性出现问题。因此，网络功能虚拟化只有在功能自动化的前提下才能很好地保证伸缩性[20]。另外，为了满足动态网络环境要求，虚拟网络功能需要满足能够被按需部署或移除，以适应变化的流量。

3.3.4　后续研究面临的挑战

NFV 虽然得到了学术界和产业界的巨大支持，有着十分诱人的前景，但相关技术仍处于早期研究阶段。服务提供商和设备供应商主要关注网络功能虚拟化的实现细节，以及这些实现能否按预期转换成利益。在技术方面，目前还存在许多重要的但没有被涉足研究挑战，例如测试与验证、资源管理、互操作性、实例化、虚拟网络功能性能等。即使在已研究过的管理编排方向上也存在未解决问题，例如对异构性的支持。最近关于网络功能虚拟化的研究主要集中在性能要求、结构、应用场景以及应对挑战[19]的潜在方法上。本节主要介绍 NFV 中几项关键挑战。

3.3.4.1　管理编排

为适应 NFV 部署对现有网络管理系统带来的挑战，网络的部署、运营和管理方式需要进行改进，使其更好利用 NFV 的灵活性和动态性来提供网络服务[34-35]。对于 NFV 化的网络而言，提供给用户的功能可能分散在不同的服务器资源池中。管理编排需要确保服务所需网络功能按需被实例化，并保证整个过程处于可监控可管理的状态[36]。

ESTI 研究的 MANO 结构能够提供虚拟网络功能以及相关配置和基础设施。Cloud4NFV[37-38]提出一种针对虚拟网络功能的端到端管理平台。平台的结构基于 ETSI 明确定义的管理编排结构。Clayman 等人[39]提出一种基于编排者的结构，能够保证虚拟节点的动态部署，并能通过一个不断收集资源信息的监控系统来支持网络功能的分配。NetFATE[40]则提出一种考虑服务链的虚拟功能编排方法。类似的编排管理结构还有很多[41-46]。

现有对管理编排的研究主要考虑对网络功能虚拟化的管理，忽视了 SDN 中的管理挑战[47]。包含 SDN 和 NFV 的新环境对网络管理方式提出了更高要求。在新场景中，除了流量在动态变化外，交换节点（功能的位置）也在动态变化。因此，需要提出一种满足 NFV 和 SDN 要求的管理方案。另外，互操作性对于 NFV 而言十分关键。但是，ETSI 提出的管理编排结构中只对互操作接口进行了定义，而没有对互操作性进行明确描述。此外，功能的动态变化意味着功能需要在虚拟机间进行转移，这要求端到端管理方案必须支持相应的监测机制。

3.3.4.2　能量效率

由于能量费用占了服务供应商运营成本的 10%[48]，如何降低能耗成为 NFV 一个重要的研究方向。目前研究主要关注对资源部署进行灵活调整，例如使流量根据需求进行涨落。利用这一技术，服务提供商能够减少运行在任何网络节点的物理设备数量，从而降低能耗。未来，由于可预期的云数据中心的快速部

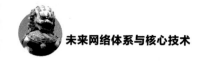
署，其能耗将大幅增长，将超过世界上绝大部分国家[49]。作为 NFV 的应用场景，云计算和数据中心领域中的节能研究虽然取得了一些进展[50-51]，但业界对 NFV 在实际部署中可能会出现的能耗问题仍然缺乏研究。中国移动提出了一种云无线接入网络[52]，这一技术将无线接入网络中的能耗降低了 41%。Shehab 对美国企业将软件转移到云上的能耗进行了分析[53]。结果显示，节能研究潜力巨大。贝尔实验室利用其 G.W.A.T.T. 工具[48]初步研究了虚拟网络功能演进过程中能耗带来的影响，但没有形成详细的技术文档。为了实现节能，需要降低 CPU 速度，撤掉部分硬件组件，部署更多高效节能功能。另外，对排序和链化算法的研究也非常重要[54]。

3.3.4.3　NFV 性能

网络功能虚拟化技术旨在将网络功能部署到标准化的服务器上。服务提供商需要在不了解功能特征的情况下生产设备。而虚拟网络功能提供商需要保证功能在商用服务器上正常运行。这就产生了一个问题：在标准服务器上运行的功能性能是否必须达到专有硬件的性能[60]。为此 ETSI 公布了性能和可移植性操作说明[55]。中国移动的云接入网络证明网络功能虚拟化技术性能能够媲美基于传统 DSP/FPGA 硬件的系统。

然而，高速条件下网络功能的性能并不稳定[56]。NFV 需要一种硬件加速技术来提升其虚拟网络功能的性能。Ge 等人[28]证明，对部分网络功能（深度报文检测、网络地址转换）而言，部署在标准服务器上后其性能不能满足要求。换言之，对部分高性能网络功能而言，很难在不降低性能的情况下实现虚拟化。因此，需要引入硬件加速来强化这些功能，但这有悖于 NFV 高灵活的目标。基于以上原因，在网络功能虚拟化演进过程中，有必要在保留非虚拟功能的情况下逐步向虚拟功能转变。

3.3.4.4　资源分配

高效地利用物理资源是 NFV 成熟的关键。现有应用场景中默认的部署方式不能以最优的方式配置资源[19]。我们需要建立有效的算法来决定如何在物理资源（服务器）上部署网络功能。同时，在考虑负载均衡、节能、故障恢复的情况下，决定哪些功能需要在服务器之间进行迁移。网络功能部署问题类似于虚拟网映射和虚拟数据中心映射问题，因而能够被形式化为在特定目标下的最优化问题。文献 [57-62] 中给出了此类方法。

功能布置和链化可以归纳为最优化问题中的二进制整数规划问题，它是一个 NP 难问题。通常需要启发式算法来解决这些问题[39,63-65]。Xia 等人[63]将功能布置和链化问题归纳为二进制整数规划问题，并提出一种贪婪算法。该方法首先根据资源的需求对虚拟网络功能进行分类，拥有最高资源优先级的虚拟网络功能先进行部署和链化。

网络功能虚拟化系统也允许一个或一组虚拟网络功能迁移到不同的物理服务器上。物理服务器由于可能位于不同的基础设施供应商域，所以可能使用不同的隧道地址或使用不同的协议。这不仅需要高效的算法决定功能移动的位置，还需要对功能及其状态的全面管理，且保持通信顺畅。ViRUS 方法[66] 在系统达到满负荷时允许实时系统交换不同 QoS 等级中具有相同功能的代码块。

另外，为了确保网络功能虚拟化扩展性，须按照功能所需对其进行资源分配。在现有实现中，为每个功能单独部署一台虚拟机不可行，因为虚拟机在网络层面上是相互隔离的，这样部署会使虚拟机过量，造成资源浪费。具体原因如下：① 诸如核心网中的动态主机配置协议等功能太少，不能满足为每个用户分配多个功能的要求；② 一些功能相互间并不需要严格隔离。因此，根据既定功能要求利用容器来使用资源是最有效的方法。Linux 容器[67] 替代了专用虚拟机。容器不需要对操作系统进行完整备份，因而避免了启动、维持虚拟机时的开销。容器在支持相同数量的虚拟主机点时能够节省 30% 的开销。此外，即使既定功能必须使用同一个虚拟机上的相同功能，也能够使用排序技术使功能分享资源。文献 [68-70] 将此类问题归纳成资源约束项目调度问题[71]，并通过车间调度方法[72] 求解。特别地，Mijumbi 等人[69] 将其归纳为在线虚拟网络功能影射和排序问题，并提出一组贪婪算法和一种禁忌算法[73]。

3.3.4.5　安全隐私

尽管利用云数据中心提供网络服务存在很多的潜在优势，但在服务过程中需要面临隐私安全的不确定性[74] 问题。当用户业务对应的网络功能被部署到云平台上时，相关用户个人信息也可能随之转移到云中。由于虚拟功能是以分布式方式部署的，网络管理者很难知道这些个人信息数据的确切位置，更难以知晓这些数据的被访问情况。由于虚拟功能被部署在第三方的云平台上，用户和网络服务提供商不能直接访问云数据中心的物理安全系统。即使网络服务提供商向第三方云平台明确关于隐私和安全的要求，仍不能保证相关数据的安全性。另外，服务功能本身因串联结构特性而易受网络攻击，导致服务性能下降或中断。

欧洲电信标准协会建立了专家工作组对网络功能虚拟化面临的隐私和安全问题进行研究，总结了一些可能存在的威胁[75]。针对这些威胁，工作组结合网络功能虚拟化特有的结构和运行方式提供了指导性意见[76]。但是这些意见并不

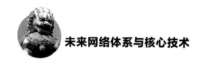

涉及具体的方法和实现。随着网络功能虚拟化技术部署更多重要的功能，隐私和安全问题将越来越重要。

参 考 文 献

[1] MCKEOWN N, ANDERSON T, BALAKRISHNAN H, et al. OpenFlow: enabling innovation in campus networks [J]. ACM SIGCOMM computer communication review, 2008, 38 (2): 69-74.

[2] MCKEOWN N. Software-defined networking [J]. INFOCOM keynote talk, 2009.

[3] ZHU Y, AMMAR M. Algorithms for assigning substrate network resources to virtual network components[C]// Proceedings of IEEE INFOCOM. Barcelona, Catalunya, Spain, 2006: 1-12.

[4] YU M, YI Y, REXFORD J, et al. Rethinking virtual network embedding: substrate support for path splitting and migration[J]. ACM SIGCOMM computer communication review, 2008, 38(2): 17-29.

[5] CHOWDHURY M, RAHMAN M R, BOUTABA R. ViNEYard: virtual network embedding algorithms with coordinated node and link mapping[J]. IEEE/ACM transactions on networking, 2012, 20(1), 206-219.

[6] FAJJARI I, AITSAADI N, PUJOLLE G, et al. VNE-AC: virtual network embedding algorithm based on ant colony metaheuristic[C]// Proc. of the ICC 2011, 2011: 1-6.

[7] ZHANG Z, CHENG X, SU S, et al. A unified enhanced particle swarm optimization-based virtual network embedding algorithm[J]. International journal of communication systems, 2012.

[8] HOUIDI I, LOUATI W, ZEGHLACHE D. Virtual resource description and clustering for virtual network discovery[C]// Proceedings of the ICC Workshop on the Network of the Future, 2009: 1-6.

[9] ZHANG M, YANG Q, WU C, et al. Hierarchical virtual network mapping algorithm for large-scale network virtualisation[J]. IET communications, 2012, 6 (13): 1969-1978.

[10] YANG Q, WU C M, ZHANG M. scalable virtual network mapping algorithm

for Internet-scale networks[J]. IEICE trans. commun., 2012, E95-B(7): 2222-2231.

[11] LUA E K, CROWCROFT J, PIAS M, et al. A survey and comparison of peer-to-peer overlay network schemes [J]. IEEE communications surveys and tutorials, 2005, 7(2): 72-93.

[12] CHAN K K, HARTMANN P W, LAMONS S P, et al. Virtual local area network[Z]. 1989. U.S. Patent 4, 823, 338.

[13] SCOTT C, WOLFE P, ERWIN M. Virtual private networks [M]. O'Reilly Media, Inc., 1999.

[14] TENNENHOUSE D L, SMITH J M, SINCOSKIE W D, et al. A survey of active network research [J]. Communications magazine, 1997, 35(1): 80-86.

[15] AN DERSON T, BIRMAN K, BROBERG R, et al. Nebula-a future Internet that supports trustworthy cloud computing[J]. White paper, 2010.

[16] 梁晓欢. NEBULA：构筑"星云"网络蓝图 [J]. 电脑与电信，2013, 6: 3.

[17] WU J, ZHANG Z, HONG Y, et al. Cloud radio access network (C-RAN): a primer[J]. Network, IEEE, 2015, 29(1): 35-41.

[18] MOBILE C. C-RAN: the road towards green RAN[J]. White paper, ver, 2011, 2.

[19] HAN B, GOPALAKRISHNAN V, JI L, et al. Network function virtualization: Challenges and opportunities for innovations[J]. Communications magazine, IEEE, 2015, 53(2): 90-97.

[20] GUERZONI R. Network functions virtualisation: an introduction, benefits, enablers, challenges and call for action, introductory white paper[C]// SDN and OpenFlow World Congress. 2012.

[21] VEITCH P, MCGRATH M J, BAYON V. An instrumentation and analytics framework for optimal and robust NFV deployment[J]. Communications magazine, IEEE, 2015, 53(2): 126-133.

[22] MIJUMBI R, SERRAT J, GORRICHO J L, et al. Management and orchestration challenges in network functions virtualization[J]. Communications magazine, IEEE, 2016, 54(1): 98-105.

[23] MIJUMBI R, SERRAT J, GORRICHO J L. Self-managed resources in network virtualisation environments[C]// Integrated Network Management (IM), 2015 IFIP/ IEEE International Symposium on. IEEE, 2015: 1099-1106.

[24] PETERSON W W, BROWN D T. Cyclic codes for error detection[J].

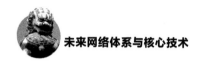
Proceedings of the IRE, 1961, 49(1): 228-235.

[25] CHOWDHURY N M M K, BOUTABA R. A survey of network virtualization[J]. Computer networks, 2010, 54(5): 862-876.

[26] BYMA S, STEFFAN J G, BANNAZADEH H, et al. Fpgas in the cloud: booting virtualized hardware accelerators with OpenStack[C]// Field-Programmable Custom Computing Machines (FCCM), 2014 IEEE 22nd Annual International Symposium on. IEEE, 2014: 109-116.

[27] DIGIGLIO J, RICCI D. High Performance, open standard virtualization with NFV and SDN[J]. White paper, intel corporation and wind river, 2013.

[28] GE X, LIU Y, DU D H C, et al. OpenANFV: accelerating network function virtualization with a consolidated framework in OpenStack[C]// ACM SIGCOMM Computer Communication Review. ACM, 2014, 44(4): 353-354.

[29] NOBACH L, HAUSHEER D. Open, elastic provisioning of hardware acceleration in NFV environments[C]// Networked Systems (NetSys), 2015 International Conference and Workshops on. IEEE, 2015: 1-5.

[30] YAN Z, ZHANG P, VASILAKOS A V. A security and trust framework for virtualized networks and software-defined networking[J]. Security and communication networks, 2015.

[31] SEZER S, SCOTT-HAYWARD S, CHOUHAN P K, et al. Are we ready for SDN? Implementation challenges for software-defined networks[J]. Communications magazine, IEEE, 2013, 51(7): 36-43.

[32] BATALLE J, FERRER RIERA J, ESCALONA E, et al. On the implementation of NFV over an OpenFlow infrastructure: routing function virtualization[C]// Future Networks and Services (SDN4FNS), 2013 IEEE SDN for. IEEE, 2013: 1-6.

[33] TALEB T, CORICI M, PARADA C, et al. EASE: EPC as a service to ease mobile core network deployment over cloud[J]. Network, IEEE, 2015, 29(2): 78-88.

[34] KEENEY J, VAN DER MEER S, FALLON L. Towards real-time management of virtualized telecommunication networks[C]// Network and Service Management (CNSM), 2014 10th International Conference on. IEEE, 2014: 388-393.

[35] BONDAN L, DOS SANTOS C R P, ZAMBENEDETTI GRANVILLE L. Management requirements for clickOS-based network function

virtualization[C]// Network and Service Management (CNSM), 2014 10th International Conference on. IEEE, 2014: 447-450.

[36] BRONSTEIN Z, SHRAGA E. NFV virtualisation of the home environment[C]// Consumer Communications and Networking Conference (CCNC), 2014 IEEE 11th. IEEE, 2014: 899-904.

[37] SOARES J, DIAS M, CARAPINHA J, et al. Cloud4nfv: a platform for virtual network functions[C]// Cloud Networking (CloudNet), 2014 IEEE 3rd International Conference on. IEEE, 2014: 288-293.

[38] SOARES J, GONCALVES C, PARREIRA B, et al. Toward a telco cloud environment for service functions[J]. Communications magazine, IEEE, 2015, 53(2): 98-106.

[39] CLAYMAN S, MAINI E, GALIS A, et al. The dynamic placement of virtual network functions[C]// Network Operations and Management Symposium (NOMS), 2014 IEEE. IEEE, 2014: 1-9.

[40] RICCOBENE V, LOMBARDO A, MANZALINI A, et al. Network functions at the edge (NetFATE): design and implementation issues[J].

[41] MAINI E, MANZALINI A. Management and orchestration of virtualized network functions[M]. Monitoring and Securing Virtualized Networks and Services. Springer Berlin Heidelberg, 2014: 52-56.

[42] SHEN W, YOSHIDA M, KAWABATA T, et al. vConductor: an NFV management solution for realizing end-to-end virtual network services[C]// Network Operations and Management Symposium (APNOMS), 2014 16th Asia-Pacific. IEEE, 2014: 1-6.

[43] SHEN W, YOSHIDA M, MINATO K, et al. vConductor: an enabler for achieving virtual network integration as a service[J]. Communications magazine, IEEE, 2015, 53(2): 116-124.

[44] DONADIO P, FIOCCOLA G B, CANONICO R, et al. A PCE-based architecture for the management of virtualized infrastructures[C]// Cloud Networking (CloudNet), 2014 IEEE 3rd International Conference on. IEEE, 2014: 223-228.

[45] BOLLA R, LOMBARDO C, BRUSCHI R, et al. DROPv2: energy efficiency through network function virtualization[J]. Network, IEEE, 2014, 28(2): 26-32.

[46] GIOTIS K, KRYFTIS Y, MAGLARIS V. Policy-based orchestration of

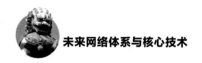
NFV services in software-defined networks[C]// Network Softwarization (NetSoft), 2015 1st IEEE Conference on. IEEE, 2015: 1-5.

[47] WICKBOLDT J, DE JESUS W, ISOLANI P, et al. Software-defined networking: management requirements and challenges[J]. Communications magazine, IEEE, 2015, 53(1): 278-285.

[48] MIJUMBI R. On the energy efficiency prospects of network function virtualization[J]. arXiv preprint arXiv:1512.00215, 2015.

[49] COOK G, DOWDALL T, POMERANTZ D, et al. Clicking clean: how companies are creating the green Internet[J]. Greenpeace. Washington DC retrieved April, 2014.

[50] WHITNEY J, DELFORGE P. Data center efficiency assessment-scaling up energy efficiency across the data center industry: evaluating key drivers and barriers[J]. NRDC and anthesis, rep. IP, 2014: 8-14.

[51] BELOGLAZOV A, BUYYA R, LEE Y C, et al. A taxonomy and survey of energy-efficient data centers and cloud computing systems[J]. Advances in computers, 2011, 82(2): 47-111.

[52] CHIH-LIN I, HUANG J, DUAN R, et al. Recent progress on C-RAN centralization and cloudification[J]. Access, IEEE, 2014, 2: 1030-1039.

[53] MASANET E. The energy efficiency potential of cloud-based software: a us case study[J]. 2014.

[54] ETSI I. Network functions virtualisation-network operator perspectives on industry progress[J]. Updated white paper, 2013.

[55] MONTELEONE G, PAGLIERANI P. Session border controller virtualization towards "service-defined" networks based on NFV and SDN[C]// Future Networks and Services (SDN4FNS), 2013 IEEE SDN for. IEEE, 2013: 1-7.

[56] HERNANDEZ-VALENCIA E, IZZO S, POLONSKY B. How will NFV/SDN transform service Provider opex?[J]. Network, IEEE, 2015, 29(3): 60-67.

[57] GE X, LIU Y, DU D H C, et al. OpenANFV: accelerating network function virtualization with a consolidated framework in OpenStack[C]// ACM SIGCOMM Computer Communication Review. ACM, 2014, 44(4): 353-354.

[58] FISCHER A, BOTERO J F, Till Beck M, et al. Virtual network embedding: a survey[J]. Communications surveys & tutorials, IEEE, 2013, 15(4): 1888-1906.

[59] BASTA A, KELLERER W, HOFFMANN M, et al. Applying NFV and

SDN to LTE mobile core gateways, the functions placement problem[C]// Proceedings of the 4th Workshop on All Things Cellular: Operations, Applications, & Challenges. ACM, 2014: 33-38.

[60] BAGAA M, TALEB T, KSENTINI A. Service-aware network function placement for efficient traffic handling in carrier cloud[C]// Wireless Communications and Networking Conference (WCNC), 2014 IEEE, 2014: 2402-2407.

[61] BOUET M, LEGUAY J, COMBE T, et al. Cost-based placement of vDPI functions in NFV infrastructures[J]. International journal of network management, 2015, 25(6): 490-506.

[62] SCHRIJVER A. Theory of linear and integer programming[M]. John Wiley & Sons, 1998.

[63] XIA M, SHIRAZIPOUR M, ZHANG Y, et al. Network function placement for NFV chaining in packet/optical data centers[C]// Optical Communication (ECOC), 2014 European Conference on. IEEE, 2014: 1-3.

[64] YOSHIDA M, SHEN W, KAWABATA T, et al. MORSA: a multi-objective resource scheduling algorithm for NFV infrastructure[C]// Network Operations and Management Symposium (APNOMS), 2014 16th Asia-Pacific. IEEE, 2014: 1-6.

[65] YEONGTONG-GU S. Design of an efficient method for identifying virtual machines compatible with service chain in a virtual network environment[J]. International journal of multimedia&ubiquitous engineering, 2014, 9(11):197-208.

[66] WANNER L, SRIVASTAVA M. ViRUS: virtual function replacement under stress[C]// 6th Workshop on Power-Aware Computing and Systems (HotPower 14), 2014.

[67] MERKEL D. Docker: lightweight linux containers for consistent development and deployment[J]. Linux journal, 2014, 2014(239): 2.

[68] MIJUMBI R, SERRAT J, GORRICHO J L, et al. Design and evaluation of algorithms for mapping and scheduling of virtual network functions[C]// Network Softwarization (NetSoft), 2015 1st IEEE Conference on. IEEE, 2015: 1-9.

[69] FERRER RIERA J, HESSELBACH X, ESCALONA E, et al. On the complex scheduling formulation of virtual network functions over

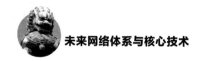
optical networks[C]// Transparent Optical Networks (ICTON), 2014 16th International Conference on. IEEE, 2014: 1-5.

[70] FERRER RIERA J, ESCALONA E, BATALLE J, et al. Virtual network function scheduling: concept and challenges[C]// Smart Communications in Network Technologies (SaCoNeT), 2014 International Conference on. IEEE, 2014: 1-5.

[71] BRUCKER P, DREXL A, MÖHRING R, et al. Resource-constrained project scheduling: Notation, classification, models, and methods[J]. European journal of operational research, 1999, 112(1): 3-41.

[72] BŁAŻEWICZ J, DOMSCHKE W, PESCH E. The job shop scheduling problem: conventional and new solution techniques[J]. European journal of operational research, 1996, 93(1): 1-33.

[73] GLOVER F. Tabu search and adaptive memory programming-advances, applications and challenges[M]. Interfaces in Computer Science and Operations Research. Springer US, 1997: 1-75.

[74] CATTEDDU D. Cloud computing: benefits, risks and recommendations for information security[M]. Web Application Security. Springer Berlin Heidelberg, 2010: 17.

[75] KRISHNASWAMY D, LOPEZ D R, TELEFONICA I, et al. NFVIaaS architectural framework for policy based resource placement and scheduling draft-krishnan- nfvrg-policy-based-rm-nfviaas-05[J]. 2015.

[76] YAN Z, ZHANG P, VASILAKOS A V. A security and trust framework for virtualized networks and software-defined networking[J]. Security and communication networks, 2015.

第 4 章
基于内容寻址的未来网络体系

当前互联网的设计理念可以追溯到 20 世纪 60 年代，其最初的设计目标是通过网络的互联互通，实现硬件资源的共享，是面向"主机—主机"的端到端通信。但随着人们对于数据内容访问需求的日益增长，内容分发服务和数据流量呈现高速的激增趋势，网络应用的主体逐步向内容请求和信息服务演进，用户关注的不再是内容存储在哪里（Where），而是内容信息本身（What），以及对应的检索传输速率、服务质量和安全性[1]。传统面向主机的互联网通信模式与当前以内容为中心的应用和服务需求难以匹配，又导致了内容传输效率低下。已有的增补式方案基于现有的 IP 网络，通过在上层建立补丁式的覆盖网络来增强内容分发能力。这种增量式的技术在一定程度上缓解了内容需求膨胀的压力，但其烟囱式、叠加式的改进，又导致了网络资源利用率低下、复杂性高、全局优化困难等，难以实现高效的内容分发[2]。为此，要从根本上解决内容服务与分发，就必须让网络结构和通信模式的设计与内容服务需求相适应，打破传统主机—主机通信模式的束缚。在此背景下，基于内容寻址的网络结构[3,4]作为一种革命式的未来互联网设计思路，让内容本身作为网络通信的主体单元，采用以内容为中心的网络通信模型来支持高效的内容分发，一经提出，便得到了国内外诸多学者和研究机构的高度关注，被誉为最有发展潜力的未来网络体系结构。

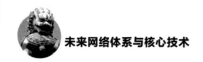

|4.1 内容寻址的基本概念与意义 |

　　以 IP 包交换为核心技术的互联网机制已被广泛应用了超过 20 年，这是因为 IP 协议自身的简单性降低了网络互联成本，增强了网络适应性。但从技术发展的角度反思，互联网最初的目标是为了追求网络的互联以实现硬件资源的共享。由于最开始的通信需求发生在两台实体设备间，为了确定设备的具体位置，互联网使用 IP 地址来标识不同的设备以支持设备间的数据通信。

　　然而，随着技术的进步和信息化的普及，硬件共享的需求已逐步下降，信息共享成了主要目标。目前，网络应用的主体已经转为文字信息、图像和视频，内容服务已经成为网络服务的主体。用户关注的不再是内容存储在哪里，而是内容本身，以及内容检索与传输的速率、质量和安全性。目前的 IP 网络结构仍然根据设备地址进行信息内容的检索和传送，这样做在适应上层应用的变化方面显得低效。在这种情况下出现了 CDN(Content Delivery Network，内容分发网络)[5-6]、P2P[7] 等技术，这些技术表明 IP 网络有向以内容为中心的网络结构转变的迹象。但是，任何在目前 IP 结构下进行的内容传送机制改进都无法彻底克服 IP 协议本身的缺陷，即需要进行复杂的"内容"到"位置"的映射。基于内容寻址的网络体系，将内容作为网络的主体，内容可以在网络中无处不在，颠覆了传统网络中地址和内容绑定的模式。基于内容寻址网络的最大特点是内容多源，并且可以由多条路径获取内容。

4.1.1　内容寻址的基本概念

基于内容寻址的网络是一种面向内容共享的通信结构。内容寻址将信息对象作为构建网络的基础，分离位置信息与内容识别，是基于内容名字进行数据共享和交换，而不需要关心特定的物理地址和主机。在基于内容寻址网络中，利用网络内置缓存提高传输效率，而不关心数据存储位置。这种新的网络结构专注于内容对象、属性和用户兴趣，采用信息共享通信模型，从而实现高效、可靠的信息分发。

相对于传统网络为访问接口依靠 IP 地址标识，内容寻址网络依靠内容名字进行寻址。内容名字具有唯一性、一致性和安全性等特点。

内容寻址网络中的路由协议可采用类似 IP 网络中的路由协议。不同的是，内容寻址网络中路由器发布名字前缀而不是 IP 前缀来通知网络中的其他路由器。内容寻址路由器根据路由协议生成名字路由表，并生成名字转发表加载到路由器数据平面指导数据分组转发。当前的自治域内路由协议 OSPF、自治域间协议 BGP 都能够适用于基于名字前缀的路由。

4.1.2　内容寻址的意义

相比 IP 网络的路由查找，基于内容名的路由查找可解决当前基于 IP 的互联网体系结构中的 5 个问题：域名解析、地址空间耗尽、网络地址转换（NAT）、移动性、地址分配和管理。直接使用类似 URL 的名字进行路由查找，省去了现在大多数网络应用中从 DNS 服务器进行域名到 IP 地址转换的过程，不仅有效减少了响应时间，而且能够完全克服 DNS 服务器面对的各种攻击，例如，DDoS 攻击致使 DNS 服务器不响应、篡改域名信息等。作为用于定位网络设备的地址标识，如果 IP 耗尽，则会严重滞后新设备接入互联网中，降低网络扩张的速度。由于名字的长度不受限制，即名字的个数是无限的，所以以内容名字作为标识和获取内容的唯一依据、基于名字进行路由和转发，能够避免 IPv4 地址耗尽的问题。自然而然，当前为解决 IPv4 地址耗尽而采用的 NAT 技术也就不再需要。在 IP 网络中，移动设备连接到新的互联网接入点后，需要获取一个新的 IP 地址，并通知家乡代理更新。同时，移动设备的网络变换也会引起原有的通信链接中断，需要重新建立链接才能恢复通信。相反，基于内容寻址的网络中移动设备在进入新的网络后，依旧使用原来的名字，不再使用家乡代理，

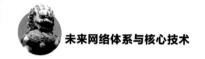

而且能够保证通信的连续性。

（1）基于内容寻址的网络体系可彻底解决传统互联网面向主机的通信模式带来的诸多问题

用户需求决定网络通信模型。传统互联网的设计理念是实现主机的互联互通，进而实现资源共享，本质上是一种面向主机—主机的通信模式，即端到端的通信模型[8-9]。随着网络的高速发展，互联网用户的需求从主机之间的通信逐步演进为内容访问和信息获取。用户关注的是内容本身，而并不在意信息的存储位置。传统面向主机的互联网通信模式无法有效应对当前以内容为中心的服务需求，难以提供高效的内容分发，主要体现在以下 4 个方面。① 首先，在现有的 TCP/IP 体系中，IP 地址具有语义的双重性和紧耦合性，既代表节点的身份，在传输层以及上层标识节点和会话，又代表节点的网络地址，用于网络层的寻址和路由。因此，在获取内容之前，必须先将内容映射到具体的 IP 地址上，即内容存储的确定位置。然后，基于该地址采用面向主机的通信模式，首先找到内容存储的主机，再获取相应的内容，这就使得整个内容分发过程变得复杂[10]。而且，如果数据的位置发生改变，那么整个系统都需要做出相应的更新。② 由于当前互联网关注的是内容的存储位置，即在哪（地址、服务器、端系统等），无法直接表达用户的通信目的和意向，即是什么。如果用户要请求一份内容，必须预先指定通信的目的端是谁，然后发送数据分组，到达目的地之后，再返回请求内容。在此转发过程中，沿途所有节点对数据分组的请求目的和意图都无法获知，即使可以提供对应的请求内容，也无法进行响应。③ 由于当前互联网在内容请求时是面向连接的，伴随着移动终端和用户的日益普及，一旦内容的存储位置发生改变，端到端的连接就会中断，需要重新指定内容的存储地址，严重影响了内容分发的性能和用户体验[11-12]。④ 当前网络需要解析系统完成内容到地址的映射，但是由于地址空间爆炸、动态性、可扩展性等问题，在内容请求时，映射系统并不能保证内容被解析到最优的地址，从而加剧了整个网络的开销[13]。

（2）基于内容寻址的网络体系可满足用户个性化服务需求和海量信息高效传输需求

自 20 世纪 90 年代以来，互联网获得前所未有的迅猛发展，对于全世界数十亿用户而言，互联网已成为工作学习、日常生活不可分割的重要部分。中国互联网络信息中心（CNNIC）2016 年发布的第 37 次《中国互联网络发展状况统计报告》显示：截至 2015 年 12 月，网络用户数已达到 6.88 亿，新增网民人数 3 951 万，互联网普及率提升至 50.3%，比 2014 年提高 2.4 个百分点。目前，互联网已经成为当今世界上影响最广、增长最快、市场潜力最大的技术和产业，被喻为第三次工业革命、知识经济时代的主要标志。另外，在数据流量和业务应用方面，根据思科 VNI Mobile Forecast 统计分析和预测，全球 IP 流量在过去的 5 年中增长了 4 倍，在 2012—2017 年间，网络流量仍以 23% 的年均复合增长率高速增加，其中，大部分数据流量都源自于内容获取类应用。同时，随着人们对于数据内容的需求日益强烈，以用户驱动的内容分发类应用和数据传输将会呈现高速的增长趋势，网络应用的主体逐步向内容获取和信息服务演进。互联网正历经从以互联为中心的主机通信到以内容为中心的演变历程，用户更多关心的是数据内容本身和获取信息的速度，而并不在意他们是通过何种方式、从什么地方获取的。内容化已成为未来网络发展的主旋律，未来互联网面临的主要任务将是如何提供高效的海量数据传输。

在此背景下，内容中心网络应运而生。目前，有代表性的基于内容寻址的体系结构主要包括：美国加州大学伯克利分校提出的面向数据的网络体系结构（Data-Oriented Network Architecture，DONA）[14-15]、芬兰赫尔辛基科技大学和赫尔辛基信息技术研究院提出的发布／订阅式互联网路由范例（Publish-Subscribe Internet Routing Paradigm，PSIRP）[16]、欧盟 FP7 资助的 4WARD[17]、以美国加州大学洛杉矶分校为首开展的研究项目 CCN [3-4] 和 NDN [18]。

4.2　典型内容寻址网络体系

随着科学技术和应用的不断发展，互联网目前已经发展成为重要的信息基础设施，其相关的应用也不断增加并渗透到经济社会生活的方方面面，比如即时通信、微博、云计算、云存储等新兴互联网应用，它们正深刻地影响和改变着人们的沟通和生活。当前互联网的规模惊人，应用广泛，用户量巨大，远超出了当初的设计目标，互联网自身体系结构的局限性也变得日益突出，传统网络体系结构主要以实现主机的互联互通为理念，类似智能终端＋尽力而为传输的网络、端到端通信等互联网设计思想已经不能满足未来互联网可扩展、可动态更新、可管理控制等需求，这就迫使人们开始思考互联网设计的新理念和新目标，研究未来互联网络的体系结构和机理。

未来互联网体系结构的研究有两种思路：一种是全新革命式（Clean-Slate Revolution），另一种是增量演进式（Incremental Evolution）。前者认为，现有的互联网体系结构已经不能满足未来互联网发展的需求，需要构建一个全新的

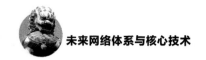
网络结构；后者认为，目前的互联网已成规模，主张在现有网络体系结构的基础上进行改进和整合。目前，这两种思路都以面向内容的新型网络体系作为未来互联网体系结构的研究重点。这是由于以内容为中心构建未来互联网络能够改变传统网络面向不同业务需求时只完成"傻瓜式"传输的窘境，实现传统互联网向商务基础设施、社会文化交流基础结构等新角色的转型，因此它得到了业界的广泛认同。

4.2.1　DONA

DONA[14] 是由美国伯克利大学 RAD 实验室提出的以信息为中心的网络体系结构。DONA 对网络命名系统和名字解析机制做了重新设计，替代现有的 DNS，使用扁平结构、Self-Certifying 名字来命名网络中的实体，依靠解析处理器（Resolution Handler）来完成名字的解析，解析过程通过 FIND 和 REGISTER 两类任播原语实现。

DONA 的命名系统是围绕当事者进行组织的。每个当事者拥有一对"公开—私有"密钥，且每个数据或服务或其他命名的实体（主机、域等）和一个当事者相关联。名字的形式是 P:L，P 是当事者的公开密钥的加密散列，L 是由当事者选择的一个标签，当事者确保这些名字的唯一性。当一个用户用名字 P:L 请求一块数据并收到三元组＜数据，公开密钥，标签＞时，他可以通过检查公开密钥的散列 P 直接验证数据是否来自当事者，且标签也由这个密钥产生。

DONA 名字解析使用名字路由的范式。DONA 的名字解析通过使用两个基本原语来实现：FIND(P:L) 和 REGISTER(P:L)。一个用户发出一个 FIND(P:L) 分组来定位命名为 P:L 的对象，且名字解析机制把这个请求路由到一个最近的复制，而 REGISTER 消息建立名字解析的有效路由所必需的状态。每个域管理实体都将有一个逻辑 RH（Resolution Handler），当处理 REGISTER 和 FIND 时，RH 用本地策略。每个用户通过一些本地配置知道自己本地 RH 的位置。被授权用名字 P:L 向一个数据或服务提供服务的任何机器向它本地的 RH 发送一个 REGISTER(P:L) 命令，如果主机在向当事者关联的所有数据提供服务（或转发进入的 FIND 分组给一个本地复制），注册将采用 REGISTER(P:*) 的形式。每个 RH 维护一个注册表（Registration Table），将名字映射到下一跳 RH 和复制的距离（也就是 RH 的跳数或一些其他向量）。除了各种 P:L 的单个条目外，P:* 有一个单独的条目。RH 采用最长前缀匹配法，当一个 P:L 的 FIND 请求到达，且有一个 P:* 的条目而没有 P:L 条目时，RH 会使用 P:* 的条目；当 P:* 的条目和 P:L 的条目都存在时，RH 将会使用 P:L 的条目。当一个 FIND(P:L) 到达时，转发规则是：如果注册表中存在一个条目，FIND 将被发送到下一跳 RH（如果有多个条目，则根据本地策略选择一个最接近的条目）；否则，如果 RH 是多宿主的，RH 将把 FIND 转发到它的双亲（如它的供应者），使用它的本地策略来选择，其过程如图 4-1 所示。

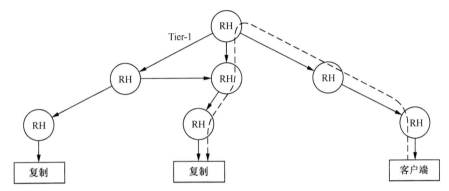

图 4-1　DONA 名字路由过程示例

　　FIND 分组的格式如图 4-2 所示。DONA 相关的内容插入为 IP 和传输头部之间的一个填隙片。DONA 提供的基于名字的路由确保数据分组到达一个合适的目的地。如果 FIND 请求到达一个 1 级 AS 且没有找到有关当事者的记录，那么 1 级 RH 会返回一个错误消息给 FIND 信息源；如果 FIND 没有定位一个记录，对应的服务器会返回一个标准传输级响应，为了实现这个目的，传输层协议应该绑定到名字而不是地址，但是其他方面不需要改变。同样地，当请求传输时，应用协议需要修改为使用名字而不是地址。事实上，当在 DONA 上实现时，许多应用变得简单。例如 HTTP，注意到 HTTP 初始化中唯一关键的信息是 URL 和头部信息。考虑到数据已经在低层命名，不再需要 URL，同时，如果给定数据的每个变量一个单独的名字，那么头部信息页将变得多余。接收到 FIND 后发生的数据分组交换不是由 RH 处理，而是通过标准 IP 路由和转发被路由到合适的目的地。在这种意义上，DONA 并不要求修改 IP 基础结构。

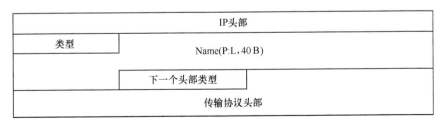

图 4-2　FIND 分组的协议头部

4.2.2 PSIRP

PSIRP[16] 是从 2008 年 1 月到 2010 年 9 月由欧盟 FP7 资助开展的项目。PSIRP 旨在建立一个以信息为中心的发布—订阅通信范例，取代以主机为中心的发送—接收通信模式。PSIRP 改变路由和转发机制，完全基于信息的概念进行网络运作。信息由 Identifier 标识，通过汇聚直接寻址信息而不是物理终端。在 PSIRP 结构中甚至可以取消 IP，实现对现有 Internet 的彻底改造。

PSIRP 网络体系采用分域结构，每个域至少有 3 类逻辑节点：拓扑节点（TN）、分支节点（BN）和转发节点（FN）。其中，TN 负责管理域内拓扑、BN 间的负载平衡，TN 将信息传递给域的 BN；BN 负责将来自订阅者的订阅信息路由到数据源并缓存常用内容，如果有多个订阅者同时请求相同的发布信息，分支节点也会成为转发树的分支点，将数据复制给所有接收者，并将缓存用作中间拥塞控制点来支持多速率、多播拥塞控制；FN 采用布隆过滤器实现简单、快速转发算法，几乎没有路由状态，FN 也周期性地将它的邻接信息和链路负载发送给 BN 和 TN。

PSIRP 处理发布 / 订阅的基本过程如图 4-3 所示。首先，授权的数据源广播潜在发布信息集合；其次，订阅者向本地汇聚网络（Rendezvous Network，RN）发送一个请求，请求由 <SID，RID> 对识别的发布信息，如果（缓存的）结果订阅者在本地 RN 中找不到，汇聚信息被发送给 RI（Rendezvous Interconnect，汇聚互连），RI 将其路由到其他 RN；接着，订阅者接收到数据源集合及其当前网络位置，这些可用来将订阅信息路由到数据源；然后，向分支点发送的订阅信息形成一个转发树中新的分段，如果发布信息在中间缓存中找到，它将被直接发回给订阅者；最后，通过创建好的转发路径，发布信息被传送给订阅者。通过重新订阅发布信息的缺失部分可以获得可靠的通信。

PSIRP 体系结构包括 4 个不同的部分：汇聚、拓扑、路由、转发。

汇聚系统在发布者和订阅者之间扮演中间人的角色。基本上，它是以一种位置独立的方式给订阅者匹配正确的发布信息。利用管理物理网络拓扑信息的拓扑功能提供的帮助，每个域能够在出错的情况下配置自己内部和外部的路由并平衡网络的负载。路由功能负责为每个发布信息和在域内分支点缓存的常用内容建立和维护转发树。最后，真实的发布信息通过转发函数沿着有效的转发树发送到订阅者。

拓扑管理功能复杂，选择域间路由来传送发布信息。每个域有自己的拓扑管理功能，且每个域之间互相交换域内的连接信息，与 BGP 类似。

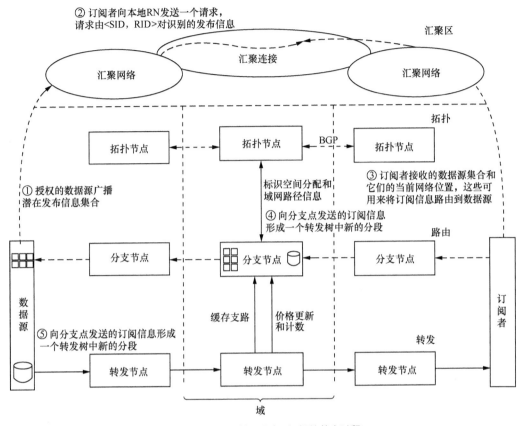

图 4-3 PSIRP 处理发布/订阅的基本过程

PSIRP 采用布隆过滤器作为转发识别器，称为 zFilers。布隆过滤器是一个概率数据结构，允许一个简单的 AND 操作被用来测试过滤器在一个集合中是否适用。基本上，每个网络链路都有一个自己的标识符，且布隆过滤器是由位于要求路径的所有链路标识符执行 OR 操作构成的。由于转发决定可以由一个简单的 AND 操作做出而不需要使用一个大型转发表，布隆过滤器使用非常简单有效的路由器。zFilter 有趣的特性是只有网络链路具有标识符，网络节点没有网络层标识符，因此与 IP 地址没有任何等价之处。

4.2.3 4WARD

由欧盟 FP7 资助的 4WARD 项目目标是研发新一代可靠的、互相协作的无线和有线网络技术。4WARD 项目的 WP6 工作组设计了一个以信息为中心的网络结构：NetInf(Network of Information，信息网络)[17]。NetInf 还关

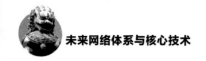
注高层信息模型的建立，实现了扩展的标识与位置分离，即存储对象与位置的分离。

信息在信息中心网中扮演着关键的角色，因此，表示信息合适的信息模型是必需的，且必须支持有效的信息传播。为使信息访问从存储位置独立出来和获益于网络中可以得到的复制，信息网络建立在标识/位置分离的基础上。因此，需要一个用来命名独立于存储位置的信息的命名空间。此外，维护并分解定位器和识别器间的绑定需要一个名字解析机制。

（1）信息模型

NetInf 将信息作为网络的头等成员，采用一种所谓信息对象（Information Object，IO）的形式。IO 在信息模型中表示信息，如音频和视频内容、Web 页面和邮件。除了这些明显的例子，IO 也可以表示数据流、实时服务、（视频）电话数据和物理对象，这些都归功于信息模型灵活通用的本质。一种特殊的 IO 就是数据对象（Data Object，DO）。DO 表示一个特殊的位级别对象，如某个特定编码的 MP3 文件，也包括这些特定文件的复制。通过存储复制的定位器，一个 DO 集合了一些或（所有）某个特定文件的复制。元数据能够进一步表示 IO 的语义，如描述它的内容或与其他对象的关系。这一领域的现有研究为将这些特征整合入网络层中提供了很好的起点，特别是有关描述语言，如资源描述框架（Resource Description Framework）或创建 IO 之间的关系。

（2）命名及名字解析

名字解析（Name Resolution，NR）机制将 ID 分解为一个或多个位置，NR 应该在全球范围内运行，确保为任何世界范围可获得的资源进行正确解析。NR 也应在一个断断续续连接的网络中运行，如果一个数据对象是局部可获得的，则称此为局部解析特性（Local Resolution Property）。通过支持多个共存的 NR 系统实现局部解析特性，一些控制全球的范围，另一些控制局部的范围。换句话说，可以识别任何世界范围 ID 的 NR 系统可以很自然地与处理局部范围 ID 的 NR 系统共存。

NetInf 命名空间的特性将影响 NR 机制的选择。NetInf 命名空间的重要属性是名字的持久性和内容的无关性。这些属性可以通过使用平级的命名空间来实现。但是，平级的命名空间避免了对类似 DNS 概念的使用，这种概念是基于一种分级的结构且相应地要求一个分级的命名空间。对平级名字来说，以分布式散列表（Distributed Hash Table，DHT）为基础的系统是一种很友好的方法。DHT 是分散的、高度可扩展的且几乎是自我组织的，减少了对管理实体的需求。存在集中、典型地用在 P2P 覆盖网中的小型路由协议（如 Chord、Pastry、Tapestry、CAN、Kademlia 等），它们可以在数跳路由内路由信息，路由表只要转发状态，N 是网络中节点的个数。

（3）路由

可以使用传统基于拓扑的路由方案，如基于最短路径算法和分级路由，像目前互联网使用的那些协议（如 OSPF、IS-IS、BGP 等），或一个基于拓扑结构的紧凑路由方案。但是，由于现实网络的拓扑是非静态的，无法达到对数的缩放，路由研究的现有结果并不令人振奋。事实上，网络的动态性包括通信的成本，这些成本通常以很高的速率增长，且不会比节点数的线性增长慢。另外，可以使用基于名字的路由，整合解析路径和检索路径，获得较好的性能。

4.2.4　NDN

NDN[18] 是由美国加州大学洛杉矶分校 Lixia Zhang 团队为首开展的研究项目，该项目由 FIA 资助，开始于 2010 年。NDN 的提出是为了改变当前互联网主机—主机通信范例，使用数据名字而不是 IP 地址进行数据传递，让数据本身成为互联网结构中的核心要素。而由 PARC 的 Jacobson V 在 2009 年提出的 CCN 与 NDN 没有本质上的区别，只是与 NDN 叫法不同。

NDN 中的通信是由数据消费者接收端驱动。为了接收数据，消费者发出一个兴趣（兴趣分组）分组，携带了和期望数据一致的名字。路由器记下这条请求进入的接口并通过查找它的转发信息库（FIB）转发这个兴趣分组。一旦兴趣分组到达一个拥有请求数据的节点，一个携带数据名字和内容的数据分组就被发回，同时发回的还有一个数据生产者的密钥信号。数据分组沿着兴趣分组创建的相反路径回到数据消费者。NDN 路由器会保留兴趣分组和数据分组一段时间。当从下游接收到多个要求相同数据的兴趣分组时，只有第一个兴趣分组被发送至上游数据源。在 NDN 中有两种分组类型：兴趣分组和数据分组。请求者发送名字标识的兴趣分组，收到请求的路由器记录请求来自的接口，查找 FIB 表转发兴趣分组。兴趣分组到达有请求资源的节点后，包含名字和内容以及发布者签名的数据分组沿着兴趣分组的反向路径传送给请求者。在通信过程中，兴趣分组和数据分组都不带任何主机或接口地址。兴趣分组是基于分组中的名字路由到数据提供者的，而数据分组是根据兴趣分组在每一跳建立的状态信息传递回来的，两者的格式如图 4-4 所示。

NDN 中引入了网内缓存的设计理念，与 CDN 代理服务器、P2P 缓存等边缘缓存相比，NDN 网内缓存在部署方式、缓存内容及获取方式等方面都有着本质的不同，见表 4-1。

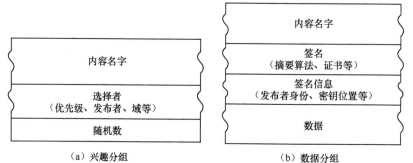

（a）兴趣分组　　　　　　　　　　　　（b）数据分组

图 4-4　NDN 中的兴趣分组与数据分组格式

表 4-1　缓存网络体系对比分析

网络体系	CDN	P2P	NDN
缓存部署目的	热点内容推进用户	缓解 P2P 带宽冲击	减少重复流量，减少跳数
缓存部署者	内容提供商	网络提供商	网络提供商
缓存组织结构	层级式	扁平式	层级式＋扁平式
针对业务类型	内容获取类业务	P2P 业务	所有业务
缓存内容粒度	文件	片段	片段
缓存内容来源	提供商向下推送	经节点转发的数据	经节点转发的数据
缓存部署位置	覆盖网方式	网络边缘路由器	所有路由节点内部
内容定位方式	DNS 重路由	通过协议分析	内容与名字的直接映射
内容获取方式	本地或上游服务器	P2P 缓存或者节点	逐跳式询问上游节点
内容更新方式	上游向下推送	节点替换策略	节点和路径缓存替换

以 CDN 为代表的增量式互联网内容传输优化方案考虑的重心是内容的就近访问，这种方式的重点是从应用的角度适应网络，只是一种单向的优化，缺乏网络对应用的主动调整，要达到端到端优化的目的十分困难。而内容中心网络的内容缓存（Content Store）相当于路由器中的缓冲存储器，在网内的每个路由节点都部署了内容缓存。IP 路由器和 NDN 路由器都缓存数据分组，不同的是，IP 路由器在完成数据转发后就会将存储的数据清空，而 NDN 路由器能够重复使用数据，方便请求相同数据的用户。

NDN 的缓存在网络中广泛部署，将转发的内容全部缓存在节点，由于未考虑节点之间内容缓存的协调性，因此，缓存的内容存在大量的冗余，不能有效利用缓存资源。另一方面，路由操作也由此引发了流量冗余，缓存节点的资源得不到感知和利用，路由时仍采用传统网络的模式，将请求路由到永久存储的服务器，路径过长造成了流量冗余和用户的内容访问时延增加。

NDN 体系包括命名系统、路由和转发、缓存、未决兴趣表（Pending Interest Table，PIT）等，其各自特点如下。

（1）命名系统

命名系统是 NDN 体系结构中最重要的部分，NDN 采用了层次化结构的命名方式，例如，一个 PARC 产生的视频可能具有名字 /parc/videos/WidgetA.mpg，其中"/"表示名字组成部分之间的边界（它并不是名字的一部分）。这种分级结构对代表数据块间关系的应用来说非常有用。例如，视频版本 1 的第三段可能命名为 /parc/videos/WidgetA.mpg/1/3。同时，分级允许大规模的路由。依据平坦式名字转发在理论上是可能的，IP 地址的分级结构使现今路由系统成规模路由必不可少的聚集成为可能。尽管全局的检索数据要求全局具有唯一性，但名字不需要全局唯一。专为局部通信的名字可能主要基于局部的内容，并仅要求局部路由（或局部广播）来找到对应请求的数据。

（2）路由和转发

NDN 基于名字的路由和转发解决了 IP 网络中地址空间耗尽、NAT 穿越、移动性和可扩展的地址管理 4 个问题。传统的路由协议（如 OSPF、IS-IS、BGP）也适用于基于名字前缀的 NDN 路由，NDN 路由器发布名字前缀公告，并通过路由协议在网络中传播，每个接收到公告的路由器建立自己的 FIB 表。NDN 节点的转发处理过程如图 4-5 所示，当有多个兴趣分组同时请求相同数据时，路由器只会转发收到的第一个兴趣分组，并将这些请求存储在 PIT 中。当数据分组传回时，路由器会在 PIT 中找到与之匹配的条目，并根据条目中显示的接口列表，分别向这些接口转发数据分组。

（3）缓存

一旦接收到一个兴趣分组，NDN 路由器首先检查内容库，如果存在一个数据的名字被归入兴趣分组的名字下，则这个数据就会被作为响应发回。内容库的基本形式正是现今路由器的缓存存储器。IP 路由器和 NDN 路由器都缓存数据分组，不同之处是，IP 路由器在转发数据之后不能再使用它们，而 NDN 路由器可以重用这些数据，方便请求相同数据的用户。缓存在 NDN 中很重要，它可以帮助减少内容下载时延和网络带宽占用。NDN 采用 LRU 或 LFU 替换策略最大限度地存储重要的信息。

（4）未决兴趣表

路由器将兴趣分组存放在 PIT 中，该表中每个条目包含了兴趣分组的名字和已经接收的匹配兴趣分组的接口集合。当数据分组到达时，路由器查找出与之匹配的 PIT 条目，并将此数据转发给该 PIT 条目对应的接口集合列表的所有接口，然后，路由器移除对应的 PIT 的条目，将数据分组缓存在内容存储库中。PIT 条目需要设置一个较短的超时时间，以最大化 PIT 的使用率。通常超时稍大于分组的回传时间。如果超时过早发生，则数据分组将被丢弃。路由器中的 PIT 状态可以发挥许多关键作用：支持多播、限制数据分组的到达速率、控制 DDoS 攻击、实现 Pushback 机制等。

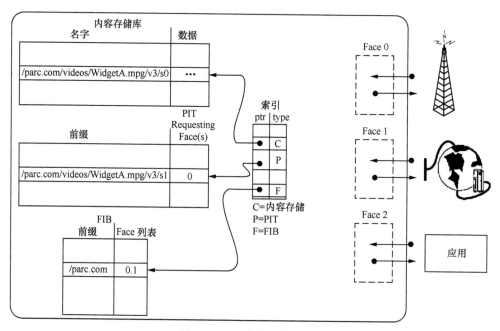

图 4-5　NDN 节点的转发处理

4.2.4.1　缓存技术

NDN 区别于其他网络体系的一个核心特征是路由节点具备网内缓存能力。路由节点如何缓存内容副本，成为一个新的研究课题。鉴于 NDN 缓存节点之间的分布式和无组织特性，较大的控制开销使得集中式的缓存管理方式并不适合 NDN 的网内缓存。

缓存替换算法和缓存节点选取策略是缓存管理的主要技术。缓存替换算法决定了当缓存没有足够空间存储新的内容对象时，哪些缓存单元以及多少缓存单元被清除，以释放足够的空间。缓存节点选取策略决定了将内容缓存在路径或网络中的哪些节点。

在缓存替换算法方面，典型的缓存更新策略是随机替换策略、最小频率使用（Least Frequently Used，LFU）策略和最近时间最少使用（Least Recently

Used，LRU）策略，分别对随机选取的内容、长时间内最小频率使用的内容和最近时间最少使用的内容进行更新。LFU 策略统计整个持续时间内对内容的访问频度，过滤了非热点内容的偶然访问造成的影响；然而 LFU 对当前访问内容不敏感，过去时间内对某热点内容的大规模访问会一直在 LFU 中留下副本，直至当前访问频率超过该内容，即存在缓存污染问题。LRU 策略以最近访问时间作为内容更新的依据，只能保存新近访问的内容，并没有考虑内容的访问频度，对某个非热点内容的偶然访问也会引起对内容的存储，造成资源的浪费。

当内容服务器收到内容请求时，会发送相应的数据分组回应，并通过网络中间节点转发至请求用户。在数据分组逐跳转发的过程中，经过的路由器节点则可以存储该数据分组。主要的缓存节点选取策略见表 4-2。

表 4-2　路径缓存算法

缓存算法	主要技术	复杂度	不良效果
CEE	路径中转发的所有内容在经过的所有节点都缓存	最低	缓存命中率低
LCD	将缓存内容尽量放在离用户最近的边缘节点	较低	边缘节点内容替换频繁，核心缓存得不到有效利用
ProbCache	在评估路径缓存容量的基础上，联合考虑 LCD 思想	较高	路径缓存容量的评估复杂度过高
Cache Less for More	在网络拓扑中连接度较高的节点存储内容	较高	其他节点的缓存资源得不到有效利用
Impact of Traffic Mix	参考流量特性选择缓存位置，VOD 内容缓存在网络边缘	较高	其他流量类型的内容存储在网络核心，得不到保障

CEE（Cache Everything Everywhere）是将路径中转发的所有内容在经过的所有节点都缓存。这种策略简单、易于执行，然而这种缺乏规划的泛滥式缓存使得节点之间缓存的内容趋于一致，大量的缓存冗余造成了资源浪费，缓存内容的频繁更替又增加了传输开销。

LCD（Leave Copy Down）策略将缓存内容尽量放在离用户最近的边缘节点，降低缓存节点在网络中的层次。然而边缘节点的缓存容量总是有限的，大量的内容涌向边缘节点，使得内部的更新策略极为频繁，高层次的节点缓存又得不到有效利用。

ProbCache（Probabilistic Caching）是在评估路径缓存容量的基础上，联合考虑 LCD 思想，将节点在路径中的层次作为一个权重系数，计算路径中每个节点的缓存概率，依概率缓存。然而，ProbCache 方法需要评估整个路径的缓存容量，增加了评估的复杂度。

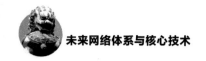

Cache Less for More 方法挑选在网络拓扑中连接度较高的节点存储数据内容，这样可满足更多下游节点的内容请求。

Impact of Traffic Mix 方法研究了流量混合对两级缓存层次的性能影响，认为 VOD 内容应该被缓存在网络边缘，其他内容缓存在离网络核心近的位置，但未考虑内容流行度对缓存的影响。

上述策略只是孤立地选择路径中的缓存节点，并未考虑各个节点上内容流行度的时变性以及内容请求速率的动态性，这在内容中心网络的环境下表现得更为突出。考虑到路由器的缓存容量与其转发的内容相比总是有限的，如何均衡内容副本在网络中的分布，并结合节点内部的缓存替换策略，以减少缓存内容的频繁替换和缓存之间的冗余，提高存储资源利用率，进而提高用户访问内容的平均时延，是一个重要的研究内容。

4.2.4.2 内容路由技术

内容路由涉及将用户的内容请求路由到整个网络中，以保证内容获取时延的最佳服务节点。传统的内容路由是基于 IP 地址的覆盖网路由，如 NDN 的请求路由。图 4-6 是 CDN 的内容路由过程。用户请求经过聚合之后，通过 DNS 重定向或全局负载均衡设备路由到各个代理服务器。

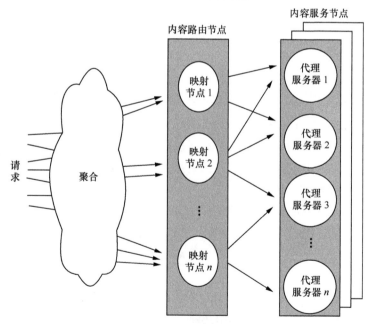

图 4-6 CDN 的内容路由过程

针对 NDN 请求路由策略的建模研究，在给定限制条件的情况下求出可行解，或者给定限制条件最优化某个网络指标。Leff 等人首次给出了内容路由过程的模型，并设计了可在多项式时间内获得可行解的启发式算法，之后研究者纷纷展开研究。Kangasharju 和 Yang 考虑了代理服务器的存储容量限制，其优化目标是最小化传输时延，前者建立了以最小化所有对象的平均传输时间为目标的整数规划模型；而后者主要强调多媒体应用中对象的分布情况。Amble 将请求路由、内容放置和内容替换进行联合建模，设计吞吐量最优的最大权值调度。然而，这些优化模型都是 NP 难问题，仍然需要寻求启发式解法。Almeida 在一个流媒体服务CDN 中考虑了联合的内容请求路由和内容分发，给出了一个最优化数学模型并提出了集中启发式求解算法，优化的主要目标是最小化总的服务器和网络传输消耗。Nguyen 考虑服务器放置、内容分发和请求路由的联合问题，给出了整数规划建模和基于 Lagrangean 松弛的启发式解法。

　　然而，上述 CDN 的请求路由本质上仍然是基于 IP 地址的路由，其实质是内容的 URL 到内容存储位置的映射，需要集中式的 DNS 重定向或全局负载均衡机制来完成。而且上述研究都侧重于对 CDN 本身的规划，而没有解决已建成的 CDN 的动态调度问题，缺乏灵活性，可扩展性较差，且与地域化管制紧密相连，不能实时针对环境自动改变分发参数。

　　为此，研究人员提出了基于内容名字的路由，通过内容名字进行寻址和路由，不依赖于 IP 地址。NDN 采用无结构的路由结构，类似于现有的 IP 路由，图 4-7 是 NDN 的内容路由过程。

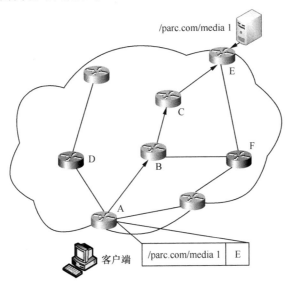

图 4-7　NDN 的内容路由过程

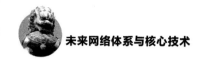
在图 4-7 中，服务器向其连接的路由器 E 发布自己内容的名字前缀 /parc. com/ media1，路由器 E 向网络进行通告，其他路由器根据通告消息建立到达内容 /parc. com/media1 的路由表项，并且建立到达内容的一条路径（例如按照最短路径），如图 4-7 中路由器 A 所示，路由器 A 到达内容 /parc.com/media1 的路径为：A → B → C → E。当收到客户端的请求后，路由器 A 将请求沿此路径转发到服务器获取内容。

在请求被转发到服务器的过程中，沿途路由器如果存储有内容的副本，则直接返回给用户，请求不再向前转发。然而，不在路由路径上的内容副本（如路由器 D 和 F 上存储的内容副本）无法利用 NDN 的路由机制。

在内容中心网络中，一个普遍的问题是路由机制只对相对稳定的内容提供者建立路由，而没有对 NDN 节点上的内容副本建立路由。尽管 NDN 通过随机的检查转发路径上各节点的本地缓存来利用这些副本，然而，这种盲目的副本查找方式并不能实现副本资源的最佳利用，用户请求被转发到更长路径的服务器，导致访问内容的时延增加。

NDN 路由节点上的缓存内容存在动态性和挥发性，即内容频繁加入和退出节点，这是对节点上副本进行路由的主要障碍。鉴于 CCN 节点缓存的普遍性和一般性，对节点上的副本进行路由成为一个尚待研究的问题。

| 4.3　命名机制 |

在内容寻址网络中，路由器仅知道名字是由多个词元组成的，并不了解名字的含义，所以基于内容寻址的网络中，允许不同的网络应用程序，根据自身特点制订名字方案，设计一定的命名机制。

在 IP 网络结构中，IP 地址既是节点的标识，又是节点在网络中的拓扑位置标识，这个特点称为 IP 地址语义过载问题。这个问题带来网络的移动性、扩展性以及安全性等诸多问题，因此，将位置与标识分离已成为未来网络体系研究的重点问题之一。在基于内容寻址的网络体系中，网络的核心从位置变成内容，通信的过程不再基于主机—主机、而是主机—内容的过程，这一基本特性决定了位置和标识的分离。当前，在国内外科研机构提出的基于内容寻址的网络结构中，设计了相对应的内容命名机制，有效地解决了语义过载问题。总的来讲，基于内容寻址的网络中，命名机制分为扁平化命名和层次化命名两种，下面分别进行叙述。

4.3.1　扁平化命名机制

与 NDN 不同的是，以数据为中心的网络 [14]、信息网络 [17] 和发布 / 订阅模式互联网路由选择范例 [16] 等采用扁平化命名的机制，利用内容内部属性来定义标识。在以数据为中心的网络中，提出了一种 <P:L> 格式的标识来定义一个内容，其中 P 是一个公共密钥的散列，L 是一个全局唯一的标识；信息网络中提出了一种 IO-DO 模式的命名机制，一个信息对象（IO）表示一种事物的所有相关集合，而不是特定的某种事物；一个数据对象（DO）表示一个特定的信息对象，比如一个音乐可以定义为信息对象，不需要确定它的编码方式、大小等细节特性，只需要确定它的名字就可以确定这个信息对象，然后在信息网络中通过这个标识查找这个信息对象，而数据对象是对这个音乐进行特定编码（例如 MP3）的对象，特定编码对象的不同副本都可以归类为相同的数据对象。在发布 / 订阅模式互联网路由选择范例项目里，根据其网络体系结构特点，提出了 4 种标识，分别为应用层标识（Application Level Identifier，AID）、汇聚标识（Rendezvous Identifier，RID）、范围标识（Scope Identifier，SID）和转发标识（Forwarding Identifiers，FID），其中汇聚标识和范围标识共同作用标识一个内容，其具体格式类似于 CON 的 <P:L>。

从以上描述可以看出，扁平化命名机制在永久性命名和安全性方面存在优势。

① 命名的扁平化使得内容的命名是一个全局唯一的标识，满足了未来网络对命名的永久性要求，而且命名原则是根据内容数据特性以及所属领域规定的，用户可以通过某种解析机制来获取相应内容，这样不会出现因提供者变更而无法获得内容的情况。

② 上述的 3 种命名机制都具有自我验证的功能，大大提高了内容的可靠性，而且这种验证方式不依赖于网络，只需要获得可靠提供者的公共密钥就可以对内容进行验证，验证过程伴随转发进行，在保证网络效率的同时提高了可靠性。

但这种命名机制随着命名空间的膨胀也会带来巨大的问题，扁平化的命名很难实现聚合，这样就会使路由负担越来越大，需要保存的条目越来越多，这样势必会提高对路由器存储能力和处理能力的要求。除此以外，如前面提到的，这样的命名不是用户可用的，需要适当的解析机制来实现用户请求内容、获取内容的过程，那么就同样需要一个高效的命名解析机制来完成上述功能。

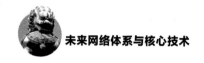

4.3.2　层次化命名机制

　　层次化命名是指命名系统使用类似 URL 的层次化的命名机制，一个名字由多个词元（Component）组成，每个词元是一个可变长的字符串，各个词元之间通过定界符进行区分。例如，名字 /cn/org/ndsc 由 3 个词元 cn、org 和 ndsc 组成，3 个词元之间使用定界符"/"进行区分。这种层次化命名方式可用于表述数据块之间的关系。例如，将 NDSC 产生的一个视频命名为 /ndsc/videos/wifi.mpg，视频的版本 1 的第三段可命名为 /ndsc/videos/wifi.mpg/1/3。同时，层次化命名支持大规模的路由。由于平坦式名字转发在理论上是可能的，因此，IP 地址的分级结构特性、大规模的规模路由聚集成为可能。另外，可通过全局标记和局域标记对命名进行标识，以方便用户的内容请求能够快速定位内容位置，快速地对内容请求作出反应。

　　与扁平化命名机制相比，层次化命名机制的优势如下。

　　① 层次化命名机制可清晰地描述内容间的关系，例如，"/cn/org/ndsc/index. htm/image"显示出获取内容"image"是"index.htm"的一部分。

　　② 层次化命名机制便于控制路由表的规模。在 IP 网络中的路由表通过 IP 前缀聚合来减少前缀表项数。和 IP 网络类似，层次化命名的名字前缀也可以进行聚合，从而减少名字路由表中的表项。

　　③ 层次化命名机制提供了灵活的命名空间。内容发布者和用户可以根据自身特点制定内容的版本、切片方式、内容更新等。

　　④ 层次化命名机制有利于内容的安全性验证。在基于内容寻址的网络中，层次化命名采用分层级签名方式来验证签名的有效性，例如，名字"/cn/org/ndsc/cs"被名字"/cn/org/ndsc"的私钥进行了签名，名字"/cn/org/ndsc/cs/s-router"被名字"/cn/org/ndsc/cs"的私钥进行了签名，则相当于名字"/cn/org/ndsc/cs/s-router"被名字"/cn/org/ndsc"进行了签名。

　　层次化命名机制的缺陷在于要按最长前缀匹配规则查询内容名字。相比扁平化名字的精确匹配，最长前缀匹配需要增加查询消耗时间，对线速处理提出了更高的要求，需要速度更快、容量更大的存储介质。现有的最长前缀匹配技术，主要应用了 3 种数据结构：字符查找树（Character Trie[19]）、散列表、布隆过滤器。有些方法仅采用其中一种数据结构，有些方法则结合多种数据结构来加速名字查找、降低存储开销。

　　字符查找树是最基本、最常见、构建字符集合的数据结构，也能自然地适用于构建名字路由表。名字的最长前缀匹配过程，即在字符查找树中进行一次从根节点开始的搜索过程，每次根据当前输入的字符从父节点跳转到孩子节点，直到没有匹配的转移边或者到达叶子节点，具有前缀信息的深度最大的节点为最长前缀匹配的节点。字符查找树具有结构简单、易实现、支持增量式更新的特点，但却需要大量的辅助空间来维持 Trie 结构，且每次跳转仅能识别一个字符，造成性能偏低。因此，不能在规模较大、名字较长的内容中心网络中直接应用字符查找树进行名字查找。

有文献尝试将 URL 分解为不同的词元，然后构建词元查找树来聚合 URL。为实现名字的最长前缀匹配，散列技术被应用于加速单个节点对词元的精确查找。类似地，B. Michel 等人[20]设计了一种命名为散列链的散列机制来聚合 URL，使得具有相同前缀的 URL 可以共享相同的前缀散列链。Zhou 等人[21]进一步使用 CRC-32 散列函数来压缩 URL 的词元，并利用多字符串匹配算法来改进 URL 查找的性能。这些基于散列技术的方法都有一个缺陷：散列冲突导致的误报率（False Positive）问题。为减小散列冲突的概率，就需要增大内存开销，最终的结果便是在获取高速 URL 查找性能的同时付出额外的存储代价。

在 NDN 设计方案[22]中提出使用 TCAM 作为硬件运算单元来实现快速名字查找。但是直接加载名字到 TCAM 中，利用 TCAM 的并行匹配能力来实现名字查找，会浪费大量宝贵的 TCAM 存储资源。另外，由于名字长度可变，且没有上限，所以一个名字的长度往往具有几十、甚至几百个字节。这就导致一个名字可能需要被分成多段存放于 TCAM 中，且需要多次 TCAM 查找才能获取最终结果，降低了整体的查找速度。CCNx 项目将名字路由表根据名字前缀的词元个数进行划分，具有相同词元个数的名字前缀被划分到同一个集合，并使用散列表存储。当进行名字查找时，名字搜索引擎首先构建被查找名字对应的所有可能的前缀，然后按照前缀的长度，从长到短在名字路由表中查询，最先匹配到的结果，即最长前缀匹配结果，这显然耗时耗力。不仅如此，由于前缀的分解，造成名字路由表大上加大。该方法在争取查找速度的同时却牺牲了存储效率。随后，文献[23]对 CCNx 项目中的名字方法进行了优化，提出将名字前缀进行散列计算得到一个特征值，并将所有名字前缀的特征值存储在 FIB 中用于名字查找。当名字查找时，使用名字前缀的特征值进行查找。使用特征值来代替原有的名字前缀，会引入误差，即多个名字前缀可能具有相同的特征值，从而导致转发误差。

除使用散列表外，布隆过滤器提供了另外一种方式来存储名字集合，并判断一个名字是否存在于该名字集合中。相比散列表，布隆过滤器的存储空间能够得到有效压缩，但也会引入转发误差。如何平衡存储空间与转发误差，是基于布隆过滤器的名字查找算法需要解决的问题。Sarang 等人[24]首先提出应用布隆过滤

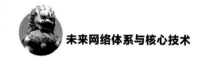

器来加速 IP 地址的最长前缀匹配。具有相同长度（比特数）的 IP 前缀被划分到同一个集合中，IPv4 路由表至多被划分为 25 个（IPv4 前缀需大于 8 bit）集合。每个 IP 前缀集合使用一个布隆过滤器来表示，用于判断一个 IP 前缀是否在该集合中。经过第一级的布隆过滤器过滤后，便将最长前缀匹配转化为精确匹配；第二级将对应的最长前缀在散列表中查询，得到转发端口。Sarang 等人[25] 进一步在深度包检测系统中应用布隆过滤器来对字符串进行第一次分类，但不需要考虑字符串的层次结构，也没有最长前缀匹配的要求。一种两级布隆过滤器的体系结构被应用于网络接入控制系统中。Yu 等人[26] 应用布隆过滤器来加速扁平名字的查找速度。当内存开销和结果的假阳性达到最优化后，相比于传统方法，名字查找速度仅能提高 10%。一个主要原因是没有对布隆过滤器的多次散列计算进行优化。文献 [27] 设计的一次访存布隆过滤器可以将原先布隆过滤器中的多次访存降低到一次。其基本思想是用一个散列值作为地址，剩余的散列值被映射在同一个字（通常为 4 个字节）中。一次访存布隆过滤器改进了多次内存访问的问题，但对于字符串应用，依旧没有减少多次字符串散列计算量。

层次化命名使得节点路由表规模迅速膨胀，研究人员开展了层次化命名的压缩编码研究，设计了动态编码和静态编码机制，并给出了可以满足的处理速度。

4.3.3 二者的结合

扁平化命名和层次化命名都是为网络内容命名而设计的，达到了位置与标识分离的目的。扁平化命名保证了命名的永久性，但是用户要通过命名解析机制才能获得数据，而且扁平化命名实现内容聚合较难，对路由器的存储空间和处理速度提出了很高的要求。层次化命名实现内容名的聚合比较容易，特别是核心路由，通过聚合机制可以很好地降低路由的处理消耗。然而，层次化命名的词元与内容服务商所在位置有一定的关系，内容与位置分离不够彻底，当内容服务商变更时，用户无法获取数据而导致命名无意义。

综合二者的优点，可考虑将层次化命名和扁平化命名相结合，即在边缘网络使用扁平化命名，边缘网络区域内的内容提供者是相对稳定的，并且路由规模不会过大，使用扁平化命名可以保证命名的永久性和可靠性；核心网则采用层次化命名机制，通过内容聚合降低核心路由器处理消耗，以此来提升网络效率。

|4.4 路由和转发机制|

基于内容寻址的路由涉及将用户的内容请求路由到整个网络中，以保证内容获取时延的最佳服务节点。一个普遍的问题是路由机制只对相对稳定的内容提供者建立路由，而没有对网络节点上缓存的内容建立路由。尽管设计了随机转发机制检查转发路径上各节点的本地缓存内容，然而，这种盲目式的缓存内容查找方式并不能实现缓存资源的最佳利用，用户请求被转发到更长路径的服务器，导致访问内容的时延增加。而节点缓存内容存在动态性和挥发性，即内容频繁加入和退出节点，这是对节点上缓存内容进行路由的主要障碍。

因此，如何有效地基于内容的命名进行路由，在建立路由的过程中合理有效地利用网络中的缓存，建立多路径转发，仍然是一个值得研究的问题。此外，内容为中心的网络的通信模式不再是传统 IP 网络中的主机—主机，一些在 IP 网络中难以解决的问题，都可能在以内容为中心的网络中得到解决。例如，受限于端到端的通信方式，多宿主（Multi-Homing）在 IP 网络中实现起来较为困难，但是在基于内容寻址的网络中，路由是基于内容的，且网络具备对内容的缓存能力，因此，通过路由机制可以有效地利用内容缓存建立多路径，进而实现多路径的转发机制，实现多宿主通信。

在内容寻址网络中，路由和转发的耦合程度不高，智能的转发模式将路由算法从路由收敛模式中解放出来，使得设计更具扩展性和稳定性的路由算法成为可能。路由设计能够更好地辅助转发，提高网络性能。路由设计首先保证可用性和稳定性，由于网络缓存内容的挥发特性，访问缓存内容变得不可靠，所以首先要保证内容请求包可达内容服务器。在保证路由可用的前提下，考虑如何发挥缓存的性能，使其缓存的内容能够高效地被利用。这就需要寻求一个内容的度量标准，使高流行度的内容能够被缓存在合理的节点位置，进而进行一定范围内的路由公告，达到基础路由和动态路由的完美结合，从而高效地利用缓存内容，改善用户访问体验，降低网络负载，提升网络性能。

4.4.1 路由机制

4.4.1.1 基于内容寻址的路由

路由是内容寻址网络体系研究中的重要部分，传统 IP 网络中路由机制的研

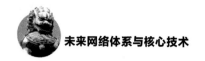

究已经比较成熟，但是与传统 IP 网络相比，以基于内容寻址的网络中的路由设计略显复杂。采用扁平化命名方式，需要命名解析机制，而层次化命名机制，基于内容名的转发。

在内容寻址网络中，路由的作用是构建从用户到内容源的路径，首先要保证内容源可达。另外，缓存内容的可用性只局限在到达内容服务器的路径上，路径之外的用户无法感知内容的存在，也就限制了缓存资源的后续利用率[28]；路由查找时，仅局限于路径内的缓存内容，而对路径之外的内容采用无目标的泛洪探测，产生了大量的流量。

因此，路由设计就需要考虑内容服务器的路由设计和用户到节点缓存内容的路由设计，我们分别称之为基础路由和动态路由。

4.4.1.2　基础路由

在基于内容寻址的网络中，文献 [29] 设计了基于改进的 OSPF 的路由协议来实现基于内容进行路由的思路，这种设计思路能够较好地与 IP 网络融合。但是当网络规模较大时，内容服务商发布内容的过程会加重 OSPF 协议的链路状态通告的负担，使开放式最短路径优先协议丧失原本收敛较快的优点，增加网络的控制流量。

在内容寻址网络结构中，路由平面和转发平面耦合程度较低，同时转发平面可以执行网络的故障修复，对路由的收敛性要求较低，因此，路由设计可偏重于可扩展性和稳定性。在传统 IP 路由结构中，最短路径算法可用于内容寻址网络构建。基础路由的构建和 IP 网络差别不大，而用户发起内容请求，路由器转发，到网络内容服务商那里获取想要的内容，因此不用太长的名字前缀，仅用域名代替地址即可，主要是保持传输路径畅通，到内容服务器获取所请求的内容，所以按照服务器域名地址匹配速度快，同时也节省了存储空间。文献 [30] 基于距离信息，借助于路由标记，通过相邻节点交换信息，完成路由构建（包括到内容源的路由和到最近内容副本的路由）。在算法中，随机选择一个锚（路由节点）作为生成树的根节点。信息交互仅限于相邻节点间范围内。

4.4.1.3　动态路由

在缓存通告时，如果不加限制将节点所有内容向网络全局进行通告，虽然增大了缓存资源的可用范围和利用率，但是会引入大量的计算开销，而且海量缓存信息的存储会使已有的可扩展性问题（FIB 表项）更加突出。同时，由于缓存内容的动态替换更新，缓存信息的一致性难以保持，所以增大了路由查找的错误率；相反，如果只将缓存内容的可用性限制在目标存储节点中，虽然不会引入额外的报文通告和计算开销，却无法有效利用节点的缓存内容，限制了缓存资源的后续利用率。为此，在利用缓存内容时，必须在额外开销和缓存可用性之间进行合理的均衡，有针对性地选取目标通告内容，基于内容的流行度来限制内容通告半径，实现缓存资源的局域感知和利用。对于节点暂态缓存的利用问题，文献 [31] 采用蚁群算法思想，动态计算兴趣分组的最优转发路径，但是该方案对于传输路径以外的缓存资源却无法加以利用；文献 [32] 提出了一种基于势能的目标识别路由方法（CATT），将节点存储的内容副本进行局部范围通告，实现缓存资源的可用性。

路由是内容请求到达目的地的保障。在内容中心网络中，同一内容是以恒态和暂态存在的。内容源服务器称为恒态内容，网络内缓存内容称为暂态内容。多径路由是同一内容请求到达多个同一内容的多条路径。多径导致多个数据分组返回，增加了网络负担，多径的存在抑制了网络的整体性能。网络缓存内容提高了用户的内容请求效率，同时节省了网络带宽。在路由设计时，首先保证能够获取恒态内容（即基础路由），进而充分利用网络缓存内容（即动态路由），缩短请求路径，提高内容请求效率。同时要避免多径请求带来的影响，利用多径来保证某一节点故障时，内容请求仍然能够以最低消耗获取请求内容。文献 [33] 为了实现缓存资源的可用性，首先对比了主动通告和被动服务两种模式的优劣，然后经过合理折中，提出了一种基于流行度的主动通告策略。

4.4.2　转发机制

4.4.2.1　转发策略

目前 NDN 主要有 3 种转发策略，分别为洪泛（Flooding）转发策略、智能洪泛（SmartFlooding）转发策略和最优（BestRoute）转发策略。NDN 节点接口（Face）的状态分为正常、未知、故障 3 种，ndnSIM 采用 GREEN、YELLOW、RED 来标识三者。节点间是通过 Face 进行通信的。接口状态初始为 YELLOW 且动态更新。例如，一个 GREEN 接口在长时间不使用的情况下会转变为 YELLOW 状态，而一个 YELLOW 接口如果经过探测显示可以正常工作，则将状态更新为 GREEN。不同转发策略的实现与接口状态有关。

在 Flooding 策略中，路由节点将兴趣分组转发给所有在 FIB 表中名字前缀匹配成功且状态不为 RED 的接口。使用该策略虽然可以获得较小的平均时延，但发送大量兴趣分组增加了网络流量，在访问量大、带宽有限的情况下容易造成拥塞现象。

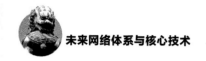

BestRoute 策略通过路由节点将兴趣分组转发给 FIB 表中名字前缀匹配并且排序最前（Highest-Rank）的 GREEN 接口或者排序最前的 YELLOW 接口，忽略所有的 RED 接口。其中排序规则是以路由代价为指标，从小到大排序。由于发送的兴趣分组较少，因此，使用 BestRoute 策略能有效避免网络中冗余流量的产生，但由于节点状态更新滞后，所有重传次数明显增加。在 SmartFlooding 策略中，路由节点优先考虑将兴趣分组转发给排序最前的 GREEN 接口，若不存在 GREEN 接口，则将兴趣分组洪泛转发给所有的 YELLOW 接口。忽略所有 RED 接口。SmartFlooding 的性能介于 BestRoute 与 Flooding 之间。

文献 [34] 提出了一种 NDN 的路由缓存策略（NCE），通过发送探测报文获取指定邻居范围内的缓存内容，构建邻居缓存表，实现局部缓存资源利用。文献 [35] 为了利用网络中可用的内容资源，对稳定内容源建立路由表，采用确定性的 Exploitation 路由方式。对于未知的节点缓存内容，采用泛洪式的 Exploration 探测方法进行发现。文献 [33] 为了实现缓存资源的可用性，首先对比了主动通告和被动服务两种模式的优劣，然后经过合理折中，提出了一种基于流行度的主动通告策略。

4.4.2.2　转发表膨胀问题

在内容寻址网络中，要保持内容名的唯一性，任何一个内容对象都由其自身的名字进行标识，这就直接导致出现了大量的内容名。在寻址过程中，路由表会以几何级的速度膨胀。关于内容名膨胀的问题，在内容命名部分已作介绍，此处不再赘述。

4.4.3　路由和转发的关系

在基于内容寻址网络体系中，内容请求方式具有多样性，内容请求可以依靠一定的策略实现智能转发。路由更多地专注于基础路由的构建，增强路由的稳定性和可扩展性，维护网络状态的稳定，同时设计与缓存内容特征相适应的动态路由策略，尽可能地降低路由和转发的耦合程度。

网络缓存内容的挥发特性，使访问缓存内容变得不可靠，所以首先要保证内容请求包可达内容服务器，就必须构建可靠、稳定的基础路由。在保证路由可用的前提下，考虑转发的效率问题、内容请求如何能够快速定位数据位置并获取数据。考虑转发策略与缓存决策、缓存替换策略的结合。考虑如何发挥缓存的性能，使其缓存的内容能够被高效地利用。这就需要寻求一个内容的度量标准，使高流行度的内容能够被缓存在合理的节点位置，进而进行一定范围内的路由公告，达到基础路由和动态路由的完美结合，从而高效地利用缓存内容，改善用户访问体验，降低网络负载，提升网络性能。

|4.5 缓存机制|

在内容寻址网络中，缓存的特征和传统的 Web、P2P、CDN 等缓存系统的特征不尽相同，对缓存放置、内容替换、缓存间的协同提出了新的要求。简而言之，在内容寻址网络中，缓存的特征主要体现在 3 个方面：缓存对上层透明、缓存无处不在和缓存内容之间存在关联。

- 缓存对上层透明：是指缓存与内容类型应用无关，通过对内容的统一命名，内容名具有唯一性，任何内容都可以使用缓存空间。
- 缓存无处不在：是指在内容寻址网络中，缓存网络呈现出一般性，网络中任意位置都可以部署缓存。
- 缓存内容间关联性：在内容寻址网络中，缓存内容与用户和网络拓扑呈现出时间 / 空间的关联性，内容本身存在关联性。因此，当设计缓存系统及优化其性能时，需要考虑其关联特性。

4.5.1 节点缓存规划

节点缓存空间的大小影响整个缓存系统的性能。在同一个网络内，同一缓存系统缓存空间越大，能够缓存的内容就越多，缓存系统的命中率就越高。另一方面，缓存空间越大，节点缓存查询、维护的开销也越大。在内容寻址网络中，节点线速处理到达的内容请求分组和数据分组，这一要求使得内容寻址网络设计必须结合当前的硬件存储介质的空间大小和处理速度。这限制了节点可支持的缓存空间大小。从缓存大小角度出发，构建缓存系统要解决以下两个缓存规划问题。

问题 1：节点需要多大的缓存空间能使缓存系统的性能最优？

在内容寻址网络中，节点线速处理的要求和当前的硬件发展水平限制了节点的缓存空间。而整个内容寻址网络要承载互联网的全部内容传输。相比之下，即使使用最快、最大的存储空间也显得微不足道。因此，节点的缓存空间可能无法达到预期的效果。这种情况下就要考虑网络拓扑特征、路由器的性能差异（如核心路由器和边缘路由器的处理速度存在差别）、用户的分布情况、内容流

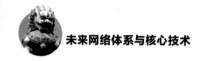

行度等特性来考虑缓存配置。因此，在进行缓存规划时，首先要对存储器介质的访问速度、最大空间、价格以及功耗等有清楚的了解，以此作为寻址网络不同的功能部分进行存储器选择时的决策依据[36]。例如，在 CCN 中，假设线速为 100 Gbit/s，若每个请求在 PIT 保存的时间为 80 ms，那么 PIT 大小为 14 Mbit/s ~ 1.4 Gbit/s，应考虑选用 RLDRAM；相反，如果选用 SRAM，则 SRAM 太小。

问题 2：在有限的资源条件下，缓存如何分配至各个节点，才能使缓存系统的整体性能更好？

这个问题是在缓存空间约束条件下的缓存规划问题。缓存规划要考虑缓存系统的拓扑结构和内容流行度，用户分布情况等。Rossi 等人认为，基于节点的中心性的缓存分配方案可以达到与基于网络拓扑的中心性为节点分配缓存时同样的性能。而 Psaras 等人在文献 [37] 中指出，缓存规划能够提升网络性能，增加边缘节点的缓存空间对提升性能更有帮助。文献 [38] 指出，基于优化部署的缓存系统，不仅要考虑网络拓扑结构，还要考虑网络规模、内容流行度和用户群分布等要素。依靠简单的缓存异质化分配，性能提升有限，要考虑将缓存空间分配与内容放置和内容路由策略相结合。再者，网络拓扑是一种先验信息，不能真实反映用户产生的网络流量的真实情况。例如，Rossi 等人指出网络的流量分布在时间和空间上呈现 Locality 特性，即网络的流量在短期内波动，但在长时间尺度上是稳定的[39]，这给依据流量分布的先验知识来规划缓存提供了理论依据。

4.5.2　缓存决策算法

缓存决策算法是指确定在某一时间段内，在缓存系统的哪些节点缓存哪些对象的算法。在传统的 Web 缓存算法和 CDN 缓存算法中[40-44]，有时可通过先验的拓扑、流量知识以及线下的计算实现缓存对象的预先放置，也可以通过实时交互各个缓存节点的状态，快速计算出内容的最优缓存位置，这种方式被称为显式缓存协同算法。在内容寻址网络中，缓存节点不再固定，缓存的内容类型是多样化的，缓存的操作满足线速处理需求。因此，显式协同算法需要节点间的交互导致其复杂度高、通信需求大而在内容寻址网络中适用范围有限，在内容寻址网络中，需要设计简单易实现的缓存决策算法。CEE 是众多内容寻址结构中默认缓存决策算法，即当对象返回时，沿途的所有节点都缓存对象，但这种方式导致缓存冗余，并且会导致节点频繁的缓存操作，增加了系统消耗，同时缓存利用率极低。

要提高缓存利用率，需要考虑以下几个方面。

① 将高流行度的内容快速复制到边缘缓存节点，减小用户访问时延，提高缓存系统的效率。

② 实现整个缓存系统多样性缓存，尤其是增加域内缓存多样性，使用户的内容请求都能在一个自治域内得到满足，从而大幅降低域间流量[45-46]。减少缓存冗余，提高缓存系统利用率，缓存节点间需要简单而有效的协同。依据协同的复杂性，大致可将现有方案分为两类：显式协同和隐式协同。根据决策点的不同，又可分为集中式决策和分布式决策。按照传输路径来分，又可分为路径内协同、路径外协同和全局协同。

4.5.2.1　路径内协同缓存决策

按照一定的协同规则在传输路径内缓存内容，称为路径内缓存。

文献 [47] 指出，典型的 CCN 缓存策略，例如基于概率缓存[48]、基于介数缓存[49] 等，只设计了沿传输路径的内容放置和冗余消除，并未考虑传输路径之外的邻居节点缓存利用和内容冗余问题；文献 [50] 提出了一种基于节点介数和内容更替率的缓存策略，降低重要节点内容替换频率。文献 [32] 提出了一种随机单点缓存策略（RCOne），在沿途传输路径上以固定概率（1/hops）随机选择单个节点进行内容存储，减小缓存冗余。文献 [37] 设计了基于概率的缓存（Probabilistic Cache）方式，根据节点距离数据源的路由跳数和路径的剩余存储能力，计算节点对于内容的缓存概率。文献 [51] 提出了缓存年龄（Age）的思想，根据内容流行等级和存储节点的位置计算缓存年龄。

4.5.2.2　路径外协同缓存决策

当路径外缓存协同时，一般取决于缓存算法设计的协同距离，即在距离路径上节点一跳或几跳的范围内进行缓存协同。协同距离的大小势必会增加路径外的协同缓存策略管理消耗。因此，在设计路径外协同算法时，要考虑缓存收益和管理消耗的折中。

4.5.2.3　全局协同缓存决策

为了最大限度地消除缓存冗余，在域内设计全局协同缓存，实现域内缓存多样化，达到提高命中率，减小访问时延的目的。文献 [52] 提出了一种域内协同缓存策略，边缘路由节点基于 Hash 函数运算结果给出内容缓存位置和转发路径。虽然减除了域内相同内容的冗余缓存，但是基于 Hash 计算目标缓存节点，无法实现应答内容的优化存储。

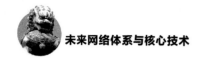

4.5.2.4　缓存决策时机

以上缓存决策算法主要考虑内容是否应该缓存在给定的节点中，以此来降低缓存的冗余度，提高缓存利用率。因此，缓存决策时机是在新内容到达节点时。缓存决策时机也可以发生在缓存替换时，而且替换对象时，不仅要考虑自身的缓存状态，还应考虑整个路径或邻域的缓存状态，以最小的代价实现缓存决策和替换。缓存决策时机也可以是在某一个特定的时刻，缓存系统或单个节点以一定的时间间隔评估内容缓存在当前节点的性能，当评估结束时，统一给出下一个时间段内应该缓存的内容，即缓存决策。

4.5.2.5　基于内容关联性缓存决策算法

上述研究多是针对单个内容块独立地做出是否缓存的决策，然而在内容寻址网络中，Chunk 之间存在相关性，设计决策过程也应具备相应的相关性，因此，针对这类相关联的内容，需要考虑关联决策。文献 [53] 在初步探索关联决策，提出了 WAVE 算法，依据文件的流行度调整每个节点缓存的 Chunk 数目，当以文件为单位的访问次数增加时，以指数速度增加该文件被缓存的 Chunk 数，从而更快地将文件的 Chunk 向用户侧移动；在 WAVE 算法中，网络节点通过设置缓存建议标记（在报文结构中增加标识），使下游节点能够确定是否缓存该 Chunk。

4.5.3　缓存替换算法

在传统的 Web 缓存中，缓存替换算法已经得到了广泛的研究，Podlipnig 等人在文献 [54] 中做了综述。但内容寻址网络中的缓存要求线速执行，因此复杂的缓存替换算法并不合适。缓存替换算法简单性的要求胜于缓存替换算法之于缓存系统性能提升（如命中率）的要求。传统的经典算法（如 LRU、LFU 和 MRU）仍然可用于内容寻址网络。

LRU 算法 [54-55] 基于最近最久未使用原则对缓存内容进行替换。该算法利用了请求内容的时域相关特性，以最新到达的内容替换较长时间未被访问的内容，算法简单、容易实现。其缺陷在于无法区分频繁项和非频繁项，导致频繁请求的内容容易被替换。在命名数据网络中，用户兴趣和行为特征的变化，导致内容暂时未被访问，引起内容流行度的短暂变化。LRU 算法缺乏对该类内容的保护，使本来流行的内容容易被替换，导致缓存频繁替换和缓存命中率降低。

LFU 算法 [56] 基于最小访问频率对内容进行替换。该算法只考虑内容被访问的频度，访问次数最多的内容则一直保持在链表头部，缓存内访问频率最小的内容被替换。其缺陷在于没有考虑请求内容的时域特性，即内容请求频次的时间特征，因此不能区分过时的流行内容和新近的流行内容。用户网络行为不断变化，短期内访问频次高的内容长期留在缓存内而不被替换，从而降低了缓存利用率。

MRU 算法 [57] 通过移除最近最常使用的内容实现缓存内容替换。当 MRU 链表未满时，缓存内容被访问一次，该内容就会被移至链表头部。当链表已满时，用新到达的内容替换链表头部的内容项。和 LRU 算法相比，MRU 算法易实现，时间复杂度较低。在命名数据网络中，MRU 算法缺乏对流行内容的保护，致使流行内容频繁替换，从而影响缓存命中率。

4.5.4　缓存、路由和转发的关系

内容在节点缓存后要保证内容可用，能够被内容请求感知，达到提高缓存系统效率的目的。缓存内容能够被感知，由内容请求转发策略和路由策略两方面动态作用决定。内容请求以何种方式来感知缓存内容在缓存系统内的位置体现为一个节点存储的内容被网络中其他节点感知的程度，而路由策略指的则是如何将缓存内容的相关信息传播给其他节点，提高其他节点对该内容的感知程度。

节点缓存内容被感知，可通过设定内容请求包发送方式来提高内容感知度。当缓存内容不发布公告时，若采用洪泛的内容请求转发策略，则可以使对象对请求具备全局可用性；若仅按最短路径转发，则缓存内容仅具备路径可用性。

另外，要提高内容感知程度，可设计查找缓存的路由策略，即缓存内容路由公告策略。路由公告包含两个极端：一个极端是不公告，只有内容请求到达当前节点时，缓存内容才会被感知；另一个极端是向网络内所有节点公告。介于这二者之间的是控制公告范围，使系统内部分节点感知缓存内容的存在。

以上策略会导致以下问题。

• 大范围内通告对象的存在性信息，由于节点缓存内容动态性强，要以较高的频率更新缓存内容的存在性信息，会导致公告信息泛滥。

• 依靠大范围的泛洪转发同样会导致内容请求泛滥。

一般来说，要提高缓存内容的利用率，即提高内容的被感知度，首先要考虑缓存内容在节点的生存时间，然后结合缓存内容公告和相应的转发策略来提高缓存内容的利用率。

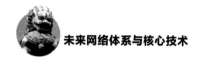
|4.6 QoS 机制|

当前在基于内容寻址的网络体系框架内，一部分网络结构提出了服务质量的思路，考虑网络中服务质量实例较少，在 COMET 中有大量的描述，定义了三级服务分类，优先处理端到端的信息传输服务。依靠路径生成进程，COMET 将内容投递请求信息解译为服务等级映射到对应的传输路径上。还有一些算法，利用中心化的网络拓扑算法和源路由管理来实现柔性的分布式路由，进而提高服务质量。

4.6.1 分类传输机制

文献 [58] 和文献 [59] 继承了 IP 网络中区分服务以保证内容传输的思想，从解决网络负载、提高带宽利用、减轻内容提供商的负载角度，设计了区分服务的 NDN 传输模型。当内容请求到达边界路由器时，首先按照服务分类约定将其分类，然后作上标记，同时将分类信息存储在 PIT 中。数据分组根据 PIT 记录的请求服务类型，按照服务等级进行传输。边界节点具有相应的控制功能，实现动态调整，比如速率、拥塞等。

4.6.2 拥塞控制机制

传输控制机制是基于内容寻址网络体系结构中有待研究的关键技术之一，和传统的 TCP/IP 网络相比，内容寻址网络中的传输主要有以下特点：① 面向无连接，一个接收端可以从多个数据源获取请求的内容；② 基于接收端驱动（Receiver-Driven）的 Pull 模式，接收端发送用户内容请求报文，满足请求的数据源节点返回所需的数据分组，如果接收端没有在规定的时间内收到数据分组，则可以通过重传内容请求实现可靠传输；③ 采用一个请求对应一条数据的传输模式，通过控制内容请求来控制数据分组的流量，从而实现流量控制。

在内容寻址网络中，网络的拥塞控制主要存在以下问题和挑战。① 传统 TCP 的隐式（Implicit）拥塞检测机制在内容寻址网络中不再适用。由于网内缓存的存在，所以数据是多源的，TCP 基于单一源的 RTO（重传计时器）超时机制在内容寻址网络中不再可靠。② AIMD 算法会引发 RTT 公平性问题。内容寻址网络中盲目使用传统 TCP 的 AIMD 拥塞控制算法可能引发公平性问题。使用 AIMD 算法，吞吐率反比于 RTT，在内容寻址网络中，由于有网内缓存，流行的内容缓存离消费者更近，有更小的延迟，这会导致链路的大部分带宽被流行的内容占据，从而引发对不流行内容的公平性问题。因此，需要重新对内容寻址网络中的拥塞控制算法进行研究，目前对于内容寻址网络的网络拥塞控制算法的研究尚处于起步阶段。

|4.7 基于内容寻址的网络发展前景|

4.7.1 与现有网络兼容

要推进内容寻址网络的部署，必须要有基于内容寻址网络的、重要的、优于当今互联网的应用存在，所以开发内容寻址网络的上层应用，并验证内容寻址网络对当前应用和新一代应用的可行性和有效性，这是内容寻址网络领域的一个研究热点。内容寻址网络应用研究的目标主要有：① 促进内容寻址网络体系结构的部署；② 促进和测试内容寻址网络的原型实现；③ 在关键领域证明内容寻址网络的优势；④ 证明在内容寻址网络上开发应用的简单性、安全性以及部署应用的低代价。

4.7.2 当前硬件处理速度和空间约束

鉴于当前硬件存储介质处理速度，可考虑设计满足线速处理的节点缓存管理策略以提高缓存命中率，从而改善缓存性能，文献 [36] 分析了内容寻址网络运行的实际需求和当前硬件存储介质处理速度：其中，SRAM 访问速度达到 0.45 ns，最大容量为 210 MB；RLDRAM 访问速度为 15 ns，最大容量为 2 GB；DRAM 读取速度为 55 ns，最大容量为 10 GB。文献 [39] 指出，在缓存系统中，线速处理是对内容索引表项操作的要求，内容可以存储在低速缓存中。文献 [60] 指出，内容寻址网络路由器缓存的处理速度主要取决于存储内容索引的存储介质的访存速度。

基于上述硬件存储介质条件，文献 [61] 指出，基于内容寻址的网络仅能支持自治域级，还不能支持网络级规模。同时，在节点部署大量的缓存需要的巨

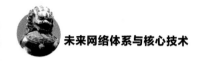

额费用也是影响内容寻址网络实际部署的一个重要因素。

4.7.3　具体应用探索

4.7.3.1　实时通话应用

为了验证 CCN 不仅能较好地支持内容分发应用，也能支持实时会话等当前 IP 上使用的其他普遍功能，Van Jaeobson 在文献 [62] 中实现了一个基于 CCN 的实时会话应用——VoCCN。VoCCN 在性能和功能上和 VoIP 是相当的，但它更简单、更安全、可扩展性更强。但是，原型系统的环境是在局域网环境的概念证明（Proof-of-Concept）系统，实际应用还需要进一步验证。

4.7.3.2　音频会议工具

为了推进 CCN 的全球部署。Van Jacobson 等人 [63] 努力开发基于 CCN 的应用，继 VoCCN 之后又开发了基于 CCN 的音频会议工具（ACT），ACT 采用基于命名数据的方法发现正在进行的会议和每个会议演讲者，并且从各自演讲者处取得声音数据。该设计是完全分布式的，取代了当今的集中式音频会议，具有更强的顽健性和可扩展性。

4.7.3.3　应用的安全设计

为了进一步理解 CCN 中通过数据的安全而实现应用的安全设计思想，文献 [64] 为 ACT 设计了一个安全机制。该机制用一个基本的密码方案有效地实现了会议的控制信息和声音数据的安全。该设计主要是为 CCN 的应用开发者提供一个设计案例，显示如何只用一个简单的方法，就可实现 CCN 应用的安全部署。

4.7.4　构建基于内容寻址的服务承载网

互联网发展到今天，依然承载了日益增多的传输业务。各种各样的网络优化策略应用到当今的网络中。网络的物理基础设施，终究摆脱不了时空的限制。基于内容寻址的网络体系，能够解决当前网络中内容重复传输的问题。然而，要把当前的网络推倒，重新构建一个基于内容寻址的网络，需要付出巨大的代价。网络虚拟化和 SDN 技术，使在现有网络上构建基于内容寻址的服务承载网成为可能。

将基于内容寻址网络作为现有网络体系中的一项服务，为网络突发事件、网络过载时的数据传输提供一种解决方案，不失为一个很好的应用。

参 考 文 献

[1] CAROFIGLIO G, MORABITO G, MUSCARIELLO L, et al. From content delivery today to information centric networking[J]. Computer networks, 2013, 57(16): 3116-3127.

[2] MATHIEU B, TRUONG P, YOU W, et al. Information-centric networking: a natural design for social network applications[J]. IEEE communications magazine, 2012, 50(7): 44-51.

[3] JACOBSON V, SMETTERS D K, THORNTON J D, et al. Networking named content[J]. Communications of the ACM, 2012, 55(1): 117-124.

[4] JACOBSON V, SMETTERS D K, THRONTON J D, et al. Networking named content[C]// Proceedings of the 5th International Conference on Emerging Networking Experiments and Technologies, Rome, Italy, 2009: 1-12.

[5] PALLIS G, VAKALI A. Insight and perspectives for content delivery networks[J]. Communications of the ACM, 2006, 49(1): 101-106.

[6] STEINMETZ R, WEHRLE K. Peer-to-peer networking & computing[J]. Infomatik spektrum, 2004, 27(1): 51-54.

[7] PASSARELLA A. A survey on content-centric technologies for the current Internet: CDN and P2P solutions [J]. Computer communications, 2012, 35(1): 1-32.

[8] PAN P, PAUL S, JAIN R. A survey of the research on future Internet architectures[J]. IEEE communications magazine, 2011: 26-36.

[9] PAUL S, PAN J, JAIN R. Architectures for the future networks and the next generation Internet: a survey[J]. Computer communications, 2011, 34(1): 2-42.

[10] LUO H B, ZHANG H K, QIAO C M. Efficient mobility support by indirect mapping in networks with locator/identifier separation[J]. IEEE transactions on vehicular technology, 2011, 60(5): 2265-2279.

[11] RAYCHAUDHURI D, NAGARAJA K, VENKATARAMANI A.

MobilityFirst: a robust and trustworthy architecture for the future internet[J]. ACM SIGMOBILE mobile computing and communications review, 2012, 16(3): 2-13.

[12] PAN J, JAIN R, PAUL S, et al. MILSA: a new evolutionary architecture for scalability, mobility, and multihoming in the future Internet[J]. IEEE journal on selected areas in communications, 2010, 28(8): 1344-1362.

[13] 贺晶晶. 内容中心网络路由选择优化算法研究 [D]. 北京: 北京邮电大学, 2012.

[14] KOPONEN T, CHAWLA M, CHUN B G, et al. A data-oriented (and beyond) network architecture[C]// In Proceedings of SIGCOMM'07, Kyoto, Japan, 2007: 181-192.

[15] KOPONEN T, CHAWLA M, CHUN B G, et al. A data-oriented (and beyond) network architecture[J]. ACM SIGCOMM computer communication review, 2007, 37(4): 181-192.

[16] VISALA K, LAGUTIN D, TARKOMA S. An inter-domain data-oriented routing architecture [C]// Proceedings of ReArch' 09, New York, USA, 2009: 55-60.

[17] BRUNNER M, ABRAMOWICZ H, NIEBERT N, et al. 4WARD: a European perspective towards the future Internet [J]. IEICE transactions on communications, 2010, 93(3): 442-445.

[18] ZHANG L X, ESTRIN D, BURKE J, et al. Named data networking (NDN) project[R]. RARC technical report NDN-0001, 2010.

[19] FREDKIN E. Trie memory[J]. Communications of the ACM, 1960, 3(9): 490-499.

[20] MICHEL B S, NIKOLOUDAKIS K, REIHER P, et al. URL forwarding and compression in adaptive web caching[C]// Proceedings of the 19th Annual Joint Conference of the IEEE Computer and Communications Societies, 2000.

[21] ZHOU Z, SONG T, JIA Y. A high-performance URL lookup engine for URL filtering systems[C]// Proceedings of 2010 IEEE International Conference on Communications (ICC), 2010.

[22] DHARMAPURIKAR S, KRISHNAMURTHY P, SPROULL T S, et al. Deep packet inspection using parallel bloom filters[J]. IEEE micro, 2004, 24(1): 52-61.

[23] LI F, CHEN F Y, WU J M, et al. Fast longest prefix name lookup for content-centric network forwarding[C]// Proceedings of the Eighth ACM/IEEE Symposium on Architectures for Networking and Communications Systems (ANCS), 2012.

[24] DHARMAPURIKAR S, KRISHNAMURTHY P, DAVID E T. Longest prefix matching using bloom filters[C]// Proceedings of the 2003 Conference on Applications, Technologies, Architectures, and Protocols for Computer Communications (SIGCOMM), 2003.

[25] DHARMAPURIKAR S, KRISHNAMURTHY P, SPROULL T S, et al. Deep packet inspection using parallel bloom filters[J]. IEEE micro, 2004, 24(1): 52-61.

[26] YU M L, FABRIKANT A, REXFORD J. Buffalo: bloom filter forwarding architecture for large organization[C]// Proceedings of the 5th ACM International Conference on Emerging Net Working Experiments and Technologies (CoNEXT), 2009.

[27] QIAO Y L T, CHEN S G . One memory access bloom filters and their generalization[C]// Proceedings of the 30th Annual IEEE International Conference on Computer Communications (INFOCOM), 2011.

[28] CHIOCCHETTI R, PERINO D, CAROFIGLIO G, et al. INFORM: a dynamic Interest Forwarding Mechanism for Information Centric Networking[C]// ACM SIGCOMM Workshop on Information-Centric Networking, Hong Kong, China, 2013: 9-14.

[29] WANG L, HOQUE M, YI C, et al. OSPFN: an OSPF based routing protocol for named data networking[J], Technical report NDN-0003, 2012.

[30] GARCIA-LUNA-ACEVES J J. Routing to multi-instantiated destinations: principles and applications[C]// Proc. IEEE ICNP 2014, 2014.

[31] SHANBHAG S, SCHWAN N, RIMAC I, et al. SoCCeR: services over content- centric routing[C]// ACM SIGCOMM Workshop on Information-Centric Networking, Toronto, Canada, 2011: 62-67.

[32] EUM S, NAKAUCHI K, MURATA M, et al. CATT: potential based routing with content caching for ICN[C]// ACM SIGCOMM Workshop on Information-Centric Networking, Helsinki, Finland, 2012: 49-54.

[33] DAI H C, LU J Y, WANG Y, et al. A Two-layer intra-domain routing scheme for named data networking[C]// IEEE GLOBECOM, Anaheim, USA, 2012:

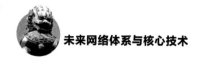
2815- 2820.

[34] 叶润生，徐明伟. 命名数据网络中的邻居缓存路由策略 [J]. 计算机科学与探索，2012, 6(7): 593-601.

[35] CHIOCCHETTI R, ROSSI D, ROSSINI G, et al. Exploit the known or explore the unknown? Hamlet-like doubts in ICN[C]// ACM SIGCOMM Workshop on Information-Centric Networking, Helsinki, Finland, 2012: 7-12.

[36] PERINO D, VARVELLO M. A reality check for content centric networking[C]// Proc. of the ACM SIGCOMM Workshop on Information-Centric Networking (ICN 2011), 2011: 44-49.

[37] PSARAS I, CHAI W K, PAVLOU G. Probabilistic in-network caching for information-centric networks[C]// Proc. of the 2nd ICN Workshop on Information- Centric Networking, 2012: 55-60.

[38] WANG Y, LI Z, TYSON G, et al. Optimal cache allocation for content-centric networking[C]// ICNP, 2013.

[39] ROSSI D, ROSSINI G. On sizing CCN content stores by exploiting topological information[C]// Proc. of the IEEE INFOCOM Workshop on NOMEN, 2012: 280-285.

[40] LU Y, ABDELZAHER F T, SAXENA A. Design, implementation and evaluation of differentiated caching services[J]. IEEE trans. on parallel and distributed systems, 2004,15(5):440-452.

[41] FRICKER C, ROBERT P, ROBERTS J, et al. Impact of traffic mix on caching performance in a content-centric network[C]// Proc. of the IEEE INFOCOM Workshop on NOMEN, 2012: 310-315.

[42] CAROFIGLIO G, GEHLEN V, PERINO D. Experimental evaluation of memory management in content-centric networking[C]// Proc. of the 2011 Int' l Conf. on Communications (ICC). Kyoto, 2011: 1-6.

[43] KORUOLU M R, DAHLIN M. Coordinated placement and replacement for large-scale distributed caches[J]. IEEE trans. on knowledge and data engineering, 2002,14(6):1317-1329.

[44] TANG X, CHANSON S T. Coordinated en-route Web caching[J]. IEEE trans. on computers, 2002,51(6): 595-607.

[45] TYSON G, KAUNE S, MILES S, et al. A trace-driven analysis of caching in content-centric networks[C]// Proc. of the 21st Int' l Conf. on Computer

Communications and Networks (ICCCN), 2012: 1-7.

[46] LI Z, SIMON G. Time-Shifted TV in content centric networks: the case for cooperative in-network caching[C]// Proc. of the 2011 IEEE Int'l Conf. on Communications (ICC), 2011: 1-6.

[47] WANG J M, ZHANG J, BENSAOU B. Intra-AS cooperative caching for content-centric networks[C]// ACM SIGCOMM Workshop on Information-Centric Networking, Hong Kong, China, 2013: 61-66.

[48] PSARAS I, CHAI W K, PAVLOU G. Probabilistic in-network caching for information-centric networks[C]// ACM SIGCOMM Workshop on Information- Centric Networking, Helsinki, Finland, 2012: 55-60.

[49] CHAI W K, HE D, PSARAS I, et al. Cache "less for more" in information-centric networks[C]// Proceedings of IFIP Networking, Prague, Czech, 2012: 27-40.

[50] 崔现东, 刘江, 黄韬, 等. 基于节点介数和替换率的内容中心网络网内缓存策略 [J]. 电子与信息学报, 2014, 36(1): 1-7.

[51] MING Z X, XU M W, WANG D. Age-Based cooperative caching in information- centric networks[C]// IEEE INFOCOM Workshop on Emerging Design Choices in Name-Oriented Networking, Orlando, USA, 2012: 268-273.

[52] SAINO L, PSARAS I, PAVLOU G. Hash-routing schemes for information centric networking[C]// ACM SIGCOMM Workshop on Information-Centric Networking, Hong Kong, China, 2013: 27-32.

[53] CHO K, LEE M, PARK K, et al. WAVE: popularity-based and collaborative in-network caching for content-orientedNetworks[C]// IEEE INFOCOM Workshop on Emerging Design Choices in Name-Oriented Networking, Orlando, USA, 2012: 316-321.

[54] PODLIPNIG S, BÖSZÖRMENYI L. A survey of web cache replacement strategies[J]. ACM computing surveys, 2003,35(4): 374-398.

[55] P R, RADOVANOVI'C A. Least-recently-used caching with dependent requests[J]. Theor. comput. Sci. 326, 2004: 293-327.

[56] SHAH K, MITRA A, MATANI D. An O(1) algorithm for implementing the LFU cache eviction scheme[R]. Technical report, 2010.

[57] KATSAROS K, XYLOMENOS G, POLYZOS G C. MultiCache: an overlay architecture for information-centric networking[J]. Computer networks,

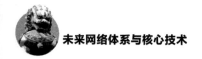
2011: 1-11.

[58] TSILOPOULOS C, XYLOMENOS G. Supporting diverse traffic types in information centric networks[C]// ACM SIGCOMM Workshop on Information-Centric Networking, Toronto, Canada, 2011: 13-18.

[59] KIM Y, KIM Y, YEOM I. Differentiated services in named-data networking[C]// INFOCOM Workshops, 2014: 452-457.

[60] ROSSINI G, ROSSI D. Caching performance of content centric networks under multi-path routing (and more). Technical report[R]. telecom paris-tech, 2011.

[61] GHODSI A, SHENKER S, KOPONEN T, et al. Information-centric networking: seeing the forest for the trees[C]// ACM Workshop on Hot Topics in Networks (HotNets), 2011.

[62] JACOBSON V, SMETTERS D K, BRIGGS N H, et al VoCCN: voice over content-centric networks[C]// ACM ReArch Workshop, 2009.

[63] ZHU Z, WANG S, YANG X, et al. Act: an audio conference tool over named data networking[C]// ACM SIGCOMM workshop ICN＇11, 2011.

[64] ZHU Z K, BUKE ZHANG L, et al. A new approach to securing audio conference tools[C]// AINTEC＇11, 2011: 120-123.

第 5 章
面向服务的未来网络体系

未来网络的发展过程是一个渐进的、螺旋上升的演进过程，用户关注的不再是简单的主机到主机的数据分组传输、主机的位置，而是丰富的数据、内容和服务。以服务为中心来构建未来互联网络能够改变传统网络面向不同业务需求时，只完成傻瓜式传输的窘境，实现互联网向商务基础设施、社会文化交流基础结构等新角色的转型。为此，国内外相关研究机构就面向服务的未来互联网体系结构与相关机制展开了研究。

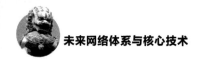

| 5.1 服务的基本概念 |

服务[1]是一个使用非常广泛的词。在上海辞书出版社出版的《辞海》（1999年版）中，服务的定义是："不以实物形式而以提供劳动的形式满足他人某种需要的活动。"如今互联网已成为社会重要的基础设施，服务的含义已不能仅停留在提供劳动的层面上，互联网领域中服务具有更广的意义，例如，在搜索引擎时，社交网络以及内容分发等都可以统称为服务，服务和内容被看为网络的核心实体[2]，因此，服务可以理解为数据和处理的结合体，其中处理包含对数据的计算和存储。

随着互联网技术和应用的不断发展，互联网服务和应用已经渗透到人类经济社会生活的方方面面，比如微信、微博、云计算、云存储等新兴互联网应用，它们正深刻地影响和改变着人们的生活。可以说，应用和服务驱动着传统互联网的发展，但现行互联网是以主机互联和资源共享为设计目标而实现的，只能够提供尽力而为的数据分组转发服务，互联网自身体系结构的局限性阻碍着应用和服务的进一步发展。

服务在互联网中的概念涵盖了传输和应用等概念，通过数据资源、计算资源、存储资源、传输资源等，完成对信息高效、安全的计算、存储和传输任务的活动就称为服务。在面向服务的未来互联网体系结构中，服务被认为是数据和处理的结合体，数据指的是为用户提供的信息，如文字、图片、音频、视频等，可以分为静态数据和动态数据。处理指的是对数据进行的一系列操作，如存储、计算、对服务请求做出响应等。对静态数据访问请求的处理较为简单，可以理解为对数据的存储和服务请求的响应；对动态数据访问请求的处理则较为复杂，一般要求对数据进行计算和分析，并将结果返回给用户，其中比较典型的服务有云计算、大数据处理、水文监测等。

面向服务的本质是指以服务为中心，采用革命式的未来互联网体系结构研究思路，改变了传统互联网"网络傻瓜、终端智能"的特点，将互联网设计成一个具有内容存储、信息计算和数据转发功能的服务池。面向服务的网络体系结构设计目标主要包括两个方面：一方面，要转变现有互联网的设计理念，从关注服务提供者的位置转变为关注服务内容本身，将未来互联网设计成一个服务池，而不是简单的数据传输通道；另一方面，考虑利用较低的存储和计算开销来换取更多的带宽，即在网络中增加存储和计算功能，将服务就近存放在用户周围，从而提高网络的服务质量。面向服务的网络体系结构对具有同一特性的逻辑模块分别进行聚类和封装，每类逻辑模块都具有类似或相近的特性，具有类似的描述；不同类模块之间是独立的，但又存在可以相互理解和协作的接口，根据一定的逻辑关系对这些独立的模块进行组合和协作，实现"1+1>2"的效果，以取得效率和效益的最大化。

在面向服务的新型网络体系结构（Service Oriented Architecture，SOA）中，服务定义为基本单元设计未来网络的各种功能，借鉴了软件设计中面向服务的结构设计、面向对象的模块化编程思想，对服务进行命名、注册、发布、订阅、查找、传输等各种功能的设计，比如通过服务组合方式构建数据分组的分组头，使数据分组的构建不受严格分层的限制，在网络运行的任何节点都可以根据应用需求在分组头中添加控制模块，提供可定制的网络功能[3]，以满足未来新型网络的管理、传输、计算等需求。在基于云计算的网络体系结构中，基础结构即服务（Infrastructure as a Service，IaaS）、软件即服务（Software as a Service，SaaS）、平台即服务（Platform as a Service，PaaS）等思想均体现了"一切都是服务"的精神，此体系结构将云计算中心集成到结构中，把存储和计算作为重要服务内容，在各个云中心之间有可靠、高速的数据连接，使资源利用达到最大化，从而为用户提供更加统一、快速的虚拟化资源。

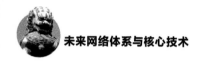
| 5.2 典型面向服务的网络体系 |

5.2.1 SOI

随着互联网应用的快速增长，人们每天越来越依赖于通过各种网络应用来获取所需的资讯信息。庞大用户量和应用业务的出现，对网络提出了"服务可用、可靠、高质量和安全"等新需求，因此，美国明尼苏达大学的 Chandrashekar J 等人提出 SOI(Service-Oriented Infrastructure，面向服务的基础设施）结构以满足人们对网络的需求，此结构采用面向服务的方式来描述未来互联网的结构。SOI 属于演进式的研究思路，通过在现有网络层和传输层之间添加服务层（Service Layer）来建立一个面向服务的网络功能平台，这种面向服务分发的网络设计思想具有灵活性强、统一性好、通用性优和高可扩展的特点。SOI 的基本体系结构如图 5-1 所示。

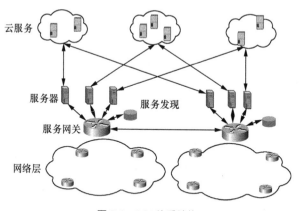

图 5-1　SOI 体系结构

① 首先定义云在 SOI 体系结构中属于虚拟网的概念，其中服务实体可能来自不同的 IP 网络域，分布于不同的地理位置；下文提到的 SC 中负责提供服务的具体设备称为 SC 对应的 Object。在 SOI 体系结构中，它将提供一类服务信息的各种服务实体（Service Entity），比如内容服务器、代理服务器、缓存服务器、内容分发服务器等相关设备抽象到服务云（Service Cloud，SC）中，服务云可能是一类服务（Service）数据的来源，也可能是转发一类服务相关数据的中间

路由，并且这个中间路由可能直接连接着被服务的用户。这种设计主要将一类服务数据的提供者抽象到一起，同时也将服务抽象出来，其最大的优点是能够实现服务数据在核心网络中传输时仅发送一份数据，利用 SC 中的对应转发设备，通过复制服务数据进行转发，使服务数据最终分发到同一个 IP 网络域（Network Domain）中的多个用户，而不会因为需求用户的数量多而出现重复传输的情况。

② 有了服务和数据对象的概念，在网络传输过程中，首先需要标记服务数据的来源和目的 SC、Object 等信息。SOI 对每个 SC 都采用长度固定（32 bit）的 Service ID 来标记服务的来源 SC 和目标 SC，和 IP 地址的划分机制类似，这个标识由一个集中管理机构给定，同时使用长度变化的 Object ID 来标记源 SC 中负责发送数据的源设备对象以及目的 SC 中实行最终数据分发的目标设备对象，由于 Object ID 的实现语法和语义是由 SC 内部提供的，因此其长度是变化的，从而标记每个 Object 的 ID 长度也是动态变化的，这就为 SC 的可扩展能力提供了基础，能够有效防止攻击，保证了相应服务提供者的安全。图 5-2 是具体服务数据的分组头格式。

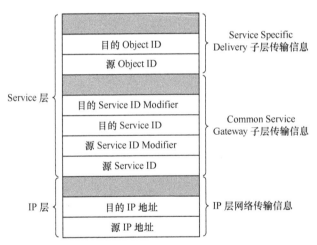

图 5-2　服务数据的分组头格式

③ 由前文可知，数据的传输需要在网络域内部和域之间进行传输，而且 SC 中的各种设备在现实中往往来自不同的 IP 网络域，因此在转发服务数据时，不仅要明确 SC 和 Object 的信息，还需要确认这些信息所对应的具体网络域信息，才能实现数据在 IP 网络中的传输。S-PoP（Service Point-of-Presence）起到的作用是处理从 SC 信息到具体 IP 网络域信息的映射，实现的是 SC 与实际网络域之间的接口，对于域间移动的用户，S-PoP 还能提供动态更新 Object ID 与具体物理转发设备之间映射关系的功能，满足了网络移动性的需求。

④ 虽然明确了源 SC、目的 SC 中对应的源 Object 和目的 Object 以及它们各自对应的 IP 网络域。但是服务数据尚缺少具体的传输起始路由器、具体的传输路径、中间需要经过的 IP 网络域、需要走的路由等信息。这样的信息存储在 Service Gateway 中，Service Gateway 主要记录的是到达某个 SC 所需要经过的具体 IP 网络路由信息，相关的信息则是 Service Gateway 通过 SGRP（Service Gateway Routing Protocol，服务网关路由协议）建立的。服务数据的层次结构以及数据在不同设备中传输时的分组头分析层次如图 5-3 所示。

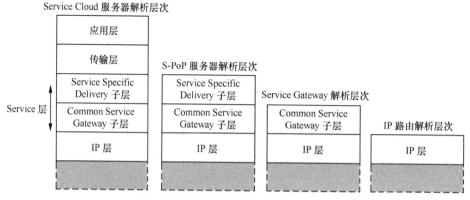

图 5-3 服务层和 SOI 协议栈

⑤ SOI 构建的面向服务的网络体系结构已经比较完整，但依然存在相关的问题需要进一步研究。比如，服务和具体的 Service ID 如何建立映射关系，服务数据的路由转发需要包含哪些信息，如何确保数据传输的安全，数据实际传输的基本流程应该是怎样的，SGRP 如何建立起相关的路由信息？这些基本问题都涉及整个 SOI 的可行性和对未来网络需求的满足程度，因此将针对上述问题按照逻辑排序之后，进行进一步的解析。

如何建立具体的服务与 Service ID、Object ID 之间的关系？这个过程类似于如何建立具体应用的域名与 IP 地址之间的关系。因此，需要建立一个与 DNS 有类似功能的服务名称解析（Service Name Resolution）系统，将具体的某项服务、能够被人所理解的基本信息名称，通过服务名称解析系统建立与 Service ID 和 Object ID 之间的映射关系。这也就是说，需要在原有的 DNS 中，额外添加域名解析系统来完成这样的事情，这样才能满足获取服务在不同 SC 的内部 Object 之间进行转发的基本逻辑拓扑信息。至于 Service ID 和 Object ID 的由来，可以参考上述②中的内容。

数据分组在原有 TCP/IP 结构的基础上添加了 CSGS（Common Service Gateway Sub-Layer，共同服务网关子层）和 SSDS（Service Specific Delivery Sub-Layer，特

定服务支付子层），CSGS 主要用于处理 Service ID 信息，明确如何经过 Service ID 的传递到达最终 Object 所在的 Service ID，图 5-3 的端到端 Service Delivery 结构就属于 CSGS 的信息；而 SSDS 则用于处理 Object ID 信息，决定一个服务数据如何在一个 SC 中的 Object 之间进行传递，图 5-3 的 Service Cloud 结构就属于 SSDS 层的信息。

CSGS 中的 Service ID 部分还有 SM（Service Modifier，服务修改）域，其具体的结构是一个 32 bit 固定长度的字信息，如图 5-4 所示。它的信息会影响在相应的 SC 中，在哪些 Object 之间传输服务数据。SM 包含两个部分，分别是 S-PoP 属性和 Service 属性，其中 S-PoP 包含 S-PoP Level 和 S-PoP ID 两个属性信息，每个 SC 会将提供 SC 与 IP 网络域之间接口的 S-PoP 进行层级划分，以计算出满足该 SC 当前转发服务的最佳需求 S-PoP，而 Service 属性则主要用于存放服务数据转发所偏向 SC 的程度和下一条信息等。具体都是逻辑抽象层次的信息，具体的物理传输路径会在 S-PoP 设备和 SG 设备中的相关 Service ID、Object ID 与物理 IP 网络路由途径映射表中查找。

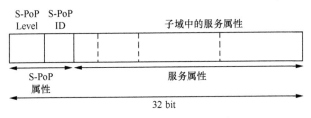

图 5-4　服务配置字段的报文格式

当一个服务获取了相关的 Service ID 和 Object ID 信息时，便可以开始转发，转发还需要考虑安全，防止地址欺骗等攻击的出现（这种想法和 IP 网络层设计时需要考虑的相关安全问题是完全类似的），需要对相关路径上的 Service ID 和 Object ID 信息进行隐藏，其中一种解决方案就是在数据进行传输时，把目标 Service ID 和 Object ID 等信息在 SG 中进行信息隐藏计算，然后建立映射关系，再把隐藏好的 Service ID 和 Object ID 填入服务数据分组中进行转发，这种做法可以实现动态的路径隐藏，保障传输地址的安全。

从前面的分析已经了解到，服务数据在之前还需要 S-PoP 和 SG 建立起相关的逻辑路径以及逻辑到物理路径的映射表，这样才能使 SC 对服务数据如何转发进行计算，同时才能让服务数据进入相应的 IP 网络域中进行传输，这里主要介绍 S-PoP 和 SG 的相关职能。

S-PoP 的职能有两个方面：一是与 SG 配合计算出服务数据的转发路径上相关 SC 的 Object 信息；二是与其他的 S-PoP 合作计算出在某个 SC 中转发服务数据到

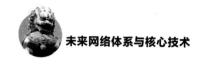

某个 Object 具体抽象层次的路径信息，已经形成了相应的协议和转发机制。

Service Gateway 的主要职能是将 Service ID 映射到具体的下一跳 S-PoP 或者 SG 对应的 IP 地址，然后转入物理网络进行转发，映射表的建立已经形成了相应的 SGRP。

5.2.2　NetServ

可编程的路由器体系结构 NetServ 是一种可动态部署网络服务的网络体系结构，主要是由于当前互联网体系结构几乎不能添加新的应用服务和功能模块，比如已有的多播路由应用协议（Multicast Routing Protocol）以及服务质量协议（Quality of Service Protocol）等，它们在互联网的应用中有着广泛的需求，但是难以应用和部署到当前的互联网体系结构中。许多新出现的网络服务需求实质上更适合放在传输网络中进行实现，虽然被放在了应用层领域，但是由于需要主机之间建立通信以提供服务保障，并且多数的服务内容与核心网络自身的已有功能是重复的，因此这种做法的效率很低。NetServ 设计的核心思想是服务模块化（Service Modularization），此设计思想正是为了改变现有网络不能满足用户的服务需求这一现状。

NetServ 首先将网络路由节点中的可用功能和资源服务进行了模块化，当需要在网络中建立一种相关的新服务时，NetServ 就会通过使用互联网络中的可用服务模块（Service Module）进行组合，最终形成相应的服务，构成服务的模块和多个模块构成的服务组件在 NetServ 中被统称为服务模块。NetServ 还提供了虚拟服务结构（Virtual Services Framework），主要是为面向服务的网络体系结构中的路由节点提供相关安全保障、可控可管理、动态添加 / 删除服务模块等功能。NetServ 中的服务模块是基于 Java 中 OSGi 框架编写的，并通过发送 NSIS 信令消息实现部署管理。NetServ 需要使用的首要关键技术有两项：Java 的 OSGi 框架和遥控模块路由器（Click Modular Router）。

OSGi 框架则是 Java 的一个组成部分，一个应用在 OSGi 中被分成了众多的模块，被划分出来的模块之间的耦合度很低，从而使得一个应用在运行的过程中能够动态地添加或者删除相关的模块，实现动态组合的理念。NetServ 使用遥控模块路由器作为基础平台，结合 OSGi 框架实现了对网络服务的动态组合和动态拆卸，不仅灵活而且使网络面向的服务具有更好的可扩展性。

遥控模块路由器集成了被称为元素的多个分组处理模块，每个元素实现一个简单的路由功能，例如对分组进行分类、排队、调度以及与网络设备实现连接等。遥控模块路由器是由加利福尼亚大学洛杉矶分校（UCLA）的 Kohler E

等人设计的，Click 是 Linux 中的一种软件体系结构，此处它被用于建立灵活的、可配置的路由器。一个路由器的配置就是一张元素位于顶点处的直连图，数据分组沿着图中的边进行传送。一些特性使元素的功能更加强大，并且更容易编写复杂的配置，包括 Pull 连接和基于流的路由关系（Flow-Based Router Context），Pull 连接是指由传输硬件设备驱动分组流为模型，基于流的路由关系可以帮助一个元素定位到它所感兴趣的其他元素。

节点的自我管理功能是 NetServ 结构实现的第 3 个关键技术，此结构节点内部的处理结构如图 5-5 所示，网络中的相关服务功能模块需要多个路由器共同参与以实现注册、组合、更新、添加、删除、注销等功能，这就说明对于 NetServ 而言，管理控制模块显得尤为重要，并且相关的出错恢复、安全问题在自动管理功能中也显得尤为重要。

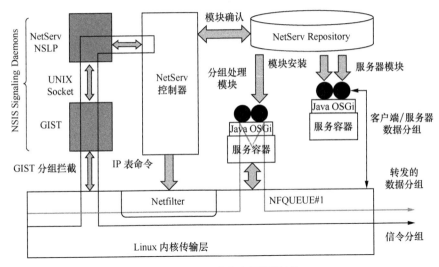

图 5-5　NetServ 节点内部处理结构

总体来说，NetServ 的管理内容需要满足出错管理（Fault Management）、配置管理（Configuration Management）、计费管理（Accounting Management）、性能管理（Performance Management）、安全管理（Security Management）5 个需求（简称 FCAPS），整个 NetServ 节点的内部详细逻辑结构以及相关的信令分组和数据分组的处理过程如图 5-5 所示，NetServ 实现的是自动部署管理功能，而不是集中式的管理，这是由于服务本身在形成时，其网络边界和服务边界是不确定的。

图 5-6 是 NetServ 的体系结构以及数据传输过程中获取服务的过程。这个体系结构中的阴影部分就是遥控模块路由器和 OSGi 框架的组成部分。遥控模块

路由器的相关元素是通过 C++ 类对元素进行描述和详细的功能定义，NetServ 则采用 Java 虚拟机中的 JNI 本地接口，实现对 Java 代码和 C++ 代码的相互调用；NetServ 中的 OSGi 启动器则有两个功能：一是启动 OSGi 框架，将遥控路由器中的元素进行模块化，并形成构建块（Building Block）；二是提供了一个 Java 类 PktCounduit，PktCounduit 使用 JNI 实现 OSGi 框架对遥控模块路由器中元素服务的转换，从而形成路由器动态可扩展的功能模块集合。

NetServ 依靠 NSIS 信令协议来实现，相关的信令能够用于 NetServ 节点的动态发现，内部服务模块的部署、NetServ 控制器则与信令进程、服务容器和节点的传输层等功能模块配合完成触发服务的动态添加 / 删除网络服务相关的功能模块，在网络中部署好的功能模块本身有自己的生命周期，需要在网络中通过信令确认自己的存在意义，否则网络服务中的各个功能模块会在超时之后直接被自动删除。最后，NetServ 控制器还有认证用户、建立 / 拆卸服务容器、提取或者分解功能模块等管理服务的策略。

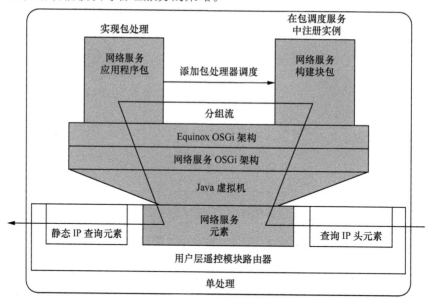

图 5-6　NetServ 原型系统体系结构

5.2.3　COMBO

COMBO 是欧盟 FP7 框架中关于网络体系结构的项目，主要研究固定和移动宽带接入 / 聚合网络收敛（Convergence of Fixed and Mobile Broadband Access/ Aggregation Network）特性，它已有 17 家合作伙伴，从 2013 年 1 月 1

日开始，为期 3 年，已经有超过 1 100 万欧元的资金投入，其中超过 700 万欧元由欧盟资助。COMBO 的目标是调查研究在未来不同的网络场景（人口密集的城市、城市、农村）下，新的固定 / 移动融合（FMC）的宽带接入 / 汇聚网络体系结构在服务功能上的收敛特性，其核心关注点如图 5-7 所示。虽然过去固定和移动接入网络自身都有很多的优化和改进，但是它们演变的趋势与网络自身现状有着显著的矛盾，换言之，当前网络的体系结构已经无法很好地适应未来的网络体系结构需求，比如说当前网络体系结构无法满足之前所提到的面向服务的可管可控管理需求。因此，COMBO 结构试图在研究靠近边缘网络相关收敛性质的基础上，得到网络的相关规律，从而提出一个面向服务的、新的、可持续发展的网络演进策略，达到提高网络性能、降低网络传输成本和能源消耗的目的。

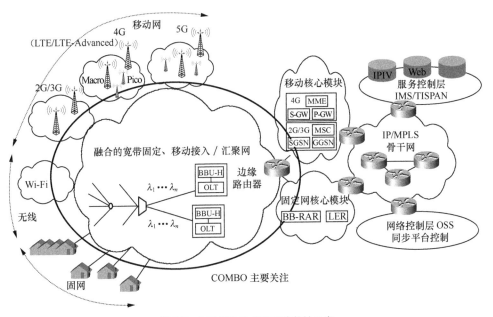

图 5-7　COMBO 服务功能收敛性示意

　　设计 COMBO 体系结构时需要考虑两个方面的收敛特性：一个是核心网络结构上的收敛特性，这对于网络资源的合理调度与配置以及网络的集中管理有指导意义，COMBO 能够更进一步地实现有效的资源分配策略和管理策略；另一个是功能的收敛特性，核心网络提供的服务在靠近边缘网络时会呈现发散的特点，比如移动网络中存在用户所接收的服务，与固网中的用户所接收的服务相同，如果能够得出这些靠近边缘网络的服务的收敛特性，那么 COMBO 就可以得到边缘网络与核心网络之间在网络服务上的差异性，从而为核心网络服务

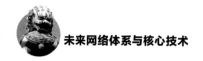

的分发提供策略依据，并对于得到更为长远的网络演进策略具有重大的理论意义。下一代固定 / 移动融合的宽带接入点如图 5-8 所示。

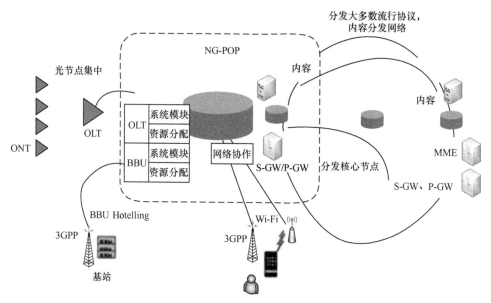

图 5-8　下一代固定 / 移动融合的宽带接入点

表 5-1 给出了 COMBO 对网络体系结构进行改进的优势。如果能够得到某类数据传输在整个网络结构中的收敛特性，也就是汇聚特性，那么在汇聚的节点处，就可以采用合理的管理方式，比如提供缓存内容的服务来降低核心网络的资源消耗，同时提升汇聚网节点到服务提供者之间的质量保障，就能够更好地改进网络服务的扩展性和资源的利用率。这可以用一种直观的现象进行描述，一个数据内容分发给多个不同的用户，在当前传统的网络中，采用的是主机之间进行的相关保障措施，而由于数据此时在网络传输中是带有多份复制的，所以这对于保障措施的实行是一种挑战，比如出现资源有限、数据冗余而保障手段难以实行的窘境。当然由于这种基于测量收敛特性的思路还处于初期研究阶段，因此还有很多关于传统网络特性的研究需要深入学习，才能更好地了解网络的收敛特性。

表 5-1　客户端设备场景与 COMBO 解决方案的比较

客户端设备情况	网络需求	COMBO 解决方案
有高宽带需求的移动客户端设备和应用	增加接入网和城域网的容量	增加更多波长和每波长容量有很好的扩展性；自组织网络易于管理；可对等连接

客户端设备情况	网络需求	COMBO 解决方案
云中的程序和数据，终端只有 I/O 功能	接入网容量由视频流（高清和 3D 高清电视）决定	集中式处理靠近边缘用户的数据存储的流量需求；本地数据存储在云中的流量管理可扩展、简单、成本效益高
增加经常连接的智能手机、个人区域网，M2M 设备的数量	单设备的低数据容量需求和高控制流量	由于光节点集中，所有网络中的 NG-POPs 比传统的集中式办公室要高，将能操作高级的控制功能具有好的动态分布式控制功能的联合控制机制

5.2.4　SONA

SONA 是以服务为导向的网络结构，SONA 的理念是思科在 2005 年为设计高级网络功能提出的一种互联网体系结构，它的目标是通过面向网络服务为用户提供更高效、便利的信息服务，改进网络的体系结构，提升网络的智能程度。如图 5-9 所示，SONA 描述了智能网络中的 3 个层次，这 3 层的关联关系是：SONA 将智能应用嵌入网络基础设备中，使网络可以识别不同的应用和服务，并能够设计相应的网络服务功能模块，更好地为用户提供支持。

应用层：包含商业应用和协作应用。这一层中的客户目标是满足业务需求，并充分利用交互服务的效率，如即时消息、电话、视频通信。

交互服务层：为利用网络基础设施的应用和业务流程而有效分配资源，如移动服务、存储服务、计算服务、身份识别服务、语言协作服务、安全服务等。

基础设施互联层：表述 IT 资源在融合网络平台上的互联，如园区网、分支机构、数据中心、WAN、MAN 和远程办公地点。在这一层中，客户的目标就是能够随时随地连接网络。

目前思科已经和埃森哲（Accenture）、毕博（BearingPoint）、凯捷（Capgemini）、美国电子数据系统公司（EDS）、易安信（EMC）、惠普（Hewlett-Packard）、IBM、微软和 SAP 等公司合作使用并推广 SONA 的相关解决方案。

该结构通过交互服务层提供应用层与网络基础设施之间的链接，提供基本服务（Based Service）、组合服务（Composed Service）和处理服务（Process Service）。设计时基于服务组合的思想，重点解决如何将应用层软件设计思想应用到网络结构中、如何描述不同的服务以及在不同的服务之间定义相应的接口，提供可管、可控、高质量的服务。结构提供的 3 种服务分别定义如下：基本服务是指数据链路层所采用的机制，如无线链路、错误校验和流量控制、排序等；组合服务是指由基础服务在控制机制下经过一定的排列组合实现的通信功能，如 TCP、IP 等协议；处理服务是指应用层为了满足用户或某种应用的要求而提供的服务，如音 / 视频的编 / 解码等。通过这些不同粒度的服务在网络控制策略的管理下组合为用户所需要的通信功能，这种方式可以彻底解决网络处理信息的灵活性问题，从而使网络可以动态地调整运行状态并达到最优化。

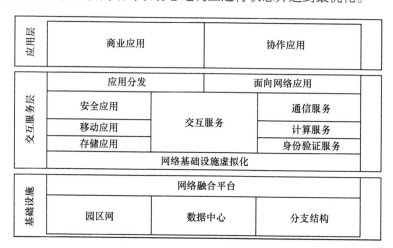

图 5-9 面向服务的网络体系结构

在这个体系下，针对网络的可扩展性、移动性和安全性，提出了相应的解决方案，比如采用智能网络、上下文敏感的路由迁移策略以及身份和位置分离的方案解决可扩展性问题；采用服务标识和位置分开，将网络作为服务资源池的方式解决移动性问题；采用虚拟化、监控和认证模块解决安全性问题。思科的基本理念是将网络看成一个服务池（Service Pool），以服务标识为核心进行路由，增加网络侧的智能，使互联网成为集传输、存储和计算为一体的服务体系，同时将云计算作为重要的组成部分。对服务进行的基本操作包括服务注册、服务请求和服务更新等。

思科以服务为导向的产品站在更高的层次，提供以服务为导向的监测指标数据，同时这些指标数据按照服务导向的形式组织在一起，把业务有关联的应用组件、网络组件串联起来，形成统一、整体的视图。网络服务流程如图 5-10 所示。

视图本身呈现了网络服务的访问关系以及数据路径，而提供网络服务的基础设施按照服务流程有序地组织在一起，用最直观的方式让管理人员获得网络服务的监测视角。在视图中，5 个关键因素构成了网络服务的核心，把

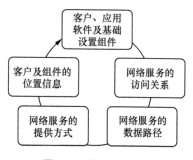

图 5-10 网络服务流程

这些因素有序地组织在一起，才能够用最直接、有效的数据呈现网络服务的运行状态，建立以服务为导向的视图。同时，这种网络性能管理的视图与 SONA 理念能够相互吻合，在视角上达成统一，把系统、网络和性能管理有机地结合在一起，对此 5 个关键因素介绍如下。

- 客户、应用软件及基础设施组件：这些组件是构成服务的基础元素，是完成业务的关键环节，包括客户端、Web 服务器、中间件、数据库、路由器、防火墙、负载均衡设备等。
- 网络服务的访问关系：客户每完成一笔完整的业务交易，所涉及的应用、基础设施组件之间前后访问的逻辑顺序和关系。
- 网络服务的数据路径：客户每完成一笔完整的业务交易，所经过的基础设施环节以及应用组件环节，体现数据传输流程和路径。
- 网络服务的提供方式：应用组件以及带有服务功能的基础设施组件，每一层向前提供服务的方式，具体则体现为 TCP 连接方式，比如常规的 TCP 连接方式、TCP 长连接、异步双工模式的长连接等。
- 客户及组件的位置信息：客户、基础设施组件、应用组件所在的位置，不同的位置对于网络服务产生不同的影响，需要区别对待，比如广域网和局域网就会有传输时延上的差异。

以服务为导向的网络性能管理则应具备在众多有关联性的组件中捕捉其复杂关系的能力，能够最大化利用自动化的故障诊断系统分析问题，从而最小化各种系统专家的人工工作量。过去通常的场景是，很少有复合型的技术专家能够运用多种技术知识综合判断问题，而是各组件的管理人员运用不同专业方法和资源分析问题，导致各持己见而无法统一观点。

即时追踪和发现问题的能力尤为重要，达成这个目标的基础有两点：一是要把网络服务与具体应用对应起来，只有这样才能在网络服务层面上获得有效的告警信息，传统的网络性能管理系统由于视角不能与具体应用对应，所以往往无法提供有效的告警信息；二是基于上一点，要具备捕捉网络服务动态变化的能力，也就是需要实时的数据分析和统计，一旦发生问题，所带来的网络服务指标变化会产生波动，这些波动的指标可以直接指示问题是什么以及问题在哪里。与被支撑的应用对应之后，网络基础设施所提供的服务质量（包括可用性、性能、负载量）都可以垂直提供，最终实现网络服务质量的可评测、可追踪。

当把原本独立的客户、基础设施组件、应用软件以服务导向组织在一起时，问题分析和定位的方式就会变得与以往不同。首先，这些组件与具体的应用是直接对应的，一旦该应用出现问题，可以直接获得所有组件和数据路径的信息，

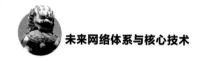

这直接缩小了问题排查的范围。其次，网络服务的提供方式是通用的网络传输协议，虽然一连串应用和基础设施组件采用不同技术实现，但是它们之间的连接和通信采用的是通用网络传输协议，一旦出现问题，在相关组件环节的网络传输行为上就会出现变化特征。即为管理人员在技术上提供了统一的问题分析接口，在问题的层次定位和位置定位环节就没有必要再引入各组件的技术专家，问题定位后，再由问题所在的具体组件（比如 Web 服务器、中间件、数据库、防火墙或者负载均衡器）的专业管理人员进行深入解析和解决。以服务为导向的网络性能管理还应具备及时发现问题并且预警的能力，在问题发生之初即捕捉到异常现象，快速进行分析和定位，在第一时间通知管理人员故障、异常的发生，并指出问题所在。

最后，无论是网络建设还是应用建设，SONA 都给网络性能管理带来了巨大挑战，未来网络管理人员在运维保障工作时将会重点考虑如何应对这种局面。网络运维管理人员的视角应不再局限于网络基础设施，而是基于以服务为导向的视角重新构建网络性能管理方法，从而帮助企业达成高效、敏捷并且统一的网络性能管理和保障目标，同时降低运维时间及人力资源成本。

5.2.5 SILO

SILO（Architecture for Service Integration，Control，and Optimization for the Future Internet，未来网络的服务综合控制与优化体系结构）是由 Dutta R 等人提出的一种以服务为中心的非分层结构，其核心思想是通过动态地组合基本的网络功能单元，形成满足特定服务的、复杂的通信任务。SILO 打破了传统严格分层的网络模型，形成了一个更加灵活的服务构建模型，正由于此结构比较灵活，所以如何实现跨层的最优化设计仍然是一个重点研究的难题。

SILO 的设计目标包括以下 3 个方面：支持可扩展定标准结构；提供交互服务；灵活、可扩展的一体化服务。

在 SILO 中，服务是网络构建的基本单元，此基本单元称为元服务，为特定业务需求提供相应的服务功能，例如端到端流控、数据分组分发、压缩、加密等。SILO 将传统层次化的协议栈进行基于元服务的分解，在传输层与数据层之间增加 SILO 层，即控制代理，以支持元服务的组合，从而将传统数据流处理过程从端节点迁移至数据流传输路径中，增强中间节点的处理能力，加快数据处理过程。只要节点资源满足要求，元服务就可以根据需要部署于网络的任意节点上，通过元服务的组合编排定制形成服务链来满足复杂的业务需求，灵活部署为上层多样化业务提供服务保证，且 SILO 结构的控制层支持节点间的动态建立连接，SILO 的基本结构和组成元素及其之间的关系如图 5-11 所示，一个端到端服务请求根据特定需求从网络元服务资源池中选择特定的元服务，按次序组合编排形成元服务链完成相应的服务请求。从图 5-11 可以看出，在 SILO 结构中，整个服务由每一个服务进行的圆形循环组合，每一个圆中都有多种方法满足同一种业务的服务需求，因此，通过这些元服务的组合编排可以灵活地为上层多样化业务提供服务。

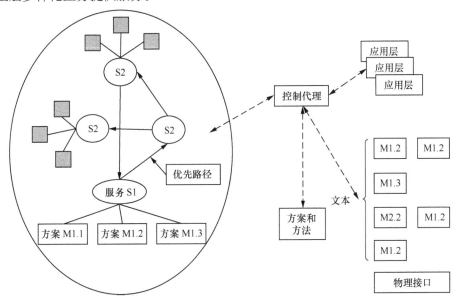

图 5-11　SILO 体系结构

5.2.6　SLA@SOI

SLA@SOI(Service Level Agreements within a Service-Oriented Infrastructure，面向服务的基础设施内的服务级协议）是由欧盟基于 Multiple 思想提出的面向服务的体系结构，之前讨论的 FIND 项目提出的结构绝大多数是基于 Singular 思想的网络堆栈，而 SLA@SOI 则是采用面向服务结构的 Multiple 思想，且通过嵌入 SLA 感知结构，使得 SLA 管理框架可以在多层次的环境中提供动态服务。SLA@SOI 结构在提供动态服务监测时有以下几点挑战。

① 服务质量的可预测性和独立性；

② 嵌入的 SLA 结构可以应用在整个网络中；

③ 支持高自动化和动态的服务协商、服务监测、服务分发等。

SLA@SOI 结构的关注点是用户、服务提供者、设备商以及软件提供者之

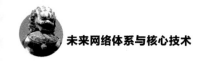

间的建立和维护关系，此结构致力于构建可以对服务进行从商业水平层次到设备水平层次的部署和实施的一个高水平业务关系框架。当用户发出服务请求时，首先对此服务需求进行分析处理，经由嵌入的 SLA 感知结构在服务提供者与用户之间建立联系，对 SLA 编排、转换、嵌入进行物理层映射到设备提供商。SLA@SOI 结构包括由上层 SLA 服务需求到低层的映射、低层元服务之间的组合编排向上层业务提供保障，中间的流信息在每一层都经过支持和协商处理流程。

5.2.7　智慧协同网络

传统信息网络的分层结构已经难以适应新型移动互联网、传感网络以及普适服务的需求等，因此必须提出新一代信息网络体系结构模型，通过对各种网络体系结构进行深入剖析，并对分层体系结构理论进行长期研究发现，网络结构均可以划分为两个基本层面：服务层面和网络层面。在此基础上提出了全新的两层体系结构模型，即网络层和服务层，如图 5-12 所示。基于此，提出了智慧协同网络体系结构。

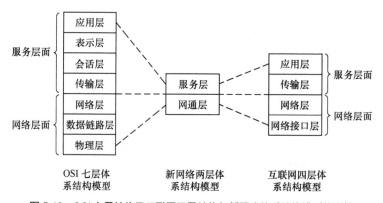

图 5-12　OSI 七层结构及互联网四层结构与新网络体系结构模型的比较

在新型网络体系的研究过程中，发现现有互联网具有三重绑定的特征，即服务的资源和位置绑定、网络的控制和数据绑定及身份与位置绑定，这种网络体系和机制是相对静态和僵化的，在此基础上的演进与发展难以突破原始设计思想的局限，难以解决网络可扩展性、移动性、安全性等问题，更难以实现网络资源的高效利用、节能等，无法从根本上满足信息网络高速、高效、海量、泛在等通信需求。为此，国家"973"项目"智慧协同网络理论基础研究"提出了资源动态适配的智慧协同网络的"三层两域"体系结构模型[14]，如图 5-13 所示。在有效解决网络可扩展性、移动性、安全性等问题的基础上，大幅度提高网络资源利用率，降低网络能耗等，显著提升用户体验。

如图 5-14 所示，智慧协同网络包括智慧服务层、资源适配层和网络组件层 3 个层面，除此之外，又可以分为实体域和行为域，分别描述各层次的功能实体和各自的行为特征。在此体系结构模型中，智慧服务层主要负责服务的标识和描述，以及服务的智慧查找与动态匹配等；资源适配层通过感知服务需求与网络状态，动态地适配网络资源并构建网络族群，以充分

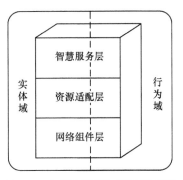

图 5-13　智慧协同网络的"三层两域"总体结构模型

满足服务需求进而提升用户体验，并提高网络资源利用率；网络组件层主要负责数据的存储与传输，以及网络组件的行为感知与类聚等。

图 5-15 对"三层两域"新体系结构模型做了进一步的描述。实体域使用服务标识（Service ID，SID）来标记一次智慧服务，实现服务的资源和位置分离；使用族群标识（Family ID，FID）来标记一个族群功能模块，使用组件标识（Node ID，NID）来标记一个网络组件设备，实现网络的控制和数据分离及身份与位置分离；行为域使用服务行为描述（Service Behavior Description，SBD）、族群行为描述（Family Behavior Description，FBD）和组件行为描述（Node Behavior Description，NBD）来分别描述实体域中服务标识、族群标识和组件标识的行为特征。该体系三层结构之间具有 3 个智慧映射函数，SID 与 FID 之间的映射完成服务需求到族群的最佳模块选择功能，FID 到 NID 之间的映射完成族群内网络组件与服务需求的匹配功能，NID 到 FID 之间的映射完成网络组件的行为聚类功能。

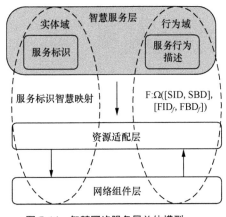

图 5-14　智慧网络服务层总体模型

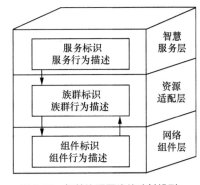

图 5-15　智慧协同网络的映射模型

在资源适配层和网络组件层之间，使用行为聚类机制：在行为域中根据族群行为描述和组件行为描述形成另一次映射，为族群功能模块判定最合理的网络组件构成，然后根据实体域的族群内联动机制，在族群功能模块内的网络组件之间建立相互联动关系，以完成族群功能模块的整体功能，实现由族群标识到组件标识的映射过程。通过这两次映射，网络资源可以依据服务需求动态适配，从而实现智慧服务。

资源动态适配的智慧协同网络的基本工作原理如图5-16所示。在智慧服务层和资源适配层之间，使用行为匹配机制：在行为域中，根据服务需求行为描述和族群功能行为描述形成一次映射，为智慧服务寻求最佳的族群功能模块搭配组合，然后根据实体域的族群间协作机制，控制指定的族群功能模块进行协同工作，从而实现服务标识到族群标识的映射过程。

总之，智慧协同网络的"三层两域"体系通过动态感知网络状态并智能匹配服务需求，选择合理的网络族群及其内部组件来提供智慧化的服务，并通过引入行为匹配、行为聚类、网络复杂行为博弈决策等机制来实现资源的动态适配和协同调度，大幅度提高网络资源利用率，降低网络能耗等，并显著提升用户体验。

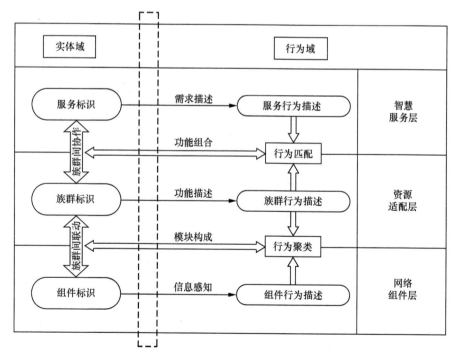

图5-16　智慧协同网络体系的基本工作原理

5.2.8　服务定制网络

服务定制网络（Service Customized Network，SCN）[5] 的基本思想是以服务标识为核心进行路由，将互联网设计为集传输、存储和计算功能于一体的服务池。与基于 TCP/IP 体系结构的互联网相比，基于 SCN 体系结构的互联网具有更多的智能，终端仅需要表达服务需求，网络会自动完成服务定位、传输及资源动态调度等功能，这种设计理念适应了互联网终端异构化的现实需求。SCN 体系结构是一种革命型（Clean-Slate）体系结构设计思路，将充分借鉴 TCP/IP 体系结构的优点和成功经验，以面向服务为核心设计理念，在体系结构和核心机理层面进行有针对性的研究，解决互联网面临的可扩展性、动态性、安全可控性等问题。

在 SCN 体系结构中，以服务标识作为沙漏模型的细腰，并以服务标识驱动路由和数据传输。服务由一组多维度属性标识，即 $Service=F(p_1,p_2,p_3\cdots)$，其中，$p_i$ 是服务的第 i 个属性。属性可以是静态的，如文件名、作者等；也可以是动态可调整的，如服务的优先级等。服务标识是服务的逻辑描述，与之对应的是服务的位置。服务标识和地址的映射信息在服务启动时注册到互联网上，注册信息由路由器分布式保存（如基于分布式散列表）。标识和位置分离的思想有助于物理地址的聚合，解决互联网核心路由器路由表膨胀的问题，也有助于对移动计算的高效支持。当服务在移动时，服务位置将发生变化，但服务标识并不会发生改变，以服务标识为驱动的路由对上层屏蔽了地址的变化，保障了服务的连续。

服务请求以服务标识驱动，根据网络中保存的注册信息实现标识到地址的映射，从而实现服务的定位。映射和定位操作均由网络完成，减轻了终端的负载，适应了终端异构化、弱智能化等趋势。如果服务在本地网络，服务请求也可由服务标识直接定位，无须进行地址映射等操作。

SCN 是集传输、存储和计算的服务池。路由节点除具有传统的路由查找、数据分组转发等功能外，还具有存储和计算功能。路由节点缓存那些经常被访问的静态数据服务（如流行的音 / 视频等），而计算功能使服务迁移到路由节点成为可能。存储和计算功能增强了网络的智能，解决了流量激增带来的互联网扩展性问题，提高了用户服务质量。存储从另一方面提供了数据分组的存储转发功能，解决了延迟容忍网络（Delay Tolerant Network，DTN）、物联网等接入问题。路由节点存储采用网络编码技术对存储空间和传输效率进行优化利用，而服务迁移采用轻量级虚拟机技术在路由节点上实现服务隔离和动态迁移。

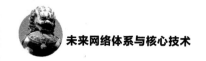

SCN 提供网络虚拟化功能，利用组合优化基本理论形成虚拟网络到物理网络的近似最优化映射。不同的虚拟网络拥有不同的资源，可根据需要承载不同的服务，满足服务多样性的需求。SCN 根据服务的需求和网络状态，实时感知用户行为、服务分布以及网络拓扑、网络流量等网络资源状态，动态调整网络资源，实现服务质量和网络资源的可管控。服务的需求由服务标识中的某些属性表示，网络状态由路由节点中的性能监测功能提供。

SCN 体系结构提供内在的安全机制，采用认证鉴权机制确保只有合法的服务提供者和服务请求者才可以访问网络，设计一系列安全机制确保服务注册、服务迁移、服务查询、服务获取等各个环节都处于安全可控的状态。SOFIA[6]从体系结构、路由、存储、计算、传输各个层面系统地提出未来网络安全性设计机理，保证未来互联网传输通道、基础设施与应用的安全与可信。

| 5.3　面向服务的未来网络核心技术 |

面向服务的未来网络体系结构核心技术主要包括服务命名、服务描述、服务标识定义域管理、注册与查询、服务标识与位置的映射、服务感知、服务寻址与路由等。

5.3.1　服务标识定义与管理

面向服务的未来互联网体系结构的基本思想是以服务标识为路由核心，实现网络的传输、存储和计算智能。借鉴传统 TCP/IP 互联网体系结构的优点，面向服务的未来互联网体系结构仍然遵循细腰模型，如图 5-17 所示。但与 TCP/IP 互联网体系结构不同，面向服务的未来互联网体系结构在细腰位置以服务标识代替原先的 IP 地址，这不仅保留了细腰模型的灵活性，也提高了网络的可扩展性。以服务标识作为细腰，不仅可以支持复杂丰富的上层服务，同时可以连接不同的底层异构传输网络，从而提供良好的互通性。

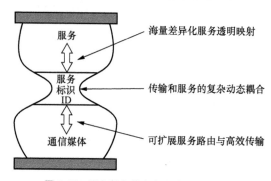

图 5-17　面向服务的未来互联网体系结构

为了实现服务的普适化与智慧化，有必要采用服务标识对服务进行统一命名和描述。由于现有互联网上的服务种类和数量繁多，扁平化的服务标识将会带来严重的可扩展性问题，因此，根据服务的各种属性对服务进行分类，并依据分类结果生成层次化的服务标识，以保证其可扩展性，表 5-2 给出了常见的网络服务分类。采用表 5-2 所列的多维服务分类模型可以提取出大量的服务属性，用以生成服务标识。

表 5-2　常见的网络服务分类

分类号	分类标准	分类内容描述
1	地区（地域）	国内、国际（分别可按区域进一步细分）
2	内容/服务提供商可信度	对服务提供者的可信度进行评估，可以分为优秀、良好、一般、差等
3	服务可信度	网络服务的多样化造成其内容影响极大，因此，需要对网络服务的可信度进行评估和分类，分类标准同上
4	所属网络	根据内容/服务提供商注册的所属网络等进行区分，如中国教育和科研计算机网、中国电信、中国联通等
5	行业类别	服务所处的不同行业，行业性质不同，服务特点也会有所差异，如教育、文化艺术及广播电影电视业，农、林、牧、渔业，科学研究和综合技术服务业等
6	服务类型	不同类型的服务，其属性也不同

　　表 5-3 对表 5-2 中的服务类型做了更进一步的描述。

表 5-3　典型的服务类型

服务类型	接入服务	虚拟空间
	电子商务	网络电话
	宽带多媒体	网络游戏
	BBS	博客
	即时通信	个人主页
	E-mail	上传下载
	短信服务	WWW
	在线视频	其他

　　例如，某个服务的类型是电子商务，内容提供者的可信度为良好，所属网络是中国联通，则其服务标识的生成将依据表 5-2 中的 2、4、6 这 3 个分类号，至于服务标识的具体生成函数可以根据实际网络环境和需要来确定。需要说明的是，表 5-2 中的网络服务分类和表 5-3 中的服务类型仅是举例说明服务属性的提取，并未涵盖所有的服务分类及服务类型。此外，服务标识在具体格式上还需要预留

若干位，以保证对未来可能出现的服务提供可扩展性支持。某些网络服务的属性具有主观性，如服务可信度等，这些属性的抽象需要考虑具体的应用环境和需求，如在某些场景下对服务可信度要求较高，这时抽象的粒度就要细一些。

智慧协同网络提出的服务命名与描述方法不仅实现了多维度、多粒度服务的统一控制与管理，而且具有高度的可扩展性。此外，在智慧服务层中，为了对服务行为进行表征，引入了服务行为描述的概念。服务行为描述是在服务命名基础上对服务的进一步描述，分为拓扑描述、性能描述和功能描述等。

对于服务行为描述，拓扑信息包括服务位置和服务缓存位置等；性能信息包括质量要求、带宽要求、时延要求、分组丢失要求和最佳通信方式等；功能信息包括服务类型、版本号、信誉属性和提供者签名等。其中，服务位置和服务缓存位置代表服务所在网络的节点设备描述，用于标记可获取服务的网络位置信息；服务类型是指服务的业务类型，如语音、视频、图片、文件等；服务的信誉属性包括用户对这个服务的感知评估和其他服务的反馈信息；版本信息用于在服务提供商发布新版本时，维持其服务标识不变的情况下更新其版本号；提供者签名则是出于安全性的考虑，用于保证信息的真实性和可靠性。

通过上面的分析可以看出，服务行为描述在服务标识的基础上，可以精确描述具有多维度、多粒度需求的服务特征及属性，为网络组件支撑智慧服务奠定了必要的基础。

在传统网络中，服务资源基本上是采用服务器集中存储的模式。随着三网融合等业务的发展，这种服务资源存储模式日益暴露出越来越严重的缺陷，当大量的用户访问视频业务资源时，会消耗海量的网络带宽及交换路由设备的资源，不仅严重影响网络的正常运转，也大大降低了用户的体验。

为此，引入服务标识来表征网络服务资源，服务标识并不随着服务资源的位置发生变化，实现了资源与位置的分离。根据服务资源的属性和用户的偏好采用合理的服务资源存储方法：集中式存储和分布式存储。例如，数据量相对较小的邮件服务等可以采用服务器集中存储的模式；数据量较大但用户访问频率较低的业务也可以采用服务器集中存储的模式；数据量较大且用户访问频率很高的业务可以采用分布式存储的模式，表 5-4 给出了一种典型的服务资源存储策略。

表 5-4　一种典型的服务资源存储策略

用户访问频率 服务资源数量	低	高
大（具有带宽消耗高等特性）	集中式存储	分布式存储
小（具有带宽消耗低等特性）	集中式存储	集中式存储

实际中的服务资源存储策略可以考虑多维度的用户需求和服务资源属性，如实时性等。下面以视频业务为例，介绍一种服务资源的分布式存储方法，图 5-18 给出了一种视频业务资源的存储方法。图中的 NSC（Network Switching Component，网络交换组件）、SSC（Service Storing Component，服务存储组件）距离客户端最近的本地 SS 上，存储用户访问量最高的热点视频业务；如果有用户访问的服务属于次热点视频业务，在本地 SSC 上没有，那么它可以访问上一级 SSC；如果上一级 SSC 也没有，可以继续向上访问，直到最终的视频服务器。

将服务标识所代表的服务 / 数据在网络中进行缓存的策略，使用户能够就近获取服务，而无须访问远端服务器。这种服务资源存储机制能够大大减少网络的服务时延、降低流量等，从而有效地提高网络资源利用率。在实际网络环境中，针对网络资源的有限性和服务资源的随机性，需要在具体的服务资源存储机制中进一步采取优化措施，如服务资源的分片存储等。

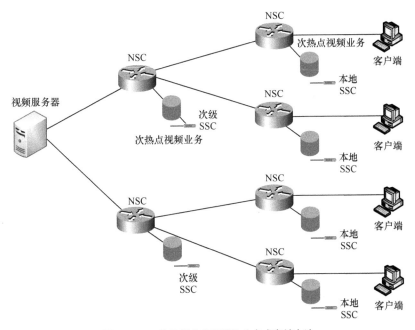

图 5-18　一种视频业务资源的分布式存储方法

5.3.2　服务注册与查询

在面向服务的未来网络中，通过服务的统一命名实现了服务资源与位置的分离。用户若想获取某次服务，则必须解决两个关键问题：服务提供者向网络注册服务，用户查询到所需要的服务。为此，面向服务的未来网络引入了服务标识查询系统，用以实现服务注册与查询，图 5-20 给出了服务注册和查询的方法。首先，服务提供者必须注册所提供服务的服务标识及服务行为描述信息到服务标识查询系统，以方便用户查找相应的服务。其次，在服务的查询方面，当用户请求某个服务时，可通过发出多种不同的服务请求消息到服务标识查询系统。例如，精确服务请求消息，即直接提供服务标识信息；模糊服务请求消息，即提供服务行为描述信息；混合服务请求信息，即提供服务标识与服务行为描述部分属性信息的组合。然后，服务标识查询系统通过服务标识动态查询算法，查询用户所需服务对应的服务标识和服务行为描述信息组合，返回到用户以供其自主选择，最终使用户可以获得满意的服务。

在实际网络环境中，为了实现上述功能，需要在每个网络域内设置一个逻辑上的服务解析服务器，用以管理这个域本身能够提供的服务，如图 5-19 所示。

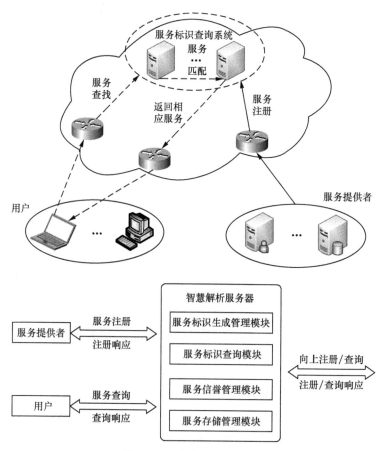

图 5-19　服务注册和查询方法

在服务注册方面，服务提供者必须将服务的服务标识及其服务行为描述信息提供给所在域的服务标识查询系统。服务标识查询系统将上述信息存储在本地数据库中，并向上级和与自身相连的服务标识查询系统通告服务注册消息，从而完成服务的注册。在服务查询方面，当一个用户希望获得某个服务时，向其本地服务标识查询系统发送服务查找请求，用户可发送精确请求，即 SID，也可发出模糊请求 SBD，或者发送 SID 和 SBD 部分属性信息的组合。本地服务标识查询系统的服务标识查找模块对用户请求进行匹配，如果能精确匹配并且本地网络能够提供该用户需要的服务，则直接为该用户提供服务，返回 SID+SBD；反之，如果本地网络不能提供该用户需要的服务，则将该用户发出的服务查询请求向上一级服务标识查询系统转发，直到找到用户所需要的服务，返回 SID+SBD。

在服务标识的注册和查询过程中，服务标识查询系统处于核心的地位。因此，服务标识查询系统的可靠性及在大规模网络环境下的可扩展性是必须要考虑的问题。在可靠性方面，可以在服务标识查询系统的实际部署过程中采用冗余备份的方案；在可扩展性方面，可以采用层次化的分布式部署方案，这样可以实现服务标识查询系统的分级管理，提高其在大规模网络环境下的可扩展性。

5.3.3　服务动态感知方法

研究服务动态感知方法，科学合理地感知服务需求和行为变化，是实现面向服务的未来网络的重要保证。服务动态感知测量主要包含以下 3 个方面。

① 服务提供者应该感知测量用户的需求，根据用户的服务请求行为，为用户提供个性化的服务。

② 当网络组件转发用户服务请求时，感知用户需求服务的描述信息，并将相关信息通告服务标识查询系统，该系统通过统计服务请求的分布特征，对服务的流行度等进行测量，以确定其流行度等级。

网络组件对流经的服务数据进行感知，提取出对应的服务标识及服务行为描述信息，并根据服务流行度等级确定是否缓存该服务。若需要缓存，则该网络组件发送通告消息到服务标识查询系统，注册其组件标识信息及所缓存服务的服务标识与服务行为描述信息。服务标识查询系统通过分析收集到的服务标识及网络组件信息等，为用户选取合适的网络组件以提供相应服务，从而获得良好的用户体验。如图 5-20 所示，服务标识查询系统为用户选取网络组件 NID1 和 NID2，就近为用户提供服务。

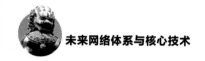

图 5-20　服务动态感知示例

③ 动态感知服务行为变化，并提取相应的服务行为描述信息，为合理分配网络资源提供必要的依据。

5.3.4　服务标识与位置的映射

面向服务的未来网络体系结构通过服务标识的定义把服务与位置隔离开来，为了查询服务的位置，需要建立服务标识与位置之间的映射系统。未来网络体系结构对服务标识与位置之间的映射系统提出了新的要求。首先映射系统本身必须具备较好的可扩展性，其次映射系统应能够支持扁平结构标识的映射解析。对传统 DHT 的改进能够有效解决可扩展性问题，但面临映射解析高时延的问题，且大部分基于传统 DHT 构建的映射解析系统都假设标识是可汇聚的，没有考虑扁平标识问题。

基于位置感知 DHT 的分层映射解析（LMChord）系统关注如何利用分层来构建位置感知的映射解析系统，从而提高网络效率。LMChord 是一种三层结构的映射解析系统，最底层是物理空间，中间层是逻辑空间，最高层是交换空间。此结构使用服务标识建立通信，使用位置（LOC）完成底层物理网络路由。LMChord 本质上是一个分层内嵌系统，支持扁平标识且能够最小化域间查询流量，降低映射解析时延，提高健壮性。与基于簇构建分层覆盖网络不同，LMChord 首先在网络的每个域内构建独立的位置感知 DHT 覆盖网络，然后在 DHT 域之上再构建更高层的位置感知 DHT 覆盖网络，更高层的 DHT 覆盖网络

作为不同低层 DHT 域之间的驿站。这将弥补分层系统所带来的不足，可实现可
扩展性、最小化路由冗余跳数、低映射解析时延以及递增部署之间的良好平衡。

5.3.4.1　LMChord *系统框架*

LMChord 系统框架由多级分层互联 DHT 系统（即 DHT 域）构成，如图
5-21 所示，DHT 域之间以分层嵌套的结构形成 DHT 树。分层嵌套结构与底层
网络拓扑结构一致，能够最小化拓扑不匹配引起的路由效率低下问题。不同层
面的 DHT 域代表不同拓扑级别的网络，如自治域（AS）级别和入网点（Point
of Presence，POP）级别。分层 DHT 能够自由地适应和满足现有网络拓扑结
构和需求，在最底层，LMChord 由映射解析服务器组成，主机通过入口路由
器（ITR）或出口路由器（ETR）接入映射解析系统中。在 POP DHT 层，最底
层的映射解析服务器按物理位置组织成 DHT 域，DHT 域是按照 LMChord 构建
算法构建的，每一个映射解析服务器根据自己的物理位置加入自己所属的 DHT
域中。在最高层 AS DHT 中，下层的 DHT 域按照物理位置构成一个更高层的
DHT 域，称为 AS DHT。

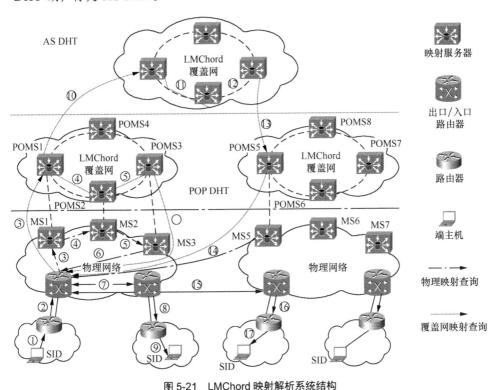

图 5-21　LMChord 映射解析系统结构

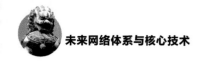

5.3.4.2 服务标识与位置的映射解析过程

当用户请求得到服务标识为 SID 的服务时，主机要与满足 SID 对应服务实例所在的主机建立通信，首先向映射解析系统请求 SID 所在主机的位置信息，基于域的分层 LMChord 系统的映射解析过程分两种：域内映射解析和域间映射解析。以图 5-21 所示为例对基本的映射解析过程进行描述。

步骤 1：源端主机将所需服务的数据分组发送到 ITR，此数据分组含有流标识、套接字、源地址等信息，表示用户将要和能够提供满足 SID 的服务实例的主机进行通信。

步骤 2：当 ITR 接收到数据分组后，首先查询本地映射表是否缓存有 SID 的位置映射表项。如果有，ITR 将直接在数据分组头部封装一个 LOC 的目的地址，封装以后的数据分组将使用图 5-21 中隧道⑦路由到出口路由器中；如果本地映射表中没有缓存 SID 的位置映射表项，ITR 将向 LMChord 映射解析系统发送一个映射解析请求，如图 5-21 中③所示。

步骤 3：当 LMChord 映射解析系统接收到映射解析请求时，通过解析机制从本地 DHT 域中获取 SID 的位置映射表项，解析过程如图 5-21 中④⑤⑥所示。可以看出，物理网络中邻近的节点在逻辑网络中也是相邻的，这是因为 LMChord 映射解析系统是基于空间位置特征构建的。

步骤 4：如果本地 DHT 域中没有 SID 的映射解析表项，查询请求将首先被发送到更高层的 DHT 域中以查询 SID 所属的 DHT 域，如图 5-21 中⑩⑪⑫所示。然后，查询请求将被转发到 EID3 所属的 DHT 域中，查询获得的映射解析表项将被转发到 ITR 中，如图 5-21 中⑬⑭所示。

步骤 5：AS 级别 DHT 的构建也是考虑到低层 DHT 域之间的位置关系。值得指出的是，每个 SID 可能会有多个对应的位置标识 LOC。在这种情况下，映射解析系统将会根据 SID 优先设定反馈相应的位置标识 LOC，或者将所有的位置标识 LOC 都反馈给 ITR，由 ITR 决定使用哪个位置标识 LOC。

步骤 6：获得服务实例的位置信息 LOC 以后，ITR 将位置标识 LOC 作为目的地址封装在数据分组的头部发送到 ETR 中，如图 5-21 中⑦或⑮所示。

步骤 7：当 ETR 接收到数据分组后，首先将外层的头部剥离，然后将数据分组发送到服务实例所在的主机中，如图 5-21 中⑧⑨或⑯⑰所示。

5.3.4.3 映射解析机制

Chord 是一种经典的 DHT 系统，系统在构建时为节点分配一个 k 个比特标识 ChordID，所有 ChordID 标识空间组成一个环。一个父节点存储环中，节点标识出大于此节点标识值的全部节点，对任意 ChordID 的请求首先路由至该 ChordID 的父节点。Chord 对每个节点存储的映射解析表项进行随机化，不存储节点的位置信息，可以均衡节点负载，但会导致 Chord 系统的物理拓扑与逻辑拓扑不一致，致使映射解析系统的性能随底层网络规模的不断扩大而严重下降。

　　针对物理拓扑与逻辑拓扑不一致性的问题，LMChord 的基本思想是充分利用节点间空间位置属性，构建一个全局最优或近似最优的 DHT 系统，使在物理网络相邻的节点在覆盖网中也邻近。在 LMChord 系统的 POP DHT 中存储本地域中标识 Key 与位置 Locator 间的映射表项，AS DHT 中存储的是标识 Key 与 POP DHT 域标识 PID 的映射表项，其中 Key 为标识的散列值，AS DHT 是 POP DHT 间的沟通桥梁。

　　LMChord 系统的有两种基本操作，即注册和解析，如图 5-22 所示。主机与 ITR 连接以后，从 ITR 中得到一个服务实例的位置标识 LOC，并向映射解析系统注册 SID 和相应的 LOC，LMChord 系统通过注册操作完成映射表项的注册。ITR 接收到含有 SID 的数据分组后，查询本地映射表中是否缓存该 SID 服务实例的位置信息，若没有，则通过解析操作从 LMChord 系统中获得服务实例的位置信息。

　　（1）注册操作

　　所有 DHT 域的关键字存储表项都是 SID 的散列值，主机与 ITR 连接以后，主机首先向 LMChord 系统进行注册，从而可以被其他主机访问，如图 5-22 所示，需要注册位置绑定与间接绑定两种关系。位置绑定指把服务标识与主机位置绑定；间接绑定指把服务标识和主机所在 DHT 域的标识绑定，用于不同 DHT 域间的映射解析。首先把映射表项 SID-to-LOC 注册到 SID 所属的 POP DHT 域中，这种 POP DHT 本地化可以缩短解析时延；其次把间接绑定的映射表项 SID-to-PID 注册到更高层的 AS DHT 中，且移动设备在域内移动时对其他 DHT 域解析映射请求不产生任何影响，能够较好地支持移动性。

　　（2）解析操作

　　图 5-22 描述了 SID 请求服务实例位置的过程，解析请求先被发送至 SID 所属的 POP DHT 域，如果该域不含此 SID 的映射表项，则将解析请求转发至更高层 AS DHT 域查询 SID 所属的 POP DHT 域。根据查询的结果把解析请求转发至相应的 POP DHT 域查询该 SID 的映射表项，然后转发至 SID 所属的 ITR。这种解析操作首先查询本地 POP DHT 域，在必要时才把解析请求转发至更高层 AS DHT 域，由于域内主机的距离比域间距离要近，因此可以最大限度地降低解析时延。

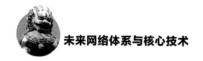
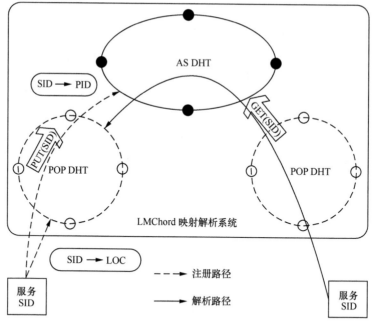

图 5-22 LMChord 映射解析系统基本操作

5.3.5 服务寻址与路由

面向服务的未来网络支持节点间不同服务的组合，将传统数据流处理过程从端节点迁移至数据流传输路径之中，增强中间节点处理能力，从而加速数据处理过程，能够通过服务的编排定制以及灵活部署为上层多样化业务提供服务保证。在面向服务的未来网络中，只要节点资源满足要求，服务可以根据需要部署于网络的任意节点之上，不同服务之间可以组合编排形成服务链来满足复杂业务需求。

为满足业务的多样化服务需求，面向服务的未来网络采用服务寻址与路由机制实现由服务到业务的映射。管理节点需要根据网络对位于多个服务节点上的服务进行组合，并选择能够到达目的节点的一条最优路径，且路径上的服务节点必须具备满足业务需求的服务，这种跨越全网、满足特定业务传送需求的节点—链路序列就称为服务路径。如何根据上层用户的服务请求构建一条最优的服务路径并部署相应服务，便是服务寻址与路由机制中最关键的一环。

以图 5-23 为例对服务路由机制进行实例化说明。

用户向网络中发送一个业务请求。作为管理节点的核心模块，服务路由引擎首先对业务进行规则验证以及需求分析，通过在元服务数据库中进行语义映射，得到其服务需求集合。然后通过组合服务构建能够实现满足业务需求的服务链，即流控（Traffic Control）→ SSL → IDS。接着，服务寻址与路由引擎通过对网络资源进行感知，得到网络拓扑以及各节点资源情况。最后，根据业务服务质量约束以及服务属性约束搜索合适的网络路径，并结合区域内各节点的服务供给能力、负载均衡等分布情况做出服务映射决策，在相应服务节点部署实现特定服务，从而完成针对特定服务请求的服务路径构建策略。该策略规则可表示为 <{R3, R4, R6}, {TC, SSL, IDS}>。

针对以上描述，服务寻址与路由机制涉及服务组合、服务布局以及约束路由问题，与传统分离式的研究策略不同，本书将其进行统一结合考虑，即在考虑实际物理网络约束（如节点处理能力、链路带宽等）、节点服务能力（能够提供的元服务）以及服务依赖关系的情况下，在网络中选择一条最优的路径，并将相应元服务组合链映射部署到特定的节点集合中，从而构建得到满足需求的服务路径。下面将对此问题进行建模分析。

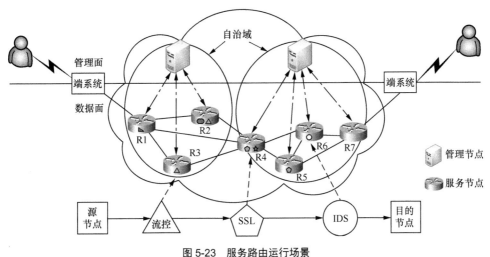

图 5-23   服务路由运行场景

5.3.5.1   模型建立

根据前述分析，本书将服务路由问题（Service Routing Problem，SRP）建模为多目标约束下的最优化问题。文献 [7] 证明这是一个 NP 难问题。为了解决此问题，首先对 SRP 涉及的多个概念进行定义，具体如下。

定义 5-1（服务请求 R）：服务请求表示用户的特定服务请求，是构建服务路径的基础。

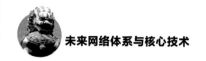

$$R = \{v_s, v_d, Q_{\text{req}}, [S_{k_1}, S_{k_2}, \cdots, (S_{k_i}, \cdots, S_{k_j}), \cdots, S_{k_n}]\} \tag{5-1}$$

其中，v_s 表示服务请求源节点，v_d 表示服务请求目标节点，Q_{req} 表示服务请求的质量要求，包括带宽、时延、处理能力等。$[S_{k_1}, S_{k_2}, \cdots, S_{k_n}]$ 表示服务请求所需的服务集合。其中，考虑服务之间的依赖关系，有序服务集合为

$$(S_{k_i}, S_{k_j}) : S_{k_i} \to S_{k_j} \tag{5-2}$$

式（5-2）表示服务 S_{k_i} 依赖于服务 S_{k_j}，在服务实现过程中不能交换相应服务的先后次序。无序服务集合定义为

$$[S_{k_i}, S_{k_j}] : S_{k_i} \leftrightarrow S_{k_j} \tag{5-3}$$

式（5-3）表示服务 S_{k_i} 不依赖于服务 S_{k_j}，在服务实现过程中可以交换相应服务的先后次序。因此，根据服务请求 R 可以构建相应服务链 RC，即

$$RC : S_{k_1} \leftrightarrow S_{k_2} \to S_{k_i} \to S_{k_j} \leftrightarrow S_{k_n} \tag{5-4}$$

定义 5-2（服务路径 P）：服务路径 P 表示一个候选直连序列。

$$P = \{E^P, M^P\} = \{v_0, e_0, v_1, e_1, \cdots v_n, e_n\}(n>0), \quad e_i = (v_{i-1}, v_i) \tag{5-5}$$

其中，E^P 表示边集合，M^P 表示节点集合，v_0 表示源节点，v_n 表示目的节点，e_i 表示节点 v_i 与 v_{i-1} 之间的连接边。$U_i = \{S_{k_i} \mid S_{k_i} \to v_i\}$ 表示服务节点 v_i 能够提供的特定服务集合。

定义 5-3（服务质量 Q_{path}）：服务质量 Q_{path} 是服务路径端与端之间的评价标准。评价标准是由域内管理节点进行定义，可根据用户需求进行灵活扩展。

$$Q_{\text{path}} = \frac{1}{C_{\text{path}}} \tag{5-6}$$

$$C_{\text{path}} = \omega_p \sum \frac{p_{s_i}}{q_{v_i} + p_{s_i}} + \omega_b \sum \frac{b_{s_i}}{c_{v_i} + b_{s_i}} + \omega_d \sum \frac{D}{D + D_{\max}}, \quad c_{v_i} = \sum l_{v_i, v_{i+1}} \tag{5-7}$$

其中，C_{path} 表示服务路径代价函数，p_{s_i}、b_{s_i} 分别表示服务 S_i 所需的计算资源与带宽资源，q_{v_i}、c_{v_i} 分别表示提供服务 S_i 的节点剩余计算资源与带宽资源，$l_{v_i, v_{i+1}}$ 表示节点 v_i 到下一节点 v_{i+1} 的链路可用带宽，D 表示两个相邻节点间的端到端时延，$D_{\max}$ 表示两节点间所允许的最大时延，n 表示服务路径上的节点数量，ω_p、ω_b、ω_d 分别表示针对计算资源、带宽资源以及时延指标的权重因子。此外，式（5-7）对其进行了无量纲处理，因此便于后续扩展。

定义 5-4（等价服务路径）：当两条服务路径所经过节点集合提供的服务序列相同时，即称之为等价服务路径，定义如下。

$$P_x = P_y : \forall v_x \in M^{P_x}, \forall v_y \in M^{P_y}, \bigcup U_x = \bigcup U_y \tag{5-8}$$

定义 5-5（**SRP 问题**）：服务路由问题可描述为一个多目标约束下最优化问题。服务网络可以使用图表示为 $G=(V,E)$。其中，节点集合 V 表示网络中服务节点集合，E 表示节点的连接关系。通过对图 G 的搜索，找到一条路径满足下列条件：① 每个节点资源不发生过载；② 每条链路不发生拥塞；③ 路径上节点所提供服务序列满足服务请求中的元服务要求；④ 服务路径质量不低于服务请求中的服务质量要求。综上所述，SRP 定义为

$$\text{Object} \quad \max \quad Q_{\text{path}}$$

$$\text{s.t.}\begin{cases} path=(E^P, M^P) \\ \forall v_i \in E^P, \ q_{v_i} \geq 0, \ c_{vi} \geq 0 \\ \forall e_i \in E^P, \ l_{v_i, v_{i+1}} \geq 0 \\ \bigcup U_i = \{S_i \mid S_i \in RC, \ i=1,\cdots,n\} \\ Q_{\text{path}} \geq Q_{\text{req}} \end{cases} \qquad (5\text{-}9)$$

5.3.5.2　算法实现

针对面向服务的未来网络中服务寻址路由特点，本章介绍一种基于分布式选择探测的服务路由算法。分布式选择探测机制的基本思想是在某个端节点（不失一般性，选择目的节点）生成路径查询探针，向其满足条件约束的邻居节点进行发送。其关键点在于分布式选择的实现，即不像传统探测算法那样仅在端节点进行探针选择，而是在网络中所有节点均进行探针的选择，只有当探针测得的服务路径比之前探针测得的服务质量高时，节点才转发此探针，因此大幅减少了网络探测开销。分布式选择探测算法主要分为两部分：探针处理和探针转发。探针处理过程依据 SRP 最优化模型中的节点资源约束、链路约束以及服务质量约束条件做出优化决策，决定将探针丢弃或者加入转发队列。探针转发过程依据 SRP 最优化模型中的元服务约束条件筛选合适的邻居节点，然后转发各节点的探针缓存信息，并周期性清除探针缓存。

针对 SRP 最优化模型，服务路由算法采用探针选择方式在所有节点之中进行基于约束条件的优化决策，分布式实现方式避免算法陷入局部最优解，同时提高了算法的执行效率，在网络规模增大时确保服务路由机制的可执行能力。此外，服务路由算法中对服务路径的构建是基于约束条件逐步进行节点筛选以及链路构建的，因此，确保了最优服务路径中的部分服务路径同样是最优的，满足最优化理论的原则。

图 5-24 是服务路由算法的一个探针转发过程示例。$S=\{S_1, S_2, S_3\}$ 表示服务请求中的元服务序列。图 5-24（a）表示通过一个探测周期，节点 c 在网络中搜索到

两条等价服务路径。服务路由算法仅转发测得服务路径质量高的探针。假设元服务 S_2 可以在节点 c 部署实现，则节点 c 转发探针（$c, d,$ Destination, $Q_{path}1$）。同样地，在图 5-24（b）中，探针（$f, I,$ Destination, $Q_{path}2$）被选择。在图 5-24（c）中，节点 b 从节点 c 以及节点 f 接收到两个查询探针，从而得到两条等价服务路径。同样地，假设元服务 S_1 可以在节点 b 部署实现，当两个探针位于同一探测周期时，节点 b 选择服务质量高的探针进行转发；当两个探针位于不同探测周期，仅当后一周期中的探针服务路径质量高时，才选择后一周期中的探针进行转发，否则丢弃。假设路径（$b, c, d,$ Destination）被选择，然后被转发至源节点 s 作为候选服务路径。图 5-24（d）表示源节点 s 接收到多条候选服务路径，最终选择服务质量高的路径，即（Source, $b, c, d,$ Destination）。

考虑到服务间的依赖关系，图 5-25 展示了服务路由算法的探针处理过程。即探针依次将节点 d、c、a、b、a 加入服务路径中，同时根据节点能力依次部署服务 S_5、（S_4, S_6）、S_2、S_3、S_1。由于服务 S_1 与 S_3 存在依赖关系，因此节点 a 在服务路径中先后出现两次，先后分别部署服务 S_2 和 S_1。

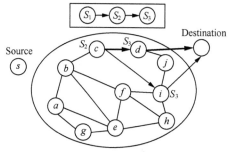

（a）节点 c 依据高路径服务质量选择
经过节点 d 的对等服务路径

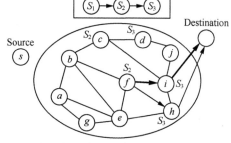

（b）节点 f 依据高路径服务质量选择
经过节点 i 的对等服务路径

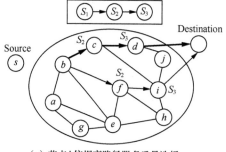

（c）节点 b 依据高路径服务质量选择
经过节点 c、d 的对等服务路径

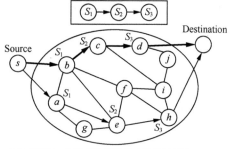

（d）源节点 s 依据高路径服务质量选择候选
服务路径（Source，b，c，d，Destination）

图 5-24　服务路由算法转发过程示例

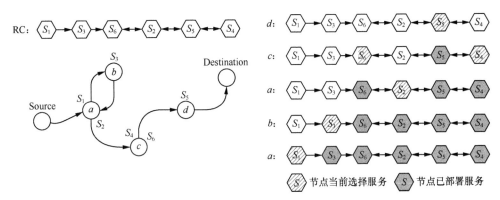

图 5-25　服务路由算法探针处理过程示例

此外，考虑通过定义相关参数来限制探针数量，从而减低算法开销。参数定义如下。

① 缓存计时器 T：节点每隔 T 毫秒，清除一次缓存，即 T 毫秒表示一个探测处理周期。

② 转发限制参数 $\bar{N}$：每个节点针对特定服务组合会话最多转发 $\bar{N}$ 个探针。

③ 扩散限制参数 $\bar{M}$：每个节点探针随机转发至 $\bar{M}$ 个合格邻居节点。

④ 边界限制参数 $\bar{H}$：当一个探针经过 $\bar{H}$ 个节点之后仍然没有找到一条合适的服务路径，则丢弃该探针。

⑤ 选择限制参数 Q：当且仅当探针探测到的服务路径超出原有最优服务路径的服务质量达到 Q（百分数）时，节点根据探针信息更新服务路径，转发探针。

服务路由算法的具体过程见表 5-5。

表 5-5　服务路由算法

算法 5-1：服务路由算法
Probe Processing:
① **On** receiving probe p on node n
②   **if** n does not fit in p.servicePath, **then**
③   drop p and **return**
④   **if** p.quality < expectedQuality(p) or p.quality < $buffer$.bestQuality(p), **then**
⑤   drop p and **return**
⑥ p=annex(n,p)
⑦   assign p to buffer
⑧   **return**
Probe Forwarding:
⑨ **On** probe assignment to buffer
⑩   **if** buffer is empty **then** start timer *Timer*

续表

算法 5-1：服务路由算法

⑪	*buffer*.setBufferBestQuality(*p*)
⑫	**return**
⑬	**On** *buffer Timer* timeout
⑭	**for** each probe *p* in the buffer
⑮	**if** *probe*.servicePath is achieved, **then**
⑯	**if** *probe*.target == *n*, **then** announce probe locally
⑰	**else** send *probe* to *probe*.target
⑱	**else**
⑲	**if** numberOfHopsTraversed(*probe*) > $\bar{H}$ **or**
	n.numberOfForwards(*probe*.sessionID) > $\bar{M}$, **then**
⑳	remove *probe* from buffer and **return**
㉑	Forward *probe* to not more than $\bar{N}$ qualified nodes in n.neighbors
㉒	Increase *n*.numberOfForwards(*probe*.sessionID)
㉓	**end for**
㉔	setExpectedQuality(*probe*, *probe*.quality*(1+$\bar{Q}$))
㉕	remove *probe* from buffer
㉖	**return**

算法第②~⑤行表明当节点 *n* 接收到一个路径查询探针 Probe 时，如果节点 *n* 不能提供所需服务路径中的至少一个元能力，或者探针测得的路径服务质量相对于已转发探针没有显著提升 $1+\bar{Q}$，或者低于缓存中待转发探针的服务质量，则丢弃此探针。算法第⑮~⑰行表明当服务路径构建完成时，节点 *n* 向目的节点发送确认探针进行反向资源预留，即部署实现相应元服务。算法第⑲~㉒行表明通过本书所提 4 个限制参数对探针数量进行有效限制。

在服务路由过程中，当某些网络节点不能提供任何元服务时，则此空白节点只进行探针转发，不做其他处理。因此，在算法实现过程中将此类空白节点视为服务节点间链路的一部分，空白节点的存在不影响服务路由算法的准确性以及高效性。同时，在服务路由算法中，每个探针都会有相应的服务请求会话标签，即不同服务请求会话所产生的服务请求相互之间没有影响，因此服务路由算法支持多服务请求会话共存下的多条服务路径同时构建。此外，由于服务路由算法是在路径建立之后统一进行元服务部署，因此它有效解决了传统中间件服务部署中的环路问题。

参 考 文 献

[1] 唐红，张月婷，赵国锋 . 面向服务的未来互联网体系结构研究 [J]. 重庆邮电大学学报（自然科学版），2013，25(1)：44-58.

[2] BRAUN T, HILT V, HOFMANN M, et al. Service-centric networking[C]// Proceedings of IEEE International Conference on Communications Workshops (ICC), Kyoto, IEEE Press, 2011: 1-6.

[3] BRADEN R，FABER T，HANDLEY M. From protocol stack to protocol heap: role-based architecture[J]. ACM SIGCOMM computer communication review, 2003, 33(1):17-22.

[4] 张宏科，罗洪斌 . 智慧协同网络体系基础研究 [J]. 电子学报，2013, 41(7): 1249-1254.

[5] 刘韵洁，黄韬，张娇，等 . 服务定制网络 [J]. 通信学报，2014, 12.

[6] WU Q, LI Z, ZHOU J, et al. SOFIA: toward service-oriented information centric networking[J]. Network, IEEE, 2014, 28(3): 12-18.

[7] CHOI S Y, TURNER J S, WOLF T. Configuring sessions in programmable networks[J]. Computer networks, 2003, 41(2): 269-284.

第 6 章
面向移动性的未来网络体系

移动性一直以来都是网络体系发展面临的重要难题。本章首先介绍传统网络中的移动性技术如 Moble IPv6、HMIPv6、FMIPv6 等，然后重点对典型新型移动性技术如 LISP、HIP、LIN6、Six/One、MobilityFirst 等进行阐述，最后分别从 NDN 对移动性的支持和分布式移动性管理技术方面进行分析。

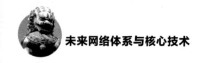

| 6.1 移动性技术概述 |

随着移动通信技术的迅猛发展，基于无线连接的移动设备日渐普及，移动计算平台和移动终端（子网）正在取代传统固定的终端/服务器的通信模式，并将成为互联网的基本属性。在互联网体系结构中，移动性一般是指移动用户或终端在网络覆盖范围内的移动过程中，网络能够持续提供其通信服务能力，用户的通信和业务访问不受位置变化和接入变化的影响，即独立于网络服务接入点（简称接入点）的变化。

移动性支持技术最初诞生于蜂窝移动通信网中，随着通信技术、计算机技术和集成电路技术的快速发展，人类对信息通信的需求也不断扩张，对移动性的要求也越来越高，最终目标是实现"5W"（Whenever、Whoever、Wherever、Whatever、Whomever）通信，即任何时间任何人在任何地点用任何设备与任何人进行通信。

现有的互联网设计之初是针对固定节点之间的通信，移动性被认为是少量终端节点的一种临时性、偶然性的网络行为，传统 TCP/IP 体系结构对移动性支持不足，主要体现在 IP 地址的语义过载问题，IP 既代表节点的身份，又代表节点的网络地址。当节点在网络内移动时，网络身份一般不会改变，但是，由于节点位置以及路由信息的改变，IP 地址必然会变化。IP 地址语义过载问题极大地限制了用户对网络资源的获取。首先，各种网络资源本身就是以其所在的 IP 地址作为标识，这就要求用户需要网络资源的位置信息，一旦资源的位置发生改变（节点移动、文件存储目录改变等），用户将不能根据原有的位置信息来获取资源。其次，网络服务仅限于特定 IP 地址段的用户访问，若某个用户的网络位置发生了变化，即使身份合法也无法获得原有的服务。从用户的角度来看，网络本身对于应用而言是透明的，用户从一个 IP 地址改变到另一个 IP 地址，网络应用需要重新适配和重新建立回话，导致用户体验下降。

为了支持互联网中节点的移动性，国际标准化组织（IETF）从 2002 年开始陆续成立相关工作组，研究讨论互联网节点的移动性管理问题，并先后推出了 MIPv4（Mobile IPv4，移动 IPv4）、MIPv6（Mobile IPv6，移动 IPv6）、HMIPv6（Hierarchical Mobile IPv6，层次型移动 IPv6）、FMIPv6（Mobile IPv6 Fast Handovers，移动 IPv6 快速切换）、PMIPv6（Proxy Mobile IPv6，代理移动 IPv6）等方案，然而这些互联网移动性管理方案不够完善，并未从体系结构的层面解决 TCP/IP 设计之初存在的移动性缺陷，还会带来性能、安全上的问题。

一方面，针对 IP 地址存在的固有缺陷，人们意识到网络标识不能够简单定义为位置标识，而应当能够严格区分固定标识和可变标识，从而建立网络实体标识和网络位置标识两套标识系统。国际 IAB 组织提出通过引入两个名字空间来分别表示节点的标识（身份）和位置，即所谓的 Locator/Identifier Split，以解决 IP 地址语义过载问题。围绕着如何设计标识和位置分离的网络体系结构，学术界和产业界均提出了一系列解决方案。另一方面，为了支持未来海量移动终端，克服 MIP 及相关协议采用集中式移动性管理带来的可扩展性问题，业界也开始关注分布式移动管理（DMM）方法。

互联网本身也在不断演进，如何实现新型互联网结构下的移动性管理也成为新的关注点，NDN 体系结构就是典型代表。NDN 使用数据名字而不是 IP 地址进行数据传递，让内容本身成为 Internet 结构中的核心要素，使内容代替终端成为移动性的主体，也产生了新的移动性问题。

| 6.2　传统网络的移动性技术 |

在过去的几十年中，研究者们花费了大量的精力考虑全球互联网的移动性支持问题，并提出了一系列解决方案，表 6-1 给出了传统网络的主要移动性支持协议[1]。

表 6-1   TCP/IP 结构下的移动性支持协议

协议	年份	协议	年份
Columbia[2]	1991	HAWAII[8]	1999
Mobile IPv6[3]	1996	NEMO[9]	2000
MSM-IP[4]	1997	E2E[10]	2000
Cellular IP[5]	1998	M-SCTP[11]	2002
HMIPv6[6]	1998	ILNPv6[12]	2005
FMIPv6[7]	1998	PMIPv6[13]	2006

这些移动性支持机制都属于在原有 TCP/IP 结构上进行增补型、附加式的解决方案，可以在一定程度上提高网络的移动性，但是没有从网络体系结构的内在属性重新审视和解决移动性问题，无法满足越来越高的移动性需求。下面对其中几种典型的移动性技术进行介绍。

6.2.1   MIPv6

MIPv6 是一种典型的基于终端的移动性管理方法，通过对移动节点（Mobile Node，MN）的协议栈进行修改来支持移动性管理[3]。如图 6-1 所示，MN 通常由与其当前网络接入位置无关的家乡地址（Home Address，HoA）来标识，发往 MN 的数据分组通过其家乡地址定位家乡所在位置。移动后的 MN 通常还与一个转交地址（Care of Address，CoA）相关联，发往 MN 的数据分组通过转交地址定位其当前所在位置。若 MN 发生移动，则需要向其家乡代理（Home Agent，HA）更新其会话标识和路由位置绑定信息（移动性上下文）。为避免所有数据分组都经过 MN 的家乡代理使路由路径不是最优的情况发生，MIPv6 引入了路由优化机制，MN 通过向通信对端节点（Corresponding Node，CN）更新其最新路由位置信息来优化数据分组转发路径。发往 MN 的下行数据分组采用隧道或路由优化模式进行转发，MN 在将数据分组交付给传输层之前，需要在网络层进行数据分组解封装或路

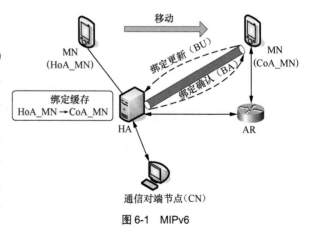

图 6-1   MIPv6

由头替换操作。根据 MIPv6 协议，发往 MN 家乡地址的数据分组通过隧道重定向的方式将通信对端透明地转发到 MN 的转交地址。MIPv6 将 MN 的 HoA 与 CoA 之间的对应关系在 HA 处进行存储。但是，MIPv6 的缺陷是路由优化需要 CN 支持 MIPv6，同时对切换性能和安全性缺乏考虑。

6.2.2　HMIPv6

在 MIPv6 中，MN 需要在每次移动时给 HA 发送绑定更新（Binding Updates，BUs），这会导致增加至少半个往返延迟；MN 只有在收到 HA 的绑定确认（Binding Acknowledgement，BA）后才可以发送数据分组，这又会额外增加 1.5 个往返延迟。减少这些延迟将提高 MIPv6 的性能。为此，IETF 网络工作组在 RFC 5380 标准中提出了 HMIPv6[6]，HMIPv6 采用分层的策略，引入移动锚点（Mobile Anchor Point，MAP）负责 MD 在本地的移动性管理，并对移动节点的操作进行简单扩展。HMIPv6 对通信对端和家乡代理的操作没有任何影响，MAP 是一台位于移动节点访问网络中的功能实体，移动节点将 MAP 作为一个本地家乡代理。

HMIPv6 使用两级地址配置机制，MD 进入某个 MAP 域时，从 MAP 获取区域转交地址（Regional CoA，RCoA），向 HA 注册 RCoA 与 HoA 的对应关系。当 MD 在 MAP 内移动时，RCoA 保持不变，只更新本地转交地址（Local CoA，LCoA），向 MAP 注册 LCoA 和 RCoA 的对应关系。

6.2.3　FMIPv6

FMIPv6 使 MN 能够在原有连接不中断的情况下获取新子网的前缀信息，并配置新的转交地址（New Care-of Address，NCoA）[7]。MN 向原接入路由器（Previous Access Router，PAR）注册 NCoA 与原转交地址（Previous Care-of Address，PCoA）的对应关系。PAR 和新的接入路由器（New Access Router，NAR）之间建立双向隧道，在 NCoA 被 HA 获知之前为 MN 继续转发数据报文。

6.2.4　PMIPv6

PMIPv6 中移动节点的位置管理由网络侧负责，MN 在 PMIPv6 域中获取 IP 地址后，以不变的地址在域内切换[13]。如图 6-2 所示，移动接入网关（Mobile Access Gateway，MAG）代替 MN 向本地移动锚点（Local Mobility Anchor，LMA）发送代理绑定更新（Proxy Binding Update，PBU），辅助 MN 进行位置更新，根据 LMA 返回的代理绑定确认（Proxy Binding Acknowledgement，PBA）消息，并向 MN 发送含有家乡网络前缀（Home Network Prefix，HNP）的路由器通告（Router Advertisement，RA）来模拟 MN 的家乡网络环境。LMA 建立 HNP 与 MAG 地址的绑定缓存，为 MN 转发数据分组。MN 利用 MAG 与 LMA 之间的双向 IP-in-IP 隧道通信，不需要具备在网络层支持移动性的能力，有利于降低终端的复杂度。另外，在切换过程中不需要重新配置 IP 地址，节省了地址重复性检测所需的时间，显著降低了切换时延。

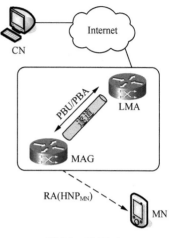

图 6-2　PMIPv6

　　但是，在实际应用中，这些方案并没有大规模部署，一方面，由于前期移动设备的数量不足，蜂窝移动通信网络能够在链路层为移动互联网用户提供一定无线覆盖的移动性支持，基本满足大多数移动用户的日常需要，新型移动性管理方案缺乏杀手铜级的应用和强有力的部署动力；另一方面，MIP 性能不佳，而相关的性能优化机制和安全机制带来了较高复杂度，同时由于采用集中式的移动性管理策略，使用集中的移动锚点负责移动性管理，所以在海量移动终端环境下存在可扩展性问题。

| 6.3　新型移动性技术 |

6.3.1　LISP

　　IETF 在 2009 年成立了 LISP（Locator/ID Separation Protocol，位置与身份分离协议）工作组[14]，专门讨论身份与位置分离方案及相关的映射、移动性、路由、安全性等问题，LISP 不需要改变终端或者核心网路由器，试图以渐进的方式，提供流量工程、多家乡（Multi-homing）、移动性等方面的优势。LISP 是一种基于网络的位置标识和身份标识分离协议，将地址空间划分为两部分：表示终端身份的终端标识（Endpoint Identifier，EID）和表示终端位置的路由位置标识（Routing Locator，RLOC）。其中，EID 是一个 32 位（IPv4）或者

128 位（IPv6）的二进制数，用于标识终端主机的身份，只在边缘网络使用。
而 RLOC 是路由器的 IPv4 或者 IPv6 地址，用于数据分组的全局路由。

如图 6-3 所示，LISP 引入了发送隧道路由器（Ingress Tunnel Router，ITR）
以及接收隧道路由器（Egress Tunnel Router，ETR）的概念。隧道是在公用 IP
网中建立逻辑点到点连接的一种方法，是一个叠加在 IP 网上的传送通道。ITR
是发送端主机的第一跳接入路由器。在终端发出的原始数据分组中，源地址域
和目的地址域分别填入相应的 EID，ITR 在向 EID-to-RLOC 映射系统查询通
信对端的 RLOC 后，对原始数据分组进行映射操作。随后 ITR 向 IP 分组封装
LISP 报头并进行转发，LISP 报头中的目的地址为对端接入路由器的 RLOC，而
源地址为本 ITR 的 RLOC。封装后的数据分组路由至 ETR 后，ETR 对数据分组
进行解封装，发送给通信对端。LISP 需要对所有核心网的数据分组进行隧道封
装，会给核心网数据流量带来一定影响。另外，隧道的可靠性也是一个待考察
的问题。LISP 的移动性场景分为慢速终端移动和快速终端移动，其中慢速终端
移动不考虑连接的生存性，而快速终端需要额外的移动性管理协议作为支撑。

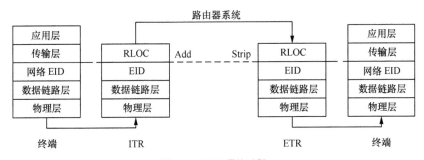

图 6-3　LISP 通信过程

6.3.2　HIP

HIP（Host Identity Protocol，主机标识协议）[15] 在传统的 TCP/IP 体系网络中
引入了一个全新的命名空间——节点标识（Host Identity，HI），在传输层和网络
层之间加入了节点标识层，用于标识连接终端。HIP 的主要目标是解决移动节点
和多宿主问题，保护 TCP、UDP 等更高层的协议不受 DoS 和 MitM 攻击的威胁。

节点标识空间基于非对称密钥对，其中 HI 实质上是一对公私钥对中的公钥。由
不同公钥算法生成不同长度的 HI，HIP 再将 HI 进行散列以得到固定长度（128 bit）的、
固定格式的 HIT（Host Identity Tag，节点标识标识），以便作为 HIP 报文的节点
标识字段（可包含在 IPv6 扩展头内）。为了兼容 IPv4 和应用程序，HIP 还定义

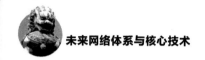

了 32 bit 长度的局部标识符（Local Scope Identifier，LSI），仅在局部网络范围内使用。

HIP 中并没有像其他协议一样定义的协议头部，而是用扩展头部来表示协议头部，用封装安全载荷（Encapsulated Security Payload，ESP）进行封装，在两个节点之间建立端到端 IPSec ESP 安全关联（Security Association，SA）来增强数据安全性，减少了中间节点（如路由器）对数据分组的处理，也不需要对现有的中间节点进行任何改动。

HIP 的报文一般由 HIP 头和 TLV 两部分组成。一个 HIP 报文必须包含一个 HIP 头，可能包含一个或多个 TLV，也可能不包含 TLV。

HIP 定义的 HIP 头部结构如图 6-4 所示。

0 1 2 3 4 5 6 7 0 1 2 3 4 5 6 7	0 1 2 3 4 5 6 7	0 1 2 3 4 5 6 7
下一头域	负载长度	Typc	VER	RFS
Controls		Checksum		
发送方HIT 128bit				
发送方HIT 128bit				
HIP参数 长度不定				

图 6-4　HIP 头部结构

其中，HIP 头部本身就是 IPv6 的一个拓展头，因为目前 HIP 扩展头是 IPv6 扩展头中的最后一个，它后面不应该再跟其他的 IPv6 扩展头，所以 HIP 头部中下一头域（Next Header）的取值为 59，即目前的 IPv6 定义中表示为 IPPROTO_NONE 的数值。HIP 头部中的负载长度等于 HIP 头部的长度加上 HIP 头部后面所有 TLV 的长度减 1，单位为 8 B。Type 字段表示了 HIP 报文的类型，如果收到的报文中的类型不能识别，则必须丢弃该报文。VER 字段表示 HIP 的版本号，目前被暂时定义为 1。Controls 字段定义一些 HIP 的控制信息。Checksum 域为校验和。HIP 参数字段填充的是 HIP 的 TLV 参数，即类型—长度—值这种类型的参数。RES 字段现在保留以供将来扩充新功能，并且还包含了一个 128 bit 的发送方 HIT 和一个 128 bit 的接收方 HIT。

HIP 利用最简单的 DNS 实现节点标识到节点位置的映射。首先，一个域名被首先映射为一组节点标识，节点标识再被映射为一组 IP 地址。HIP RVS 机制可以为移动节点提供初始可达性[8]。在 HIP 体系结构中引入了 RVS 服务器，节点移动后需要向 RVS 注册其节点身份标识符和当前的 IP 地址。其他节点要与该移动节点通信时，需要首先查询 RVS 服务器，然后 RVS 服务器会转发目的地址为其所有 HIP 报文。向 RVS 服务器注册后，应该在 RVS 的 DNS 域注册其 IP 地址。HIP 的切换过程可用下面的例子来表示。

① 节点 A 向 RVS 注册其 HI 和 IP 的映射关系；

② 当节点 B 要与节点 A 通信时，首先通过 DNS 查询得到其节点 A 当前的位置；

③ DNS 返回节点 A 的 HI、RVS 及其 IP 地址信息；

④ 节点 B 通过 RVS 向节点 A 发送 I1 报文；

⑤ 节点 A 与节点 B 建立基本连接的后续报文；

⑥ 节点 A 移动到另一个子网中；

⑦ 节点 A 向 RVS 注册其地址更新，更新 HI 和 IP 地址间的映射；

⑧ 节点 A 与节点 B 继续通信。

HIP 的优点在于：HIP 在设计之初就在协议级别将节点身份和网络位置标识区分开了，HI 或 HIT 用来标识节点身份，IP 地址仅用来标识网络位置。其优点可以很明显地体现在对移动性的支持上，因为使用了 HI 或者 HIT，即使移动节点在网络中的 IP 地址不断变化，HI 或者 HIT 与 IP 地址的映射关系也不断变化，从而保证了节点既能保持连接，又能不断移动。

HIP 的缺点在于：HIP 需要更新大量节点，不支持流量工程和多播，增加了中间设备的复杂性。RVS 服务的方式加快了节点标识的更新速度和映射信息的传输，但 RVS 服务器需要维护完整映射数据库，而节点标识名字空间十分巨大，这就加大了 RVS 服务器的实现难度。

6.3.3　LIN6

Teraoka F 等日本学者在 IETF 的第 49 会议上提出了一种全新的移动 IP协议 ——LIN6[16]。LIN6 是在位置无关的网络结构（Location Independent Network Architecture，LINA）的基础上，将 IPv6 地址划分为身份和位置标识两部分，面向 IPv6 提出的一种移动性支持方案。

LINA 秉承身份标识与位置标识相分离的思想，引入了接口位置识别号和节点标识号两个基本实体，实现身份标识与位置标识相分离。这两个实体的引入，使网络层被分为网络标识子层和网络转发子层，其中网络转发子层执行传统 IP层的功能，为数据分组提供路由。

网络标识子层要完成节点标识号与接口位置识别号之间的相互转换。这个转换过程需要专门的映射设备，把不变的节点标识与可变的节点位置联系起来，

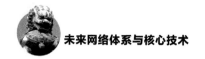

在 LINA 中使用映射代理（MA）。同 HIP 类似，节点移动时要及时向自己的映射代理更新自己的映射。为了与传统协议兼容并且简化协议本身，LINA 采用了嵌入地址模型方法，即把节点标识号嵌入接口位置识别号里，得到新接口位置识别号，并称为嵌入位置识别号。

LIN6 的基本思想是：采用嵌入位置识别号，将 IPv6 地址分为身份标识（LIN6 ID）和交换路由标识（LIN6 前缀）两部分。LIN6 ID 在上层应用标识通信，身份到路由的解析由终端的协议栈与映射代理通信来实现。同时，LIN6 使用 DNS 将节点与其对应的映射代理服务器联系起来，通过部署映射代理服务器实现身份标识和交换路由标识之间的解析。

LIN6 最初的设计目标就是改善 IPv6 网络的移动性，所以与传统的移动 IP 不同，LIN6 争取在协议的层面对节点的移动性进行优化，解决了传统移动 IP 的三角路由、开销过大、单点故障等一系列缺点。但是相比 HIP，LIN6 的安全性设计存在不足，只能适用于 IPv6 网络，同时，LIN6 也有许多缺陷，如微移动（Micro-Mobility）切换时的较长时延和分组丢失、节点标识空间狭小等。

6.3.4 Six/One

Six/One 是在 2006 年 IETF IAB 路由研究工作组（Routing Research Group，RRG）会议上提出的，是一种地址重写的方案（即地址映射、替换）。地址重写思想最先由 Clark 提出，后来由 O'Dell 改进，利用 IPv6 地址前 64 bit 作为路由地址（RG），后 64 bit 作为节点标识 EID，以充分发挥 IPv6 地址 128 bit 的优势。当报文到达本地出口路由器时，报文头中的源 RG 地址被填写；当报文到达目的节点所在网络的入口路由器时，目的 RG 地址被重写，这样保证用户无法感知网络拓扑或者前缀信息。

在 Six/One 中，IPv6 地址同样被划分成 64 bit 的子网前缀和 64 bit 的接口标识，利用高位部分的不同来表示节点地址的差异。一个节点可以同时拥有多个 IP 地址。

节点发送报文时选择的目的地址，作为边缘网络选择运营商的一种参考；边缘网络可选择遵循节点的建议，或者更改地址的高位，重新写入一个新的地址，选择一个新的运营商，在这种情况下，节点很快得到报文头被边缘网络重写的信息，后续报文直接按照边缘网络选择的地址进行地址重写。Six/One 同时在报文中添加了附加的特定信息，使接收方能够根据此信息实现反向的地址重写。

Six/One 方案的优点在于，网络部分不需要关心地址的改变，节点保存所拥有 IP 地址的全部信息，可以通过地址的变换灵活选择运营商。方案的另一个特点在于使用地址替换的方案支持基于节点的位置标识，并可通过 DNS 获取通信对端的 IP 地址。但是，该技术存在重写开销，如果地址经常变化，网络中的中间件需要进行升级，否则无法进行过滤，并且只适用 IPv6 地址，不适用于 IPv4 地址，因此存在部署困难的缺点。

6.3.5　MobilityFirst

MobilityFirst 项目是 NSF 未来网络体系结构项目的一部分，其致力于为移动服务开发高效和可伸缩的体系结构。MobilityFirst 项目基于移动平台和应用，将取代一直以来主导互联网的固定主机 / 服务器模型的假设，这种假设为设计一种基于移动设备和应用的下一代互联网提供了支撑。下面介绍 MobilityFirst 的技术细节。

6.3.5.1　MobilityFirst 体系结构

MobilityFirst 体系结构的主要设计目标是：用户和设备的无缝移动；网络的移动性；对带宽变化和连接中断的容忍；对多播、多宿主和多路径的支持；安全性和隐私；可用性和可管理性。这些需求由以下几个机制共同实现。

（1）身份和网络地址明确分离

MobilityFirst 把可读的名字、全局唯一标识符（Globally Unique Identifier，GUID）和网络位置信息明确地区分开来。名字认证服务（Name Certification Service，NCS）把可读的名字与全局唯一标识符安全地绑定起来，而全局名字解析服务（Globally Name Resolution Service，GNRS）把 GUID 映射到网络地址（Network Address，NA）。通过使 GUID 成为密码的可认证标识符，MobilityFirst 提高了可信性。相反地，通过明确地分离网络位置信息和 GUID，MobilityFirst 确保可以无缝移动。

（2）分散的名字认证服务

不同的、独立的 NCS 机构能够验证名字和相应 GUID 之间的绑定，由于不同的机构有可能对名字所对应的 GUID 有争议，因此端用户可以选择一个值得信任的 NCS，使用基于法定人数的技术来解决 NCS 上的争议。

（3）大规模可伸缩的全局名字解析服务

全局名字解析服务是 MobilityFirst 最核心的组件之一，主要负责支持大规模的无缝移动性。MobilityFirst 预想的规模是一天有 100 亿台移动设备通过大约 100 个网络，这相当于每秒 1 000 万个更新。相比之下，域名服务器在很大程度上依赖于缓存，并且承担大约几天内更新一条记录的开销。因此，设计一个大规模可扩展的分布式全球名称解析服务是 MobilityFirst 的一个关键挑战。

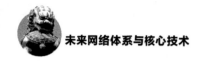

（4）广义的存储感知路由

MobilityFirst 利用路由器中网内的存储来解决无线接入网络带宽变化和偶然的连接中断。CNF 体系结构的早期工作论证了存储以及存储感知路由的好处，存储感知路由算法在做转发决定时还需要考虑长期和短期的路径质量。全局存储感知的路由（Generalized Storage-Aware Routing，GSTAR）协议在 CNF 存储中融入了时延容忍能力来为无线接入网络提供无缝的解决方案。

（5）内容和上下文感知服务

MobilityFirst 中的网络层被设计成内容感知的，即它主动地帮助内容检索而不像在现有网络中，提供一个原语把数据分组发往目的地。MobilityFirst 通过给内容分配密码可认证的 GUID 来达到这个目标。MobilityFirst 还把基本的设备和内容 GUID 扩展到更灵活的设备或用户组，如一个公园中所有的移动设备。

（6）计算和存储层

现在的互联网急需可发展性。为此，MobilityFirst 路由器支持计算和存储层快速引进新的服务，从而使其对现有用户性能的影响降到最小。

6.3.5.2 协议设计

MobilityFirst 协议体系结构基于网络对象名字和网络地址的分离，基于特定应用的名字认证服务可以把可读的名字翻译成一系列网络地址。NCS 把可读名字翻译成唯一的 GUID，GUID 可被用作网络对象（如设备、内容、传感器等）的权威性标识符。同时，GUID 也是一个公钥，可以提供一种机制来验证和管理所有网络设备和对象的可信性。这个框架也支持基于上下文的描述符概念，如图 6-5 所示，可以通过上下文名字服务把网络对象解析成一个特别的 GUID，把网络对象群体作为一个动态的多播组。一旦一个 GUID 分配给了一个网络对象，GUID 和网络地址之间就建立了一个映射。GNRS 通过提供移动设备的当前接入点来支持动态的移动性。

从图 6-5 可以看到，当数据分组进入网络时，在协议数据单元（Protocol Data Unit，PDU）的头部有目的 GUID 和源 GUID，还有一个服务标识符（Service Identifier，SID）用来指定 PDU 的服务类型，包括一些选项比如单播、多播、任意播、上下文传递、内容查询等。在第一个进入的路由器中，目的 GUID 通过 GNRS 把名字解析成可路由的网络地址，并加到数据分组的头部，后面的路由器就可以根据网络地址转发 PDU，称为快速路径转发。在路径中的任意路由器都可以通过查询 GNRS 再次解析 GUID，重新绑定可能因为移动而变化了的网络地址，这就是所谓的缓慢路径转发。GUID 路由选择可以实现迟绑定算法，当 PDU 与目的地接近时再决定从哪个网络端口路由 PDU。在 MobilityFirst 体系结构中，PDU 可以是很大的数据单元，从 100 MB 到 1 GB，对应于完整的音频或视频文件，可以作为连续的单元从一个路由器传送到另一个路由器。

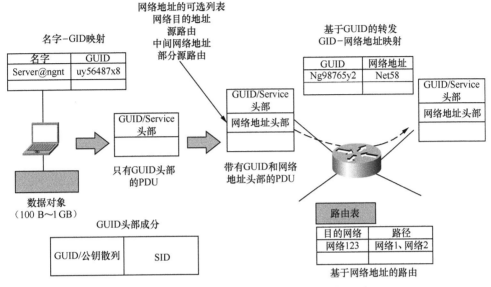

图 6-5　MobilityFirst 中混合的 GUID/NA 数据分组头部

MobilityFirst 体系结构的另一个特点就是路由器中存在网内的存储，这可以使用存储感知的路由协议，把 PDU 暂时存储在路由器中而不是转发到目的地，以处理不好的链路质量和连接中断。一个可信的逐跳传送协议用来在路由器之间传送数据分组而不使用 TCP/IP 中端到端的方法。

MobilityFirst 协议栈的另一个重要特点是服务灵活性：具有多播、任播、多路径和可以作为路由协议中完整功能的多宿主模式。这些服务特点是基于移动应用的，常常是基于上下文而提出的。

GUID 机制考虑多播或任播到 GUID 相关一系列网络地址的上下文和内容的寻址能力。一个比较有趣的难以用传统 IP 处理的例子是双归属主机，一个用户的笔记本电脑有两个或多个无线接口连接到不同的网络，服务目标是发送 PDU 到至少一个接口。

6.3.5.3　DMap：动态的标识符到位置的映射方案

在 MobilityFirst 体系结构中，最关键的部分是 GUID 到网络地址（Network Address，NA）的映射，采用 DMap 来管理 GUID 到 NA 的动态映射[15]。在 DMap 中，每个 GUID 到 NA 的映射存储在多个 AS 中。每个 GUID 直接散列为现有的网络地址，然后把 GUID 到 NA 的映射存储在 NA 对应的网络中。在

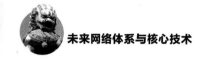
设计映射方法时，主要考虑的是使更新和查找的时延以及需要保存的状态信息最小化。DMap 通过利用全局存在的 BGP 可达性信息将 GUID 到 NA 的映射存储到多个 AS 中。这种方法使所有的更新/查询请求只需要一个单一的覆盖跳而不用在每个路由器上引入额外的状态信息。如果有一个主机 X，GUID 为 Gx，网络地址为 Nx。X 首先发送 GUID 插入请求，插入请求会被 X 所在的 AS 的边界网关路由器捕获。接着，边界网关路由器把预先定义好的一致的散列函数应用到 Gx，把 Gx 映射到 IPx。然后，边界路由器根据它自身 BGP 表中的 IP 前缀，找出拥有 IPx 的 AS，最后把 Gx 到 Nx 的映射发送到在 BGP 表中找出的 AS。过了一段时间，假设主机 Y 想要查询 GUID Gx 的当前位置，Y 首先发送一个 GUID 查找请求。当请求到达 Y 所在 AS 的边界路由器时，边界路由器运行同样的散列函数来识别存储相应映射的 AS。每当 X 移动位置，连接到不同的 AS 时，X 需要发送 GUID 更新请求和自己的映射。更新请求的处理与插入和查找请求相似。

一个 GUID 的映射会被散列到一个随机的 AS，而不用考虑 GUID 与存储映射的 AS 位置，这种方式会导致增加不必要的时延。为了解决这个问题，可以考虑存储 GUID 到 NA 映射的多个副本，并把它们分别存储到多个随机的 AS。由于请求节点能选择最近的副本，因此使用 K 个副本能减少查找时延。同时，这种方法不会对更新时延有很大的影响，更新 K 个 AS 是同时进行的。通过 K 个映射副本，查找时延是 K 个 AS 中最小的时延，而更新时延是 K 个 AS 中最大的时延。DMap 中的一些重要参数，如散列函数、K 的值，需要提前设定并分布到网络中的每个路由器上。

由于 IP 地址空间的分片，散列出来的 IP 地址有可能不在任意 AS 中，这个问题称为 IP 空洞问题。IP 空洞问题通过重散列寻找一个代理 AS 来实现。经过 $M-1$ 次重散列后，如果散列出来的地址还是在 IP 空洞当中，则选择一个与现有散列值具有最小 IP 距离的 IP 所在的 AS 作为代理 AS，这种方法能保证总是可以发现一个有效的 IP 地址。

6.3.5.4　GSTAR

MobilityFirst 体系结构中另一个重要的部分是使用了 GSTAR。GSTAR 协议基于对 PDU 进行逐跳转发。数据分组的头部包含的名字和地址信息能使路由器执行一种混合的转发算法来解决动态改变接入点和连接中断问题。

MobilityFirst 为每个路由器提供了足够的信息和资源，使它们做出智慧的、逐跳的决定。路由器通过两种方式获得信息：网络服务和域间路由协议。全局范围的路由通过 GNRS 和 BGP 来实现。

MobilityFirst 为域内路由使用了一种双剑合璧的方法，可以应对邻近节点的链路质量变化，在连接中断时保持强健性。在高层次，每个路由器维持了两种拓扑信息，一种用来响应链路和节点的细粒度变化，另一种用来响应网络中所有节点连接概率的粗粒度变化。

域内分区图通过收集所有节点之间定时发送的拓扑消息而形成，这些拓扑消息包含每个节点的一跳邻居链路质量对时间敏感的信息。由于这些消息是洪泛的，因此消息会立刻广播和丢弃，不会跨过分区的边界，这使网络中所有节点都有一个当前链路质量最新的视图。除了存储当前的链路质量，每个路由器都维持了以前的链路质量信息，这对路由决定非常有用。如果在某段时间内没有收到从某个节点发来的控制信息，路由器就可以假设那个节点已经从域内分区图中移除了。

DTN 图通过收集网络中所有节点定时流行传播的拓扑消息而形成。流行性传播是在时延容忍网络中常用的一个技术，控制消息通过中间节点传输，也允许消息穿过分区边界。实际上，这些消息不会立刻被丢弃，而是被携带很长时间，这样就可以在一个节点从一个分区移动到另一个分区时，消息在这两个分区间传递。这些拓扑消息包含了网络中源节点到其他所有节点的连接概率信息，对时间不敏感。DTN 图能使节点感知网络中所有节点的连接情况，甚至可以感知不在当前分区中的节点。

这两个图可以共同作用把消息路由到目的地。如果目的地存在，路由器会考虑邻近几跳的短期链路质量和远处多跳的长期链路质量，从多条路径中选出最佳路径。如果下一跳的短期链路质量比长期链路质量好，路由器会立刻发送数据以利用异常好的连接；相反，如果短期的链路质量异常不好，路由器应该把消息存储起来以后再做评估。如果目的地不在域内分区图中，路由器会转向包含了整个网络连接信息的 DTN 图。路由器会根据 DTN 图计算出所有的最短路径，并把消息的副本发往这些路径的一跳邻居。实际上，DTN 方法是利用已经存在的存储建立网络中各分区之间的桥梁。

由于链路状态和总体的连接情况可以基于每个消息改变，因此数据分组发送次序会影响平均的端到端时延和吞吐量。域内路由的解决方案基于域内分区图和 DTN 图建立路由次序。由于域内分区图有对时间敏感的权重，所以目的地在域内分区图中的消息具有最高的优先级，可以利用现存质量好的链路；目的地在 DTN 图中的消息块具有较低的优先级，而所有别的消息具有最低的优先级，因此它们可能被存储起来，也可能被丢弃。

MobilityFirst 是一种面向移动平台和应用的具有可伸缩性的新型网络体系结构，通过名字与地址的分离、路由地址的迟绑定、网内的存储和条件路由决策空间，实现无缝的、平滑的、移动性的支持，对未来网络体系结构的发展有着重要的影响。

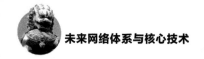

|6.4 NDN 对移动性的支持|

6.4.1 NDN 对移动性支持的优势

NDN 是以内容为中心的网络体系结构，使用内容标识而不是 IP 地址进行数据传递，让内容本身成为互联网结构中的核心要素，改变了当前互联网主机—主机通信范例，使互联网直接提供面向内容的功能，网络通信模式从关注"在哪里"（例如地址、服务器、端系统）变为关注"是什么"，而不是对设备之间的数据进行路由。通过去除使用以主机为中心的命名方式，希望能够无缝改变主机的物理和拓扑位置，而不需要执行主机中心网络中所必需的复杂网络管理，例如在家乡地址和外地地址之间转发数据等。因此，在 NDN 中，节点位置的变化不需要改变相关的网络信息（比如路由状态）。这种高层次的概念在移动性支持方面带来很多潜在的优势。

1. 支持主机多家乡

支持移动终端通过多个接口（如蓝牙、UMTS、Wi-Fi 等）获取网络服务，一直是以主机为中心的网络面临的挑战。大多数协议分别根据每个终端的地址建立独立的连接。但是，由于终端地址与网络接口绑定，所以这些连接很难轻易地在不同的网络接口之间无缝迁移。例如，HTTP GET 请求总是通过特定的 TCP 连接从唯一的源地址获取数据，因此，移动终端在使用 HTTP 时发生切换，其他潜在的网络接口难以被有效利用。而 NDN 不再使用端到端的连接，使用请求 / 响应模式，从而请求消息可以复用多个接口。这意味着运行在多家乡 NDN 节点的应用可以无缝地利用这些不同的接口，而不需要获知当前它使用的那个接口。

2. 对应用透明

当前许多移动性机制试图维护节点网络地址的一致性。特别是对于那些长期使用 IP 地址的应用。例如，在移动 IP 中，引入家乡代理对不变的公有地址和变化的物理地址进行绑定映射，但是由于这种方案需要在家乡代理和移动节点之间使用隧道进行传输，带来了不必要的额外开销。相反，NDN 的概念并不强制应用程序处理以主机为中心的信息，而是将应用程序从这种顾虑中分离。这允许应用程序抽象地发布或消费内容，而不需要存储（或者甚至不知道）自己的网络层地址。从本质上讲，它可以促进内容这样一个明确的应用层元素，同时成为明确的网络层实体，因此使应用程序不需要关心与移动相关的信息。

3．不需要建立会话连接

在以主机为中心的网络中，移动性的一个关键问题是他们经常依赖于面向连接的协议。因此，移动性往往要求面向连接的会话重建最新的网络地址以及任何相关的参数。通常，TCP 会话被用在以主机为中心的网络，以建立可靠的参数（例如序列号），并配置流量 / 拥塞控制（例如窗口大小）。这种 TCP 协商是必要的，因为网络堆栈不能明确地理解它所发送 / 接收的数据，需要双方合作以确保接收者能够以适当的速度获得正确的数据。与此相反，在 NDN 中，当某节点发送一个资源对象的请求时，在网络堆栈中的通信意图是明确的。该 NDN 通信模型是接收者驱动，而无须与发送方合作，以实现保序可靠性。因此，它能够通过简单的修改请求的频率来执行流量 / 拥塞控制。

4．内容与位置分离

用户通常和位置进行绑定。例如，BBC iPlayer 服务只能从英国 IP 地址访问，这使那些暂时在国外的合法英国居民的移动性变得较困难。类似的问题出现在 CDN 中，即 CDN 试图使用 IP 地址来选择最优的内容副本。这是因为在请求时，所述 CDN 将利用一个节点的位置来解决最佳来源，即使该节点可以稍后改变其位置。与此相反，NDN 使内容和其位置明确分离。因此，节点的位置可以无缝地改变，同时仍保持一致的名称。

5．缓存副本提供了弹性

在以主机为中心的网络中，信息交换一般是基于位置的一些概念（例如 URL）。如果 URL 中确定的主机发生故障，内容访问将变得不可用。NDN 不再使用主机标识符将内容绑定到特定的位置，而把内容成为关键寻址的实体。这就允许内容被存储在任何地方，从而提高性能，并且网络故障的影响也会被减小。

6.4.2　NDN 支持移动性时仍存在的问题

NDN 采取"发布—请求—响应"的模式来发现和检索所需的内容，并且可以利用网络缓存的副本更好地实现内容的有效分发。当 NDN 中的数据源产生数据内容后，首先进行内容的全网通告，以建立 NDN 路由器的 FIB 出口信息。当请求者 N 请求数据内容时，将向其接入路由器 C 发送带有内容名字的兴趣分组，路由器 C 将按照 FIB 信息进行兴趣分组的转发，直至数据源。数据源收到兴趣分组后，将数据分组遵照 PIT 信息，沿着兴趣分组建立的反向路径传递给请求者 N，并按照一定的策略在 NDN 路由器 C 处进行内容缓存。当请求者 M 请求同样的数据内容时，路由器 C 由于缓存有数据内容，所以将直接为请求者 M 提供内容服务，而不用从数据源处获取内容。在 NDN 用户请求数据内容的通信过程中，只涉及请求者和数据源两种不同的通信终端类型。因此，可以将 NDN 的移动主体分为两类，即请求者移动性（Consumer Mobility）和数据源移动性（Provider Mobility）。

1. 内容请求者移动引入额外时延，甚至导致数据应答失败

在 NDN 中，内容请求者发出兴趣分组后，若在收到应答包前发生了移动，即改变了网络的接入点，使按照 PIT 状态信息传递回来的数据分组不可达，导致内容请求者接收不到兴趣分组请求的内容。如图 6-6 所示，尽管内容请求者在移动后或者中断连接的情况下，可以通过重新发送兴趣分组获得所需的数据分组。但是，在终端移动之后，在重新发送兴趣分组之前，应答数据分组是无法进行接收的，因此会引入额外的时延，对于实时应用业务来说是不可取的。另外，在移动的环境中，大量请求过的数据分组需要重复请求，导致兴趣分组的额外重传与发送，给网络带来过多的负担和冗余。

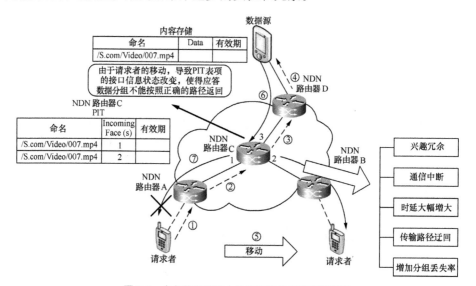

图 6-6　命名数据网络中的内容请求者移动性问题

2. 分层命名结构在数据源移动时给网络带来较大的更新开销

由于 NDN 采用分层结构对内容进行命名，当数据源移动后，依据内容标识建立的 FIB 转发表项就不能正确地引导兴趣分组到达数据源的最新位置获取内容，而依据原有的 FIB 表项则无法检索到对应的数据源内容。在 NDN 中，每次通信都是由内容的请求者（Consumer-Initiated）发起，网络中的路由器被配置成将具有前缀 /X 的兴趣分组发往域 X 的路由模式。如图 6-7 所示，一个移动源（Mobile Source，MS）一般连接在其家乡域（Home Domain）A，其所服务的内容就具有前缀 /A/MS。当 MS 离开家乡域 A，移动后连接至域 B，内容的请求者就不会检索到 MS 任何的内容，因为兴趣分组 /A/MS 会被路由到域 A，但它没有存储 MS 的内容。解决该问题必须保证无论 MS 如何移动，即无论当前的网络接入点在哪里，都必须支持内容的请求者能检索到 MS 上的内容，也就是要保证 MS 上内容的可用性。

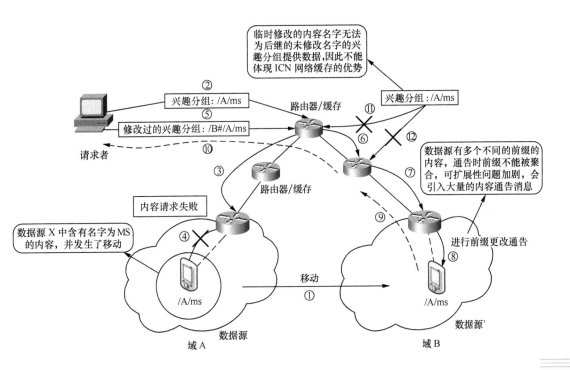

图 6-7　命名数据网络中的数据源移动性问题

6.4.3　NDN 的移动性支持方案

通过以上分析可知，NDN 的移动性研究对未来网络移动性提供了重要的借鉴和技术支撑作用。目前现有的 NDN 移动性支持方案的研究还处于起步阶段，依据其设计思想和研究思路大致分为以下 4 类：① 传统路由表更新的移动性支持机制 [17-18]；② 基于代理的移动性支持机制 [19-20]；③ 引入位置管理及映射关系的移动性支持机制 [21-22]；④ 基于封装思想的移动性支持机制 [23-24]。

1. 基于传统路由表更新的移动性支持机制

此类移动性支持机制主要包括文献 [17] 和文献 [18] 所提到的机制，其基本设计思想是：依据传统的路由更新思想，在 NDN 中通信终端发生移动后，重新发送相应协议包以更新网络中的位置信息；有内容请求的请求者通过重新发送兴趣分组，以更新接入路由器中的入口信息，维护正确的通联关系；数据源移动后则通过重新发送内容通告，更新网络中 NDN 路由器 FIB 出口信息，保持路由的正确性。

以请求者移动为例，如图 6-8 所示，当请求者在未收到数据内容前发生移动时，为了更新 R05 的 PIT 入口信息，请求者需要重新发送兴趣分组，并直至数据源处才能获取数据内容。此种方式可以在一定程度上解决通信终端移动带来的移动性问题，但对于请求者而言，重新发送兴趣分组等待内容响应会引入请求时延，并且带来额外的兴趣分组传递开销，若 R01 已经接收到数据内容，却仍然无法利用；对于数据源而言，由于 NDN 采取分层的命名结构对数据进行命名，所以传统路由表更新的方式将给网络带来巨大的更新开销，使网络面临严峻的可扩展性问题。

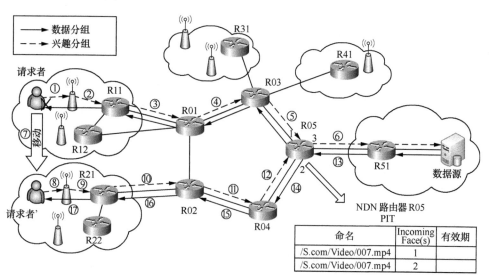

图 6-8　基于传统路由表更新的移动性支持机制

2. 基于代理的移动性支持机制

此类移动性支持机制主要包括文献 [19] 和文献 [20] 所提到的机制，其基本设计思想如图 6-9 所示，请求者和数据源在发生移动后不用在全网中进行更新处理，而是向对应的代理（Proxy）发送注册更新消息。以请求者移动为例，当请求者向 NDN 路由器 R11 发出兴趣分组后，在未收到数据内容前发生了移动，在即将开始移动前，接入点利用物理链路信息或路由通告消息提前将请求者移动事件告知 Proxy1。Proxy1 在接收到请求者移动事件后，将主动缓存移动切换过程中用户未能获取到的内容。当请求者移动后，连接至新的接入点，完成至 Proxy2 的切换过程，将重新发送兴趣分组至 Proxy2，从代理处直接获取请求内容，无须将兴趣分组传递至数据源处获取数据。

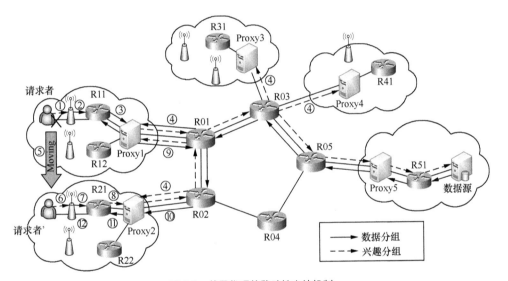

图 6-9　基于代理的移动性支持机制

基于代理的移动性支持机制免去了通信终端在全网中更新位置信息的过程，与基于传统路由表更新的移动性支持机制相比，其通信信令开销小。但此类移动性支持协议直接套用了传统网络中移动 IP 中心化锚点的解决方案，不仅会引入 MIP 固有的负载均衡、单点失效、负担过重等问题，还会引入非必要的流量并且增加通信路径的长度，同时掩盖内容中心网络中对资源在多个缓存中进行副本存储的优势。

3. 引入位置管理及映射关系的移动性支持机制

此类移动性支持机制主要包括文献 [21] 和文献 [22] 所提出的机制，其基本设计思想如图 6-10 所示，在 NDN 核心网中加入存储库（Home Repository，HR）对通信终端的移动性进行管理。对经过 HR 的数据源的通告消息和兴趣分组的分组头部中依次插入位置字段（Location Name），以此来反映子网内拓扑结构及其变化。当请求者请求数据内容时，将兴趣分组发送至 HR1 后，通过协作机制，HR1 将把带有移动源（MS）最新位置的绑定信息（Binding Information）发送至请求者。请求者收到后，将带有 MS 位置信息的兴趣分组发送至数据源，直接获取数据内容。

引入位置管理及映射关系的移动性支持机制为请求者和数据源之间的通信提供了优化的数据传输路径，但在这个过程中需要引入通信终端的位置信息，牺牲了移动终端位置的隐蔽性。与此同时，HR 需要实时维护和动态更新数据源的位置信息，信令开销较大；HR 需要对网络中的兴趣分组进行处理，增加了繁复的处理过程。特别地，当数据源数目较大时，此种方法将对解析映射关系的存储及处理提出严峻的挑战。

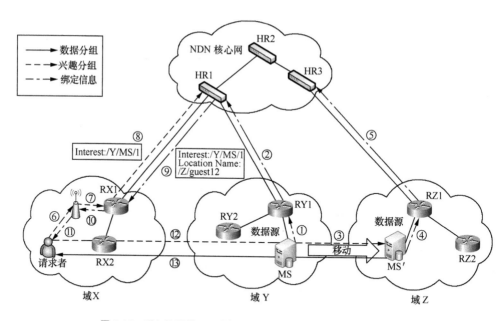

图 6-10　引入位置管理及映射关系的移动性支持机制

4. 基于封装思想的移动性支持机制

此类移动性支持机制主要包括文献 [23] 和文献 [24] 所提出的机制，其基本设计思想如图 6-11 所示，在数据源预先发生移动前，首先向接入路由器 R1 发送切换通告消息，R1 在收到该项通告消息后，将对接收到的兴趣分组作缓存处理。待数据源连接至新的接入路由器 R3 后，将发送封装后的前缀为 /Kaist/ News/ 的虚拟兴趣分组以改变中间路由器 R2 的 FIB 信息。R1 在收到虚拟兴趣分组后，将缓存的兴趣分组重新发送，依据更新过的 FIB 表将其传递至数据源处获取数据内容。最后，数据源按照 PIT 将数据分组返回给请求者。

基于封装思想的移动性支持机制通过发送封装后的虚拟兴趣分组以临时修改 FIB 信息，为请求者提供正确的路由信息，没有扩展新的网络实体进行移动性管理。数据源位置的改变对于请求者透明，保护了终端位置的隐蔽性。但是，当数据源快速移动、频繁进行子网切换时，此类方案容易引起信令风暴；另外，基于封装的思想不利于内容数据缓存的利用，无法充分发挥网络内在优势提供移动性支持。

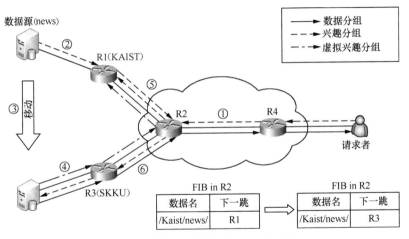

图 6-11　基于封装思想的移动性支持机制

|6.5　分布式移动性管理技术|

6.5.1　分布式移动性管理的产生及发展

现有的移动网络结构更多地以层级化和集中化的形式进行部署。集中式移动性管理方法采用集中的移动锚（Mobility Anchor，MA）负责数据、切换和位置管理。所有会话都通过集中的 MA 路由，并且必要时由 MA 进行数据封装并

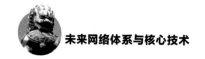

转发至 MN 当前接入位置。集中的 MA 需要为每个 MN 维护隧道信息，以便当 MN 切换后将数据分组转发至 MN 当前接入的网络。即使通信节点双方的距离很近，通信会话依然要经过集中的 MA 进行路由转发。因此，集中的 MA 成为网络性能提升的瓶颈。集中式的功能部署导致的结果是对于集中式网关设备的高效能、高带宽和高负荷能力需求。这使网络随着数据量和用户量的增长终将落入单点故障陷阱。终端的高度移动化为集中式部署带来的另一个问题则是路由的次优化。集中式的移动管理部署无论怎样优化，势必会导致流量绕行。随着管控功能的上移，以及内容提供商逐步将服务器资源推向网络边缘的部署变化，网络逐步向着扁平化的趋势迈进。

移动 IP 协议需要适应网络结构扁平化的发展趋势，在扁平化的网络结构中采用集中式移动性管理存在如下几方面的问题 [25]。

（1）非最优路由

在 CMM 中，所有的流量都通过一个集中锚点路由，通常会导致更长的路由路径。若 MN 和 CN 相互邻近但是同时远离移动性管理锚点，则由 CN 发往 MN 的数据分组需要经由 MA 进行路由，这并不是最短的路由路径。

（2）不适应网络结构扁平化的发展趋势

移动性管理的发展是与蜂窝网层次结构相适应的。无线网络数据通信量的指数增长要求集中式网络花费巨资来提升集中的移动性管理锚点的处理能力。减少网络分层可以减少网络中不同物理网络元素的数量，有助于简化系统维护和降低开销，集中式的移动性管理方法不能适应这样的趋势。

（3）可扩展性差

在 CMM 中，集中的移动性管理锚点需要管理和维护所有 MN 的移动性上下文和路由。随着接入 MN 数量的增加，需要维护的移动性上下文和需要处理路由转发的资源呈指数增长趋势。采用的集中锚点需要提供更多的资源，因而可扩展性差。此外，若集中的锚点发生故障或被攻击，则会影响域内所有移动节点的正常工作。

（4）存在不必要的资源浪费

现有协议盲目地为所有 MN 提供移动性支持，浪费网络资源并且存在可扩展性问题。随着无线连接的普遍应用，无线连接并不仅用于移动性，有时仅是为了避免使用有线连接。研究表明：一个用户超过 2/3 的无线接入时间是固定的。许多数据业务（如网页浏览）并不需要固定的 IP 地址，有些应用程序可以不需要网络的帮助，根据自身的能力进行自身的移动性管理。

为应对移动互联网流量激增的压力及网络结构扁平化的发展趋势，IETF 于

2013 年成立分布式移动性管理（Distributed Mobility Management，DMM）工作组。根据方案设计思路的不同，可以将现有的 DMM 研究划分为演进性和革命性两种路线。演进性路线基于现有移动 IP 协议进行改进和完善，主要围绕基于终端侧[26] 和基于网络侧的两个方向展开研究，可与现有网络兼容，短期内可部署。革命性路线采用重新设计的思想消除传统 CMM 方案的局限性，包括诸如基于路由和基于 SDN[31] 的方案，需要重新设计协议，与现有网络兼容性较差。

6.5.2　典型分布式移动性管理方案

1. 基于终端侧的 DMM 方案

MIPv6 采用集中的移动性管理锚点为所有移动性管理域内注册的 MNs 维护移动上下文和路由状态信息，HA 成为网络性能的瓶颈。业界和学术界基于 MIPv6 提出了一种基于终端侧的 DMM 支持协议，消除了 HA 的局限性并使之适应网络结构扁平化的发展趋势。在该方案中，MN 向网络侧的移动性管理实体提供自身的当前位置、IP 会话信息和相关移动性管理锚点信息等移动性上下文信息，需要修改 MN 协议栈。该方案将接入移动性锚点（Access Mobility Anchor，AMA）下放到接入网水平，使用 MIPv6 概念如 MN 处的绑定更新列表（Binding Update List）、移动性管理锚点处的绑定缓存（Binding Cache Entity）、相关 MA 间的双向转发隧道等，并对 MIPv6 的移动性管理信令进行了扩展。

基于终端侧的 DMM 方案网络结构如图 6-12 所示。移动性管理锚点 AMA 部署在位于接入网水平的接入路由器上。MN 根据其当前所接入的 AMA 提供的网络前缀配置地址，并通过绑定更新（Binding Update，BU）消息向该 AMA 注册配置的地址，最新配置的地址优先级最高。当 MN 改变接入位置连接到新的 AMA 时，根据新的网络前缀配置新的地址，仍然保留之前的地址并降低之前地址的优先级。MN 通过 BU 消息向新的接入网注册时，不仅注册最新配置的地址，还携带它之前的有效地址（使用中的 IP 地址）。当前接入的 AMA 通过 BU 获取之前的地址后，向相关 AMA 发送接入绑定更新（Access BU，ABU）消息来更新 MN 移动上下文和路由状态并建立双向隧道。通过在相关的 AMAs 之间建立双向隧道，保证与 MN 锚定在之前 AMA 上地址相关通信会话的连续性。

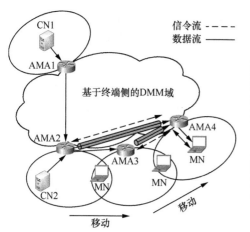

<AMA4的绑定缓存实体>					
MN-ID	IF	IP	状态	移动锚点	隧道
MN	en0	IP4	优先	AMA4	无
MN	en0	IP3	保持	AMA3	AMA3
MN	en0	IP2	保持	AMA2	AMA2

<MN的地址状态>			
IF	IP	状态	移动锚点
en0	IP4	优先	AMA4
en0	IP3	保持	AMA3
en0	IP2	保持	AMA2

图 6-12　基于终端侧的 DMM

2. 基于网络侧的 DMM 方案

PMIPv6 采用集中的移动性管理锚点（LMA）为所有注册的 MNs 维护移动上下文和路由状态信息，LMA 成为网络性能的瓶颈。基于网络侧的分布式移动性管理（DMM）方案从 PMIPv6 演进而来，可以通过向位置管理实体查询获取 MN 移动性上下文信息，无须 MN 参与移动性管理相关的信令。完全分布式移动性管理结构均采用分布式部署形式的结构，在切换后如何获取 MN 的移动性上下文信息仍面临挑战。为解决上述问题，IETF 提出了一种基于网络侧的部分分布式移动性管理方法，部分分布式模式将数据平面分布到接入网水平，但仍然采用集中的控制平面进行位置管理，因此称之为基于网络侧的部分分布式移动性管理方法。

基于网络侧的部分分布式移动性管理方案的网络结构如图 6-13 所示，由集中的中心移动性数据库（Central Mobility Database，CMD）和一系列分布在接入网水平的移动接入锚点（MAR）组成。CMD 负责移动性会话注册的控制平面功能，采用绑定缓存实体（Binding Cache Entity，BCE）为所在 BDMM 域内的 MNs 维护移动性上下文信息。MAR 既是控制平面实体，又是数据平面实体。作为控制平面实体，MAR 负责追踪 MN 移动并代替 MN 向 CMD 执行移动性相关信令。每个 MAR 都有一个全球唯一的网络前缀，用于 MAR 所在接入网络内 MN 的 IP 地址分配，并且每个 MAR 都维护一个本地 BCE，用于保存与之相关联的 MN 信息。MN 在移动过程中会在每个新的接入 MAR 处配置一个新的 IP 地址，用于新会话的建立，这样新发起的会话无须经过 MN 之前的锚点。同时，MN 保持从之前接入 MARs 配置的且正在使用当中的 IP 地址来保证切换会话的连续性。由于新的接入 MAR 处没有 MN 的移动上下文信息，所以当 MAR 检测到 MN 离开或接入时需要查询 CMD。

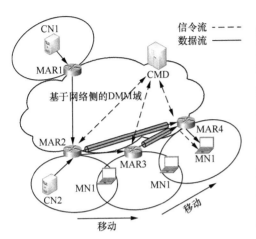

<CMD的绑定缓存实体>

MN-ID	IF	IP	服务MAR	相关MARs列表
MN1	en0	IP3	MAR4	MAR3、MAR2

<MAR4的绑定缓存实体>

MN-ID	IF	IP	状态	移动性锚点	隧道
MN1	en0	IP4	优先	MAR4	无
MN1	en0	IP3	保持	MAR3	MAR3
MN1	en0	IP2	保持	MAR2	MAR2

<MN1的地址状态>

IF	IP	状态
en0	IP4	优先
en0	IP3	保持
en0	IP2	保持

图 6-13　基于网络侧的部分分布式移动性管理方案

3. 基于路由的 DMM 方案

在演进性 DMM 方案中，经历 IP 切换的流量需要经过双向隧道转发，其路由仍为非最优。在理想状态下，MN 切换到新的接入网络后，所有来自或发往 MN 的流量都能通过最优的路径交付。现有域内路由协议采用距离向量算法或链路状态算法进行路由表更新，使数据分组可通过最优的路由交付。基于路由的算法借鉴了路由表更新方法的思想，MN 在移动过程中使用且仅使用一个 IP 地址。在 MN 移动并接入新的网络接入点时，保持之前使用的 IP 地址不变，通过更新路由表实现经过 MN 数据流量的最优路由。由于 MN 的 IP 地址属于特定的 BGP 域内，因此，基于路由的方案仅考虑 BGP 域内路由的更新，MN 在 BGP 域间切换时需要重新配置新的 IP 地址。

在基于路由的 DMM 方案中，当 MN 移动并连接到不同的接入路由器时，接入路由器（Access Router，AR）在接入认证时发现 MN 配置的 IP 地址并对其进行路由更新。基于路由的 DMM 方法可以使所有流量的路由路径最优化，但该方法在更新路由时需要较大的信令开销，即以信令开销为代价换取路由路径的优化。此外，该方法在切换时延和扩展性方面仍存在诸多问题：路由限制在域内收敛更新路由会产生路由风暴，路由收敛时间需要限定在足够小的时间间隔内，以避免切换中断时间过长。因此，基于路由的 DMM 方案仍需要进一步研究。

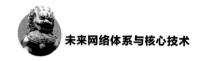

4. 基于 SDN 的 DMM 方案^[27]

SDN 是有别于传统互联网的新型网络结构，其核心思想为：将网络的控制平面和转发平面分离，以实现对网络的灵活管控和网络设备成本的降低。SDN 的概念给移动性管理等带来新的思路。在 OpenFlow 协议中，数据流不采用传统的路由方式进行转发，而是由控制器向交换机下发流表，交换机根据流表转发数据。因此，在管理域内、移动终端可以保持 IP 地址不变，作为永久身份标识；在发生移动后，由控制器和交换机实现数据转发路径的灵活调整。

移动性管理方案的实质为身份标识和位置标识的分离，SDN 中的移动性管理是一种基于网络的方案，以如下的方式实现身份标识和位置标识的分离。

① 身份标识：SDN 中的移动性管理方案对终端透明，终端仍采用 IP 地址作为身份标识，TCP 连接绑定 IP 地址。终端在 SDN 管理域内移动时，其 IP 地址不发生变化。

② 位置标识：位置标识的作用为标记终端所处的位置，从而进行正确的数据转发。SDN 中位置标识为终端接入网络的第一跳交换机，SDN 可通过流表转发的方式将发往终端的数据转发到该交换机，进而发送到终端。例如，每个终端的位置由第一跳交换机上的一个 IP 地址来标识。

③ 身份标识和位置标识的映射：身份标识和位置标识之间的映射由 SDN 控制器来维护，对终端透明。终端移动后，位置标识发生变化，控制器记录新的位置标识和身份标识绑定关系，并重新生成数据转发路径。

图 6-14 给出了 SDN 中移动性管理的简单流程。移动终端的 IP 地址为 IP_M，通信对端的 IP 地址为 IP_C，在移动之前，MN 连接到交换机 S1 上，此时 MN 的身份标识为 IP_M，位置标识为交换机 S1 上的一个 IP 地址 IP_S1。例如，从 CN 发往 MN 的数据首先以 IP_S1 为目标，再由 S1 发送给 MN。在通信过程中，MN 从原来的交换机 S1 移动到新的交换机 S2，其身份标识仍为 IP_M，位置标识变为交换机 S2 上的地址 IP_S2。SDN 控制器维护 IP_M 和 IP_S2 的绑定关系，并修改相应交换机的流表，使从 CN 发往 IP_M 的数据不再发往 IP_S1，而是转发到 IP_S2，从 MN 发往 CN 的数据从 S2 开始的新路径转发至 CN。以上移动性管理流程是针对 MN 移动的情况，若 CN 也移动，可把 CN 也视为 MN，处理方法类似。

基于 SDN 支持移动性还有很多问题需要解决，例如转发功能需要获取 MN 的移动事件并及时通知 SDN 控制器和移动性管理功能实体，需要及时建立从分布式移动性接入锚点到网络接入点的路由路径。

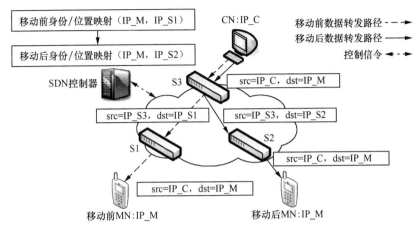

图 6-14 基于 SDN 的 DMM

参考文献

[1] ZHU Z, WAKIKAWA R, ZHANG L. A survey of mobility support in the Internet[S]. IETF RFC 6301, 2011.

[2] IOANNIDIS J, DUCHAMP D, MAGUIRE G. IP-based protocols for mobile Internet working[C]// ACM SIGCOMM CCR, 1991.

[3] JOHNSON D, PERKINS C, ARKKO J. Mobility support in IPv6[S]. RFC 3775, 2004.

[4] MYSORE J, BHARGHAVAN V. A new multicast-based architecture for Internet host mobility[C]// ACM Mobicom, 1997.

[5] VALKO A. Cellular IP: a new approach to Internet host mobility[C]// ACM SIGCOMM, 1999.

[6] SOLIMAN H, CASTELLUCCIAC, EI-MALKI K, et al. Hierarchical mobile IPv6 (HMIPv6) mobility management[S]. RFC 5380, 2008.

[7] KOODLI R. Fast handovers for mobile IPv6[S]. RFC 4068, 2005.

[8] RAMJEE R, VARADHAN K, SALGARELLI L. HAWAII: a domain-based approach for supporting mobility in wide-area wireless networks[C]// IEEE/ACM Transactions on Networking, 2002.

[9] DEVARAPAOOI V, WAKIKAWA R, PETRESCU A, et al. Network mobility

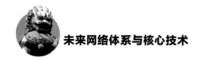

(NEMO) basic support protocol[S]. RFC 3963, 2005.

[10] SNOEREN A, BALAKRISHNAN H. An end-to-end approach to host mobility[C]// ACM Mobicom, 2000.

[11] XING W, KARL H, WOLISZ A. M-SCTP: design and prototypical implementation of an end-to-end mobility concept[C]// 5th Intl. Workshop on the Internet Challenge, 2002.

[12] ATKINSON R, BHATTI S, HAILES S. A proposal for unifying mobility with multi-homing, NAT, and security[C]// MobiWAC 2007, 2007.

[13] GUNDAVELLI S, LEUNG K, DEVARAPALLIV, et al. Proxy mobile IPv6[S]. RFC 5213, 2008.

[14] FARINACCI D, FULLER V, MEYER D, et al. Locator/ID separation protocol[S]. RFC 6830, 2013.

[15] MOSKOWITZ R, NIKANDER P. Host identity protocol (HIP) architecture[S]. RFC 4423, 2006.

[16] MITSUNOBU K, MASAHIRO I. LIN6: a new approach to mobility support in IPv6[J]. International symposium on wireless personal multimedia communication, 2000, (455).

[17] LUO Y, EYMANN J, ANGRISHI K, et al. Mobility support for content centric networking: case study[M]. Mobile Networks and management, Springer Berlin Heidelberg, 2012: 76-89.

[18] JACOBSON V, SMETTERS D K, THORNTON J D, et al. Networking named content[C]// Proc. of the 5th International Conference on Emerging Networking Experiments and Technologies, Rome, Italy, 2009: 1-12.

[19] 饶迎, 高德云, 罗洪斌. CCN 网络中一种基于代理主动缓存的用户移动性支持方案 [J]. 电子与信息学报, 2013, 35(10): 2347-2353.

[20] LEE J, KIM D, JANG M. Proxy-based mobility management scheme in mobile content centric networking (CCN) environments[C]// Proc. of the IEEE International Conference on Consumer Electronics, Thailand, 2011: 595-596.

[21] HERMANS F, NGAI E, GUNNINGBERG P. Global source mobility in the content-centric networking architecture[J]. ACM workshop on emerging name- oriented mobile networking design-architecture 2012: 13-18.

[22] JIANG X, BI J, WANG Y. A content Provider mobility solution of named data networking[J]. International conference on network protocols, 2012.

[23] KIM D, KIM J, KIM Y. Mobility support in content centric networks[J]. International conference on networking, 2012.

[24] LI H, LI Y, ZHAO Z. A SIP-based real-time traffic mobility support scheme in named data networking[J]. Journal of networks, 2012, 7(6).

[25] CHAO H, LIU D, SEITE P, et al. Requirements of distributed mobility management[S]. IETF RFC 7333, 2014.

[26] ALIAHMAD H, OUZZIF M, BERTIN P. Distributed dynamic mobile IPv6: design and evaluation[J]. Wireless communications and networking conference, 2013.

[27] CONDEIXA T, SAEGENTO S. Centralized, distributed or replicated IP mobility?[J]. IEEE communications letters, 2014, 18(2): 376-379.

第 7 章
其他典型未来网络体系

本章对其他典型未来网络体系进行详细分析。首先，从用户选择和竞争推动协议栈的创新和变革的角度分析 ChoiceNet 项目；然后，介绍一种基于多种网络（互联网、电信网和广播网等）优势互补的物理变革思路和主、次结构共轭的二元网络思维提出的未来互联网创新方案——播存网；之后，介绍面向网络演进的 XIA 项目，以解决不同网络应用模式之间通信的完整性与安全性问题；最后，介绍能够实现全球一体化信息服务的空天地一体化信息网络。

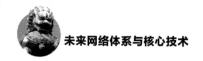

| 7.1 ChoiceNet |

网络社区开发了各种各样的技术来适应网络服务以及网络协议的多种功能。然而一个关键性的问题——怎样将这些技术整合成一个包含用户、服务提供商以及开发商在内的生态系统，仍未得到解答。本节介绍一个可以毫无保留地对用户公开协议栈各层的选择内容的互联网体系结构——ChoiceNet。

7.1.1 ChoiceNet 项目概述

目前，市场的力量已极大地影响了互联网服务及应用的形态，许多学者开始探索研究互联网出现的各种经济问题，他们试图分析和理解现存的网络科技带来的各种经济影响。而 ChoiceNet 项目研究的目标是将经济流程与互联网结构中的交互程序结合成一个整体，从而使市场力量可以在互联网中独立地发挥作用[1]。因此，学者提议在网络设计中进行一项革命性的转变，使互联网内部的持续创新可以和经济原则相结合。对于网络结构来说，支持用户选择是尤为关键的，因为只有这样才能适应当前以及未来的挑战。支持用户选择，意味着用户可以从大量的替代选择服务里挑选出适合自己的终端配置，也可以通过这样的方式奖励那些解决了他们需求的服务提供商。运用技术的替代选择和经济激励来为创新的解决方案创造一个具有竞争性的市场，使在新一代互联网结构体系的设计、开发等各个方面，都可以通过这些用户选择和竞争推动协议栈的创新和变革。

基于 3 个紧密耦合的原则，ChoiceNet 系统希望可以达到以下 3 个目标：第一，鼓励开发各种替代产品，允许用户在一系列服务里进行选择；第二，让用户可以以支付的方式进行投票，奖励那些优质且创新的服务；第三，为用户提供相关的机制，让用户可以随时了解可用的替代产品以及这些产品的性能[2-8]。该项方案保证了创新的技术解决方案可以付诸实践。

7.1.2　支持用户选择的基本原则

支持用户选择意味着，使用互联网的实体可以从一系列具有不同功能、性能以及价格的替代服务里进行自主选择。在协议栈的不同层，从不同的通信路径，到不同的协议或是不同的应用层服务，用户都可以进行选择。一般情况下，出现新的替代服务时，需要通过动态介绍才能被用户所知。因此，唯有在支持动态介绍技术的互联网结构中，用户才可以进行选择。此外，也需要将新的替代服务置入合适的经济流程中，以此来确保用户可以用钱包对替代服务进行投票（即通过付费的方式），通过经济激励触发更多的创新。因此，ChoiceNet 系统要以市场竞争为驱动，而要实现该系统的网络功能，主要基于以下 3 个基本原则。

（1）鼓励替代服务

为了创造不同的服务类型，底层的网络基础设施必须提供构建模块，且对于同一类型的服务也可以为用户提供不同的选择。支持替代选择可以让用户自由选择最能满足他们需求、最适合他们应用程序的服务商。

（2）支持用钱包进行投票

新一代的互联网结构，要能够支持用户通过货币支付的方式，以鼓励商家们提供更高质的服务。换句话说，货币支付这一项功能需要被设计到新一代的互联网结构里，使用户可以通过支付方式为各个替代服务进行投票，即为优质的服务支付费用，这种金钱激励以及竞争对于互联网的长期健康发展是非常重要的，这样可以淘汰劣质的服务商，使胜出的想法与创意可以继续成长，从而为整个市场带来更多的竞争。

（3）支持市场情况的及时反馈

要保持互联网市场的强劲竞争，用户以及服务提供商都应懂得如何从大量的替代服务中识别出优秀的服务。在互联网这样复杂的系统里，当一个端到端的服务无法满足用户的预期要求时，要确定整个市场的状况（即决定批评哪些服务提供商）是一个非常具有挑战性的命题，因为服务提供商可能在不同的层进行操作，也可能在一条路径的多个位置进行操作。新一代的互联网必须能够为用户和服务提供商提供一个信息交换且自由、透明的环境，允许他们及时了解用户对服务性能的体验感受。此外，互联网的内省能力会有助于各种创新性的网络管理和监控工具的进化和发展[4-5]。

7.1.3　ChoiceNet 互联网结构

　　ChoiceNet 的 3 个指导性的关键原则与当前互联网内部缺乏替代选择的情况形成了鲜明的反差，整个市场需要一个全新的互联网体系结构。图 7-1 系统性地说明了上述 3 个原则是如何在互联网内部互相作用的。

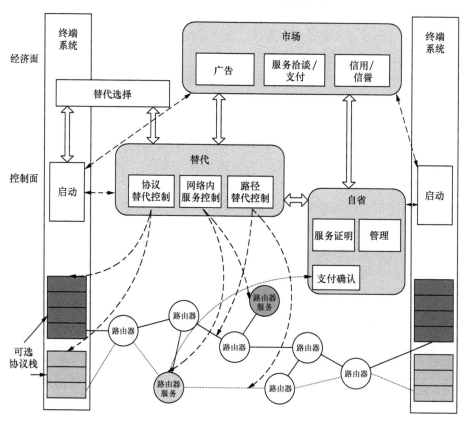

图 7-1　ChoiceNet 网络结构

　　正如图 7-1 中所示，ChoiceNet 作为一个全新的互联网体系结构，需要对数据、控制平面进行重新设计。ChoiceNet 网络结构中一个关键要素就是图 7-1 所示的全新的经济平面。设计这个经济平面的目的是在整个协议栈里都能显示可选择的各种替代服务，从而使经济交易和业务关系（一个网络服务经济模式）能够在较大的时间尺度里无障碍地运行[6]。目前，业务关系大多发生在互联网外部。例如，客户选择了一项网络服务，如音乐订阅服务，客户就会和该服务提供商保持长达数月或数年的业务关系。然而，这样的交易形态限制了整个行业的竞争，导致互联网的核心协议栈愈加僵化。ChoiceNet 的经济平面就可以解决这一问题，它允许各种替代服务做广告，支持用户和服务提供商协商价格，且运用相应的机制帮助业务关系的各方当事人建立信任和信誉，使建立业务关系的过程更加透明、灵活。

　　作为 ChoiceNet 中一个基本性的概念服务，服务是指提供一切可以在互联网中实现的功能，它可能位于数据平面、控制平面或是经济平面[7]。在 ChoiceNet 网络结构中，一个非常关键的特征就是可以将多种服务组装在一起，从而为用户创造出更先进、更复杂的服务。在 ChoiceNet 中，我们将服务组装视为另一项服务，相当于是从一组给定的基本服务中创造出额外的一项替代服务，这一功能是对上述第一项基本原则的直接体现。在一个如互联网这样复杂的系统中，必须允许多种实体的存在及相互作用[8]。

　　如图 7-2 所示，在 ChoiceNet 中，可以运用一个简单的抽象概念来表示不同的实体以及这些实体间复杂的经济关系。在此特别指出，在不同的实体互相作用时，存在两个接口：位于经济平面的用户 / 提供商接口、位于数据面和控制面（这两个平面可以合称为使用面）的客户 / 服务接口。在经济面，一个实体可以像一个服务

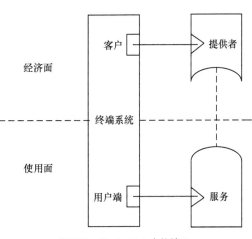

图 7-2　ChoiceNet 中的接口

提供商一样进行工作，或者是像用户一样使用某一项服务，在该平面中，每一个实体的角色都是由它所处的业务关系所决定的。在使用面，实体可以表现为一项服务的使用者，也可以表现为一项服务的提供者[9]。

　　在 ChoiceNet 的经济平面和使用平面中，各个实体的相互作用关系如图 7-3 所示。当一个终端系统（图中所示的发送方（Sender）希望和另一终端系统（接

收方（Receiver））建立关系时，它首先从市场中查询并获得一系列满足其要求的服务（及对应的价格）清单。在进行选择之后，终端系统会联系服务提供商，为所选的服务支付使用费。而这时在用户和服务商之间就形成了一个合同协议。在合同中不仅标明了服务的价格，同时也标明了服务提供商在传递服务时所应承担的一系列责任。一旦服务商收到款项（或一承诺付款的合同成立），服务商就会为客户提供服务及相应的授权证书（即代表有权访问该服务）。如图 7-3 所示，用户和服务商之间所有的互动交流都是在经济平面内进行的。同时，服务提供商会激活使用平面中的服务（通过更新路由器的状态），从而使终端系统可以开始使用服务。

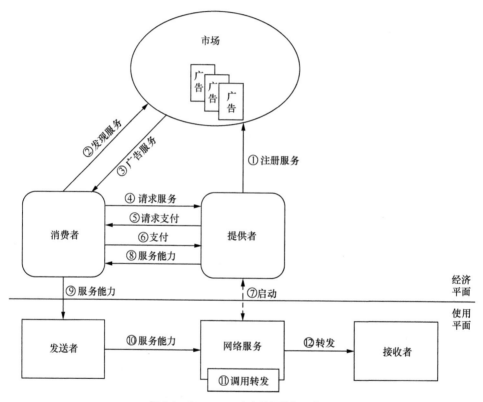

图 7-3　ChoiceNet 中实体间的相互作用

　　ChoiceNet 的核心部件是一个全新的经济平面，该平面会带来更多创新，有利于培育一个完整的网络服务生态系统[10]。可以预见，这个全新的体系结构会带来一个不同的网络。更具体地说，一个支持经济平面的互联网会拥有更多的服务提供商，而不是被少数几个大型的垂直网络提供商所垄断。这样的发展会使互联网愈加多样化，并能点燃互联网行业核心的创造力和竞争力 [11]。

|7.2　播存网|

当前互联网已经演化为服从幂律分布的无标转度（Scale Free）网络，主流应用范型正在向以内容为中心的信息共享转变。然而，互联网的设计初衷是端到端通信。因此，关于未来互联网体系结构的经济、可行出路，是为现有互联网体系结构增添一种以广播辐射传输＋泛在内容存储为特征的辅助网络，这种次级结构（Secondary Structure）网络称为播存网。

7.2.1　播存网的特点

播存网的特色在于，它是基于多种网络（互联网、电信网和广播网等）优势互补的物理变革思路和主、次结构共轭的二元网络思维而提出的一种未来互联网创新方案。其突出优势表现在，作为未来互联网体系结构的次级辅助结构，它与现有互联网 TCP/IP 主结构（Primary Structure）既功能协同又逻辑解耦，并且不妨碍各种针对互联网主结构的演进或重构方案，包括 IPv6、SDN 和 ICN（Information Centric Networking，信息中心网络）[12]。

播存网与 ICN 研究有一些相似之处，它们都强调网络关注的重点从位置（Where）转向内容本身（What），都注重提出新的面向内容的标识，都更加依赖于网络中的缓存等。但播存网与 ICN 也存在明显的差异，如在 ICN 研究中通常突出强调的路由与转发功能，由于物理广播天然具有无介质和带宽约束的辐射分发特性，因此该功能在播存网中被极大地弱化。另外，多数 ICN 研究方案都强调采用 Clean Slate 指导思想，往往难以协调好新方案与现有互联网体系结构之间的关系，而这又反过来成为其推广的阻碍。从这个意义上讲，播存网对现有互联网体系结构的革新要比 ICN 缓和得多，因此，其现实接受度也好于 ICN。相比之下，播存网以成本高效作为未来互联网体系结构的核心准则，不会局限于非此即彼的一元化思维束缚，既承认现有互联网体系结构的主体地位，同时又引入次级辅助结构弥补它与互联网主流应用范型的显著失配，从而化解试图再造全新网络的现实阻力，为未来互联网体系结构的研究提供具有最小演进代价的创新解决思路 [13]。

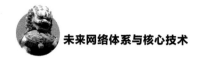
7.2.2　体系结构及其关键要素

播存网充分体现了以内容为中心的设计理念,对内容的标识、分发、缓存、导航和适配等都基于统一内容标签(Uniform Content Label, UCL)。简而言之,UCL 可表示为二元组 <UCL-Code, UCL-Properties>,其中 UCL-Code 是结构固定的 UCL 标识码,而 UCL-Properties 是灵活可变长的内容属性描述。UCL 不同于目前 WWW 所采用的基于 URL 将信息空间按地址定位的方法,同时也有别于 NDN 和 LISP 等研究中单纯用名字来标引内容信息的方法,它能更加全面地描述关于内容的丰富语义信息,紧密关联内容的读者、作者和管理者,并为基于内容的安全(Content Based Security)提供基石。广播分发与泛在化存储的有机结合,以及在二者之间充当桥梁的 UCL,共同构成播存网体系结构的创意基元。播存网体系结构的普适模型如图 7-4 所示。

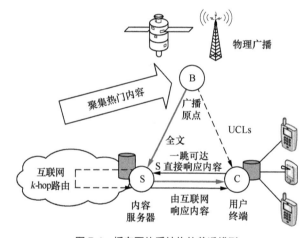

图 7-4　播存网体系结构的普适模型

播存网结构由 3 个主要部分组成:广播端、接入服务器以及用户端[14]。其功能分别如下。

① 广播端。广播端将网络热门信息聚合,生成一条与之一一对应的 UCL,然后将二者同时分发到各个接入服务器,同时广播端还将全部 UCL 发送到用户端。

② 接入服务器。接入服务器可通过广播端分发以及互联网路由两种方式获取信息资源,还可将 UCL 主动个性化推荐给用户端,并根据用户端反馈的 UCL 发送其对应的信息资源全文。

③ 用户端。用户端可从广播端接收全部 UCL,也可接收接入服务器主动推

荐的 UCL，并根据兴趣向其请求信息资源全文。用户端虽可从广播端接收全部 UCL，但通常由于 UCL 数量巨大且用户端多为智能终端，接收能力有限（硬件及能耗限制），用户端需要对所接收的 UCL 进行过滤，保留感兴趣的 UCL。这种简单过滤仅依据用户个人浏览信息，效果往往很差，且忽略了群体兴趣对个人兴趣的影响，不利于挖掘用户潜在兴趣。而接入服务器存放着网络热门信息资源与其所覆盖的用户信息，利用这些信息可对用户端感兴趣的资源进行有效的预测推荐。从而使用户端不仅可从海量信息资源中更准确、全面地发现感兴趣资源，还能克服自身硬件上的限制，有效应对信息过载问题。

支持点到面辐射传输的物理广播和与之配合的泛在化内容存储，是构成播存网物理结构的两大关键要素。播存网利用广播传输天然的一对多能力，可以保证内容一次分发、不限规模用户接收，实现内容在空间上的无限量复制，从基本物理传输模型上满足内容共享类应用的点到多点辐射型分发需求。同时，播存网在内容接收环节引入泛在化存储（广泛配置在各种内容接收端之中），可以使广播内容的发送与接收解耦，保证任何接收者都能灵活地接收并缓存广播源发送的内容信息，从而有效支持用户对内容的异步个性化访问需求。

| 7.3　XIA |

7.3.1　XIA 设计理念

XIA 是由美国波士顿大学、卡内基梅隆大学、威斯康星大学麦迪逊分校共同开发的一个开源项目。作为 NSF 未来网络结构研究第 2 阶段的 4 个项目之一，XIA 主要研究网络的演进，解决不同网络应用模式之间通信的完整性与安全性问题。XIA 网络结构保留了当今网络的很多特征，比如网络必须支持的"细腰"和报文交换，同时，它与现在的网络又有很多不同之处。XIA 丰富的寻址和转发能力促进了网络的灵活性与演进性，使核心网功能变得简单、有效[15]。

随着互联网应用的日益多样化，协调这些应用在互联网中进行通信逐渐引起了关注。XIA 致力于解决端到端之间的安全通信，建立一个统一的网络，为端口间的通信提供接口（API）。由于网络的复杂性，在网络中运行的程序与协议具有不同的行为和目标，XIA 希望通过定义具有良好支持性的接口，让这些网络活动的参与者能够更有效地运行，消除网络基础结构与端用户之间的通信

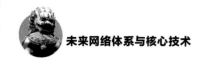

障碍[16]。在构建统一的网络基础结构的思想上，XIA 通过其内部的机制实现安全性。运行在这个结构之上的所有网络活动参与者具有安全标识，并应用于信用管理中，称为内在安全机制。XIA 扩大了目前基于主机通信的机制，将互动机制应用于主体（包括主机、服务、内容等）的操作以及安全控制，对网络的控制从单一的分组转发，扩大到网络中的互操作。

XIA 是基于 3 个核心观点来设计一个演进的安全网络结构：丰富的模式类型、灵活寻址、内在的安全标识。XIA 有 3 个关键的理念：① 丰富的通信实体集合，XIA 的网络结构本质上支持不同实体间的通信，包括主机、服务、内容和其他未来使用模型中出现的实体；② 内在的安全性，对所有实体使用标识符，并支持系统性的认证机制；③ 无处不在的"细腰"，"细腰"模型即上层应用与底层链路之间具有较小的协议中间层，其简洁性促使互联网快速发展，但是目前这一模型遇到了瓶颈。XIA 基于现有 Internet 的"细腰"模型，对其安全性与扩展性进行了改进：第一，对于所有网络主体的支持性，XIA 为所有类型的主体定义了与不同协议机制之间的接口；第二，增强了信任管理；第三，保持"细腰"结构的简单性，同时将地址标识替换为服务标识。

7.3.2　XIA 体系结构

XIA 的结构（如图 7-5 所示）显示了 XIA 的组件以及相互之间的关系。根据主体的操作目的对 3 种主体类型进行了不同的定义，内容被定义为"它是什么"，主机被定义为"它是谁"，服务被定义为"它做什么"。不同类型的主体需要定义各自的服务标识，例如，在基于内容的网络中，需要提供 API 来供用户获得、发现和搜索内容。XIA 使用"细腰"模型定义互操作需要的最小功能，该"细腰"不要求实施的精确过程，因此，网络可以根据角色的类型来确定通信的类型。同时 XIA 的设计还支持未来的其他实体，例如用户和组。

网络主体之间的通信通过内容标识进行。这是一个 160 bit 的标识符（XID），可以表示一台主机（HID）、一条内容（CID）或者一项服务（SID）。这一标识具有安全验证的功能，利用公钥或者散列校验的方法，无须依赖外部的数据库就能进行验证，因此安全特性是内建的。当需要数据时，数据接收方法能够获取想要的数据，并验证其来源。

XIA 原型实现组成部分如图 7-6 所示，该原型实现是基于遥控模块化路由器，显示了 XIA 的各个模块以及相互之间的关系。XIA 的核心是底层的协议（XIP），支持多种类型通信实体间的通信。XIA 最新原型版本是 2013 年 3 月发布的，其主要包括 XIP 网络协议栈的 Click 实现、XIA 的 Socket API 和网络引

导程序 / 支持业务（如路由、初始主机配置、命名服务）。

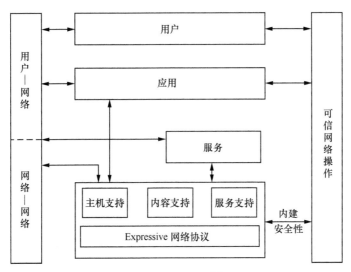

图 7-5　XIA 体系结构

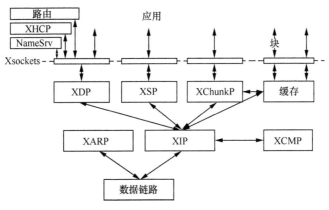

图 7-6　XIA 原型实现组成

　　目前 XIA 提供基础的结构，还有一些正在开发的基于 XIA 的项目。支持复杂的通信主体类型和所有通信操作相关的内在安全属性，是 XIA 两个独特的特性。例如，XIA 允许应用通过选择通信主体类型来表达它们的通信意图。一个文件共享程序会使用内容主体来表明它们通信的目的是获取内容，而类 SSH 应用可能会使用主机主体来表明它需要联系一个特定的主机。XIA 依靠通信主体来引导应用程序，明确每个通信操作的安全特性，要实现 XIA 的特性，则需要应用的配合。

XIA 的特性也可以用于支持不同类型的移动性，例如机器间的进程迁移或者设备在网络中的移动性。一个关键的挑战是确保协议的安全性，例如，协议不能被第三方劫持用于开放的通信会话。如何平衡用户隐私与网络管理有效性和可管控性之间的矛盾，是网络结构需要解决的挑战之一。XIA 一直在探索使用隐私按钮的方式，用户通过单一的按钮，可以获取诸如 ISP 等信息，对通信进行控制，如避免某些类型的 XID、自动调用类似 TOR 的匿名服务等。由于接口在应用程序和协议栈之间，因此这一机制是跨应用的。

7.3.3　XIA 实现机理

最近提出的 Linux XIA，就是在 Linux 内核上实现本地的 XIA，通过评估 Linux XIA，证明 XIA 能够支持和保证网络演进、协作和可操作，这些特性是任何一个未来网络结构成功的核心。为了证明 XIA 是一个可行的元结构，需要成熟的协议栈来满足实现其他结构，本地实现提供的路由性能是一个必要的步骤来说明 XIA 可以部署在网络环境中。图 7-7 描述了在 Linux 内核中 TCP/IP 和 XIA 平行协议栈，IP 映射到 XIP，TCP 映射到 Serval，UDP 映射到 XDP。虽然图中表明 TCP、UDP 和 IP 是独立的内核模块，但是实际上 TCP/IP 协议是一个单独的模块在 Linux 上实现 [17]。

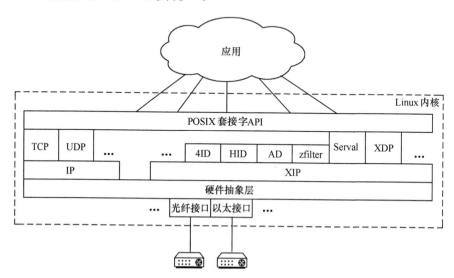

图 7-7　Linux 内核中的 TCP/IP 和 XIA 协议栈

XIA 通过在 Linux 内核上实现，确保了丰富外来设计的实现、互操作性以及性能基准，经证明保证了 XIA 网络结构的演进性并且被重新分类为一个元结构。Linux XIA 的创新可能不在于实现 XIA，而是扩大了 Linux XIA 所希望的、其他人共同反复设计新的模式集合。

XIA 建立在 TCP/IP 协议的基础上，通过将演进性直接合并到网络"细腰"，能够满足网络上层与底层对于技术演进的要求。XIA 支持可表达性、演进性、信任的操作通过使用开放式的模式类型进行集合。XIA 确保了在路由、安全、传输和应用设计方面的未来革新，并且不需要过度牺牲性能来追求灵活性。

XIA 预期的未来互联网络模型是一个单一的网络，这与现今的互联网不同，它着眼于安全性的问题，支持网络的长期演进。原有的网络主要是基于主机的通信，而现今越来越多应用的目的是内容获取，这也是 XIA 设计的一个挑战。未来的互联网不能只支持现在流行的通信主体（主机和内容），而必须是灵活的、可扩展的，才能支持互联网使用过程中出现的新实体。对于不同的网络主体，XIA 支持网络角色的显示接口，网络主体需要的 XID 是由系统的协议给出的，XIA 设计不同的机制以适应不同的网络主体。另外，XIA 还对用户与网络、网络与网络的通信进行了区分，为两者设计了不同的接口。XIA 探索不同的标识符栈的组织方式和不同的分组路由，以探索不同机制来支持不同范围的网络服务，这涉及服务标识符的定义、粒度的控制、缓存以及内容分发等，功能涵盖端传端、分组转发、内容和服务支持，并对这些操作进行可信管理。这些探索的目的在于支持长期的技术演进。随着链路技术以及存储计算能力突飞猛进的发展，网络结构必须支持新技术的高效整合，才能适应技术进步和经济发展。

7.4　空天地一体化信息网络

随着现代信息技术的快速发展，未来空天地战略信息服务行业对于综合信息资源的需求日益提高，航空航天、国家安全、监测环境、教育医疗卫生、交通管理、工业以及农业、打击恐怖活动、抗灾救险等各种不同领域战略信息服务将在空天地多个空间上展开，任何单一空间上的信息利用都无法满足全方位需求。如今，人类不再只是将卫星发射至空间来执行单一任务，而是朝着网络化综合服务方向发展，空天地一体化服务成为未来全方位服务的主要形式，它要求处于空天地维度上的各个节点密切配合、深度协同，而前提是获取充分的信息、快速的信息传输、协同处理高效的任务[18]。在此需求下，空天地一体化信息网络应运而生。得益于低成本火箭发射技术、微小卫星平台技术和载荷技术的迅猛发展，实现全球信息，特别是天基信息共享的空天地一体化信息网络正在全世界范围内引发广泛关注。空天地一体化信息网络能够实现全球一体化的信息服务，同时保证服务质量，能够更加有效地实现空间通信，加速信息时代的发展[19]。

7.4.1　概述

7.4.1.1　定义

空天地一体化信息网络是由多颗不同轨道上、不同种类、不同性能的卫星形成星座覆盖全球，通过星间、星地链路将地面、海上、空中和深空中的用户、飞行器以及各种通信平台密集联合深度融合，采用智能高速星上处理、交换和路由技术，面向光学、红外多谱段的信息，按照信息资源的最大有效综合利用原则，进行信息准确获取、快速处理和高效传输的一体化高速宽带大容量信息网络，即天基、空基和陆基一体化综合网络，具备广域覆盖、实时获取、安全可控，随遇接入及按需服务的能力[20]。

典型的空天地一体化信息网络结构如图 7-8 所示。

空天地一体化信息网络基本上涵盖了现今所存在的各种通信网络，包括无线通信、卫星通信、光纤通信等，各种通信网络技术的综合集成是建立空天地一体化信息网络的基础。

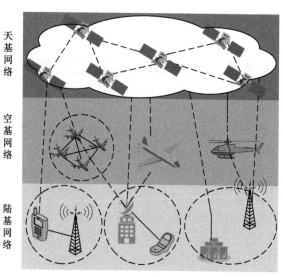

图 7-8　空天地一体化信息网络结构

7.4.1.2 优点

空天地一体化信息网络具有以下优点。

（1）协作性

空天地网络之间协同工作融合为统一的一体化网络系统，最大限度地利用地面移动网络以及卫星网络的优势，系统中的各个模块以及模块之间能够进行协同工作，对空间信息进行协调、管理及优化，最大限度地收集并利用各种空间信息资源，实现对事件更快、更好的处理。

（2）泛在性

综合空天地海多种网络实现广泛覆盖和多重覆盖，弥补地面互联网和移动通信网覆盖范围受基础设施限制的缺点，对区域有着全天候、实时的覆盖范围。

（3）高效性

空天地一体化信息网络综合信息系统具有对任务事件快速反应以及高效处理的能力，还具有应对突发事件的应急组网能力。

7.4.1.3 应用

由于大部分人类活动范围仍集中在地球表面，以卫星为中心或融合卫星的各类应用系统的发展离不开空天地一体化的概念，即天基信息系统支持并融入地面应用为用户服务。无论是互联网发展之初利用卫星实现跨洋通信、卫星数字多媒体广播，还是各类对地观测卫星系统，空天地一体化已经成为与卫星相关的各类应用系统的基本要求。

空天地一体化信息网络在未来实现广域无缝覆盖上具有特殊的优势，能够有效整合卫星通信网络、公用通信网络、移动通信网络等，健全应急通信体系，确保出现突发事件时信息畅通；在商用通信之外，由于能够提高通信链路距离，扩大覆盖范围，保证信息传输的实时性，所以在探月、探测火星、空间观测和空间科学实现等领域，空天地一体化信息网络也能够发挥重要的信息支撑作用；能够支持现代信息化作战，为多军兵种联合攻防提供信息集成与共享，实现快速反应和精确打击，其潜在的军事应用价值更加毋庸置疑[20]。此外，可以为我国智慧城市、应急救灾、航空航天、国家安全等多个领域的发展提供必要的保障。

7.4.2 研究现状

近年来，国外类似的空天地一体化信息网络项目主要包括 NASA 的空间通信与导航计划（SCaN）、美国的转型通信结构（TCA）、欧洲全球通信一体化空

间结构（ISICOM）和国际海事卫星（INMARSAT）的 BGANSB-SAT 等。

NASA SCaN 计划的主要目标是向 NASA 和其他外部机构提供能够保障航天任务成功的一体化的空间通信、导航与数据系统服务。该网络主要包括 NASA 原本的近地网络（NEN）、空间网络（SN）和深空网络（DSN）等 3 个组成部分。SCaN 计划的主要目标之一是通过网络技术融合原本具有不同功能和定位、相互独立工作的系统，从而提高一体化服务能力，减少重复建设。美国国防部于 2002 年提出了转型通信结构，其目标是适应美军的转型通信需求，打破通信瓶颈；为用户提供安全、高速通信的体系结构；并无缝集成美国国防部、NASA 和情报机构的空间和地面系统。其工作重点是天基网络及其与地面网络的集成，并由此产生一个完整的、无处不在的、基于 IP 的全球网络。TCA 的天基部分由 5 颗转型通信卫星（TSAT）组成，实现天基骨干网络。尽管该计划由于预算问题已于 2009 年被取消，其部分功能由先进极高频卫星系统（AEHF）代替，目前仍在快速发展。

欧盟技术平台一体化卫星通信计划（ISI）在 2007 年的年末提出了全球通信一体化空间结构的概念。ISICOM 工作组一直在开展具体战略研究工作，明确在欧盟 Horizontal 2020 和欧洲太空局（ESA）工作计划中必须完成的研发工作，其目标是建立一个基于 IP 的、独立的通信网络，结合微波和激光链路实现大容量空间信息网络。ISICOM 同样由天基网络和地面网络两部分组成。

INMARSAT 是目前国际最重要的商用卫星移动通信运营商，其 4 代卫星实现的宽带全球网（BGAN）业务能够为终端提供全球范围内的 IP 互联网接入。基于 BGAN 业务，INMARSAT 可为低轨卫星（LEO）提供 SB-SAT 通信模块，安装此模块后，LEO 卫星可实现最高 432 kbit/s 的接入速率，并利用 INMARSAT 地面关口站网络实现近实时的天基信息回传。

在通信领域，由 O3b 公司研制的中轨道小卫星通信系统已开通运行。SpaceX、维珍银河等也都在规划由 600 ~ 700 颗低轨微小卫星组成的通信网络，为全球提供互联网接入服务。

我国现拥有各类卫星近百颗，且数量还在快速增长，包括应用在以下方面的专用卫星：资源、环境、海洋、气象、测绘、专用（DCS）星座，北斗导航定位系统，中继星（天链），空间站等。国外可提供应用的天基资源主要有遥感卫星（GeoEye、World-View 等系统）、通信卫星（INMARSAT、铱等系统）、导航卫星（GPS、伽利略等系统）[21]。然而，上述卫星系统在组网综合应用时存在以下几个问题。

① 这些卫星定制开发、独立使用、标准化程度低，彼此间相互独立；

② 当前国内建立地面站的条件远落后于美国全球建站，地面组网困难，数

据落地受限；

③ 信息遵循先落地、后共享的模式，致使信息实时性差；

④ 由于技术条件和发展阶段的限制，多数已在轨的应用卫星不具备星间通信链路。

能够良好支撑各类信息共享需求的空天地一体化信息网络的建设在我国刚刚起步，天基部分在已有一定资源基础上还未形成网，更谈不上天基资源有效共享。所以，当前空天地一体化信息网络研究与发展的迫切需求与关键问题主要存在于天基部分。

7.4.3　体系结构

7.4.3.1　基础结构

天地一体信息网络结构整体上由天基与陆基两部分组成，其中，飞机、高空平台等空基节点可涵盖到天基网中；而各类海上平台形成的节点，从空间地理角度看，属于地球表面网络范畴，但从信息传输角度看，必须借助天基网才能有效实现其功能。由通信链路（微波或激光）实现两段之间及各段内互连[22]。

经过超过半个世纪的发展，以互联网为主要形式的地面网络经历了蓬勃的发展。尽管面临种种挑战，基于 TCP/IP 体系结构的网络仍然较好地满足了人们对于各类信息共享的需求。与此同时，IPv6、MobileIP 以及未来网络等新协议新体系的发展正逐步改善当前互联网对移动接入、宽带多媒体数据分发等技术的支持。特别是经过最近 20 年的快速发展，当前陆基互联网已得到大规模建设与应用，形成若干大型地面信息中心。通过网络技术实现地面站直接互联，在天基数据落地后，经互联网实现信息共享等技术在目前网络技术的支撑下已有良好的应用实例。与之相比，主要由卫星作为节点组成的天基网络发展仍然相对落后。

对于空间信息系统来说，最简单的组网结构就是以同步轨道卫星（GEO）作为中继星，其他卫星通过同步轨道卫星将获取的数据传给地面站。同步轨道卫星在这种组网模式下是网络的核心。尽管同步轨道卫星具有广泛的覆盖面积、传输稳定信号等优点，但是同步轨道卫星由于远离地面具有较大的传输时延，对时延敏感的应用（如卫星电话或者多媒体服务）影响较大。轨道高度为 500～2 000 km 低轨道卫星和轨道高度为 10 000～20 000 km 中轨道卫星（MEO）具有传输时延小、终端设备便携性等特点，正好弥补了同步轨道卫星的不足。单颗低轨道卫星和中轨道卫星由于距离地球表面比同步卫星近，所以对地表的覆盖面积更加有限。利用多颗卫星将单一的低 / 中轨道卫星组成卫星星座，实现对地球表面的全球化覆盖，从而克服了单颗低 / 中轨卫星覆盖范围小的问题。

随着空间信息网络的发展，可以利用低 / 中轨道卫星的上述优点组建覆盖全球范围的通信网络。在这种组网模式下，通信卫星与地面用户或者地面站属于一样的网络节点，使在全球范围内都能实现端到端通信。除了利用低轨道卫星或者中轨道卫星组建单层的卫星网络以外，还可以在多层轨道平面内布置相当数量的卫星，利用卫星层间链路建立卫星星座网络。与单层卫星星座网络相比，双层以及更多层的卫星星座网络具有很多明显的优点，例如能够提供多样化的通信、定位导航等服务且具有很高的可靠性，由于多层卫星星座覆盖范围广，通信时间持续性强，所以实现了卫星星座的优势互补，多层卫星网络是以后空间网络发展的一大趋势。

7.4.3.2 体系结构

空天地一体化信息网络由通信基础设施（主干网、接入网、子网）、网络基础设施（协议、路由、组网控制）和应用基础设施（信息获取、类型整合、信息服务）三大部分组成[23]。

从功能层次的角度来看，空天地一体化信息网络包含应用层、骨干传输层、接入层、感知层与控制层 5 个功能层面，如图 7-9 所示。

图 7-9 空天地一体化信息网络体系结构

应用层主要包含空天地一体化信息网络面向用户需求的各类应用，提供相关设备与服务，包括针对个人或企业对天基信息需求的商业应用、针对航天任务测控 / 通信需求的航天应用，以及针对防灾应急或国家安全需求的应用等。

骨干传输层是空天地一体化信息网络的核心基础设施，通过天基网络与地面网络的融合保障各类空天地一体化通信传输需求，骨干传输层由位于对地静止轨道的骨干传输网络、位于中低轨的动态传输网络和地面的地面站网络共同组成。其中，骨干传输网络向各类飞行器提供全时空覆盖，为遥测遥控和其他各类时敏数据传输提供保障；而动态传输网络可采取存储转发机制，卸载骨干传输网络中大量非实时数据传输压力。骨干传输层通过星间接入链路为对地观测 / 探测卫星等各种空间信息系统提供信息传输和处理业务。可通过添加空间站等方式实现天基虚拟任务中心，作为整个天基部分的信息处理分发中心。

接入层主要保障各类用户接入，具体可分为直接接入网络和间接接入网络。直接接入网络是指骨干网络卫星节点上的接入网部分，由无线电或光通信接口实现。间接接入网络则通过接入层卫星为各类用户提供骨干传输层的接入服务，接入层网络可由带有骨干网络接入能力的一般通信卫星系统组成，也可通过专用接入卫星。接入层应具备一定的信息处理能力，能够协同多系统卫星节点间的异构互联、规划星间传输路由。

感知层包含各类空间传感器节点，主要由各类对地观测/探测卫星星座组成，包括各类对地观测卫星、侦察卫星等，是天基信息的主要获取手段，感知层节点能够从空间视角提供各类不可或缺的军事或民用数据，未来可同时具备星地卫星通信或卫星星际通信链路，可根据需要将感知层的数据直接下传至相应功能的地面站（专用功能）或经由天基骨干层发至卫星地面关口站与地面互联网互联互通，感知层节点与骨干层通信并接受其管理。

控制层实现空天地一体化信息网络的管理、控制功能，此外还通过导航授时系统为一体化网络和节点提供可靠的时空基准保障。

7.4.3.3 通信协议

空天地一体化信息网络中的地基部分广泛使用的通信协议为 IP 协议族，对天基网络协议的研究目前主要有 3 类协议体系，分别是 CCSDS 协议体系、空间 IP 协议体系、DTN 协议体系。

空间数据系统咨询委员会（Consultative Committee for Space Data Systems，CCSDS）是一个国际性空间组织，主要负责开发和采纳适合于空间通信和数据处理系统的各种通信协议和数据处理规范。早在 1982 年，该组织便开始发布空间通信技术建议书，经过不断修改，目前 CCSDS 相关协议已经成为航天领域的标准和规范。为适应地面互联网的发展，CCSDS 针对空间通信协议进行了一系列改造和升级，先后发布了 CCSDS-SCPS 系列空间通信协议、CCSDS 702.1 等，这些工作都旨在将航天器与地面网络相连通，实现通过 CCSDS 协议传递 IP 数据分组，将地面网络与空间网络相融合。然而，CCSDS 协议体系针对空天地一体化信息网络仍然存在一些问题，如空间通信路由算法尚未确定、重传机制不合理、应用服务不完善等。

IP 协议是目前地面互联网的基础通信协议，技术成熟，如果能将 IP 协议进行改造并运用于空间通信，则将大大降低成本，并提高网络的可维护性，同时，更有利于地面网络和天基网络的融合。2001 年，美国哥达德航天中心开展了名为 OMNI 的研究项目，旨在将 IP 协议应用于空间通信，研究结果表明，IP 协议对于空间通信环境，尤其是深空通信环境存在先天的弱点，因为 IP 协议无法适应深空网络大时延、间歇式连接、非对称链路和高信噪比的特点，无法构建基于 IP 协议的空间网络环境[24]。此外，空间网络的高动态特性要求支持节点的

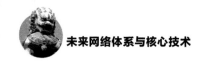

动态介入和快速切换，而当前移动 IP 协议直接应用于空间网络时效果很不理想。因此，如果要将 IP 协议应用于空天地一体化信息网络天基部分，必须对其进行大规模的改造。

DTN 协议来源于 NASA 喷气推进实验室进行的行星际互联网的研究计划，该研究在对地面互联网、移动网络、Ad hoc 网络、传感器网络进行了相关研究，提出了延迟 / 中断容忍网络的概念。与 IP 协议和 CCSDS 协议不同，DTN 协议基于存储—携带—转发的思想，并引入了信息保管等机制，解决了在大时延、间断联通条件下的可靠传输问题，对于实现一体化信息网络的天基部分具有明显优势。2009—2012 年，NASA 利用布置在国际空间站上的试验床进行了 DTN 协议验证试验，完成了地面站与空间站之间基于 DTN 协议的数据传输，并将 DTN 协议与其他协议进行比较。试验结果证明，在空间通信条件下，DTN 协议表现明显好于其他协议。但是 DTN 协议并非完美无缺，在网络安全机制、拥塞控制等方面还不够完善，尤其 DTN 协议对于网络节点的存储能力要求较高，如果使用 DTN 协议，需要对目前的航天器进行一定改造。

可以说 3 类网络协议各有所长，任何单一协议都无法满足空天地一体化信息网络的全部需求，在网络的不同部分和不同阶段需要使用不同协议，空天地一体化信息网络在很长一段时间内将处于多种协议并存的状态。目前基本的发展动态为以 IP 协议为主，与 CCSDS 协议和 DTN 协议有机结合、优势互补，并进一步展开各类适应天基网络特殊性的新协议体系的研究与试验工作。

7.4.3.4　路由协议

天基网络中空间网络星座本身具有的运行特征也是对路由算法设计的一个有利因素，主要包括以下几个特性。

（1）周期性

卫星星座的运行具有周期性，在一定时间周期内，卫星网络拓扑将会重新回到初始运行的状态。星座或系统周期是相邻两次卫星网络拓扑重复的时间间隔。

（2）可预测性

卫星网络中每一颗卫星节点都沿着预先设定的轨道运行，其运行轨迹具有可预测性，卫星与卫星之间的链路连接关系也具有可预测性。

（3）节点数目固定

一般情况下，卫星星座由固定数目的卫星节点构成，只有在发生卫星故障或者受到攻击时，卫星节点的数目才会发生变化。即使如此，卫星星座中一般存在备用卫星可供使用。

基于数据驱动、虚拟拓扑、覆盖域划分和虚拟节点的路由算法是现有天基网络的主要路由算法[25]。这 4 类天基网络路由算法的基本思想及优缺点见表7-1。

表 7-1　天基网络主要路由算法

路由算法	基本思想	优点	缺点
基于数据驱动的路由算法	数据分组到达引发拓扑更新	正常网络流量下性能优于普通算法	突发流量过大时性能较差
基于虚拟拓扑的路由算法	时间片的划分	路由开销低且算法实现简单	大量的存储，实时性较差
基于覆盖域划分的路由算法	地球表面覆盖域划分	少量的存储，忽略卫星移动性	路由优化性较差，对卫星上处理要求高
基于虚拟节点的路由算法	将真实卫星节点与虚拟节点映射	实现简单，路由处理时间短	较差的健壮性，只适用于极轨道卫星网络

空天地一体化网络分层路由技术呈现如下特点及发展趋势。

① 减少空天地分层网络操作中的路径切换，提高路由效率。空天地一体化网络由天基、空基和地基网络组成，其中天基网络由卫星星座网络构成，比地面网络节点通信链路延迟大。假如地面移动节点之间的距离很近但是仍然不在其通信范围之内，采用星地链路通信就会产生很大的时延，这时最优的路径应是采用地理路由的方式。因此，地面的网络节点尽量在地面链路做路由，只有在地面无法进行路由时才进行卫星网络路由，尽可能避免在不同层的链路做切换，提高路由效率。

② 网络中逐渐融合统一编址。传统地面网络使用 IP 编址，但是这一套编址方案不适用于卫星网络。当地面网络和卫星网络需要进行消息传输时，数据分组头部的 IP 地址需要转换成适合卫星系统的编址，这样就加大了网络负担，增加了网络处理延迟。因此，对空天地一体化网络中的各个节点进行统一编址是很有必要的[26]。

7.4.4　主要技术挑战

与地面网络相比，由于应用环境等差别的存在，空天地一体化信息网络具有独有的技术特点，同时也增加了系统设计和实现的难度。其主要特点及难点体现在以下 6 个方面[27]。

（1）网络规模庞大，结构立体化——体系设计难

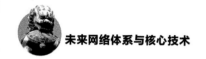

空天地一体化信息网络是涵盖卫星、临近空间飞行器和海陆平台的三维网络体系，覆盖区域广泛，成员节点种类和数量众多，功能迥异，繁简不一，使空天地一体化信息网络结构非常复杂，因此增加了体系结构的设计难度。但未来社会信息化（如智慧城市）、未来作战模式（多兵种联合作战）往往需要各类专业信息中的某些相关信息共享。因此，既要在技术层面解决复杂异构天地信息网络的互联互通问题，又要在非技术层面实现不同管理域下的资源协作与信息共享。应当考虑适应空天地一体化信息网络的特点，通过网络结构与协议体系等方面的创新保障空天地一体化信息网络节点互联互通、信息与资源的高效安全共享。

（2）网络拓扑时变，动态不规则——星上路由难

在空天地一体化信息网络中，网络拓扑结构高度动态，成员节点在各不相同的轨道上高速运行，节点间的空间位置关系随时间产生各种变化，造成网络拓扑实时改变。而航空和航天飞行器等节点都具有较强的机动性，大大增加了网络的不规则性。高度动态的特性在物理层反应为高中断率和高误码率；在链路层要求节点动态接入、快速切换等；由于节点的高度动态变化，所以整个网络的拓扑结构也会随之快速变化，形成动态网络拓扑，对网络层的路由形成极大的挑战；在传输层，较高的误码率通常造成数据丢失，TCP 协议缺少分组丢失与拥塞的识别机制，只采用拥塞控制，明显降低数据吞吐量。

（3）无线开放方式，安全性能差——保密通信难

空天地一体化信息网络是一种高度开放无线方式的分布式结构网络，所以容易受到窃听、入侵、网络攻击和拒绝服务等安全威胁。如何提高系统的保密性和安全性是技术难点之一。具体地讲，在移动终端接入方面面临着身份认证威胁；在空间网络、临近空间网络和地面网络融合方面面临着安全路由威胁；空天地一体化网络在进行同域/跨域通信方面面临着安全切换、安全传输威胁。

（4）环境影响严重，链路质量差——信息获取难

空天地一体化信息网络中大量的通信链路暴露在空间，除了受到信号衰落、碰撞、阻塞、噪声干扰等因素影响，还受到空间环境和其他人为因素的影响，使目标对比度下降，信息传输质量变差，难以获得高分辨率、高对比度的信息，这是空天地一体化信息网络中的又一难点。

（5）星上载荷受限，节点功能弱——星上处理难

天地一体化信息传输距离远和星上处理能力受限的特点，导致端到端传输时延大、传输损耗大、链路质量差，这是在传统卫星通信研究中就一直关注的问题，但是随着网络节点数量的增长，解决这一传统问题的方案可能不再局限于点对点的方式，而可以通过多节点协同加以破解。另外，时延、误码、中断

等区别于地面链路的问题又对组网，特别是网络协议如何保障天网、地网一体化互联，带来了全新的挑战。

（6）链路时间较长，时延抖动大——网络管理难

空天地信息网络的实时性涉及 3 个方面的内容。一是数据传输时延，即从发送站生成消息到接收站接收到消息的时间间隔，分析数据传输过程是时延分析的基础。二是数据处理时延，数据处理引起的时延除与硬件有关外，还与相关数据处理算法有关。三是接入切换时延，它又分为接入时延和切换时延，接入时延是指从确定可建立通信链路到开始通信经过的时间；切换时延是指当目标在通信过程中从一个卫星覆盖区移动到另一个卫星覆盖区，或者由于外界干扰而造成通信质量下降时，必须改变原有的信道而转接到一条新的信道上这个过程所需要的时间。接入时延和切换时延均与协议模型设计有关。

空天地一体化信息网络节点含有相距几百到几万千米的地球同步轨道、低地球轨道、飞机、地面站等，彼此间距离远大于地面网络，因此，传输时延不能忽略。此外，因各节点高动态运行，节点间时延抖动较大，上述特点增加了网络管理的难度。

参 考 文 献

[1] ROUSKAS G N, BALDINE I, CALVERT K, et al. ChoiceNet: network innovation through choice[C]// Optical Network Design and Modeling (ONDM), 2013 17th International Conference on. IEEE, 2013.

[2] HAO C, CHEN X M, WOLF T. OrthCredential: a new network capability design for high-performance access control[C]// Network Protocols (ICNP), 2014 IEEE 22nd International Conference on. IEEE, 2014.

[3] AHMET CAN B, DUTTA R. A verification service architecture for the future Internet[C]// Computer Communications and Networks (ICCCN), 2013 22nd International Conference on. IEEE, 2013.

[4] HUANG S F, GRIFFIOEN J, CALVERT K. PVNs: making virtualized network infrastructure usable[C]// Proceedings of the Eighth ACM/IEEE Symposium on Architectures for Networking and Communications Systems. ACM, 2012.

[5] ABHISHEK D, WOLF T. Service instantiation in an Internet with

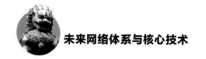
choices[C]// Computer Communications and Networks (ICCCN), 2013 22nd International Conference on. IEEE, 2013.

[6] NAGURNEY A, LI D, WOLF T, et al. A network economic game theory model of a service-oriented Internet with choices and quality competition[C]// NETNOMICS: Economic Research and Electronic Networking 14.1-2 (2013): 1-25.

[7] NAGURNEY A, LI D, SABERI S, et al. A dynamic network economic model of a service-oriented Internet with price and quality competition[C]// Network Models in Economics and Finance. Springer International Publishing, 2014: 239-264.

[8] ONUR A, CALVERT K L, GRIFFIOEN J N. On the scalability of interdomain path computations[C]// Networking Conference, 2014 IFIP. IEEE, 2014.

[9] BROWN D, NASIR H, CARPENTER C, et al. ChoiceNet gaming: changing the gaming experience with economics[C]// Computer Games: AI, Animation, Mobile, Multimedia, Educational and Serious Games (CGAMES), IEEE, 2014.

[10] BROWN, D, ASCIGIL O, NASIR H, et al. Designing a GENI experimenter tool to support the choice net internet architecture[C]// Network Protocols (ICNP), 2014 IEEE 22nd International Conference on. IEEE, 2014.

[11] 梁晓欢. ChoiceNet: 通边选择进行网络创新 [J]. 电脑与电信，2013, 5: 1-4.

[12] 马建国. 基于播存网格的新闻广播系统设计 [J]. 现代图书情报技术，2007, (9): 76-79.

[13] 顾梁，杨鹏，罗军舟. 一种播存网络环境下的 UCL 协同过滤推荐方法 [J]. 计算机研究与发展，2015, (2): 475-486.

[14] 杨鹏，李幼平. 播存网络体系结构普适模型及实现模式 [J]. 电子学报，2015, (5): 974-979.

[15] HAN D, ANAND A, DOGAR F R, et al. XIA: efficient Support for Evolvable Internetworking[C]// NSDI, 2012, 12: 23-23.

[16] ANAND A, DOGAR F, HAN D, et al. XIA: an architecture for an evolvable and trustworthy Internet[C]// Proceedings of the 10th ACM Workshop on Hot Topics in Networks. ACM, 2011: 2.

[17] MACHADO M, DOUCETTE C, BYERS J W. Linux XIA: an interoperable meta network architecture to crowdsource the future Internet[C]//

Proceedings of the Eleventh ACM/IEEE Symposium on Architectures for Networking and Communications Systems. IEEE Computer Society, 2015: 147-158.

[18] BARAS J S, CORSON S, PAPADEMETRIOU S, et al. Fast asymmetric Internet over wireless satellite-terrestrial networks[C]// MILCOM 97 Proceedings. IEEE, 1997,1: 372-377.

[19] 黄谷客. 空天地一体化信息网络分层路由技术研究 [D]. 合肥：中国科学技术大学，2015.

[20] 姜会林，刘显著，胡源，等. 空天地一体化信息网络的几个关键问题思考 [J]. 兵工学报，2014(S1): 96-100.

[21] 张乃通，赵康健，刘功亮. 对建设我国"空天地一体化信息网络"的思考 [J]. 中国电子科学研究院学报，2015, (3): 223-230.

[22] 从立钢，王杨惠，底晓强. 空天地一体化信息网络仿真系统方案研究 [J]. 电子技术与软件工程，2015, (20): 28-29+42.

[23] 李瑾，郑晨，秦永强. 空天地信息一体化网络结构与协议 [J]. 遥测遥控，2015, (2): 17-20.

[24] 李洪鑫，张传富，苏锦海. 基于 OPNET 的卫星网络路由协议仿真 [J]. 计算机工程，2011.

[25] 杨春秀. 多层卫星网络路由协议研究与仿真 [D]. 哈尔滨：哈尔滨工程大学，2012.

[26] 赵靖. 天地一体化测控网络的路由协议设计与仿真 [D]. 西安：西安电子科技大学，2011.

[27] 李华，范鑫鑫，秘建宁，等. 空天地一体化网络安全防护技术分析 [J]. 中国电子科学研究院学报，2014, (6): 592-597.

第 8 章

未来网络试验床

面对层出不穷的新应用，当前互联网的体系结构表现出很多未曾预料的缺陷，学术界和产业界基于 Clean-Slate（即重新设计互联网体系结构）思想提出了多种未来互联网的解决方案。因此，建立真实可控的未来网络试验床环境并开展规模化试验验证成为迫切需求

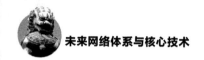

| 8.1 未来网络试验床概述 |

未来网络体系试验床，顾名思义，就是为未来互联网的研究、测试、验证而提供的计算机硬件和软件环境。试验与实验不同，实验是为了检验某种科学理论或假设而进行某种操作或从事某种活动，而试验则指为了察看某事的结果或某物的性能而从事某种活动。与实验相比，试验具有较强的不确定性和探索性质，这就要求试验床能够根据研究人员的需求定制试验的环境，以准确呈现所验证对象在不同情况下的结果和性能，帮助研究人员改进设计，进而推动新技术的发展 [1]。

未来网络体系试验床在互联网的发展历程中具有非常重要的推动作用。互联网本身就是起源于试验网。作为互联网的雏形，ARPANet 最初就是只具备 4 个节点规模的试验网络。经过 40 多年的发展，脱胎于网络试验的互联网目前已经完全融入人们的日常工作和生活中，并对社会和经济的发展起着越来越重要的推动作用。着眼于未来，针对目前互联网在安全性、可扩展性等诸多方面存在的问题，欧美等地区和国家也已经积极展开了关于未来互联网的研究工作。

同互联网的起源类似，目前关于未来互联网的研究也是从未来互联网试验技术的研究和创新试验床的建立开始的。一方面，建立试验技术的研究和试验验证平台，可以很方便地对基于未来互联网研究而提出的新服务、新概念、新结构等进行验证和评估，推动这些新的算法和机制机理能够在功能和性能等方面得到完善和性能提升，从而为将来可能的大规模商用奠定基础；另一方面，研究未来互联网试验技术并建立未来互联网创新试验验证平台和验证环境，本身就是对未来互联网最好的一种探索和研究。

|8.2　未来网络试验床分类|

关于试验床，目前国内外还没有统一的分类标准，也未见相关文献分析。一般而言，可根据试验床的功能、规模和开放性等进行分类，但这种分类无法反映试验床的技术特点和对未来互联网研究的支持作用。因此，除按照上述特性对试验床进行基本分类外，还应该从试验要素、服务模型和网络元素两个方面对试验床进行归纳和分类[1]。

8.2.1　基本分类

（1）根据规模划分

根据试验床的部署规模，可分为全球级、国家 / 地区级、本地级 3 类[1]。全球级试验床（如 PlanetLab 等）是分布于世界各地的、具有全球影响力的大规模试验平台，是各个国家和地区间开展网络研究合作的重要依托。国家 / 地区级试验床一般是由国家 / 地区的政府、科研机构和高校发起和建设的较大规模试验床，如美国的 GENI[2]、欧盟的 FIRE[3]、日本的 AKARI[4]、韩国的 FIRST[5] 以及我国的 CNGI[6] 等。本地级试验床通常由某一企业、高校或科研机构独立建设，其规模受限于站点的资源数量，典型的有美国华盛顿大学的开放网络试验室（Open Network Laboratory，ONL）[7]、美国海军研究试验室开发的公共开放研究模拟器（Common Open Research Emulator，CORE）[8]、意大利那不勒斯费德里克二世大学开发的 Neptune[9] 等平台。

（2）根据功能划分

根据试验床的功能，可分为专用型和通用型两类[1]。专用型试验床是为了某种特殊网络业务试验而构建的平台。以欧盟的 FIRE 项目为例，其中的 BonFIRE 主要为大规模的云应用提供测试环境；SmartSantander 主要是为智慧城市相关的应用和服务提供城域网规模的试验设施；EXPERIMEDIA[10] 则主要为未来媒体互联网络（Future Media Internet，FMI）提供大规模的研究设施。

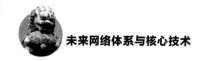

通用型试验床一般提供用户自定制的虚拟环境，并提供相应的编程 API，允许试验人员上传自开发的软件。当然，通用型试验床并不是支持所有类型的试验，所提供的试验能力同样受底层硬件资源的限制。例如，PlanetLab 的节点是重叠在现有的 IP 网络之上的，因此，任何网络层的试验都会受到底层真实网络的影响而难以控制[11]。而 Emulab[12]、NetKit[13]、Modelnet[14] 等平台则采用软件来仿真网络设备的功能，难以保证较高的真实性和性能。

（3）根据开放性划分

根据试验床的开放性，可分为完全开放、有限共享和私有 3 类。完全开放是指试验床开放给所有试验人员，如美国的 PlanetLab、欧盟的 OFELIA[15] 等，试验人员只需要注册为成员并提供试验目的等说明，就可以申请试验资源并完成试验。有限共享是指试验资源仅在特定的组织或机构间共享，如欧盟的 OneLab 允许欧洲范围内的科研机构使用，我国的 DragonLab[16] 则在会员单位之间共享试验资源。私有平台则仅限于建设试验床的组织或机构内部使用，如以上提到的 CORE、Neptune、NetKit、Modelnet 等试验床均属于私有平台的范畴。

8.2.2　按试验要素分类

试验床首先是一种科学试验工具，因此可以根据科学试验中的 3 个要素——即试验者、试验对象、试验手段来分析[1]。试验者是试验活动和认识的主体，不同试验者由于拥有的资源、服务的对象、研究的主体不同，所以其对试验床或工具的要求也不同。未来互联网的推动力量主要来自两个阵营，一个是网络服务的提供者，即电信运营商；另一个是网络服务的使用者，即互联网用户。电信运营商所构建的试验床大多基于真实的物理设备和用户流量，功能上侧重于网络服务的优化及配置管理，如欧盟的 PII（Panlab Infrastructure Implementation，Panlab 基础设施实施）项目[17]，其主要目标就是研发高效的技术和机制来实现欧洲现有电信试验网的联合，为验证新的运营级服务、网络技术和商业模型提供真实的测试环境。互联网用户或社区所构建的试验床大多基于虚拟化和仿真技术，功能上侧重于新应用、协议和算法的验证，如欧盟的 FEDERICA（Federated E-infrastructure Dedicated to European Researchers Innovating in Computing network Architectures，致力于欧洲研究人员在计算网络结构创新的联合电子基础设施）[18] 项目，其主要目标就是将分布在欧洲范围内的计算机和网络资源联合起来，构建一个端到端隔离的试验环境，用于验证网络安全、分布式协议和应用以及 Clean-Slate 式的未来互联网体系结构。

试验对象是试验活动和认识的客体。未来互联网研究中的试验对象就是研究人员为了改进或变革网络所提出的新型网络结构、概念、协议和算法等。以未来互联网体系结构为例，目前学术界已围绕互联网的可扩展性、动态性、安全可控性等问题提出了多种解决方案，如以 CCN[19]、NDN[20] 为代表的面向可扩展性的体系结构，以 MobilityFirst 为代表的面向移动性的体系结构，以 SOFIA 为代表的面向服务的体系结构，张宏科教授等提出的智慧协同网络体系结构，以及信息工程大学提出的可重构柔性网络体系结构等。

试验手段是试验者和试验对象之间的中介，由试验仪器、试验工具、试验设备等客观物质条件组成，在一定意义上，试验手段就是试验床本身。根据不同的测试手段和验证方法，可将试验床分为模拟软件、仿真平台、测试床和试验网络 4 种。

① 模拟软件（如 NS2、NS3）是一种面向对象的网络模拟器，可根据试验的网络拓扑和流量特征建立相应的数学模型，并允许用户通过试验脚本来控制试验。模拟软件虽然具有控制灵活、成本低等优点，但其最大的缺点是无法反映真实网络的状态。

② 仿真平台采用虚拟服务器集群来仿真分布式的网络，在一定程度上解决了真实性问题，但是仿真平台一般采用基于软件的方式来实现，其性能难以与真实硬件相比，另外，大多数仿真平台是单个站点内的封闭系统，其部署规模受到限制，难以支持大规模网络的试验仿真。

③ 测试床一般通过覆盖网等技术将分布在多个域或站点的试验网络连接起来，并通过真实的互联网来传输测试流量，因此，在真实性和规模上都有较好的保证，但对试验的部署、控制以及回放缺少有效的支撑。

④ 试验网络是指具有试验性质的生产网络，如美国的 Internet 2 和我国的 CERNET 2 等，它们既作为类似商业运行网络的基础设施，同时又承担着科学研究的试验和验证工作，为保证网络的正常运行，试验网络所承载的试验都有严格的要求，一般不承担具有破坏性的试验。

8.2.3　按服务模型分类

按照互联网的用户、服务提供商、基础设施提供商 3 层模型，将其划分为用户试验、试验服务和试验设施 3 个层次[1]。

① 用户试验是指研究人员针对特定研究目标，按照科学试验的要求，在试验床上设计、部署、控制和监测试验的过程，试验的内容可以是算法、协议、服务或以及新的体系结构等。

② 试验服务是指试验床提供的试验功能组合，试验功能包括对试验生命周期的支持，对试验规模和真实性的支持，以及对特定试验场景的支持（如非 IP 协议的验证）。

③ 试验设施是试验服务的承载者，提供试验所需的计算、存储、带宽等资源，它既包括物理资源，如路由器、交换机等节点资源以及光纤、无线频谱等链路资源；也包括软件资源，如操作系统、虚拟软件以及云管理平台等。

8.2.4　按网络元素分类

试验床中的网络元素可分为软件和硬件两类，其中软件包括模拟器和仿真器，硬件包括商业网络设备、基于 NetFPGA（Network Field Programmable Gate Array，现场可编程门阵列）的网络设备、基于网络处理的网络设备以及 OpenFlow（OF）交换机等[1]。

网络模拟器是一种脱离真实网络而独立运行的软件程序，它通过建立实际网络系统模型并按照相同的运行机理来模拟真实系统的动态行为。例如，NS2 模拟器中的网络元素就是一个实例，通过相应的成员变量或函数方法来提供网络状态的控制以及与其他网络元素的交互。网络仿真器使用仿真接口作为真实网络应用程序和仿真对象之间的桥梁，它可以接收与被仿真对象一样的数据，执行同样的程序并获得相应的结果，如 Emulab、CORE、Neptune 等仿真平台就采用软件交换机和 TC/Netem、Dummynet 等链路仿真工具来仿真网络设备和链路。

商业网络设备是由制造商提供的硬件设备，与模拟器和仿真器相比，它具有较高的包线速处理性能和良好的规模扩展性，但现有网络设备都是封闭式系统，仅提供有限的功能和已知的服务，不具有动态性和灵活性。为支持研究人员对已有的数据分组进行修改或引入自定义的数据分组，需要网络设备提供动态的、可编程和可配置的网络处理环境。典型的可编程网络设备有 NetFPGA 和网络处理器，如 ONL 就使用了基于网络处理器的路由器作为用户可定制的 IP 处理设备。

OpenFlow 交换机是一种新型的可编程网络设备，其基本原理是将网络设备的控制面从硬件中独立出来，交由一个集中式的软件控制器来决定每个数据分组的流向，从而实现了数据转发和路由控制的分离。表 8-1 总结了不同类型网络元素的性能和灵活性等特性，从表中可以看出，OpenFlow 交换机具有与商业网络设备同等的性能、易扩展性以及实现的低复杂性，同时又具有开放的、灵活的可编程能力，因此逐渐成为构建未来互联网试验床的首要技术，许多试验床如 GENI、OFELIA、OpenLab 等都采用了 OpenFlow 技术。

表 8-1 不同网络元素比较

网络元素	性能	扩展性	灵活性	复杂性	开放性
模拟器	中	中	高	中	开放
仿真器	低	差	中	中	开放
商业网络设备	高	好	低	低	不开放
NetFPGA	高	差	中	高	开放
网络处理器	高	中	中	高	开放
OpenFlow 交换机 [27]	高	好	高	低	开放

| 8.3 未来网络试验床关键技术 |

8.3.1 试验描述技术

1. 面向过程的试验描述 [1]

OMNeT++（Objective Modular Network Testbed in C++，目的模块化网络测试平台的 C++）是一种面向对象的离散事件模拟工具，在模型描述、网络拓扑定义、模型实现、跟踪支持、调试等方面都有较强的优势。OMNeT++ 采用 NED（Network Description，网络描述）和 C++ 两种语言来建模。其中，NED 用来描述模型的拓扑结构，NED 虽然简单，但具有丰富的拓扑定义功能，且可以实现动态加载，便于更新仿真模型的拓扑结构；C++ 则用来实现模型的构建和消息的处理等功能。SSFNet 是一个 Internet 及其协议的建模软件，由基于 Java SSF（Scalable Simulation Framework，可扩展的仿真框架）的组件构成，主要支持 IP 分组级别的细粒度模拟。SSFNet 使用领域建模语言（Domain Model Language，DML）程序建模网络。DML 程序利用简化过的语言表示各种网络设备、连接和协议，而不是强制网络建模者使用 SSF 实现语言（通常是 C++ 或 Java）进行编程。与标准的编程语言相比，DML 具有更强的结构性，并对网络模拟制定了标准的格式，因此具有更强的可读性。

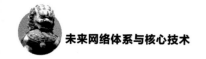

2. 面向资源的试验描述

以 GENI 为代表的测试床多数采用了面向资源的试验描述。这里的资源既可以是物理资源，如路由器和交换机；也可以是逻辑资源，如 CPU 时间或无线频段。资源描述是用户、基础设施提供者和试验服务提供者三者之间的黏合剂，是试验平台中各实体间交互的共有接口。RDF（Resource Description Framework，资源描述框架）是 W3C（World Wide Web Consortium，万维网联盟）在 XML 的基础上推荐的一种标准，用于表示任意的资源信息。NDL（Network Description Language，网络描述语言）是在 RDF 的基础上发展起来的一种用于描述物理网络的描述语言。NDL 定义了一组实体和属性，为描述复杂的网络拓扑提供了一组共享的通用语义，被广泛应用于需要描述网络的项目中。例如，GENI 的子项目集 ORCA 采用 NDL-OWL 来描述网络资源，NDL-OWL 利用 OWL（Ontology Web Language，本体网络语言）对 NDL 做了进一步扩展，增加了新类层以描述服务器、虚拟机、云服务、存储服务器等边缘资源。

3. 面向平台的试验描述

资源描述是试验描述的基础，对于试验平台而言，仅有资源描述还远远不够。例如，对于大规模的网络试验，如果试验软件的部署和软件命令控制均由人工完成，则试验的效率和效果将大打折扣。Emulab 采用了以 Td 编写的扩展 NS 脚本来配置试验，但由于 NS 中的实体与 Emulab 中的虚拟资源具有复杂的关系，因此在句法层次上难以准确解析。

OEDL 是 OMF 控制框架的试验描述语言。它是一种特定领域的叙述性语言，它除了可以描述需要的资源以及配置和连接方式外，还可以定义试验本身的协调和相关上下文。NEPI 的目标与 OEDL 类似，它是一个网络试验生命周期的管理工具，其长远目标是为任意试验平台提供一致的接口，使研究人员使用统一的工具就可以在模拟平台、仿真平台和测试床甚至基于上述 3 种的混合平台上完成试验。

表 8-2 总结了以上所分析的试验描述语言[1]。

表 8-2 典型试验描述语言及特性

项目名称	描述语言	特性
NS2	OTcl	开源、模拟、Linux、面向过程
NS3	C++/Python	开源、模拟、Linux、面向过程
OMNeT++	NED/C++	开源、模拟、跨平台、面向过程

项目名称	描述语言	特性
SSFNet	DML	开源、模拟、跨平台、面向过程
J-SIM	Java	开源、模拟、跨平台、面向过程
GloMoSim	C	开源、模拟、跨平台、面向过程
OPNET	Proto-C	商业、模拟、面向过程
QualNet	C++/C	商业、模拟、面向过程
ONL	XML	开源、仿真、面向资源
Emulab	Tcl	开源、仿真、面向平台
ORCA	NDL-OWL	开源、试验床、面向资源
GENI	XML	综合平台、面向资源
OMF	Ruby	综合平台、面向平台
NEPI	Python	综合平台、面向平台

8.3.2　控制框架技术

1. 通用控制框架

如图 8-1 所示，以 GENI 为代表的通用控制框架，主要包括组件管理器、集合管理器、服务管理器和结算中心。

① 组件管理器实现了组件内的资源虚拟化和资源分隔，并提供可编程能力和安全保证。

② 集合管理器负责集合内的资源管理（如授权、资源调度分配）以及集合间的资源共享。

③ 服务管理器则为用户实验提供特定的服务支持。

④ 结算中心是控制框架的核心，它是一个管理和注册中心，负责维护用户、资源切片和组件的信息，这些信息可用于组件或集合的访问控制、信任机制和联邦机制，另外，还包含了可选的票据日志和软件仓库，以保存资源使用记录和管理 GENI 提供的软件。此外，控制框架还定义了所有实体之间的接口、消息类型、实验过程中实体之间的消息流以及在实体之间传送消息的控制接口。

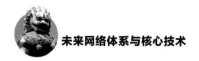

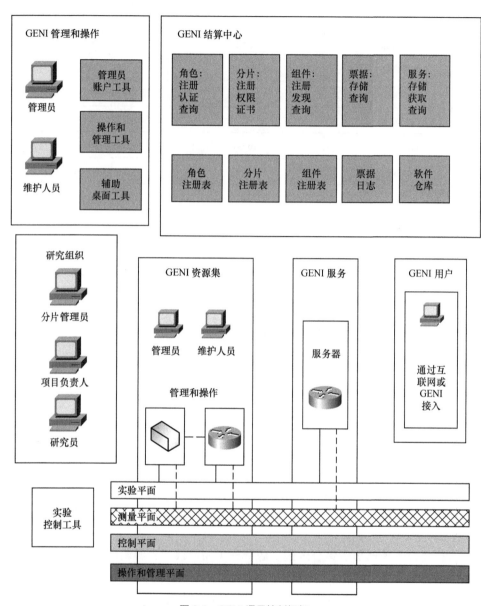

图 8-1　GENI 通用控制框架

2. 联邦控制框架

PlanetLab 采用了基于分片的体系结构 SFA(如图 8-2 所示)，它通过控制中心 PLC 来管理所属的组件或节点，每个组件都有一个组件管理器（CM）来管理组件内的资源（如切片的创建、删除和隔离）。PLC 由 3 个部分组成：分片管理器（SM）、集合管理器（AM）和注册表（Registry）。用户通过与分片管理器交互来建立分片，分片管理器首先从注册表中查询可用的资源并获得相应的使用权限，然后通过分片管理器调用集合管理器接口来创建和控制分片，集合管理器则分别与每个组件的组件控制器通信完成具体资源的分配。

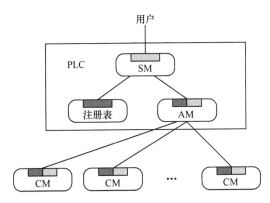

图 8-2　PlanetLab 分片结构与控制中心

如图 8-3 所示，PlanetLab 的联邦结构可分为 4 种（前两种是同构平台间的联邦，后两种是异构平台间的联邦）。

① 多集合联邦：多个平台共享同一个注册表，PlanetLab 的分片管理器从注册表中获取各个平台上的资源授权，然后利用 PlanetLab 的集合管理器来创建分片。

② 完全联邦：每个实验平台都实现了分片管理和注册表功能，因此每个平台都可独立于其他平台。使用某个试验平台的用户可以在另一个试验平台上的组件内创建和管理资源切片。

③ 基于替代分片管理器：其他试验平台的用户通过自身的分片管理器访问 PlanetLab 的注册表以获得资源授权，然后通过与 PlanetLab 的集合管理器和组件管理器交互来完成分片的创建和管理。

④ 基于通用注册表：PlanetLab 和其他试验平台共享同一个通用注册表，所有资源分片的授权仍由 PlanetLab 的注册表集中管理，但其他试验平台可直接调用自己的集合管理器来完成分片的创建和管理。

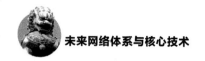

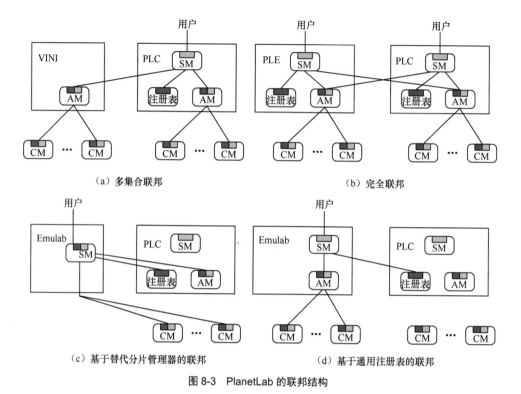

（a）多集合联邦　　　　　　　　　　　　　　（b）完全联邦

（c）基于替代分片管理器的联邦　　　　　　　（d）基于通用注册表的联邦

图 8-3　PlanetLab 的联邦结构

8.3.3　网络虚拟化技术

网络虚拟化是未来互联网试验床的核心思想，在未来互联网试验床中，底层设施包括有线/无线节点、路由器、交换机、网络链路等，试验床网络虚拟化的关键问题是对物理网络及其组件进行抽象，虚拟出一个或者多个逻辑网络，试验床用户可以在虚拟网络中自定义网络拓扑、配置网络环境、部署运行试验。多个试验床用户可独占一个虚拟网络，每个虚拟网络都是物理网络的一个映射。典型的虚拟化技术主要包括以下 4 种。

1．虚拟局域网技术

虚拟局域网（Virtual Local Area Network，VLAN）技术是一种典型的网络分片技术，每个 VLAN 由一组逻辑上互联并位于同一个广播域上的主机组成，它不关心主机之间的物理连接。VLAN 中成员的加入可以通过软件进行配置，VLAN 提供了通常由路由器提供的网络分段服务，通过 VLAN 可以解决很多诸如扩展性、安全性以及可管理性的问题。

针对 VLAN 的实现，IEEE 制定了 802.1Q 协议，协议在以太网帧内部嵌入一个 4 个字节长的 VLAN 的标签，用来标识当前帧的 VLAN 号，将分属于不同 VLAN 的帧分离，实现流量隔离，从而达到虚拟化交换机的目的。VLAN 是试验床中划分网络切片的一种简单方便的实现，在 GENI 和 FIRE 项目中，创建虚拟网络切片时经常利用 VLAN 技术实现。

2. 虚拟专用网技术

虚拟专用网（Virtual Private Network，VPN）能够将分布于多个地点的一个或多个组织，通过安全的通信隧道跨越公用网络连接起来以构成试验床虚拟网络，常见的 VPN 技术包括一层 VPN、二层 VPN 以及三层 VPN。一层 VPN 提供支持多服务的虚拟骨干网络，为多个试验床用户的站点提供物理层连接，支持用户在一定程度上控制连接，每个服务网络拥有独立的地址空间以及独立的资源视图。二层 VPN 在用户的站点之间传递如以太网 ATM 以及帧中继类型的数据帧，但没有对应的控制层面来管理 VPN 的可达性。目前的实现包括两种 VPN 服务：虚拟专用线路服务（Virtual Private Wire Service，VPWS）以及虚拟专用局域网服务（Virtual Private LAN Service，VPLS）。VPWS 提供了链路层的点对点服务，VPLS 则是一对多的服务，使得试验床用户跨过广域网（WAN）接入一个专用的局域网中。三层 VPN 在共享的网络基础设施上利用第三层协议（如 IP 或者 MPLS 等）来传输数据。

3. 覆盖网技术

覆盖网（即 Overlay 网络）各节点之间通过虚拟链路互联，每条虚拟链路对应一条或多条物理链路。覆盖网灵活性高，允许自由加入，且投入低，因此易于推广。PlanetLab 是最具代表性的应用覆盖网实例。目前覆盖网多用于互联网路由协议的性能和可用性、多播协议、服务质量保证、拒绝服务攻击预防、内容发布等领域。然而覆盖网的局限性使其只能在应用层执行，如经典的 P2P 覆盖网是在应用层的叠加，无法实现路径分离，只能在 IP 层之上部署和应用。

VLAN、VPN 和覆盖网属于传统的网络虚拟化实现技术，VLAN、VPN 等设计之初没有考虑到网络虚拟化中复杂的需求，VLAN 提供简单的虚拟连接，VPN 提供简单的虚拟连接或者 IP 转发，都无法用于底层基础设施的全虚拟化。覆盖网接近全虚拟化概念，但其不支持异构网络，部署和应用都非常受限。

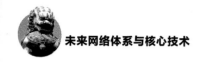

4. 基于 OpenFlow 的网络虚拟化解决方案

近年来，未来互联网试验床、云计算、数据中心网络等新需求的发展，推动了新的网络虚拟化技术出现，如思科的 VN-Tag、惠普的 VEPA 和美国斯坦福大学的 OpenFlow。VN-Tag 的核心思想是在以太网帧中增加标记字段 VN-Tag，通过定义新的地址类型，用来标识虚拟机的网络接口，当多个虚拟机共用一条物理链路时，利用 VN-Tag 的源地址 svif_id 区分不同的流量，进而形成虚拟通道。VEPA 是一种替代虚拟交换机的技术，惠普将一种新型转发模型写入物理交换机中，把虚拟机流量转移到外部的网络交换机中。思科和惠普分别推动了 VN-Tag 和 VEPA 技术的发展，但出于商业利益考虑，设备制造商对 VN-Tag 和 VEPA 技术的设计，都存在一定的封闭性，属于非开源项目，与未来互联网试验床构建的开放性原则相违背，推广受限。

与此同时，学术界提出了 OpenFlow 技术。OpenFlow 诞生于校园中，源代码完全开放，设计初衷是基于 SDN，通过开放一系列的交换机接口，允许用户自定义交换机，从而建立起一个高度可编程的网络。斯坦福大学 Nick McKeown 等提出并实现的 OpenFlow 技术，规定了一种基于流的开放标准，支持数据转发和控制相分离。研究人员定义了数据流转发规则，使符合规则的数据分组按需求转发，为每个试验形成一个隔离的虚拟网络，使试验流和真实用户流量相分离，实现了一种网络虚拟化框架。

OpenFlow 优点明显：灵活性、集中控制性、兼容性、扩展性好。目前已经在美国斯坦福大学 Internet 2、日本的 JGN2plus 以及其他的 10 多个科研机构中部署，部署国家包括日本、葡萄牙、意大利、美国。全部数据中心骨干连接已经都采用这种结构，网络利用率提升到 95%，GENI 的骨干网平台利用基于 OpenFlow 的可编程虚拟化设备搭建，充分发挥硬件特性，试验床性能比 PlanetLab 有较大提升。

|8.4 国外典型未来网络试验床|

在美国，GENI 计划被组织为阶段性的模式，每一阶段的研究成果在末期都会被评估，并且适宜地制订下一阶段的需求。在第一阶段，GENI 计划大致定义了几个基本的实体和功能以及选定了基于 Slice 构架（SFA）的体系结构。在其第二阶段，SFA 草案定义了一个控制框架和集成的体系结构，这些都是能够融合 GENI 集群（ProtoGENI、PlanetLab 等）的管理基础。

在欧洲，几个项目（如 OneLab2、Panlab/PII 等）都是未来互联网研究和试验（FIRE）的基础设施。随着一些新的项目（如 BonFIRE、TEFIS 等）的加入，实施 FIRE 计划基础设施的规模也扩大了。FIRESTATION 支撑 FIRE 官方和 FIRE 体系结构委员会相互协作发现一个特殊的机制来整合这些不同的基础设施。这正是现在要做的工作。

在亚洲，主要有中国、日本和韩国在积极地部署未来互联网计划。亚洲的合作主要体现在实施亚太高级网络计划（APAN）和部署由中、日、韩三国共同合作的 PlanetLab CJK。

8.4.1　PlanetLab

2002 年 3 月，Larry Peterson（普林斯顿）和 David Culler（美国加州大学伯克利分校和英特尔研究院）组织了一个在全球范围内对网络服务有兴趣的研究人员会议，提议将 PlanetLab[11] 作为研究团体的试验床。这个由伯克利—英特尔研究院主持的会议吸引了 30 名来自麻省理工学院、华盛顿大学、莱斯大学、普林斯顿大学等大学的研究人员。在随后的几年，该项目得到学术界、产业界和政府机构的广泛参与。PlanetLab 是用作计算机组网与分布式系统研究试验床的计算机群。它于 2002 年设立，到 2006 年 10 月由分布在全世界 338 个站点的 708 个节点组成。它是一个开放的、针对下一代互联网及其"雏形"应用和服务进行开发和测试的全球性平台，是一种计算服务覆盖网，也是开发全新互联网技术的开放式全球性测试平台。每个研究项目有一个虚拟机接入节点构成的子网。在这之后的几年时间里，学术界、产业界和政府广泛地参与了此项目。截至 2009 年 6 月 3 日，PlanetLab 拥有 1 006 个节点和 475 个站点。它是一个开放性的、用于研究下一代互联网的全球性开发测试平台。每个研究项目都有一个虚拟机接入节点构成的子网。

PlanetLab 最初的核心体系结构由普林斯顿大学的 Peterson L、华盛顿大学的 Anderson T、英特尔的 Roscoe T 以及负责此项工作的 Culler D 共同设计。PlanetLab 是一个开发全新互联网技术的开放式、全球性测试平台。PlanetLab 本质是一个节点资源虚拟的覆盖网，一个覆盖网的基本组成包括：运行在每个节点用以提供抽象接口的虚拟机，控制覆盖网的管理服务。为了支持不同网络应用的研究，PlanetLab 从节点虚拟化的角度提出了切片（Slice）概念，将网络节点的资源进行了虚拟分片，虚拟分片之间通过虚拟机技术共享节点的硬件资源，底层的隔离机制使虚拟分片之间是完全隔离的，不同节点上的虚拟分片组

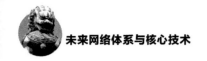

成一个切片，从而构成一个覆盖网。各个切片之间的试验互不影响，而使用者在一个切片上部署自己的服务。

PlanetLab 的结构如图 8-4 所示，每个节点通过 Linux vServer 虚拟机技术虚拟成多个 Silver，不同节点的 Silver 形成一个切片（即虚拟网络）。使用者在一个切片上部署自己的服务，各个切片之间的试验互不影响。研究人员能够请求一个切片用于试验各种全球规模的服务。目前在 PlanetLab 运行著名的服务主要有：CoDeeN 和 Coral CDN，ScriptRoute 网络测量服务，Chord 和 OpenDHT，PIER、Trumpet 和 CoMon 网络监控服务。

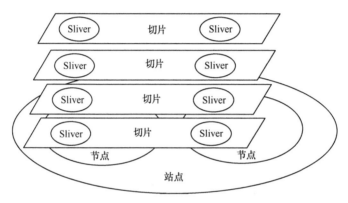

图 8-4　PlanetLab 系统框架

PlanetLab 的主要目标之一是用作重叠网络的一个测试床。任何考虑使用 PlanetLab 的研究组能够请求一个 PlanetLab 分片，在该分片上能够试验各种全球规模的服务，包括文件共享和网络内置存储、内容分发网络、路由和多播重叠网、QoS 重叠网、可规模扩展的对象定位、可规模扩展的事件传播、异常检测机制和网络测量工具。

PlanetLab 的优点在于它的节点真实地分布在全球的各个地方，研究人员可以部署真正意义上全球范围的试验应用。而且 PlanetLab 上运行的试验有效的运行周期是 2 个月，用户可以观察试验长期的运行结果，以有效地评估试验的前景。PlanetLab 上提供了一套名为 MyPLC 的软件，用户通过在自己的节点上安装这个软件来加入 PlanetLab，并被称为 PlanetLab 的一个站点。PlanetLab 的不足之处在于，普通的试验用户对于 PlanetLab 上的资源只有部分的 Root 权限，他们只能在节点上部署应用层的试验，无法进行底层的网络技术研究。

PlanetLab 也可以作为一个超级测试床，在其上有更多的狭窄定义的虚拟测试床能够被部署，即如果将服务的概念泛化（一般化）以包括传统上认为的测试床，那么多个虚拟测试床能够在 PlanetLab 上部署。例如，正在开发一个"分片中的 Internet"服务，其中在一个分片中重新创建 Internet 的数据平面（IP 转发引擎）和控制平面（如 BGP 和 OSPF 的路由协议）。网络研究人员能够使用这项基础设施来试验对于 Internet 协议簇的修改和扩展。

除了支持短期试验外，PlanetLab 也支持长期运行的服务，这些服务支持一个用户基础（用户群）。与其将 PlanetLab 严格地看作一个测试床，不如采取更长远的观点，重叠网既是一个测试床，又是一个部署平台，因此支持一个应用的无缝迁移，从早期原型，通过多次设计迭代，到一项持续演进的受欢迎服务。

由于 PlanetLab 节点遍布世界各地，一个切片上的虚拟机也就遍布世界各地，这样用户就得到了一个由遍布世界各地的服务器组成的网络。在这个网络上，用户就可以进行全球范围的、真实环境下的网络试验。截至 2009 年 5 月 25 日，PlanetLab 就已经拥有 495 个站点、1 038 个节点，这个数字每年都在增加。

2004 年 12 月 27 日，中国教育和科研计算机网（CERNet）加入 PlanetLab。CERNet 的加入是 PlanetLab 中国项目启动的开始，CERNet 首先在中国 20 个城市的 25 所大学中设立了 50 个 PlanetLab 节点，这使 CERNet 成为亚洲第一个地区性 PlanetLab 研究中心。

PlanetLab 由一个管理中心（PLC）和遍布全球的几百个节点组成。一个节点就是一台运行着 PlanetLab 组件的计算机（服务器）。节点由许多独立的站点管理和维护。这些站点包括大学、研究机构和 Internet 商业公司等。一般来说，每个站点至少提供 2 个节点的服务。每个节点上同时运行大量的条带虚拟机（Sliver），节点的资源（包括 CPU 时间、内存、外存、网络带宽等）被分配给这些虚拟机。虚拟机如同 Internet 上的真实主机一样，可以安装和运行程序。

由许多节点上的虚拟机条带组成的一个环境叫作切片。用户在 PlanetLab 上的试验部署在各自拥有的切片上，也就是部署在由每个节点上的一个虚拟机组成的一个大规模网络试验环境上。由于 PlanetLab 节点部署在世界各地，因此切片网络上的虚拟主机也就遍布世界各地，这样用户就获得了一个由遍布世界各地的主机组成的网络试验环境。借此，用户可以进行全球范围的、真实环境下的网络试验。PlanetLab 的这套设计思想被研究者称为基于切片的计算（Slice-Based Computing）。

所有 PlanetLab 机器都运行一个常规软件包，包括一个基于 Linux 的操作系统、启动节点、分发软件更新的机制、监控节点健康、审计系统活动并控制系统参数的管理工具集、管理用户账户和分发密钥的工具。PlanetLab 的体系结构如图 8-5 所示。

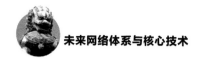
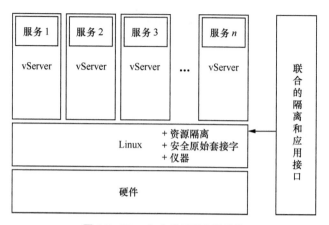

图 8-5　PlanetLab 的三层体系结构

8.4.2　GENI

全球网络体系创新环境（Global Environment for Network Innovations，GENI）[2] 是美国下一代互联网研究的一个重大项目，是由美国 NSF 提出的下一代网络项目行动计划，相对于当前的互联网络，其最大特点在于优秀的安全性和顽健性，旨在为未来的网络技术研究提供一个统一的网络试验床。GENI 由一系列网络基础设施组成，可以为研究者提供大规模的网络试验环境，支持多种异构的网络体系结构（包括非 IP 的网络体系结构）和深度可编程的网络设施。

GENI 的宗旨是构建全新的、安全的、灵活自适应的、可与多种设备相连接的互联网，搭建基于"Source Slice"有效调度的试验网络，为不同的、新颖的网络方案搭建试验床。大部分新型网络体系都可以布置在这个试验床中，从而达成一个物理网络支撑多个逻辑网络的目标。

通过 PlanetLab 和其他一些类似测试床的大量使用，美国 NSF 提出了 GENI，该项目是一个试验装置，具有开放性以及规模化的优势，新的网络结构的评估可以通过其来实现。它承载代表用户的流量，通过连接现有的网络到达外部的地址。

GENI 的目的是使用户有机会创建自定义的虚拟网络和试验，可以是不受约束的假设或者已有的互联网需求。GENI 提供虚拟化，它是以时间片和空间片的形式提供的。一方面，假如资源以时间片的形式进行分割，可能会出现用户的需求量超过给定的资源，影响其有关可行性的研究；另一方面，假如资源是以空间片的形式进行分割，则只是有限的研究者能够在他们的切片中包含给定的资源。因此 GENI 提出了基于资源类型的两种形式的虚拟化，正是为了保持平衡性，也就是说，GENI 采用时间切片的前提是有足够的容量支持部署研究。

GENI 借鉴 PlanetLab 和其他类似的试验床，通过搭建一个开放的、大规模的、真实的试验床，给研究人员创建可定制的虚拟网，用于评估新的网络体系，摆脱现有互联网的一些限制。它能承载终端用户的真实网络流量，并连接到现有的互联网上以访问外部站点。GENI 从空间和时间两个方面将资源以切片形式进行虚拟化，为不同网络试验者提供他们需求的网络资源（如计算、缓存、带宽和网络拓扑等），并提供网络资源的可操作性、可测性和安全性。

GENI 项目的目标是创建一个新的互联网和分布式系统，其具体目标包括以下 5 个方面。

① 具备安全性和顽健性。GENI 专家认为，重新考虑互联网设计的一个重要原因和动力是可以极大地提高网络的安全性和顽健性。目前 Internet 对网络安全方面的支持较差，尽管存在许多安全机制，但缺乏一个完整的安全体系结构，无法将这些安全机制组合起来为用户提供全面良好的安全性能。

② 实现普适计算，通过手机、无线技术和传感器网络更好地连接虚拟和真实世界。

③ 控制并管理其他重要网络基础设施。

④ 具备可操作性和易用性。

⑤ 支持新型服务及应用。

GENI 项目是一个规模庞大、结构复杂、需求多变的工程。项目实施和完成，必须有一个好的设计原则做支撑。好的设计原则为满足未来互联网对安全、QoS 等方面需求，提高 GENI 设计寿命提供重要保障。为保证 GENI 对控制性试验和长期配置研究的顺利进行以及满足大面积分布式计算的需求，GENI 必须满足如下条件。

• 项目设计要有优秀的系统体系结构，项目建设要有选择性。

• 项目所有设计必须是开放的。

• 能通过虚拟化或分割（时分或空分）技术将 GENI 资源分解成不同功能、相对独立的切片，切片是指特定试验的资源子集。为保证不同研究方向的研究团体能够共享 GENI 资源，需要将 GENI 资源划分为不同功能的资源子集，从而保证研究团体能够顺利开展工作。

• 通用性是系统能够广泛应用的基础，同时系统也要有较强的安全性和顽健性。

• GENI 要有可访问性，能为用户提供同 GENI 连通的物理连接，也能为用户的加入提供多种连接机制。允许试验持续进行，也支持 GENI 同传统网络的连接。

• 为满足当今和将来用户的需求，GENI 需要在无线技术、光技术、计算技术等方面取得发展和突破，并利用这些新技术探索新的应用和系统，给用户带来更方便、快捷的服务。

• GENI 提供的功能必须同现实中的事务或功能相吻合。

• GENI 具有多样性和扩展性，能对未知网络和网络新技术提供足够支持；同时也要有继承性。要继承现有网络技术中的优秀成果，利用现有网络基础设施，以现有软件及相关技术为平台进行 GENI 研究。这样，在降低项目投入的同时，也实现了同传统网络的平滑过渡。

• GENI 要有强大的隔离性，从而保证在某些切片出现故障时，不对其他切片产生影响。在网络管理方面，要求所有网络平台具有报错功能，能利用顶层协议描述和配置所有网络区域。当网络出现故障时，能提供诊断、反馈问题和报告错误的工具。

• GENI 在广泛部署的前提下，能够利用一定手段对 GENI 的相关性能参数进行测量，并对其进行量化研究。

• 从用户角度来说，GENI 在提供易用性的同时，也要保障资源不被攻击或窃取。

GENI 的主要设计原则包括以下两个方面。

① 可切片化，为了提高效率，GENI 必须能同时支持多个不同使用者的试验，而虚拟化是达到这一目标的关键技术，其将在时间和空间上对资源进行划分。

② 通用性，GENI 为研究者提供了灵活的试验床，这就要求平台的组件是可编程的；其他还包括支持广泛的接入技术和互联、接口标准化（可扩展性）、多级别虚拟化（组件重用）以及切片之间的隔离等。

GENI 的整体结构如图 8-6 所示。下面简单介绍几个关键概念。

• Component：网络中的物理设备，例如路由器、交换机、物理链路等。

• Aggregate：一个区域内 Component 的集合，在 GENI 中典型的 Aggregate 就是各个高校中负责的试验网络。

• Slice：GEN 中的 Component 通过虚拟化技术进行资源切片，资源片组成的虚拟网就是一个 Slice。

• Clearinghouse：GENI 的管理系统，负责管理用户注册、网络设备注册、虚拟子网注册等。

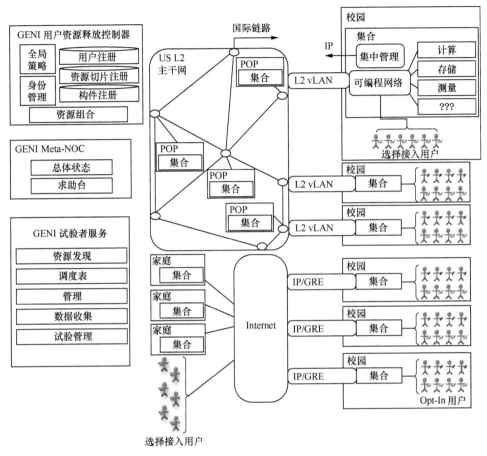

图 8-6　GENI 框架

- Meta-NOC：GENI 的网络测量系统，负责测量和监控整个网络的状态。
- Experiment Services：GENI 为了试验用户提供的支持服务，比如资源的发现和调度、试验数据的采集、试验项目的管理，为研究人员试验 GENI 提供了方便。
- Opt-In 用户：选择接入 GENI 的终端用户，他们是一些受 GENI 信任的终端用户，负责体验研究人员部署在 GENI 上的试验。

GENI 的发展思路是先由一些高校各自负责一部分网络试验平台的建设，称为 GENI 的一个簇。目前 GENI 由 4 个簇组成，它们分别是美国普林斯顿大学负责的 PlanetLab、美国犹他大学负责的 ProtoGENI-Emulab、美国杜克大学负责的 ORCA-BEN、美国罗格斯大学负责的 ORBIT-WINLAB。GENI 的这些簇通过 2 层的 VLAN 技术或 GRE 等隧道技术与 Internet 2 连接起来，组成整个 GENI 底层网络，其中

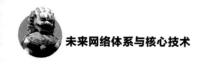

Internet 2 是美国用于下一代互联网技术研究的一个试验骨干网，具体见表 8-3。

表 8-3　GENI 取得的重要成果

	Planet 集群（B）	ProtoGENI 集群（C）	ORCA 集群（D）	ORBIT 集群（E）
集群集成信息	Wiki 集群	Wiki 集群 PG 节点	集群集成连接计划	集群集成
控制结构设计和原型	PlanetLab	ProtoGENI Digital Object Registry PG Augmentation	ORCA/BEN ORCA Augmentation	ORBIT
网络汇聚设计和原型	Mid-Atlantic Crossroads GpENI	BGPMux CRON PrimoGENI	ORCA/BEN IGENI LEARI	
可编程网络节点设计和原型	EnterpriseGeni Internet Scale Overlay Hosting	CMULab 可编程边缘节点		
计算汇聚设计和原型	GENICloud	百万节点 GENI	数据敏感云控制	
无线汇聚设计和原型		CMULab	DOME ViSE Kansei Sensor Net OK Gems	ORBIT WiMAX 设计和原型 COGRADIO
仪器和测试设计与原型（正在进行中）	VMI-FED	仪器工具 测量系统 On Time Measure LAMP Scalable Monitoring	ERM LEARN IMF	
试验工作流工具设计与原型	GushProto Provisioning Service（Raven） Netkarma SCAFFOLD	PG 工具		
安全设计和原型	SecureUpdates	Expts Security Analysis ABAC HiveMind		
早期试验		DSL		机会无线网

GENI 采用软件工程中的螺旋模型进行开发，这种模型的每一个周期都包括需求定义、风险分析、工程实现和评审 4 个阶段，整个开发工程由这 4 个阶段循环迭代。螺旋模型的优势在于它是一个不断迭代的过程，在每个为期不长的

迭代周期中发现设计和实现中的漏洞和风险，并予以改进。目前 GENI 处于第 3 个螺旋中，它包括了大量的子项目，取得了一系列重要的成果，见表 8-3。其中，PlanetLab 和 ProtoGENI 专注于 IP 网的研究，而 ORCA 和 ORBIT 则关注无线网的技术研究。

GENI 为网络虚拟化的研究提供了一些有意义的指导思想，GENI 认为网络虚拟化环境下的网络设施应该有以下特点。

• 可编程：研究人员可以在网络中的节点上部署自己的软件，控制这些节点的行为。

• 资源共享：网络设施可以同时并发地支持多个试验，不同的试验是隔离的，不会相互影响。

• 切片式管理：切片是试验所用的虚拟机节点和虚拟链路的集合。试验平台的管理系统以切片为单位管理整个网络中的物流资源。

• 联盟化：GENI 中的组件可以由不同的组织负责，这些组织共同构成 GENI 的生态系统。

GENI 设施的本质是能够快速、有效地嵌入一个大规模试验网络中，与其他设施和现有互联网相连提供网络运行环境，并且研究者可以通过严格观察、测量，记录下试验结果。实现这些功能需要 GENI 设施跨越各种现存和未来的技术、网络结构、地理延伸和应用领域。

8.4.2.1 系统结构

整个 GENI 的体系结构可分为 3 层，自上而下分别是用户服务层、用户管理核心（GMC）层和物理层。GMC 层通过设计可靠、可预测、安全的体系结构，利用抽象、接口、命名空间同 GENI 体系结构绑定起来。考虑到物理层和用户服务层具有动态变化性，为快速、高效同其连接，GMC 定义了一套瘦小机制，使其既能支持和适应物理层和用户服务层的发展，同时也能独立发展，以适应 GENI 整体发展需求。物理层通过提供物理链路，使用物理设备（如路由器、处理器、链路、无线设备等）实现网络内部节点之间的互联互通。用户服务层则通过提供服务访问接口，实现用户对 GENI 的访问。同时，用户服务层具有可扩展性，能让服务在其生命周期内不断发展。

通过分析当今 Internet 体系结构，GENI 体系结构就如同沙漏模型，如图 8-7 所示。GMC

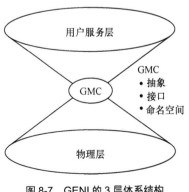

图 8-7 GENI 的 3 层体系结构

对应 IP 层及其编址路由和服务模式，同 GENI 沙漏的腰部对应。高层的用户服务层同那些附加的、用于将 Internet 系统完整化的功能（如 WWW、Skype 等）相对应。GENI 底层对应着组成物理网络的计算设备和网络设备的集合。

物理层是通过一定技术将一系列可扩展的组件组合起来，以满足用户社区的需求。图 8-8 描述的是不同组件连接而成的物理层。由图可知，物理层由可编程边界簇、可编程核心节点、可编程边界节点、客户端、全局光纤、微电路、多重网络交换节点、基于 IEEE 802.11 的城市无线子网、基于 3G/WiMAX 的无线子网和自适应无线子网构成。尽管这些组件不能单独运行，但 GENI 通过这些组件的组合构成虚拟网络，为研究者提供所需的试验条件。

GMC 层通过一系列抽象、接口和命名空间同物理层相连，为上层用户提供服务。GMC 屏蔽了底层实现细节，为服务层提供相关信息。抽象是 GMC 层的关键，为屏蔽物理层细节提供了有效手段。GMC 层抽象分为组件、切片和聚合 3 种。组件是 GENI 的主要模块，包括物理资源、逻辑资源和同步资源，GMC 通过组件管理器，采用一定的组件协议将资源分配给用户；切片即相关 GENI 组件的微片，GENI 通过运行切片来实现用户需求，切片有效地保护 GENI 资源共享，保证了研究团体工作的顺利开展，有效降低了开发和运营成本；聚合是为实现某些组件和切片不能实现的特殊关系而出现的。对于 GENI 来说，是一个有效的补充。

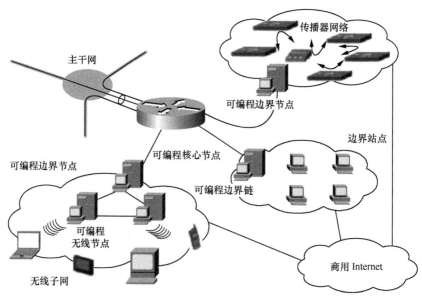

图 8-8　物理层结构

用户服务层集中式地将模块组织起来同物理设备合并，从而形成一个能够支持研究的单一分布设施，以满足不同用户群体的需求。在物理层提供具体物理链路和 GMC 协调的情况下，用户服务层主要完成的功能如下。

• 允许拥有者为所控制的底层设备申请资源分配和使用策略，并提供确保这些策略实施的保障机制。

• 允许管理员对 GENI 底层进行管理。

• 允许研究人员创造和装配试验、分配资源并运行试验专用软件。

• 能将关于 GENI 底层的信息开放给开发者。

总之，GENI 的三层体系结构是一个有机整体，缺一不可。只有三层的有机组合和相互协作，才能实现 GENI 的完整功能。

8.4.2.2　物理网络基层

物理网络基层由一个可扩展的构造块组件集合（Collection）组成。在任何给定时间，选中包括在 GENI 内的组件集合，其目的是允许创建虚拟网络，涵盖 GENI 各组成研究团体所需的全范围网络（即各种网络）。

随着技术和研究需求的发展，构造块组件集合要随时间演化，但需要定义部署组件的一个初始集合，介绍如下。

• 可编程边缘集群（PEC）：其目的是提供建立广域服务和应用所需的计算资源以及新网络单元的初始实现。

• 可编程核心节点（PCN）：其目的是为高速、高容量的流量断续流提供核心网络数据处理功能。

• 可编程边缘节点（PEN）：其目的是在接入网和高速骨干网的边界处，实现数据转发功能。

• 可编程无线节点（PWN）：其目的是在一个无线网络内实现代理和其他转发功能。

• 客户端设备：其目的是运行应用，为端用户提供到组合有线/无线基层上可用试验性服务的访问能力。

• 一项国家光纤设施：其目的是在 GENI 核心节点之间提供 10 ~ 40 Gbit/s 光路径互联，形成一个国家范围的骨干网络。

• 大量不同技术的尾端电路（Tail Circuit）：其目的是将 GENI 边缘站点连接到 GENI 核心，并在具备合适安全机制的条件下，将 GENI 核心连接到当前商用的 Internet。

• 多个 Internet 交换点：将国家范围骨干网连接到商用 Internet。

• 一个或多个基于 IEEE 802.11 的 Mesh 无线城市子网：其目的是为基于正在成形的短距离无线 Ad hoc 和 Mesh 网络的研究，提供真实世界的试验支持。

• 一个或多个广域郊区基于 3G/WiMAX 的无线子网：其目的是为广域覆盖提供开放的接入 3G/WiMAX 无线，还有短距离的 IEEE 802.11 类无线用于热点和混合服务模型。

• 一个或多个认知无线电子网：其目的是支持正在逐步成熟的频谱分配、接入和协商模型的试验开发和验证。

• 一个或多个应用特定的传感器子网：能够支持在传感器网络低层协议和特定应用的研究。

• 一个或多个仿真网格：允许研究人员在一个试验性框架内引入并利用可控的流量和网络条件。

图 8-9 给出物理基层的全球视角，显示连接一组骨干网站点的一个国家范围的光纤设施，每个骨干网站点由尾部电路连接到边缘站点，边缘站点有集群、无线子网和传感器网络。一些骨干网站点通过 Internet 交换点也被连接到商用 Internet。图 8-10 给出一个给定骨干网站点的另一种视图，形象地说明了不同组件如何连接到 GENI。注意，每个子网（站点）都被连接到 GENI 骨干网和商用 Internet。

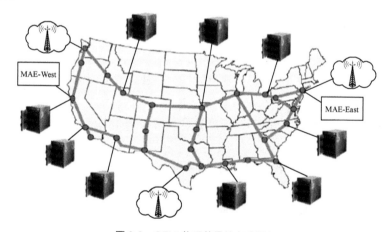

图 8-9　GENI 物理基层的全球视角

在骨干网存在点（Point-of-Presence）处的 PCN 通过某种尾部电路技术连接到边缘站点。边缘站点同时连接到 GENI 骨干和商用 Internet。

8.4.2.3　用户服务

用户服务集中地编织构造块（组成物理基层）为一个一致的科学性的仪器测试工具——单一的分布式设施，能够支持研究工作日程规划。这些服务必须支持数个不同的用户团体，包括以下几个方面。

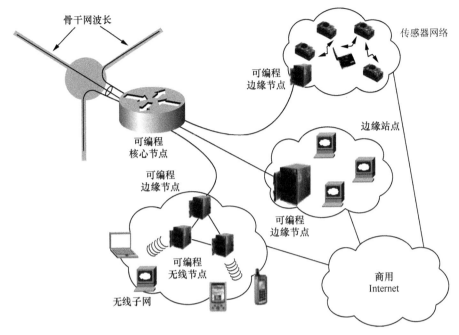

骨干网波长

传感器网络

可编程
边缘节点

边缘站点

可编程
核心节点

可编程
边缘节点

可编程
边缘节点

可编程
无线节点

无线子网

商用
Internet

图 8-10　GENI 组件的骨干网站点，各组件组成物理基层

• 基层组成部分的属主：负责其设备的外部可见行为，设立其所属基层部分如何被利用的高层策略。

• GENI 组成部分的管理员：通常情况下为属主工作或与 GENI 组织有合同关系，他们的工作是保持平台运行，为研究人员提供服务，并防止恶意的或以其他方式利用平台进行的破坏性活动。

• 用户服务的开发人员：他们在 GMC 接口上构建服务，实现对 GENI 团体有通用价值的服务。

• 研究人员：在其工作中利用 GENI 运行试验，部署试验性服务，测量平台的各个方面等。

• 端用户：不隶属于 GENI，但可访问由研究项目（运行在 GENI 之上）提供的服务。

• 第三方：关注依赖 GENI 而生存的试验和服务对其自身企业的影响，或不清楚这种影响的一方。

依据干系方的列表，识别出用户服务必须提供（和 GMC 必须调解）以下活动。

① 允许属主们声明在其控制之下基层设施的资源分配和用法策略，并提供加强哪些策略的机制。假定存在多个属主，则将会有这些设施的一个联邦

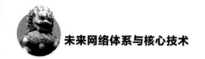

（Federation）形成整体设施。

② 允许管理人员管理 GENI 基层，包括安装新的物理成套设备（Plant）和拆除旧的或有故障的设备，安装和更新系统软件以及针对性能、功能和安全等而监测 GENI。管理极有可能是去中心化的：将存在一个以上的组织，管理不相交 GENI 站点的集合。大范围的管理风格是可能的，从个体属主管理他们自己的机器，到少量较大型组织在一个粗粒度上的结盟（实施管理）。

③ 允许研究人员创建并实施试验，为试验分配资源，并运行试验特定的软件。这样的一些功能，例如软件（包括库或语言运行时）的便利安装，可能由较高层服务来提供；GMC 的目标是支持这种软件的部署和配置（见下一点）。GMC 也必须向研究人员的应用、试验和服务开放（Expose）一个执行环境。这些执行环境必须是灵活的（即支持广泛的程序行为）和性能令人满意的（即没有过度干扰或扭曲测量数据及结果）。

向开发人员开放有关 GENI 基层状态的低层次信息，从而能够实现高层监测、测量、审计和资源发现服务。从某种意义上说，GMC 可被看作类似于 GENI（作为一个分布式系统）的核心，结果是应该向满足如下条件的服务开放（以一种可控的方式）信息，这些服务关注于管理系统，有效地使用系统，并科学地观察系统的操作。

8.4.2.4　小结

GENI 的提出，满足了当今网络业务可靠性、安全性和可管理性等方面的需求，是一种全新的网络结构。通过对现有网络的研究，指出了当今 Internet 的不足和 NGI 设计目标，提出 GENI，并对 GENI 相关技术进行介绍。虽然 GENI 项目现在还处于规划阶段，GENI 试验环境的定义将在未来几年内，甚至在构建以后都处于不断改进中，但它的提出受到了越来越多人的重视，GENI 产业化进程将日益加速，并必将引起计算机网络的一次革命。

8.4.3　FIRE

2007 年，欧盟在其第 7 框架（FP7）中设立了未来互联网研究和试验（FIRE）[3]项目。FIRE 的主要研究内容包括：网络体系结构和协议的新设计；未来互联网日益增长的规模、复杂性、移动性、安全性和通透性的解决方案；在物理和虚拟网络上的大规模测试环境中验证上述属性。对 FIRE 项目的发展，欧盟做了一个长期规划，初步将 FIRE 项目分为 3 个不同的阶段。目前 FIRE 项目进行到第二个阶段，在第一个阶段，FIRE 项目组一共支持 12 个项目，其中有 8 个项目用于试验驱动性研究，另外 4 个项目用于试验基础设施的建设；而在第二个阶段，FIRE 项目组扩展了 FIRE 中试验驱动性研究和基础设施建设的项目，同时又增加了一些协调与支持项目，表 8-4 是两个阶段中 FIRE 支持的项目。通过对这些项目的研究，希望能够建立一个新的不断创新融合多学科的网络结构。FIRE 项目组认为未来的互联网应该是一个智慧互联的网络，包括智慧能源、智慧生活、智慧交通、智慧医疗等多个方面，这样就把社会中的各个方面通过互联网联系起来，最终实现智慧地球。

表 8-4 FIRE 支持项目

	试验驱动型项目	基础设施项目	协调与支持项目
第一阶段	ECODE（认知试验分布引擎）、N4C（社区通信挑战网络）、NANODATACENTERS（纳米数据中心）、OPNEX（优化驱动网络设计与试验）、SELF-NET（未来认知自适应网络）、SMART-NET（智能多模无线网状网络）、PERIMETER（未来用户中心无缝移动网络）、RESUMENET（网络生存性框架，机制和试验评价）	OneLab2（支持未来互联网研究的开放性实验室）、PII（泛欧洲基础设施实现实验室）、VITAL++（下一代端到端的嵌入式网络）、WISEBED（无线传感网络试验床）	
第二阶段	CONECT（高性能协作传输网络构）、BULER（试验更新演进路由结构）、HOBNET（未来互联网智慧建筑整体设计平台）、LAWA（网页档案数据纵向分析）、NOVI（虚拟设施网络创新）、SCAMPI（社会感知移动和朴实计算服务平台）、CONVERGENCE（汇聚网络）、SPITFIRE（未来物联网语义服务）	BONFIRE（FIRE 中的服务试验台）、CREW（认知无线电试验世界）、OFELIA（欧洲的 OpenFlow——基础设施的连接与应用）、TEFIS（未来互联网服务试验台）、SMARTSANTANDER（智慧桑坦德）	FIRESTATION（未来互联网试验和支撑行动）、PARADISEO2（未来互联网新范式探究）、MYFIRE（FIRE 中的多学科研究社区网络）、FIREBALL（未来互联网研究的生活实验室）

　　FIRE 和 GENI 有很多相似之处，它们都关注如何搭建试验环境为理论研究提供证据支持。GENI 也希望通过螺旋式的部署方案，突破地理限制，建立全球性的大规模试验环境；FIRE 同样采用虚拟化思想，将独立存在的资源和设施联系起来，也具有联盟和跨学科等特点。

　　作为欧盟 FP7 在 ICT 领域的重要组成部分，FIRE 是为应对未来互联网面临的诸多挑战而实施的大型研究计划，目标是逐步联合现有的和未来新的互联网试验床，建设一个动态的、可持续的、大规模的欧洲试验床基础设施平台，为欧盟互联网技术发展提供一个综合的研究试验环境。在 FIRE 中涉及试验床本身的项目有 4 个：OneLab2、PII、VITAL++ 和 WISEBED。

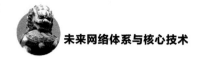

OneLab2 基于欧洲 PlanetLab 试验床（PLE）平台，由 OneLab 试验床发展而来，并在其基础上继续负责 PLE 的运作，并在网络监测、无线、内容网络、规范化测试等领域进行深入研究。

PII 建立在 PanLab 的基础上，旨在开发高校的技术和机制来实现欧洲现有试验床的联合，从而建成一个超级试验床联盟平台。PII 联合试验床包括 4 个核心计算机群和 3 个卫星通信计算机群。

VITAL++ 的主要目标是研究结合 P2P 和 IMS 各自优点的网络模型，并在试验床中进行试验和验证。按照 VITAL++ 的设想，将用 IMS 技术把欧洲范围内的分布式试验床节点集合起来，组成一个 VITAL++ 试验床。在这个试验床中，利用 P2P 技术进行内容应用和服务试验，利用网络资源优化算法实现符合要求的 QoS；而整个试验床网络的管理、运行则通过传统电信网的方式实现。

WISEBED 计划将欧洲已有的试验床联合起来，目标是建设一个覆盖欧洲的、具有一定规模的无线传感网络试验床，为欧洲的研究者和产业界提供试验和服务。

8.4.4　AKARI

2006 年，在日本政府的支持下，新一代网络结构设计 AKARI[4] 在日本展开。AKARI 项目研究的是下一代网络结构和核心技术，分 3 个阶段（JGN2、JGN2+、JGN3）建设试验床。AKARI 研究规划从 2006 年开始，已于 2015 年通过试验床进行试验。

AKARI 是日本关于未来网络的一个研究性项目，AKARI 的日语意思是"黑暗中的一盏明灯"，它旨在建立一个全新的网络结构，希望能为未来互联网的研究指明方向。AKARI 的设计进程分为两个五年计划，第一个五年计划（2006—2010 年）完成整个计划的设计蓝图；第二个五年计划（2011—2015 年）完成在这个计划基础上的试验台。在每个五年计划中，又对 AKARI 项目的进度进行了细分，将整个项目的进度分为概念设计、详细设计、演进与验证、测试床的创建、试验演示等多个环节。AKARI 不仅对未来互联网整体结构进行设计，而且试图指明未来互联网技术的发展方向，希望通过工业界和学术界的合作，使新技术的发展能够快速应用到工业化的产品中。AKARI 项目在设计时考虑到了社会生活中的各个方面，希望将社会生活中的问题和网络结构中新技术的发展对应起来，形成一个社会生活和网络结构相对应的模型，希望网络中新技术的发展是和社会生活的需求相适应的。

在 AKARI 看来，未来网络的发展存在两个思路，即 NxGN（Next Generation

Network，下一代网络）和 NwGN（New Generation Network，新一代网络）。前者是对现有网络体系的改良，无法满足未来的需要；后者是全新设计的网络体系结构，代表未来的方向。作为日本 NwGN 的代表性项目，AKARI 的核心思路是：摒弃现有网络体系结构的限制，从整体出发，研究一种全新的网络结构，解决现今网络的所有问题，以满足未来网络需求，然后再考虑与现有网络的过渡问题。AKARI 强调，这个新的网络体系结构是为人类的下一代创造一个理想的网络，而不是仅设计一个基于下一代技术的网络。

为此，AKARI 确定了设计须遵循的 3 个原则，介绍如下。

（1）KISS 原则

KISS（Keep It Simple Stupid），新的网络结构要足够简单。具体研究中要贯彻以下 3 个基本理念。

• 透明综合原则，在选择和整合现有技术时要以简单为首要条件，剔除其过于复杂的功能；

• 通用分层的思想，新型网络结构要采用层次结构，各层功能要简单并保持独立性；

• 端到端原则。

（2）真实连接原则

在新型网络体系结构中，实体的物理地址和逻辑地址各自独立进行寻址，要支持通信双方的双向认证和溯源，确保连接的真实性和有效性。

（3）可持续性和进化能力

新型网络体系结构应该成为社会基础设施的一部分，必须考虑今后 50 ~ 100 年甚至更长时间的发展需要，因此，体系结构本身应该是可持续发展的、具有进化能力的。

图 8-11 是 AKARI 设计新型网络体系结构的时间表。AKARI 计划 2010 年前完成体系结构的设计。在过去的 4 年中，AKARI 研究了大量现有的技术方案，其中的 15 个方向是其新网络体系结构的重点研究内容，见表 8-5。

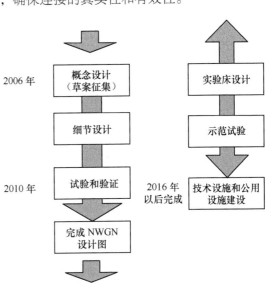

图 8-11　AKARI 设计新型网络体系结构的时间表

表 8-5　近期研究内容

光分组交换和光路技术	光接入	无线接入
分组分多址	传输层控制	主机 / 位置标识网内分离结构
分层	安全	QoS 路由
新型网络模型	顽健控制机制	网络层次简化
IP 简化	重叠网	网络虚拟技术

目前，AKARI 正在对上述内容进行研究，已经取得了不少进展，主要包括以下几个方面。

• 提出了主机 / 位置标识网内分离结构，和欧盟 FR7 4WARD 的 WP6 的设计思想类似，但走得更远，在 2008 年已经提出一种方案。

• 针对现有 IP 层越来越复杂的现实，AKARI 提出了 IP 网络协议，以简化 IP。

• 在新型网络体系结构引入最新的光网络技术，包括面向连接的光路技术和无连接的光交换技术，并且正在研究简化甚至去掉数据链路层的技术。

• 提出了穿越网络层次的控制机制，研究层与层之间交换控制信令，实现顽健控制。

• 与传统的 7 层网络模型不同，AKARI 提出了基于用户的新型网络模型。

8.4.5　Global X-Bone

X-Bone 最初提出是实现一种虚拟结构，其通过封装技术可为覆盖网进行快速、自动的部署和管理。后来该思想扩展到虚拟互联网（Virtual Internet，VI）概念，从而把 IP 网络看作由一些虚拟路由器和主机间形成的隧道链路构成，并具有动态资源发现、部署和控制功能。VI 将 Internet 上所有元素都进行了虚拟化，包括主机、路由器和链路。一个网络节点可以是虚拟主机和虚拟路由器，虚拟主机作为数据的"源"和"汇"，而虚拟路由器用作数据转发。虚拟链路采用 IP in IP 封装技术传输数据，从而避免了需要新的协议支持。

X-Bone 是一个管理工具，它可以对搭建在 IP 网络上的覆盖层网络进行自动配置和管理，并且包含有增强的安全功能和监控功能；它也可以被看作一个可以在互联网上部署覆盖网的工具，同时可以提供多个覆盖网之间隔离和资源分配的机制。后来，该想法演变成了一个新的概念虚拟互联网，由虚拟链路、虚拟路由（VR）以及主机（VH）组成了虚拟互联网，其目标是实现动态资源的分配以及监控支持。一个虚拟互联网虚拟化了互联网中的所有主件，包括主机、路由以及在它们之间的链路。在虚拟互联网中，一个单独的虚拟网络节点可以是一个虚拟主机或者一个虚拟路由。虚拟互联网中的所有组件都必须是支持多服务商的，因为即使只有一个虚拟互联网的主机也是在至少两个网络中的：互联网和虚拟互联网覆盖网。每个虚拟互联网的地址是唯一的，并且在另一个覆盖网上可以被重复使用，除非在两个虚拟互联网之间没有共享的底层网络节点。虚拟互联网完全将覆盖层网络从底层网络中分离出来，而且它们之间能够共存。虚拟互联网支持在其基础上再建一个新的虚拟互联网，也就是支持网络的多重覆盖。

最近，提出了基于 P2P 技术的 X-Bone，称为 P2P-XBone。它能够使来自虚拟互联网的节点动态地加入或者离开，也允许创建和释放动态的 IP 隧道以及配置自定义的路由表。GX-Bone 扩展了 X-Bone，从一个小范围的试验系统扩展到全球范围，支持范围广泛的网络研究。GX-Bone 目前是一个部署在全球范围的覆盖网，用于支持分布式、资源共享的网络研究。

8.4.6　Emulab

Emulab[12] 是由犹他大学 Flux 研究团队开发的一个网络试验床，负责人为 Jay Lepreau，成员主要有 Eide E、Fish R、Hibler M、Webb K 等。它为研究者提供了一个广泛而真实的网络环境，以开发、调试和部署他们的试验系统。试验者可通过 Internet 远程至 Emulab 试验床系统，使用 NS2 脚本规划出试验测试环境。系统会根据试验者提供的脚本自动构建出试验所需的资源与网络拓扑，然后试验者就可以使用系统所分配的资源进行试验。

图 8-12 是 Emulab 的一个结构，其中 OPS 服务器、BOSS 服务器、控制交换机、试验交换机是其一些控制服务器，用于用户注册以及对下面的一些模拟节点进行控制。节点通过交换机互联形成试验网络。节点的拓扑定制通过 VLAN 来实现。

Emulab 目前拥有 600 多个节点，全球范围内有 2 000 多个用户使用 Emulab 部署自己的原型系统。Emulab 的节点类型众多，既有普通的网络服务器，也有无线节点，支持 Windows、UNIX、Linux 和 Xen 等多种操作系统。由于资源的丰富性，用户可以使用 Emulab 进行从网络层到应用层、IP 网到无线网等多种类型的技术研究。Emulab 负责管理和分配资源，并记录保存用户的试验数据。当资源发生故障时，Emulab 的管理系统会自动检测并修复故障，而不需要用户操心，极大地方便了用户使用。Emulab 通过时分复用的方式提高资源的利用率，每个试验申请的节点最低的运行时间是 2 h，如果系统检测到某个试验在 2 h 内都处于闲置状态，那么这个试验就会被换出（Swap Out）。系统在记录这个试验换出之前的状态以后，会释放试验所用的所有资源，直到试验的创建者向系统申请将之前换出的试验换入（Swap In），并且试验上有足够的资源，这个试验

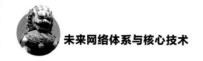

才会重新运行。

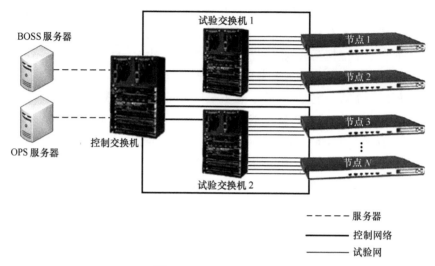

图 8-12　Emulab 的底层实现

虽然 Emulab 为研究人员节省了部署试验需要的资源和时间，但是也存在一些问题。第一，Emulab 中的节点大部分都在同一个机房中，只是通过交换机简单地互联在一起，两个节点之间的通信链路需要通过另一台运行 FreeBSD 的 PC 来模拟，该 PC 通过在 FreeBSD 的操作系统上运行 Dummynet 来控制链路的参数，这样每一条链路都要消耗一台 PC，资源浪费很大。第二，使用 Dummynet 得到的物理链路不能有效地表示实际的物理链路，这样使运行的试验真实性打了折扣。第三，运行在 Emulab 上的试验只对试验开发人员开放，开发人员无法引入其他的用户来体验自己开发的技术，这对试验的改进和大规模部署是不利的。第四，Emulab 时分复用的资源管理机制，使研究人员部署的试验不能有效地长期运行，无法验证试验的长期效益。

8.4.7　VINI

虚拟化网络基础结构（Virtual Network Infrastructure，VINI）是基于此思想提出的一种虚拟化的网络基础结构，它可以允许研究人员在真实的网络环境下采用真实的路由软件等，对他们提出的新协议和新服务进行部署和验证。同时，VINI 为研究人员提供了对网络状态的高度可控性，并且，为了让研究人员可以更方便地设计他们的试验，VINI 支持在同一物理基础设施上同时运行多个采用任意网络拓扑的试验。

　　VINI 利用操作系统级虚拟化技术和多种开源虚拟化工具，为研究者提供真实并且可控的大规模网络环境，进行创新网络协议的验证和新型网络服务的长期运行。它可灵活地生成网络拓扑，运行真实的路由协议，注入可控的网络事件，承载实际的网络流量，支持多试验的并行运行以及真实的 Internet 连接。VINI 同时支持 X-Bone 或 VIOLIN 的虚拟网络。VINI 提供了比 PlantLab 更多的自由，因为 PlantLab 仅在路由器层次上实现虚拟化。VINI 的原型在 PlantLab 上实现，通过将可获得的软件进行组合，实现运行软件路由器的重叠网的具体实例，并允许多个这样的重叠网并行存在。VINI 使用 XORP 路由，使用 Click 进行分组转发和网络地址翻译，并用 Open VPN 服务器连接终端用户。

　　作为 VINI 的一种实现，PlanetLab-VINI 是基于 PlanetLab 的节点创建的 VINI 原型系统。为了保证该原型系统的扩展性和简易性，PlanetLab-VINI 只对原来的 PlanetLab 操作系统做了很小的改动，如在节点上的用户空间里创新安置了一些重要的功能性软件，包括路由和分组转发软件等。如图 8-13 所示，图中方框为 PlanetLab 上的物理主机，其中的两种方块分别为属于两个不同用户切片的虚拟机，黑色实线为主机之间的物理连接，虚线为虚拟机之间的逻辑连接。利用 PlanetLab-VINI 提供的平台技术，黑色切片的用户可以创建如图 8-13 上方所示的逻辑网络拓扑，进行路由试验；灰色切片的用户可以创建如图 8-13 下方所示的逻辑网络拓扑，进行路由试验。VINI 称，通过这种一个资源分片上的互联网（Internet In A Slice，IIAS）技术，研究人员可以运行可控的试验，真实地评估现有 IP 和转发机制。当然也可以把 IIAS 看成一个参考的实现，然后修改其扩展现有的协议或服务，这样也就可以对这些路由技术上所做的扩展进行评估和验证。在每台虚拟机上，IIAS 集成了许多由网络研究组织或开源社团开发的组件。IIAS 利用 Click 软件路由器模块作为转发引擎、XORP 路由协议套件作为控制层面、OpenVPN 作为入口机制，并在出口实现 NAT（在 Click 内实现）。PlanetLab-VINI 所支持的 IIAS 路由器如图 8-14 所示。其中，XORP 是一个未加修改的 UML 内核进程；XORP 实现了 IIAS 路由器的路由协议，并构造了一个接口开放的虚拟网覆盖网拓扑；每个 XORP 实例设置一个路由转发表，并由一个在 UML 外部的 Click 进程实现；此外，PlanetLab-VINI 利用隧道技术，将虚拟机进行点对点的连接，使之相互成为邻居关系。

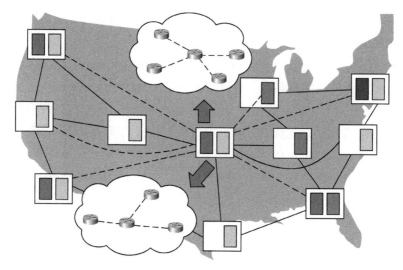

图 8-13　PlanetLab-VINI 应用举例

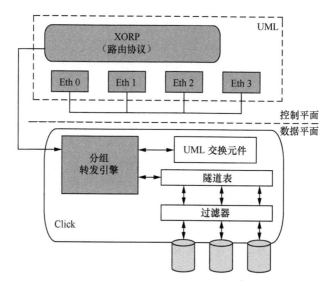

图 8-14　PlanetLab-VINI 支持的 IIAS 路由器

8.4.8　CORONET

CORONET（Dynamic Multi-Terabit Core Optical Networks：Architecture，Protocols，Control and Management，动态多太比特核心光网络：体系结构、协议、控制和管理）是 DARPA 建立的研究项目，目标是为高动态、多太比特的全球核心光纤网络开发出具有高性能、高生存性和安全性的网络体系结构、协议、控制和管理软件。与其他 NGN 研究项目不同，CORONET 在第二阶段会开发和测试兼容的网络控制和管理软件，使其能够适用于政府和商用电信承载网。因此，CORONET 没有硬件开发或测试，它针对的领域有：网络体系结构（网络节点和网元）、协议和算法（高速业务开通和恢复）、网络控制和管理。CORONET 的目标网络是全球的核心光网、IP over WDM 的体系结构，包括一些网络服务（重要的 IP 服务、带区分 QoS）、高度动态的网络（带有高速业务开通和关闭）、可以应对网络多处并发失效的容错性以及简化的网络操作和增强的安全性。CORONET 需要解决的问题有：高度网络有效性（低成本、规模、能耗等）、快速可配置型以及全光网等。

8.4.9　CABO

CABO 提出将基础设施提供商和服务提供商进行分离，这样可以做到接受一种新的结构并不需要改变硬件和主机的软件。CABO 支持虚拟路由从一个物理节点向另一个节点的自由迁移，并且通过引入问责机制向服务提供商提供保障。它为了能够对 NVE 中发生的变化快速地做出反应，提出了一个多层路由的项目。

CABO 综合了上述主动网络的相关研究，能够支持可编程的路由器，但是它不能向用户提供对网络进行编程的能力，服务提供商可以自定义它们的网络，并向端用户提供端到端的服务。

当前的 ISP 融合了基础设施提供商和服务提供商两个角色，从而导致了当采用新的网络协议和结构时，ISP 不但需要对自己的硬件进行升级改造，还需要改变和其他 ISP 协商的网络结构，正是这种融合限制了网络技术的发展。CABO 试图采用虚拟化技术促使这两个角色（基础设施提供商和服务提供商）的分离，可以使服务提供商基于多个不同的基础设施提供商的底层网络建立虚拟网，以提供自己的端到端服务。

为了使多个虚拟网能共享底层物理基础设施，CABO 对节点和链路实现了虚拟化。虚拟网就是由一些虚拟节点及连接虚拟节点间的虚拟链路组成的，服务提供商利用基础设施提供商的节点资源创建虚拟节点，而虚拟链路是底层物理网络上虚拟节点间的物理路径。CABO 还利用虚拟机迁移技术提出了虚拟路由器从一个物理节点到另一个节点的迁移方法，同时提出了一种新的多层路由方案。

8.4.10　FIRST

2009 年 3 月，韩国启动了一个由 ETRI 和 5 所大学参与的未来互联网试验床项目——支持未来互联网研究的可持续试验床（Future Internet Research for Sustainable Testbed，FIRST）[5]。该项目由两个子项目组成，其中一个由 ETRI 负责，称为 FIRST@ATCA，即基于 ATCA 结构实现虚拟化的可编程未来互联网平台，它由用于控制和虚拟化的软件及基于 ATCA 的 COTS（Commercial off the Shelf，商用现货）硬件平台组成；另一个是 FIRST@PC，由 5 所大学参与，利用 NetFPGA/OpenFlow 交换机实现基于 PC 的平台。通过扩展 NetFPGA 功能来实现虚拟化的硬件加速 PC 节点，在 KOREN 和 KREONET 上建立一个未来互联网试验床，用于评估新设计的协议及一些有趣的应用。

基于 PC 的平台将使用 VINI 方式或者硬件加速形式的 NetFPGA/OpenFlow 交换机来建立。图 8-15 是平台的框架，可以看到它支持虚拟化和可编程网络的功能，把这个平台称为 PCN（Programmable Computing/Networking，可编程计算 / 网络）。

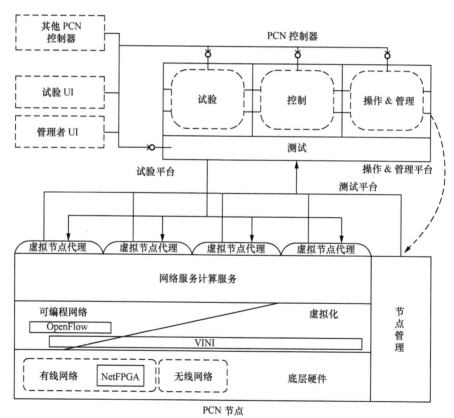

图 8-15　基于 PC 的 PCN 平台结构

图 8-16 给出了 FIRST 试验床的全局视图，该体系结构应该与用户需要支持

的所有 PCN 实现动态互联。通过使用现场资源（处理能力、内存、网络带宽等），实现基本的基于代理的软件堆栈，以配置切片及控制分布式服务集。为测试控制操作的效能，将在试验床上运行面向多媒体的服务。

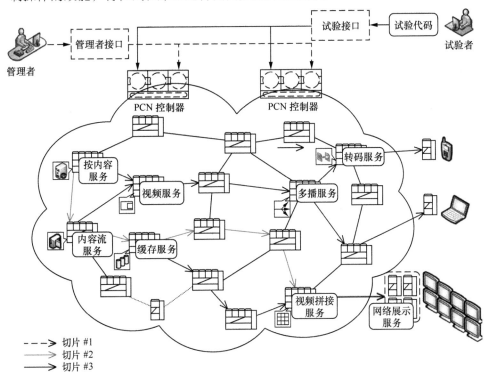

图 8-16　服务操作与控制框架

8.4.11　JGN

　　JGN（Japan Gigabit Network，日本千兆网络）是日本 TAO（Telecommunications Advancement Organization，电信进步组织）建立的基于 IPv6 的大规模试验床。其中第一代 JGN 称为 JGN1，从 1999 年运行到 2004 年，为超高速网络的研究提供试验床。从 2004 年 3 月开始，为响应日本政府战略需求启动了第二代 JGN，称为 JGN2。JGN2 是在 JGN1 的技术基础上开发的新的高级网络试验床。JGN2 包含 3 个功能网络：2/3 层试验床网络、GMPLS 试验床网络和光试验床网络。JGN2 在全日本范围内提供 2/3 层的访问接入点。网络的核心节点由 10 GB Base-X 的链路连接，用户可通过 10/100/1 000 Base-T、1 000 Base-X、10 GB Base-X 接口接入。GMPLS 试验床包含 OXCs2 和各种路由器模型，用于实现两类不同的 GMPLS 自治系统，验证它们之间的兼容能力。光

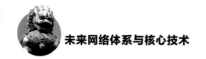

网络试验床提供两个专用节点之间的光传输试验。

|8.5 国内典型未来网络试验床|

8.5.1 CNGI-CERNET2

第二代中国教育和科研计算机网 CERNET2 是中国下一代互联网示范工程（CNGI）最大的核心网和唯一的全国性学术网，也是目前所知世界上规模最大的采用纯 IPv6 技术的下一代互联网主干网[6]。CERNET2 主干网为基于 IPv6 的下一代互联网技术提供了广阔的试验环境。CERNET2 部分采用我国自主研制的世界上先进的 IPv6 核心路由器，将成为我国研究下一代互联网技术、开发基于下一代互联网的重大应用、推动下一代互联网产业发展的关键性基础设施。具体如图 8-17 所示。

CNGI-CERNET2 的主要建设内容包含 3 个方面。

（1）CERNET2 主干网和用户网

CERNET2 采用主干网和用户网二级结构，主干网采用纯 IPv6。CERNET2 主干网基于 CERNET 高速传输网，采用 2.5 ~ 10 Gbit/s 的传输速率，连接分布在北京、上海、广州等 20 个城市的 CERNET2 核心节点。CERNET2 全国网络中心位于清华大学。

用户网主要是全国高校或科研单位的研究试验网。用户网根据 IPv6，采用高速城域网、直连光纤或高速长途线路等多种方式接入 CERNET2 核心节点。北京大学、清华大学等高校是 CERNET2 的第一批用户。

（2）CERNET2 核心节点

在北京、上海、广州等 20 个城市建立 CERNET2 核心节点（GigaPoP）。每个核心节点为 10 个以上用户网提供 1 ~ 10 Gbit/s 的 IPv6 高速接入服务，北京核心节点为 30 个以上用户网提供 1 ~ 10 Gbit/s 的 IPv6 高速接入服务。

（3）国内 / 国际互联中心 CNGI-6IX

在清华大学建成中国下一代互联网国内 / 国际交换中心 CNGI-IX，为国内其他下一代互联网提供 1 ~ 10 Gbit/s 的互联；与北美、欧洲、亚太等国际下一代互联网实现 45 ~ 155 Mbit/s 的互联。

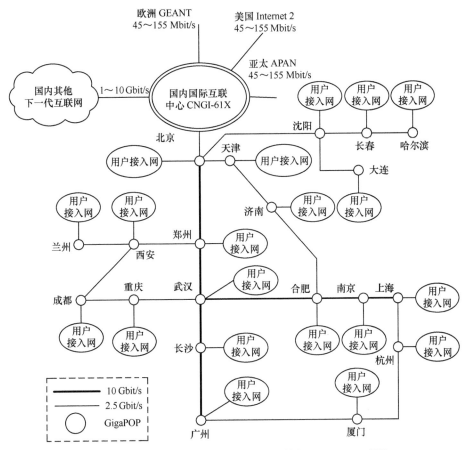

图 8-17　中国下一代互联网示范工程 CNGI 核心网 CERNET2 拓扑

建成后的 CNGI-CERNET2 和 CNGI-6IX，其复杂和简单相统一的设计理念体现在以下几个方面。

① 主干网拓扑复杂，既包含环形结构，也包含树状结构。

② 自治域规划复杂，主干网和接入网分别组成 26 个自治域，相互之间通过边界网关协议 BGP4+ 实现互联。

③ 域间互联关系复杂，用户网同时与其他 IPv6 试验、示范网络相连，形成 Multi-Homing 的复杂网络环境。

④ 网络层通信协议简单：在主干网和接入网之间唯一运行 IPv6。

⑤ 路由协议简单：域内使用 OSPFv3，域间使用 BGP4+。

⑥ 域间路由策略简单，严格聚类。

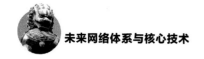

8.5.2　NGB-3TNet

NGB（Next Generation Broadcasting Network，下一代广播电视网），是以有线电视数字化和移动多媒体广播电视（CMMB）的成果为基础、以自主创新的高性能宽带信息网（3TNet）核心技术为支撑构建的适合我国国情的、三网融合的、有线无线相结合的、全程全网的下一代广播电视网络。NGB 先期已在上海、杭州、南京进行互联，建成了我国第一个真正实现三网融合的高性能宽带信息网，覆盖用户达 3 万户，成为全球规模最大、能够提供包括高清晰视频服务在内的宽带流媒体互动业务示范网络。

如图 8-18 所示，NGB 采用了基于扁平汇聚、混合传输与交换技术的可演进 NGB 体系结构，该结构的特点表现为以下几个方面。

1.　从网络结构上看

NGB 采用三级结构，包括骨干网、接入汇聚网和用户家庭网络。其中接入汇聚网基于大规模接入汇聚技术实现，使用户家庭网络可以直接接驳到高速网络；从功能上看，接入汇聚网可分为接入和汇聚两个层次，汇聚层实现多业务、高收敛比汇聚、多播、业务和用户控制等功能，接入层采用多种手段实现用户的高速双向接入功能。同时，NGB 实现了全网分布式缓存功能，为灵活、高效的业务数据分发提供了支撑，使业务数据可以尽可能靠近用户，避免了大规模同源同质带宽申请。因此，从网络结构上看，NGB 是一种扁平结构，能够满足全程全网、互联互通、宽带双向等需求。

2.　从承载方式上看

NGB 的节点都支持混合传输功能，在骨干网和汇聚层，支持以波长、时隙和分组方式进行业务承载；在面向用户的接入段，NGB 的网络节点支持多种物理接入方式，其中同轴方式支持模拟和数字混合传输。

3.　从管理和运营支撑上看

NGB 节点支持虚拟化，可以将网络节点和链路资源进行虚拟化，通过 NGB 管理控制系统实现全网资源调度，可以生成固定逻辑子网以支持广播应用等主要业务类型，也可根据运营需求灵活、动态地生成各类新型逻辑子网，以支持各种业务运营的需求。

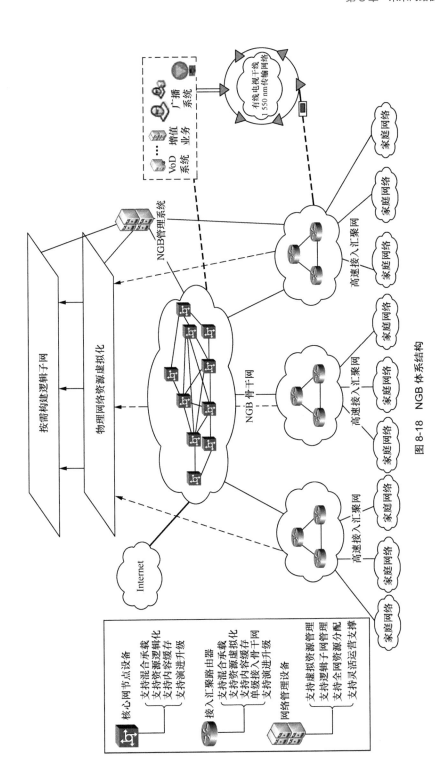

图 8-18　NGB 体系结构

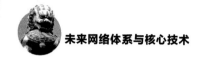

4. 从满足长期需求角度看

NGB 节点都具有动态升级能力，可以动态从 IPv4 升级到 IPv6，可动态支持各类新的业务。

根据以上网络结构，图 8-19 给出了 NGB 的承载结构。NGB 自主创新的网络结构的主要特点是分为骨干网、城域网和接入网三网络层次（其中城域网和接入网在图 8-19 中体现为接入汇聚网），以大规模接入汇聚路由器（ACR）为核心网边缘、接入网中心，构建边缘网络端到端 QoS 保障机制和透明键地址隔离访问模式，从而实现对用户业务、流量和行为进行精细化管理，具有独立的、全域性的网络监管和控制体系。

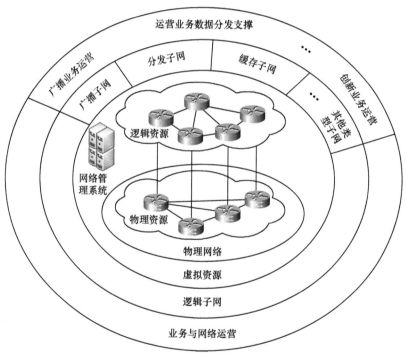

图 8-19　NGB 承载结构

（1）NGB 骨干网

NGB 骨干网用以连通各地城域网，实现长距离高速信息传输。NGB 骨干网的核心技术是 3TNet，是基于 Tbit 级的光传输技术、Tbit 级的路由和 Tbit 级的交换。其在很多领域实现重要创新，提出以核心网基于 ASON 电路交换、边缘网基于 IP 分组交换的混合交换体制为基础的新型网络结构，大大简化了边缘网络拓扑结构，为构造可信的边缘网络奠定了基础。在光传输技术领域，研制并建立了 80×40 GB DWDM 试验平台，实现 4×300 km 无 FEC 情况下 BER 为 3×10^{-4} 的远距离传输。在光交换技术方面，是业界首次提出将标准化 ASON 扩展到支持多播和业务驱动的突发调度的 ASON；实现支持业务驱动的突出传送 ASON 节点设备，交叉能力达到 1.28 T，其中 Mesh 网恢复时间达到了世界领先水平。在国际上首次实现了 EPON 系统芯片级互通，制定了中国通信标准化协会行业标准。

（2）NGB 城域网

城域网通常是局域网的流量汇聚，因此城域网中非常重要的技术就是接入汇聚技术。目前城域网的接入汇聚技术采用 3TNet 的科研成果，也就是全分布式无阻塞交换结构——大容量的宽带远程接入路由器（ACR），交换容量达到了 640 GB，ACR 单点覆盖可达 6 万户。ACR 不仅具有常规大容量高性能双栈核心路由器的宽带 IPv4/IPv6 路由交换功能，而且具有大规模用户接入汇聚功能，并能同时提供窄波、多播、广播 3 种通信模式。其采用的以大容量高性能路由器为核心的大规模接入汇聚与接入网络结构，直接将高速网推到用户门口，凸现 "出门就上高速路" 的高性能宽带特性。

（3）NGB 接入网

NGB 接入网包括多种接入技术手段，各接入网根据各自的网络现状、网络结构运用不同的技术。接入网是直接面对用户，因此接入网可以说是 NGB 中最重要的部分。在 NGB 接入技术中，很重要的一种就是 EPON+ 缆桥技术。EPON 采用以太网的传输格式，采用单纤波分复用技术（下行 1 490 nm，上行 1 310 nm），仅需一根主干光纤和一个 OLT，传输距离可达 20 km；在 ONU 侧通过光分路器分送给最多 32 个用户，可大大降低 OLT 和主干光纤的成本压力；上下行均为千兆速率，下行针对不同用户加密广播传输的方式共享带宽，上行利用时分复用（TDMA）共享带宽；可同时传输 TDM、IP 数据和视频广播，辅以电信级的网管系统，足以保证传输质量。

8.5.3　可重构柔性试验网

可重构柔性试验网是我国新型网络体系结构、创新路由协议、创新交换结构以及新型网络设备试制、新型业务开发验证的国家级新技术试验床，为我国在研究新型网络体制、试验新的网络技术、验证新的网络装备、示范新兴业务等方面提供验证环境。其主要创新性关键技术表现为以下几点。

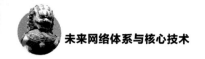

1. 网络分层模型

可重构柔性试验网的基本思想是：对现有和未来可能出现的用户业务进行科学聚类，针对用户业务聚类定义层次化网络服务；通过用户业务聚类，将用户业务和网络服务间传统的紧耦合关系转变为松耦合关系；将网络服务层分为业务承载子层、服务提供子层和功能处理子层，其中业务承载子层基于业务聚类，描述不同业务的处理流程及所涉及的服务，通过生成可重构服务承载网的方式为不同类型业务提供一定的承载能力；服务提供子层为业务承载子层提供所需的网络服务，按照服务的属性和特征，把现有网络服务分类，多个服务的组合实现对一种用户业务的支撑；功能处理子层基于构件思想实现各种具体的基本网络处理功能，多个构件的组合实现一种网络服务。

可重构柔性网络采用 4 层结构的分层模型，如图 8-20 所示，自顶向下分别是应用层、业务层、服务层和资源层。

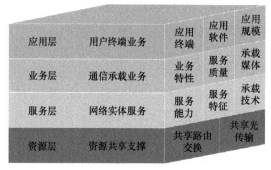

应用终端：终端类型
应用软件：软件类型
应用规模：个人/公用用户
业务特性：平均/峰值带宽和突发度
服务质量：分组丢失、时延、抖动
承载媒体：话音、数据、视频
服务能力：传输、计算、存储、处理
服务特征：公众/个性/即时服务
承载技术：IPv4/IPv6、MPLS、PSTN

图 8-20　可重构柔性网络分层模型

（1）应用层

可重构柔性网络的应用层不同于传统网络应用层定义，它包含了现有及未来可能出现的各种用户应用，可用来描述用户终端业务。通过对目前用户应用需求的分析，我们定义用户业务的产生均可以使用应用终端、应用软件和应用规模来确定，应用终端包括话机、移动终端、计算机等，应用软件指的是终端中具体执行人机交互的应用程序，应用规模指明了业务规模的大小。上述应用层定义从用户业务生成源出发，为下层的业务层提取业务特征确定服务质量参数提供了便利。

（2）业务层

业务层主要完成通信承载业务，提取应用层生成业务的特征并且将用户业务聚类，按照业务特性、服务质量和承载媒体分别确定相应的参数。该层完成的功能包括媒体网关功能，信令网关功能，边界路由节点执行的分类、整形、标记等接入控制功能。该层描述了用户业务的特征，为可重构柔性网络构建服务承载网提供参考标准。

（3）服务层

该层是可重构柔性网络的核心层，基于资源共享层提供的物理资源，通过构建可重构服务承载网的形式为业务层提供所需的网络服务。按照服务的属性和特征，根据松散耦合和简化的原则，把网络服务分为服务能力、服务特征和承载技术 3 种属性。根据上层业务层提供的参数分别确定相应的网络服务能力和服务特征，选择合适的承载技术。与传统网络服务相比，可重构柔性网络可以根据用户需求构建网络，按照业务特性提供服务能力，从业务需求出发保证服务质量。

（4）资源层

资源层是一种资源可共享、节点可重构、能够提供底层网络资源的物理网络，资源共享层由可重构路由节点、光传输设备等组成，为可重构柔性网络提供共享的物理网络资源和光传输资源。

2. 网络资源管理

当前网络资源管理是面向节点的，因为节点只能完成单一任务，所以一种网络资源管理机制只能管理一种网络，无法支持可重构柔性网络中多种网络共存情况下的网络资源管理。可重构柔性网络从构件与网络资源的映射出发，首先实现网络资源的构件化，例如，开发适应不同带宽的网络接口构件。其次将构件定义为最小的管理对象，服务承载网对应一系列构件，依靠构件可以区分服务承载网。将传统的由对节点整体资源的管理精细化到对构件的管理。

柔性可重构网络管理结构如图 8-21 所示，由统一网管系统、可重构综合管理系统、光网络管理系统、路由交换平台管理系统、构件库及若干网络设备组成。可重构综合管理系统负责管理、感知全网资源；发现路由节点设备的网络服务能力并对其进行组合以支撑相应用户业务；接受用户可重构服务承载网的构建需求，并根据当前网络资源状况及节点设备服务能力将可重构服务承载网嵌入底层物理网络；管理构件、服务和业务承载能力的重构。可重构路由交换平台根据综合管理系统的指令，通过从构件库中下载相关构件并加载运行从而重构出新的网络处理功能，提供新的网络服务能力。

3. 平台化支撑构件化处理

传统的路由交换节点使用的"系统、单元、模块"设计思想，而开放式可重构路由交换节点技术的基础是平台化支撑下的构件化处理技术。如图 8-22 所示，平台化支撑构件化处理的 3 个等级，即平台、组件和构件，对应于传统系统化支撑模块化处理的 3 个等级，即系统、单元和模块，各等级处理的功能和能力基本相同，不同的是开放性和可重构。系统、单元和模块大多是封闭式一体化的，平台、组件和构件是开放式可重构的。系统只能按固定模式利用功能单元完成单一任务，平台允许以不同组合方式利用功能组件完成多种任务。要改变单元的处理功能和能力需要重新设计软 / 硬件模块，要改变组件的处理功能和能力只需要更换或升级构件。平台是可重构完成多种任务的系统，此处从网络发展的角度考虑，未来节点可以负责通信、计算、存储等任务，所以平台可以通过重构担负不同的任务。组件是可重构实现特定功能的单元，构件是可重构实施给定处理的模块。支撑组件代表了时钟、电源、交换接口等支撑部件，支撑构件代表了队列管理、缓存控制等，功能组件和功能构件都负责实施具体的功能。

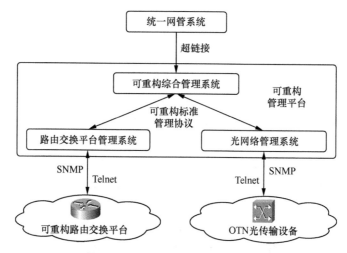

图 8-21　可重构柔性网络管理结构示意

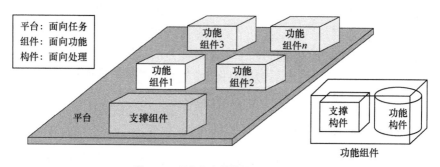

图 8-22　平台化支撑构件化处理示意

4．逐级交换机制

当前网络节点中模块依靠总线连接，模块间连接关系不可变，导致节点只能按照固定模式完成单一任务。如果要升级或扩展节点功能，只能采取离线升级和重新设计软 / 硬件模块的方式。处理流程设计完毕后不能发生改变，使节点设备不能灵活、快速地适应网络需求的变化。具体如图 8-23 所示。

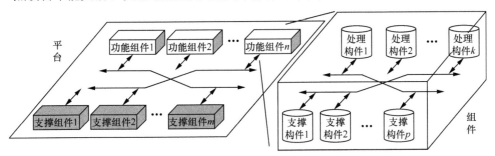

图 8-23　逐级交换机制

可重构柔性网络节点中提出了逐级交换机制，组件、构件通过交换网络连接。在平台中，数据业务在组件间传递，每个组件完成特定功能后交给下一个组件处理。在组件内，数据业务在构件间传递，每个构件完成对数据的某种具体处理，处理结束后通过交换网络交给下一个构件。逐级交换机制中逐级指的是将网络节点分为组件间、构件间和构件内部 3 个不同级别的视图。交换指的是组件或构件间不再使用传统的固定线路连接方式，使用交换带有标识的报文来满足组件间或构件间的消息交互需求。标识内容的多寡影响了交换控制的开销和复杂度，根据所处视图的不同可视实际情况确定交换标识的具体内容。逐级交换带来的好处是用户在遵循标准接口的前提下可以灵活地替换构件，引入新的功能。虽然交换技术早有研究，但是传统的交换是为了解决多端通信的拥塞问题，追求的是高吞吐量和低拥塞率，面向的是 TCP/IP 体系中 IP 报文处理。可重构柔性网络中的松耦合思想将交换机制进行深化，利用交换拓扑可变来更改构件间的通信连接，这样用户才可以专注开发构件的新功能，而不必受到通信对象的限制。同样，只有在可变连接拓扑的支持下，才能发挥构件组合的优势。这种机制的优势在于，连接在交换网络上的构件和组件可以实现替换，这样可以改变传统的数据处理流程难以改变的问题，通过改变处理流程来使节点功能发生变化。

5．数据驱动机制

当前网络节点中单元模块间通过数据总线连接，模块间的控制和数据交互

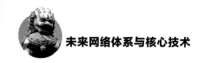

通过电器信号驱动，导致信息交互的语义由电信号表征，一旦信号含义确定，后续使用中将不能改变，无法引入新的数据或控制语义，不能支持节能功能的改变。具体如图 8-24 所示。

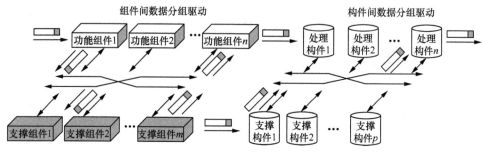

图 8-24　数据分组驱动机制

在可重构柔性网络节点中，组件和构件间交互使用统一的物理接口和统一的数据格式，通过数据报头体现处理要求。当数据分组到达后，组件或构件根据报头语义进行相应的处理，完成后，更新报头内容传递给下一组件或构件进行后续处理。这种机制的优势在于设计人员可以通过定义报头格式引入新的控制语义，以适应构件、组件的替换，支撑节点功能的改变。

8.5.4　未来网络体系结构和创新环境

2012 年，国家高技术研究发展计划（"863"计划）启动了"未来网络体系结构和创新环境"项目。该项目由清华大学牵头，汇集中国科学院计算技术研究所、北京邮电大学、东南大学、北京大学、工业与信息化部电信研究院、解放军信息工程大学、国防科学技术大学等国内重点科研院校和中兴、华为、华三、神州数码、锐捷等国内知名网络设备厂商，目标为构建支持未来网络体系结构和新协议创新的网络平台，即未来网络体系结构创新环境（Future Network Innovation Environment，FINE），为网络技术创新提供支撑。可以预见，FINE 的建设将进一步缩小我国与发达国家在未来互联网试验平台上的差距，加快我国未来互联网的技术创新和应用，提高我国在未来互联网乃至整个信息技术领域的核心竞争力。

FINE 项目的出发点在于：新型网络体系结构和新型网络协议在设计方法、编址方式、转发机制、控制模式等方面存在巨大差异，而当前网络设备和试验环境的封闭性又严重制约着网络的技术创新和体系演进，因此，设计和实现促进未来网络体系结构创新的环境，对支撑未来网络的技术创新和体系演进具有重要的意义。项目的目标是：采用创新理念和技术路线，研究未来网络创新体系结构，突破关键技术，研制新型网络设备和软件系统，建设未来网络体系结构的创新试验环境，研究内容中心网等各种新型网络体系结构和新协议，依托 FINE 进行实验验证。

　　由于 SDN 的核心价值在于具有对其他体系结构进行描述能力的"元体系结构"，因此，FINE 选择了 SDN 作为未来网络体系结构创新环境的设计思想，FINE 体系结构如图 8-25 所示。FINE 体系结构包括 4 个层次，即数据平面抽象和开放设备层、网域操作系统层、虚拟化平台层、新体系结构和新协议层。数据平面抽象和开放设备层提供设备本地视图的编程接口供上层控制；网域操作系统层对上层提供全局的物理视图编程接口，方便上层（新体系结构或新协议可以直接编程或通过虚拟化平台层来控制）；虚拟化平台层对上层提供特定的逻辑视图编程接口，为应用层提供虚拟化资源；还有一个比较重要的部分是域间协商通信机制，跨域不应该是一种控制机制，而应该是一种不同管理域的域间协商机制，通过网域操作系统的东西向接口，实现对邻居网络的通信链路、路由、资源和服务质量的协商。

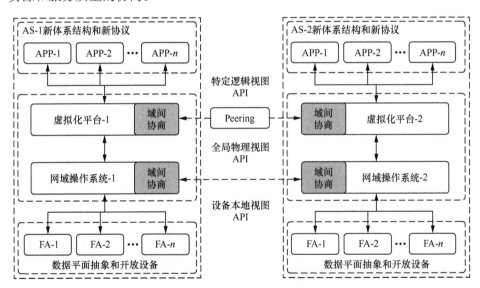

图 8-25　FINE 体系结构

　　基于 FINE 体系结构，项目研究和设计各种不同的数据平面转发抽象技术及其开放式网络设备（包括 OpenFlow 的扩展技术以及其他数据平面抽象技术），新型网域操作系统（与 OpenFlow 控制器这种通道方式相比，主要是提供了应用、设备的隔离以及资源的管理）和虚拟化平台（主要是虚拟资源与物理资源的映

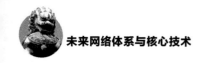

射），支撑各种新型网络体系结构（例如新型内容中心网）和 IPv6 新协议（例如 IPv6 真实源地址验证）的研究试验。该项目在研究和开发软 / 硬件系统的基础上，依托清华大学和教育网覆盖的其他院校的网络资源，以及电信、广播电视和军队等领域的试验网络，通过部署和升级开放网络设备及系统软件等多种方式，建立 13 个示范点组成的规模化、多行业、具有不同网络业务和环境的广泛代表性的创新网络试验平台。

8.5.5 未来网络试验设施

面对全球未来网络技术发展的大趋势，我国亟须加强未来网络领域设施研究与建设工作。2013 年 2 月 23 日，国务院正式下发 8 号文件，将未来网络试验设施项目列入《国家重大科技基础设施建设中长期规划（2012—2030 年）》。为实现这一重大工程技术建设项目，我国多所科研机构如中国科学院、北京邮电大学、清华大学、解放军信息工程大学等团队开始进行互联网体系结构、关键技术攻关和核心设备研发，已研发完成可编程虚拟路由器平台、网络感知测量系统、智能网络资源控制调度分发系统、试验网综合管控系统等，并基于上述科研成果建设了可编程的未来网络小规模试验设施。

未来网络试验设施的先导试验网在中国科学技术大学先进技术研究院开通。未来网络试验设施采用自主研发的试验网节点设备连接国内北京、合肥、上海等 10 余个城市节点，覆盖国内经济与科技发达地区，与全球网络创新试验环境 GENI 等国际试验网对等互联互通，同时在采用 NS2 开放编程接口的管控平台上实现了对并发试验的支持。来自中国科学院声学所、网络中心和中国科学技术大学的先导专项多个未来网络研究团队现场演示了在先导试验网上开展的未来网络技术研究、未来网络特性测量和现网无扰试验环境 3 个方向上的 6 个代表性试验，展现出了中国未来网络的雏形。

上述先导试验网的开通创下了 4 个第一，初步形成了未来网络试验设施的基本特征：国际上第一个支持协议无感知转发（POF）技术的广域网络试验床，国际上第一个采用 NS2 接口实现真实网络试验控制的网络试验床，国内第一个支持实时可视化的软件定义测量与呈现的网络试验床，国内第一个具有自主知识产权的未来网络试验设备（FuRack）。

未来网络试验设施的总体目标是在 36 个城市建设 100 个节点（边缘网络），并在全国建设 4 个云数据中心。该网络将会支持多种可编程技术和多种数据平面的设备，为未来网络提供良好的试验验证环境，是一张充分开放的网络。

　　未来网络试验设施建成后，将可以提供仪表级高精度网络行为测量、可变速网络演化复现、资源共享的试验综合支撑等三大能力，实现实物 / 半实物仿真、网络极限冲击与破坏性测试、网络动态特性研究、特种网络技术研究等科学研究能力的跨越式提升，成为我国网络基础理论与新型网络结构、网络安全体系与攻防、网络演进与过渡，以及云计算、物联网、大数据等技术与应用研究、试验验证、综合测试的国家级公共服务平台，在未来网络科学研究、技术革新和产业发展等方面提供有力的环境支撑。

| 8.6　小结 |

　　网络试验床技术兴起于 21 世纪初，当前各项技术已进入成熟发展阶段。世界各国、各主要区域均已建成各自的试验环境。美国的 PlanetLab 试验床建设开展的较早，也最为成熟，目前其成果和网络设施已被纳入 GENI 计划之内；欧盟的 FIRE 项目基于之前 FP6 和欧洲 PlanetLab 建设的成果，引入了许多最近的技术进展；日本 CoreLab 基于美国 PlanetLab 的技术思想，充分吸纳了日本本国试验网建设的经验，对相关技术思想进行了深入的拓展研究。近些年互联网领域的技术积累也充分体现在上述试验床的建设中。我国也积极推行网络强国战略，以增强网络技术自主创新能力与网络安全能力，从而提高网络应用与管理水平，使网络更好地服务于社会生活的方方面面。从技术角度来说，网络试验床的建设对于能否早日实现网络强国的目标至关重要。随着国家对网络试验床建设的日益重视，越来越多的相关项目得到了国家"973"计划和国家自然科学基金的支持。

　　从技术上看，基于分片的虚拟化技术、网络可编程技术和分布式重叠网络无疑是最受关注的技术热点。其中，OpenFlow 是基于可编程网络设备技术路线的典型代表。OpenFlow 是一个开放的协议标准，它由美国斯坦福大学资助，并列入了 Clean Slate 计划中。该计划是 GENI 的一个子项目，致力于对未来互联网的研究，用来在现有的互联网中部署新协议和业务应用。研究人员借助 OpenFlow 技术，在现有网络上对新的网络协议进行试验验证，从而逐步实现对互联网的重新设计。OpenFlow 技术产生的背景是对新型网络协议进行验证，需要一个可编程的网络平台，该技术的核心是对网络数据流的分类算法。其主导思想是将由交换机 / 路由器完全控制的数据分组转发过程，转化成由 OpenFlow

交换机和控制器（Controller）各自独立完成的过程。这个转变的背后，其实就是控制权的变更：过去网络中数据分组的流向由人指定，交换机和路由器只进行数据分组级别的交换；在 OpenFlow 网络中，统一的控制器取代了路由器，决定了数据分组在网络中的流向。OpenFlow 交换机在内部维护一个名为 FlowTable 的流表，其概念与转发表不同，一旦发现流表中有需要转发的数据分组的对应项，就直接快速转发；如果流表中没有对应项，数据分组就会进入控制器中，以进行传输路径的确定，并根据反馈结果判定转发方式。OpenFlow 技术在网络中分离了软/硬件并且虚拟化了底层硬件，为网络的进一步发展提供了很好的平台。

参 考 文 献

[1] 梁学军. 未来互联网试验平台若干关键技术研究 [D]. 北京：北京邮电大学，2014.

[2] JINHO H, BONGTAE K, KYUNGPYO J. The study of future internet platform in ETRI [J]. The magazine of the IEEE, 2009, 36(3).

[3] WU J, WANG J H, YANG J. CNGI-CERNET2: an IPv6 deployment in China[J]. ACM SIGCOMM computer communication review, 2011, 41(2): 48-52.

[4] ZAHARIADIS T, PAU G, CAMARILO G. Future media Internet, communications magazine, IEEE, 2011, 49(3): 110-111.

[5] PIZZONIA M, RIMONDINI M L. Netkit: easy emulation of complex networks on inexpensive hardware[C]// Proceedings of TRIDENTCOM, 2008.

[6] VISHWANATH K V, VAHDAT A, YOCUM K, et al. ModelNet: towards a Data Center emulation environment[C]// Proceedings of Peer-to-Peer Computing. 2009: 81-82.

[7] SZEGEDI P. Deliverable JRA2.1: Architectures for virtual infrastructures, new Internet paradigms and business models, version 1.6, FEDERICA project, European union 7th framework[Z]. 2008.

[8] JACOBSON V. Special plenary invited short course: (CCN) content-centricnet- working[D]. Future Internet Summer School, Bremen, Germany,

2009.

[9] ZHANG L, ESTRIN D, BURKE J, et al. Named data networking (NDN) project[R]. PARC technical report NDN-0001, 2010.

[10] MULLER P, REUTHER B. Future Internet architecture-A service oriented approach[C]// Proceedings of it-Information Technology, 2008: 383-389.

[11] 张宏科，董平，杨冬 . 新互联网体系理论及关键技术 [J]. 中兴通讯技术，2008, 14(1): 17-20.

[12] 赵靓，汪斌强，张鹏 . 可重构柔性网络体系研究 [J]. 电信科学 , 2012, (2): 133-137.

[13] MCKEOWN N, ANDERSON T, BALAKRISHNAN H, et al. OpenFlow: enabling innovation in campus networks[J]. SIGCOMM computer communications rev., 2008, 38(2): 69-74.

[14] CANINI M, VENZANO D, PERE&D, et al. A nice way to test OpenFlow appli- cations[C]// Usenix Sympusium on Networked Systems Design and Implementation, 2012: 10-10.

[15] JOUIJON G, RAKOTOARIVELO T, OTT M. From learning to researching, ease the shift through testbeds[C]// Proc. of TridentCom 2010, volume 46 of LNICST, Berlin Heidelberg, 2010: 496-505.

[16] QUEREILHAC A, LACAGE M, FREIRE C, et al. NEPI: an integration framework for network experimentation[C]// Softcom 2011, 2011.

[17] 游军玲，葛敬国，李佟，等 . 未来互联网试验床关键技术研究及进展 [J]. 计算机应用，2014, 234(S1): 1-5.

[18] TOUCH J, HOTZ S. The X-Bone[C]// Proceedings of the Third Global Internet Mini-Conference at GLOBECOM'98, 1998: 44-52.

[19] BI J. FINE: future Internet iNnovation environment[J]. 2015, (1): 146-147.

[20] 毕军，胡虹宇，姚广，等 . 基于 SDN 思想的未来网络体系 [J]. 高科技与产业化，2013, 8: 52-55.

第 9 章

可重构可演进的网络功能创新平台开发实例

各类网络新技术和新功能的不断发展与演进，要求网络具备拥有灵活编程能力的基础平台，在解析、匹配、动作等方面支持用户功能定制。本章以支持用户定制的协议解析、实现灵活可编程的数据分组处理、内部资源可动态组合、支持多种协议共存等为基本设计目标，给出一种可重构可演进的网络功能创新平台开发实例，为未来网络体系和技术研究提供平台支撑。

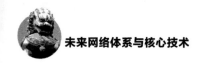

| 9.1 系统开发背景与需求分析 |

随着互联网的迅猛发展，传统的网络体系难以适应用户不断增长的需求，因此网络需要不断创新以满足这些需求，新的体系随之涌现，如 XIA、NDN、Nebula、VxLAN 等。这些体系定义了新的网络功能，对网络设备在解析、匹配、动作等方面的处理能力有了新的需求。然而受网络设备厂商和协议开发环境的限制，新型功能设备的开发和部署面临诸多困难。如果网络设备能够在解析、匹配、动作等方面支持用户功能定制，那么将大大降低新型网络功能的试验和部署难度，从而为网络的创新和演进提供一个更加开放的平台。

为支持网络功能演进，业界已经开发出多种支持可编程的网络创新平台。Laurent 等人[1]提出了典型的虚拟路由器结构 vRouter，它是一种通用的纯软件虚拟路由器，利用普通网卡的硬件多队列特性，提供不同数据平面的数据隔离；利用 Click 内核的轮询技术提高数据分组转发吞吐量。但由于采用纯软件方式实现，所以 vRouter 的性能较差。美国斯坦福大学研发的基于 OpenFlow 的新型网络设备[2]，采用数据平面与控制平面完全分离的结构。数据平面基于 NetFPGA 实现，采用十元组规则（即 MAC 地址对、IP 对、端口对等）作为数据平面的数据分组转发规则，从而实现不同于传统 IP 协议的数据分组转发策略。OpenFlow 较好地体现了可编程性，但是 OpenFlow 并不支持新的数据分组协议格式，因此并不能很好地支持网络功能的演进。美国乔治亚理工大学的Anwer 等人[3] 设计了一套基于 FPGA 的可编程网络转发设备框架 SwitchBlade。SwitchBlade 利用硬件中的流水线解耦包处理中的各个模块，方便协议设计人员对特定服务的解析查找模块进行编程，并插入分组处理流水线中，加速新协议的实验和部署。SwitchBlade 原型采用 NetFPGA 实现，能够同时支持 4 个不同的硬件虚拟数据平面，硬件虚拟数据平面可以实现线速数据分组转发，但缺乏相应软件控制系统的支撑。PEARL[4] 是中国科学院计算所研制的基于 FPGA 加速板卡和通用服务器的虚拟路由器。采用软件数据平面和硬件数据平面相结合的方式，有效解决了 SwitchBlade 中数据平面可扩展性不足的问题。硬件中支持少数高优先级的虚拟数据平面，采用 FPGA 和 TCAM 加速路由查找和转发等功能；基于通用服务器中丰富的计算和存储资源，实现大量低优先级的虚拟数据平面，显著扩展了支持的虚拟数据平面的数量。

以上平台均立足于实现网络设备可编程，但缺乏对新型网络功能的支持。我们的目标是设计一种支持网络功能演进的创新平台，该平台的实现分为 4 个子目标。

（1）支持用户定制的协议解析

支持用户定制的协议解析是实现新功能的关键。设备往往要处理多种数据分组格式，不同数据分组中包含的协议类型不尽相同。如果能够进行协议相应匹配域的精确提取，即可实现对任意协议数据分组处理的支持。

（2）实现灵活可编程的数据分组处理

数据分组处理过程主要包括匹配、查找、动作 3 个方面，但不同网络功能的分组处理过程所涉及的协议种类及匹配域种类不同，如常用安全功能的 ACL 表只需要 IPv4 协议的源 / 目的 IP 地址作为匹配域，同时进行相应转发或丢弃；NDN 的转发功能则需要支持兴趣分组和内容分组的解析，同时基于索引和内容名字进行转发或丢弃。如果能够从分组头解析出的匹配域中提取出任意所需的匹配域，那么即可实现不同功能的按需匹配，实现处理能力对用户功能需求的适配。

（3）内部资源可动态组合

不同功能所定义的匹配域数量和长度以及动作类型都不相同。在不额外占用资源的情况下，如果能利用匹配查找资源的组合来实现对不同功能所需资源的适配以达到可重构的效果，那么将大大减少额外的处理开销。

（4）支持多种协议共存

当前路由中的固定下一跳机制无法满足上层多样化的业务传输需求，因此，未来网络需要多样化的路由寻址及定制化的数据传输路径。网络设备需要能够根据上层业务需求进行集中路由决策，从而更好地保证业务的 QoS 需求。

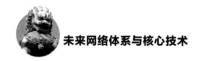

|9.2 可重构可演进的网络功能创新平台总体方案|

为支持网络体系和网络功能的演进与创新，我们设计了可重构可演进的网络功能创新平台，如图 9-1 所示。该平台分为控制平面和数据平面，其中，控制平面由控制服务器构成，完成对底层网络节点的控制；数据平面由网络交换节点组成，负责完成数据分组的传输及功能处理。

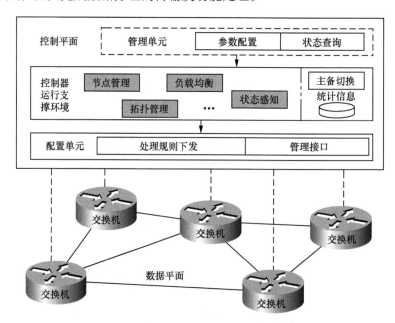

图 9-1 可重构可演进的网络功能创新平台

在控制平面，我们使用分层跨域控制体系控制平面，将网络交换节点划分为多个域，其中每个域由一个本地控制器进行管理。本地控制器负责对本域的拓扑进行维护；每个域之间的通信由中心控制器控制，负责维护全局节点信息及处理域之间的交互信息，并根据本地控制器提供的信息生成跨域流表、主备切换和负载均衡决策并下发给本地控制器。中心控制器在本地控制器的代理负责上报本域主机的地址信息和交换机信息及本域负载信息，并根据中心控制器的负载均衡决策执行交换机迁移或控制器池伸缩。同时，按照中心控制器下发的跨域流表项向本域交换机安装流表项。

在数据平面，我们参照网络虚拟化技术的相关思想，将业务特征需求与网络承载服务抽象成一种特定的"业务—元服务—元能力"模型，在软件内运行功能应用（也即元能力），将直接承载一种业务的网络服务分解成一组细粒度的基本网络服务元素（即元服务），进一步，将每一个元服务用一组元能力予以支撑。最后，将合适的功能应用所产生的处理规则下发至硬件，由硬件完成具体的功能处理。元能力是实现网络基础传递能力的最小功能抽象，是支持网络核心功能的扩展和演进的基础。对于网络业务，元能力之间需要不同的组合才能适应业务的需求变化，最终实现针对业务的服务定制化。当业务发送服务请求后，控制平面做出一系列调整，选择合适的元能力并下发至数据平面，以适应这类业务。同时，节点内的元能力动态地组合成具有一定顺序的元能力序列，形成服务栈，称为组合链。组合链是节点提供功能处理的逻辑结构，同时也是一个临时的业务操作单元。组合链，也会由节点元能力根据业务要求的约束规则组合而成，即使具有相同元能力列表的组合链，也会由于参数设置等不同而表现出不同特性。因此，元能力及其组合机制能够保证网络服务能力的动态改变，从而支持网络功能的重构。同时，由于元能力集合的可扩展性，因此支持网络功能的演进。

9.3 支持灵活编程的平台数据平面

单节点内的数据平面可分为软件平面和硬件平面，如图 9-2 所示。软件平面由元能力库、管理单元和配置单元组成，其中元能力库包含开发者开发的各个功能构件，每个功能构件可根据网络状态独立完成分组处理规则的生成。管理单元负责对元能力库进行管理，并通过实时的网络业务识别，根据业务需求将所需的元能力组合成顺序处理的组合链。配置单元将组合链生成的规则序列下发至硬件平面，完成对数据分组的功能操作。

硬件平面是上层元能力组合链的底层承载体，完成软件层面生成的组合链对数据分组的具体操作，其主要由功能解析器和元操作单元组成。其中，功能解析器用于识别数据分组的协议类型，同时根据数据分组的协议类型得到相应所需的匹配域，并将其组合成分组头域，向后级元操作单元输出。元操作单元是最基本的数据分组处理单元，相当于硬件上的功能构件，用来实现匹配＋查找＋动作的操作。元操作单元之间通过元数据进行信息传递，实现元操作单元之间的组合。

该平台可作为网络的基本结构单元，支持异构网络环境下的多种接入方式，实现节点内部数据层面和控制层面的真正分离，能够动态配置内部元能力，从

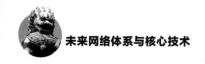

而使底层硬件接入方式能够动态适应网络业务变化，实现硬件功能的可配置性和可编程性。该平台支持不同网络环境，将元能力根据不同的网络环境分类成多种元能力库，系统工作在不同的网络环境就调用不同元能力库的元能力，在对应一种网络环境的元能力库中，根据该网络环境不同的业务需求将构件进行二次分类和组合，从而实现网络节点在不同业务需求下的功能重构。

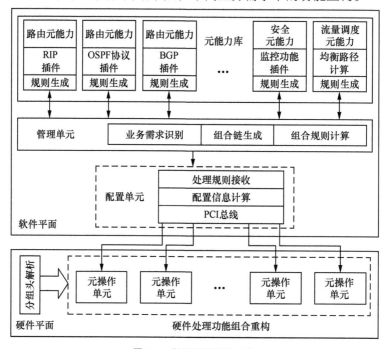

图 9-2　数据平面总体方案

9.3.1　软件设计方案

网络功能创新平台的核心是实现元能力在业务需求指导下的重构，该工作由软件平面完成。平台的软件平面结构如图 9-3 所示。

1．元能力库

元能力位于软件平面，它是通过将互联网体系结构中网络层和传输层进行功能分解、细粒度化得到的功能单元，元能力集是网级服务的细粒度的分解全集，包括时延、丢失、保序、多播、安全、控制（路由、排队、整形、调度、拥塞控制、交换、转发等）等数据传送效果的基础性网络功能和操作过程的总和。因此，从元能力完成功能的角度来看，元能力集合是完备的功能集合。它不仅可以通过组合、装配实现现有网级服务的所有功能，也可通过扩展实现新型功能。

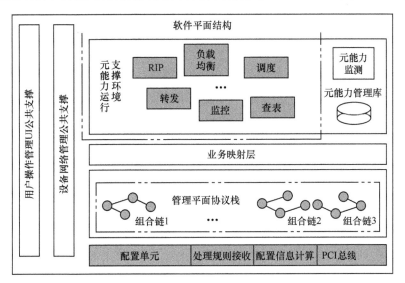

图 9-3　软件平面结构

我们将元能力分为 6 种类型。

① 数据单元格式类。这类元能力为数据单元设定相应的协议类型，比如，可将数据单元设定为 ATM、MPLS、IPv4、ICMP、UDP、ARP 等协议格式。

② 传送模式类。为不同应用提供不同传输模式的元能力，包括分组/信元、连接/无连接、单播/多播等。

③ 传送质量类。基于应用请求，提供不同服务质量的元能力，包括时延、丢失、保序、可靠性等。

④ 安全类。基于应用请求，提供不同安全级别的安全保证的元能力，包括加密、认证等。

⑤ 控制类。该类元能力负责对数据分组的控制，例如排队/缓存、调度、整形、拥塞控制、交换、查表、转发等。

⑥ 重构类。对上述几类元能力的要求表达、效果监视、重构判决、重构信令、重构执行等。

每个节点设备内的元能力库是上述元能力集合的子集，不同节点内的元能力库可能不同。元能力库为所在节点（平台）提供了可用的功能组件，由管理平台对其进行编排组合。

2．管理单元

由于很多功能分解后形成的元能力并不能执行完整的业务操作，因此，只

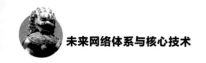

有将多个网络元能力组合形成具有完成业务操作能力的实体（组合链），业务才能理解元能力的位置和作用。元能力组合机制是可重构的核心。元能力组合即组合链重构，节点级重构表示的是网络通过重构引起服务类型或服务性能的改变，以适应新的承载需求。根据元能力的组合特点，组合链包含 3 种组合模式，分别为串接、嵌入式和混合式组合。串接式组合链指参与组合的各个功能的效果依组合顺序分别串接起来，前一元能力的输出是后一元能力的输入。嵌入式组合链指参与组合的各个功能的效果依组合的逆序分别完整出现，而混合式组合链是两种组合模式的混合。

组合链重构的驱动因素有两种：一是网络外部因素，即业务承载需求的变化，例如传输性能需求、安全需求的变化；二是网络内部因素，即业务负载的变化，例如，由于某些业务的加入或退出，使原有的网络服务无法满足正在承载的业务的需求。管理单元通过分析网络状态认知和网络资源认知得到网络运行状态信息，动态评估网络对业务的承载效果，判决是否达到重构的触发阈值。管理单元通过改变元能力组合方案和元能力参数配置来实现组合链重构，可分为以下 5 种重构操作。

① 调整某些元能力的参数；

② 添加某些元能力；

③ 删除某些元能力；

④ 替换某些元能力；

⑤ 以上情况的组合。

3. 配置单元

组合链生成之后，配置单元需要将其映射至硬件平面，使数据流在硬件平面完成整个组合链的操作。配置单元通过硬件驱动下发配置信息，配置信息可分为两部分：一部分是对功能解析器的配置，另一部分是对元操作单元的配置。对功能解析器配置，是为了让硬件能够解析到上层所规定的协议分组头，并将所需匹配域送至后续处理模块。对元操作单元配置，是为了让其能够正确处理不同类型的分组头域，达到功能需求与底层硬件的适配。

9.3.2 硬件设计方案

软件平面实现组合链的生成，而硬件平面则是完成组合链的具体操作。为满足不同组合链的不同处理需求，硬件平面也需要支持动态可配置的处理链，因此硬件平面应该由一系列可组合的处理单元组成。同时，为完成不同种类数据分组的兼容，需要灵活可配置的功能解析器做支撑。

1. 功能解析器

在以上结构中，功能解析器是实现对新型数据分组格式支持的关键模块。它根据用户的配置识别数据分组的类型域，同时根据类型域提取相应匹配域并将其组合得到分组头域向后级元操作单元输出。

功能解析器结构如图 9-4 所示，它包含 4 个部分：类型域提取模块、匹配查找模块、匹配域提取模块和匹配域组合模块。其中，类型域提取模块用于识别数据分组头并提取类型域。数据分组通过总线传输，每次传输数据总线位宽大小的数据块。当数据分组的第一个数据块到达时，头部识别模块将状态（用于指示数据块编号）置为 1；从 RAM 中读取类型域的偏移量，将数据块中的类型域提取出来，然后将类型域和状态送往匹配查找模块。当接收到下一状态信息时，将当前状态更新至下一状态；然后等待状态指示的数据块到达后将类型域提取出来并和状态一同送往匹配查找模块。匹配查找模块包含一个 TCAM 存储单元和一个 RAM 存储单元。其中 TCAM 中存放状态信息和用户定制的类型域信息，RAM 中存放类型域所对应的匹配域的偏移量信息。例如，当头部中的 EtherType 类型域到达时，TCAM 匹配这 16 bit 并在 RAM 中查找得到下一状态和相应匹配域的偏移量。匹配域提取模块根据匹配域的偏移量将匹配域提取出来。结果输出模块将提取得到的匹配域组合成分组头域并送往后级元处理单元处理。

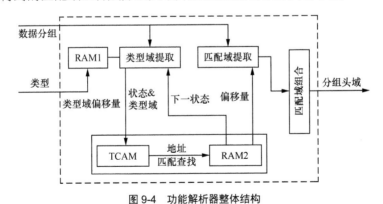

图 9-4　功能解析器整体结构

2. 元操作单元

元操作单元是最基本的数据分组处理单元（Meta Processing Unit，MPU），它可抽象为匹配＋查找＋动作的处理过程，如图 9-5 所示。元操作单元由匹配

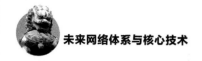

域选择器、流表匹配单元、动作处理器组成。

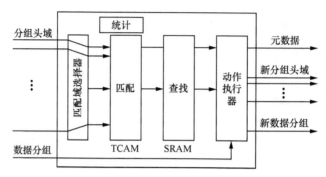

图9-5　元操作单元结构

其中，匹配域选择器将分组头域中用户关心的匹配域提取出来组成操作域。当分组头域到达时，选择器会从 RAM 读取用户配置的匹配域选择信息，并根据这些匹配域选择信息将分组头域中的所需字段提取出来组成操作域。流表匹配单元使用 TCAM+SRAM 实现匹配＋查找，其中 TCAM 存放用户下发的处理域，SRAM 存放动作字段。动作执行器接收到动作字段后根据动作字段进行数据分组的处理以及元数据的修改。当所需处理域宽度超过一个元操作单元匹配能力时，可通过两个元操作单元相连，使同一个匹配域在两个元操作单元中组合。

|9.4　动态适配的平台控制平面|

控制平面采用分层跨域控制体系，其中，网络交换节点划分为多个域，每个域有一个本地控制器进行管理，存在一个中心控制器负责各个本地控制节点之间的协调。本地控制器负责学习本域拓扑信息、感知负载、发起跨域通信请求，以及执行跨域转发规则、主备切换和负载均衡决策；中心控制器则负责维护本地控制器的网络拓扑（域级拓扑）和全局节点信息，根据本地控制器提供的信息生成跨域流表、主备切换和负载均衡决策并下发给本地控制器。

分层跨域控制体系的结构如图9-6所示。

总体来说，该系统提供了两方面的服务，即节点管理和全局信息处理，由此提高了网络的可扩展性和可靠性。

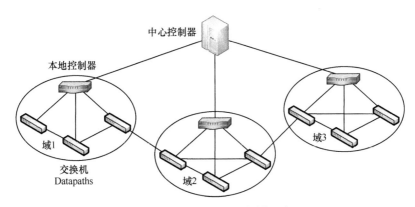

图 9-6　分层跨域控制体系结构示意

9.4.1　功能描述

中心控制器实现以下功能。

① 维护域级拓扑和全局节点信息。

② 负载均衡决策：判断本地控制器负载，生成迁移命令或控制器池伸缩命令。

③ 主备切换决策：在本地控制器发生故障时，选择备用控制器并生成迁移命令。

④ 接收跨域传输请求，生成跨域流表。

⑤ 对用户提供接口用以实现管理单元，支持对网络状态数据库的读取和设置。

中心控制器在本地控制器的代理实现以下功能。

① 上报本域主机的地址信息和交换机信息；

② 上报本域负载信息；

③ 根据中心控制器的负载均衡决策执行交换机迁移或控制器池伸缩；

④ 发起跨域通信请求；

⑤ 按照中心控制器下发的跨域流表项向本域交换机安装流表项。

此外，中心控制器和本地控制器之间周期性发送保活消息（Echo Message），用于二者之间相互判断是否失效。此外，该信息也可用于测量链路时延。

图 9-7 为分层跨域控制体系的功能框图。

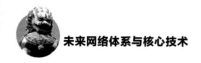

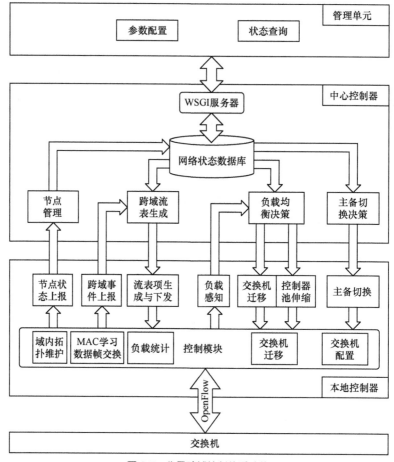

图 9-7　分层跨域控制体系功能

9.4.2　拓扑维护和节点管理

本地控制器维护本域内的拓扑及交换节点、主机节点的信息，用以实现域内通信并实现中心控制器的本地代理功能。中心控制器的网络状态数据库主要包括域级拓扑和节点信息。其中域级拓扑表示各个域之间的连接关系，可用于实现跨域传输；节点信息包括主机和交换机的归属信息，可作为跨域传输、负载均衡、主备切换的依据。中心控制器对用户提供接口用以实现管理单元，支持对网络状态数据库的读取和设置。

1. 域内拓扑维护

本地控制器维护域内拓扑，根据拓扑设计转发路径，用以实现域内通信功能。

域内拓扑是一个双向图，节点包括交换机和控制器，使用交换机的 Datapath ID 和主机的 MAC 地址表示，链路为两者之间的连接。其中，交换机到主机的链路拥有属性端口，表示交换机上连接该主机的端口号。本地控制器启动后采用自学习的方法建立域内拓扑。

（1）交换机节点的添加及交换机之间链路的建立

交换机连接到控制器后，控制器添加该交换机为节点，然后向该交换机各个端口发送 LLDP 分组，并添加流表项使交换机收到这些数据分组后转发给控制器。由此可获得交换机互相之间的连接关系。

（2）主机节点的添加及主机与交换机之间链路的建立

当主机发送数据分组时，控制器收到 OFPPacketIn 消息；若 OFPPacketIn 的源地址（MAC 地址）不存在于拓扑中，则认为有新的主机加入，并执行下面 4 个操作。

① 记录到本域主机列表中；

② 添加为本域拓扑节点；

③ 添加该主机与其所连接的交换机之间的两条链路，其中交换机到主机链路的端口属性设置为 OFPPacketIn 的 in_port 字段；

④ 向中心控制器上报 HostConnected 消息，其中包含交换机 ID 和 MAC 地址。

在跨域通信中，经常会发生本域收到源地址不存在于拓扑中的数据帧，而该数据帧实际来源于其他域。如果直接按上述步骤添加主机，会导致其他域的主机被添加为本域主机。为避免这种情况，引入交换机互连端口的概念。交换机互连端口表示该端口连接的是交换机，来自该端口的数据帧是被交换机转发的，不能作为新主机添加的依据。因此，执行上述操作前应判断其是否来自交换机互连端口，若是则跳过；否则执行上述操作。

2．域级拓扑维护

中心控制器维护各个域之间的拓扑连接信息，根据该信息生成数据流的跨域传递路径。由于分层控制体系中中心控制器仅负责各个域级别的网络信息管理，因此不需要考虑域内拓扑信息的维护。在本中心控制器中，域级拓扑由管理单元输入，在系统初始化阶段必须配置好，在运行阶段可以更改该配置。域级拓扑的学习暂未实现。

如图 9-8 所示，域级拓扑是一个双向图，节点为各个域，使用管理该域的本地控制器的 ID 表示。考虑主备切换的情况时，一个域可能存在两个以上的控制器，在这种情况下，使用主控制器的 ID 代表该节点。

该拓扑的边为各个域之间的链路，且是双向的，各个域之间靠窗口交换机

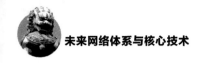

互相连接，因此，每个边都具有 4 个属性，分别是左右两个端点的窗口交换机及其对应的端口，见表 9-1。

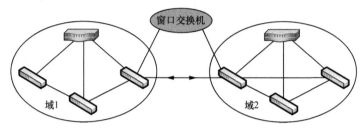

图 9-8　域级拓扑示意

表 9-1　两个端点的窗口交换机及其对应的端口

窗口交换机	对应端口
left_dpid	左节点窗口交换机的 ID
out_port	左节点窗口交换机对应该链路的端口
right_dpid	右节点窗口交换机的 ID
in_port	右节点窗口交换机对应该链路的端口

此外，存在一种情况，即两个域之间可能存在多条链路。此时，网络中存在多条边，它们的左端点和右端点相同，但是属性不同。NetworkX 中无法将这些链路同时表示出来。可以使用影子控制器映射真实的控制器创建多个链路代表相同的两个域之间的不同链路，目前暂未考虑这种情况。

由于域级拓扑是管理单元配置的，在本地控制器或窗口交换机未上线的情况下，中心控制器仍会按照预先配置的拓扑生成跨域路径，导致生成结果与实际的域级拓扑不符。因此，域级拓扑在配置后应该处于未激活状态，涉及的本地控制器和窗口交换机上线后，中心控制器才能进行跨域路径生成的操作。

3. 节点管理

这里的节点主要包括 3 种：本地控制器（Local Controller，LC）、交换机（Datapath，DP）和主机（Host）。

（1）本地控制器

本地控制器是一个域的代表。中心控制器（Central Controller，CC）登记本地控制器并以此为索引管理其域内的节点和网络信息。本地控制器启动后执行图 9-9 所示操作。这里 LC 数据库存储的键值对为 {lcip:icid}，即使用 LC 所在主机的 IP 为索引，LC 的 ID 为值，这样可以保障当已连接过 CC 的 LC 重新连接 CC 时，分配的仍是相同的 ID。新 LC 连接时使用全局 ID 自增方法为其分配 ID。当然也可以采用散列等 GUID 生成算法。LC 与 CC 之间周期性发送保活信息（Echo Message）确保二者之间的连接，具体为 CC 周期性向 LC 发送 EchoRequest 消息，LC 收到后向 CC 回应。该信息可用于负载均衡决策，同时，该信息也可用于测量 LC 与 CC 间的时延。

　　针对每个 LC，中心控制器不仅存储其下属的交换机列表，还存储各交换机在本域的角色和负载数据。同时，本域的各个窗口交换机及其连接的控制域也作为键值对存储。各域的主机列表以交换机为索引存储，通过本域交换机来获取本域主机信息，这样当交换机迁移时主机信息处理较为简单。

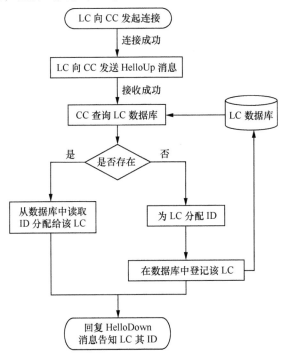

图 9-9　本地控制器注册流程

（2）交换机

　　中心控制器记录交换机的 ID、下属主机列表、归属 LC（作为该交换机的 MASTER 控制器）和已连接 LC（与该交换机相连的所有控制器），通过控制器与交换机之间的连接关系进行跨域通信、负载均衡决策和主备切换。交换机之间的连接关系属于域内拓扑，中心控制器不负责记录这部分。交换机连接到 LC 后，系统的操作流程如图 9-10 所示。

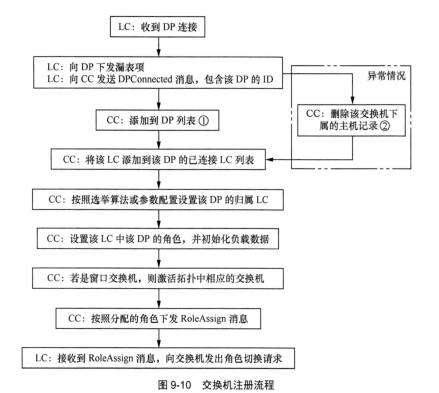

图 9-10　交换机注册流程

交换机注册在两种情况下启动：一种是新交换机连接，另一种是交换机迁移。在正常情况下，这两种情况的处理流程如图 9-10 所示，包含步骤①、不包含步骤②。但是交换机迁移的情况存在一种异常，下面进行分析。

当交换机迁移时，同样存在两种情况。

一是交换机连接在两个控制器上，但是控制权由一个控制器移交给另一个，这种情况下处理流程包含步骤①、不包含步骤②。

二是交换机的控制器池被更改，原来连接的控制器被删除，新增了其他的控制器，在理想情况下，交换机会从原来控制器断开之后连接到新控制器。此时原来的控制器会向中心控制器发送交换机断开通知，使中心控制器完成交换机删除相关处理；新控制器收到交换机的连接请求后会通知中心控制器完成交换机注册流程。然而，由于旧控制器和新控制器是相互独立的，二者向中心控制器发送消息并不按固定顺序，导致中心控制器有可能先收到新控制器的交换机注册请求，后收到旧控制器的交换机删除请求，新注册的交换机被删除，发生错误。在这种情况下，配合交换机删除处理函数的处理流程，交换机注册流程不再添加到 DP 列表，仅删除其下属主机记录即可。

当 DP 从 LC 断开时，会向 LC 发送 EventSwitchLeave 消息（在 ryu.topology 中定义）。LC 收到该消息后，删除与该 DP 相关的信息，并向 CC 发送 DatapathLeave 消息，通报 DP 的断开。CC 收到该消息后，删除该 DP 下属的主机记录。若 DP 仅连接一个 LC，则删除该 DP；否则不删除。若该 DP 是该 LC 的窗口交换机，将对应的窗口交换机冻结。

（3）主机

中心控制器记录主机从属的域。该记录索引为主机 MAC 地址，值为该主机从属的域的本地控制器 ID。主机的归属关系用于进行跨域通信的决策。主机按照上文介绍的过程连接到 LC 后，LC 向 CC 发送 HostConnected 消息，其中包含主机连接的交换机和主机的 MAC 地址信息（后续扩展应包含更多的地址信息，可以参考 OpenFlow 的字段）。CC 收到该消息后记录该主机从属域的值为本控制器 ID，并在其连接的交换机记录中添加该主机。

关于主机断开消息，可以设计控制器 MAC 表超时机制来发现主机的断开，但是在控制器和交换机分离的情况下如何设计该机制待考虑。

目前添加了 3 种通报主机断开的情况。

① 在本地控制器上，当新主机连接时，查询连接的端口上是否已连接主机，若是，则将其删除，并通过主机断开消息通知中心控制器。这种情况是由于该端口上旧主机已断开，但是没有通知控制器。

② 在本地控制器上，当新主机连接时，查询该主机是否已存在于本域中，若是，则将其删除，并通过主机断开消息通知中心控制器。这种情况是由于新主机原本连接在本域中，断开后连接到当前位置，但是没有通知控制器。

③ 在中心控制器上，当收到新主机连接消息后，查询所有域中是否已包含该主机，若是，则删除后再添加。这种情况是由于新主机原本连接在本域或其他域中，断开后连接到当前位置，但是没有通知控制器。

9.4.3　跨域通信

本地控制器在交换机连接后向交换机安装漏表项，数据分组失配时会被发送给本地控制器。本地控制器根据数据分组得到源地址和目的地址并设计转发规则，若目的地址不存在于本域内，则转发给中心控制器请求跨域转发路径。中心控制器收到跨域传输请求后，若目的地址存在于主机列表，则定位目的地址属于哪个域，并利用域级拓扑及路径生成算法计算网络流在域间的传输路径，并下发本地控制器；若目的地址不存在于主机列表，则丢弃。下面分域内和跨域两部分进行详细描述。

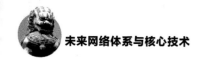

1. 域内转发及跨域请求生成

本地控制器收到交换机上传的 OFPPacketIn 消息后，进行如图 9-11 所示的操作。

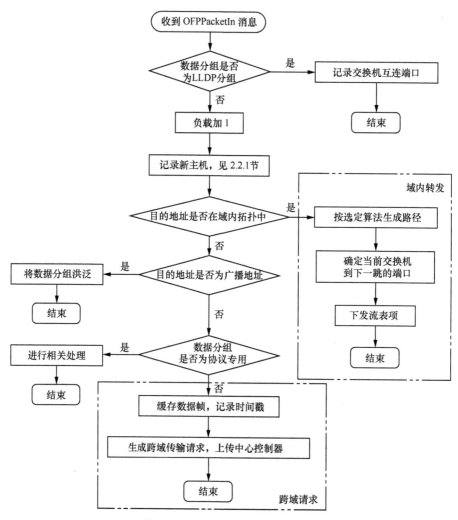

图 9-11　跨域通信域内部分处理流程

根据上文所述的域内拓扑维护机制，若收到的数据帧为 LLDP 帧，则判定来源端口为交换机互连端口；若不是，则该交换机上负载加 1，负载周期性上报并清零。之后按照域内拓扑维护中的描述执行主机记录流程。然后根据目的地址判断该如何处理。主要有 3 种情况。

（1）目的地址在域内拓扑中

此时控制器根据源 / 目的地址、域内拓扑及选定的选路算法计算路径，找出数据分组的下一跳并确定到下一跳应该转发到的端口,之后下发流表项。若数据分组未缓存在交换机,则还应发送 **OFPPacketOut** 消息将数据分组发送出去。除此之外,控制器还可以直接往路径上所有交换机安装流表项,减少控制器与交换机之间的通信开销和控制器的计算量,目前暂未实现这一选项。

（2）目的地址为广播地址

此时控制器直接将数据分组洪泛。注意该实验方案中并未设计不同域之间的广播隔离,广播的数据分组可以广播到其他域。这是为了实现跨域主机互 ping 以验证跨域通信。

（3）目的地址不存在于域内拓扑且非广播地址

这里存在一个数据帧是否为协议数据帧的选项,主要为了屏蔽目的地址为多播地址等可能出现的协议专用数据帧。如在 Mininet 实验环境中,主机启动后会不停发送 MAC 多播帧用于实现 NDP。

屏蔽协议专用数据帧后,若数据分组目的地址不存在于域内拓扑且非广播地址,则认为是域外主机,本地控制器会向中心控制器发送跨域通信请求,其中包含数据分组的源 / 目的地址信息用于计算跨域路径。同时包含消息来源的交换机 ID 用于后续扩展。

若数据分组未缓存在交换机,则本地控制器应该存储该数据分组,以便跨域流表项下发时将该数据分组发送出去。这里使用跨域通信请求消息的消息编号为数据分组索引,并要求跨域流表项下发时的消息编号与跨域通信请求消息的消息编号相同。同时,设置数据分组超时机制,在超过一定时间后将其删除。

2. 跨域流表项生成

中心控制器收到跨域通信请求消息后,执行以下操作。

① 判断源目的地址是否存在于主机列表中,有一个不存在则运行结束。

② 获取源域、当前域和目的域。

源地址所在域为源域,目的地址所在域为目的域,提交跨域通信请求的域为当前域。跨域通信路径指的是当前域到目的域之间的路径。当然,当跨域通信请求由源域提交时,源域为当前域。目的域不会提交跨域通信请求。

③ 按路径生成算法生成跨域路径。

④ 计算路径上各个节点的域入口和域出口。

跨域路径由节点和链路组成。节点为域,链路包含两个属性,分别是 left_dpid 和 right_dpid。对各个节点来说,其域入口为路径上以其为终点的链路的 right_dpid,域出口则为以其为起点的链路的 left_dpid。源域的域入口设置为

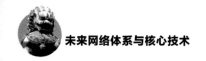

发出该数据分组的交换机，并设置 wildcard 字段，当源域为当前域时该字段置位。目的域不设置域出口。

⑤ 根据下发选项下发跨域流表项。

分为两种下方法选项。

- 逐步下发，即每次收到跨域通信请求时只往当前域下发跨域流表项；
- 完全下发，即沿所得路径向涉及的所有域下发跨域流表项，目的域不需要下发。

其中，完全下发方法能够减轻本地控制器与中心控制器之间的通信开销，减小通信延迟，降低中心控制器计算量，但是可能存在重复下发的问题，即两条路径的后半部分相同而前半部分不同，但是中心控制器仍会沿全路径下发，逐步下发则可能避免这一问题。

3. 本地控制器安装跨域流表项

本地控制器接收到跨域流表项消息后，首先根据跨域流表项的消息编号取出缓存的数据分组；然后根据域入口和域出口计算域内最优路径，并沿路径向各交换机安装流表项。

这里需要考虑 OpenFlow 的两种缓存选项：数据分组是否缓存在交换机。若缓存，则需要在往第一个交换机安装的流表项中指定将缓存的数据分组发送出去，再沿路径向剩余交换机安装流表项；否则，数据分组会被发送到本地控制器缓存，此时，需要沿路径安装完流表项后将数据分组发送到域出口交换机的输出端口。

9.4.4 负载均衡

当本地控制器在收到 OFPPacketIn 消息时，将对应交换机的负载加 1。本地控制器周期性向中心控制器上报各交换机负载，并在上报后将负载清零。

中心控制器收到负载信息后，根据各交换机的负载数据和交换机与本地控制器的归属关系，设计负载均衡算法，通过交换机迁移或增减控制器池来弹性均衡各控制器的负载，保障系统的正常运行。负载均衡的执行方法包括以下两种。

1. 交换机迁移

通过改变交换机的归属关系，将负载重的控制器挂载的一部分交换机迁移到负载轻的控制器上，实现负载的转移。这主要通过 OpenFlow 的 Role 机制实现，通过目的控制器向交换机声明自己为 MASTER 角色即可实现。但是该方法要求交换机必须事先与源/目的控制器均连接。在初始情况下,源控制器为MASTER角色,其他控制器为SLAVE角色。

2. 控制器池伸缩

为了更灵活地实现负载均衡,有时需要更改交换机的控制器池,以实现更大范围的交换机迁移。对于Open vSwitch,可以使用ovs-vsctl工具来配置交换机的控制器池。本地控制器只需调用该工具进行配置即可。

9.4.5 主备切换

由于本系统转发控制分离与集中控制的特点,本地控制器单点失效容易造成整个域失效。因此对本地控制器引入主备切换机制。

中心控制器周期性地向本地控制器发送保活请求消息(Echo Request),本地控制器收到该消息后应回应Echo Reply消息。若中心控制器在给定事件内收到该消息,则判定本地控制器有效;否则再次发送Echo Request消息并等待,若仍未收到该消息,则判定本地控制器失效,将其下属交换机迁移到备用控制器。

交换机迁移同样使用OpenFlow的Role机制。

|9.5 小结|

针对当前新型网络功能和新兴技术的试验和部署困难的问题,本章介绍了一种可重构可演进的网络功能创新平台开发实例。该平台分为软件平面和硬件平面,其中软件平面完成对网络功能进行组合编排,形成一个逻辑上对数据分组的操作序列,并映射到硬件平面;硬件平面由多个功能可配置的操作单元组成,通过接收软件平面的配置,完成对数据分组的硬件处理。由于软件平面内的功能构件以及硬件平面内的操作单元均具有可配置、可动态组合的重构特性,因此,该平台可动态适应上层业务需求的变化,支持用户定制的协议解析和灵活可编程的数据分组处理,且支持现有网络协议及新型网络协议的共存。

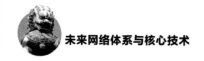
参 考 文 献

[1] EGI N, GREENHALGH A, HANDLEY M, et al. Towards high performance virtual routers on commodity hardware[C]// Proceedings of ACM CoNEXT, 2008.

[2] MCKEOWN N, ANDERSON T, BALAKRISHNAN H, et al. OpenFlow: enabling innovation in campus networks[J]. ACM SIGCOMM computer communication review, 2008, 38(2): 69-74.

[3] ANWER M B, MOTIWALA M, TARIQ M B, et al. SwitchBlade: a platform for rapid deployment of network protocols on programmable hardware[C]// Proceedings of the ACM SIGCOMM 2010 Conference, New Delhi, India: ACM, 2010. 40(4): 183-194.

[4] XIE G, HE P, GUAN H, et al. PEARL: a programmable virtual router platform[J]. IEEE communications magazine, 2011, 49(7): 71-77.

中英文对照

缩写	英文全称	中文释义
AMA	Access Mobility Anchor	接入移动性锚点
AN	Active and programmable Networks	主动编程网络
AR	Access Router	接入路由器
BGP	Border Gateway Protocol	边界网关协议
CCN	Content-Centric Networking	内容中心网络
CCSDS	Consultative Committee for Space Data Systems	空间数据系统咨询委员会
CDN	Content Delivery Network	内容分发网络
CDPI	Control-Data-Plane Interface	控制数据平面接口
CS	Content Store	内容缓存
CSGS	Common Service Gateway Sub-layer	共同服务网关子层
DPI	Deep Packet Inspection	深度报文检测
DARPA	Defense Advanced Research Projects Agency	美国国防部高级研究计划署
DML	Domain Model Language	领域建模语言
DONA	Data-Oriented Network Architecture	面向数据的网络体系结构
DHT	Distributed Hash Table	分布式散列表
DMM	Distributed Mobility Management	分布式移动性管理
ETR	Egress Tunnel Router	接收隧道路由器
FARI	Flexible Architecture of Reconfigurable Infrastructure	灵活可重构的基础网络结构
FIA	Future Internet Architecture	未来互联网结构

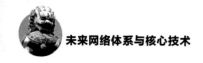

续表

缩写	英文全称	中文释义
FIB	Forward Information Base	转发信息库
FIFO	First In First Out	先进先出
FIND	Future Internet Design	未来互联网设计
FIRE	Future Internet Research and Experimentation	未来互联网研究和实验
FMI	Future Media Internet	未来媒体网络
FMIPv6	Mobile IPv6 Fast Handovers	移动 IPv6 快速切换
ForCES	Forwarding and Control Element Separation	转发与控制分离
GENI	Global Environment for Networking Innovations	全球网络体系创新环境
GNRS	Global Name Resolution Service	全局名字解析服务
GRE	Generic Routing Encapsulation	通用路由封装
GSTAR	Generalized Storage-Aware Routing	全局存储感知的路由
GUID	Globally Unique Identifier	全局唯一的标识符
HMIPv6	Hierarchical Mobile IPv6	层次型移动 IPv6
HA	Home Agent	家乡代理
HIP	Host Identity Protocol	主机标识协议
IaaS	Infrastructure as a Service	基础结构即服务
ICN	Information Centric Networking	信息中心网络
IDC	Internet Data Center	互联网数据中心
IETF	the Internet Engineering Task Force	国际互联网工程任务组
InP	Infrastructure Provider	基础设施提供商
InterDMP	Inter-Domain Management Protocol	域间管理协议
IntraDMP	Intra-Domain Management Protocol	域内管理协议
ITR	Ingress Tunnel Router	发送隧道路由器
LBD	Load Balance Degree	负载均衡度
LINA	Location Independent Network Architecture	位置无关的网络结构
LISP	Locator/ID Separation Protocol	位置与身份分离协议
LFU	Least Frequently Used	最小频率使用
LRU	Least Recently Used	最近时间最少使用
MA	Mobility Anchor	移动锚
MH	Multi-Homing	多家乡
MIPv4	Mobile IPv4	移动 IPv4

续表

缩写	英文全称	中文释义
MIPv6	Mobile IPv6	移动 IPv6
NA	Network Address	网络地址
NAT	Network Address Translation	网络地址转换
NCS	Name Certification Service	名字认证服务
NDN	Named Data Networking	内容命名网络
MAP	Mobile Anchor Point	移动锚点
NetInf	Network of Information	信息网络
NFV	Network Functions Virtualization	网络功能虚拟化
NOS	Network Operating System	网络操作系统
NP	Network Processor	网络处理器
ON	Overlay Network	覆盖网
ONF	Open Networking Foundation	开放网络基金会
ONL	Open Network Laboratory	开放网络试验室
OSPF	Open Shortest Path First	开放式最短路径优先
PaaS	Platform as a Service	平台即服务
PDU	Protocol Data Unit	协议数据单元
PIT	Pending Interest Table	未决兴趣表
PII	Panlab Infrastructure Implementation	Panlab 基础设施实施
PMIPv6	Proxy Mobile IPv6	代理移动 IPv6
POF	Protocol-Oblivious Forwarding	协议无感知转发
RRG	Routing Research Group	路由研究工作组
PSIRP	Publish-Subscribe Internet Routing Paradigm	发布 / 订阅式互联网路由范例
QoS	Quality of Service	服务质量
RSQ	RRN State Query	节点状态查询
SaaS	Software as a Service	软件即服务
SBD	Service Behavior Description	服务行为描述
SC	Service Cloud	服务云
SCN	Service Customized Networking	服务定制网络
SDN	Software Defined Network	软件定义网络
SID	Service ID	服务标识
SILO	Architecture for Service Integration, Control, and Optimization for the Future Internet	未来网络的服务综合控制与优化体系结构

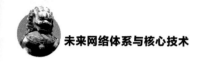
续表

缩写	英文全称	中文释义
SLA@ SOI	Service Level Agreements within a Service-Oriented Infrastructure	面向服务的基础设施内的服务级协议
SOA	Service Oriented Architecture	面向服务的体系结构
SP	Service Provider	服务供应商
SSDS	Service Specific Delivery Sub-Layer	特定服务支付子层
TPS	Token Providing Server	令牌发放服务器
UCL	Uniform Content Label	统一内容标签
VLAN	Virtual Local Area Network	虚拟局域网
VPN	Virtual Private Networks	虚拟专用网络

名词索引